高等学校教材

博弈论教程

（第 2 版）

主　编　罗云峰

清华大学出版社
北京交通大学出版社

·北京·

内容简介

本书是一本关于博弈论基础的教材，全书分四部分，共15章。第一部分完全信息静态博弈，介绍战略式博弈、Nash均衡、Nash均衡的特性及Nash均衡的应用等；第二部分完全信息动态博弈，介绍扩展式博弈、子博弈精炼Nash均衡、重复博弈及子博弈精炼Nash均衡的应用等；第三部分不完全信息静态博弈，介绍贝叶斯博弈、贝叶斯Nash均衡及贝叶斯Nash均衡的应用等；第四部分不完全信息动态博弈，介绍精炼贝叶斯Nash均衡、信号博弈及其应用、均衡的再精炼及精炼贝叶斯Nash均衡的应用等。

本书是学习博弈论的入门教材，适合作为经济管理、系统工程及相关专业的本科生和研究生的教材和教学参考书，也可供决策分析、运筹学及社会选择理论等领域的研究人员阅读使用。

图书在版编目（CIP）数据

博弈论教程/罗云峰主编．—2版．—北京：北京交通大学出版社：清华大学出版社，2020.11

ISBN 978-7-5121-4345-6

Ⅰ.①博…　Ⅱ.①罗…　Ⅲ.①博弈论-研究生-教材　Ⅳ.①O225

中国版本图书馆CIP数据核字（2020）第203320号

博弈论教程
BOYILUN JIAOCHENG

责任编辑：黎　丹
出版发行：清华大学出版社　邮编：100084　电话：010-62776969　http://www.tup.com.cn
　　　　　北京交通大学出版社　邮编：100044　电话：010-51686414　http://www.bjtup.com.cn
印 刷 者：北京时代华都印刷有限公司
经　　销：全国新华书店
开　　本：185 mm×260 mm　印张：18.25　字数：491千字
版 印 次：2007年9月第1版　2020年11月第2版　2020年11月第1次印刷
印　　数：1~3 000册　定　价：49.00元

本书如有质量问题，请向北京交通大学出版社质监组反映。对您的意见和批评，我们表示欢迎和感谢。
投诉电话：010-51686043，51686008；传真：010-62225406；E-mail：press@bjtu.edu.cn。

前 言

博弈论从诞生至今不过70余年时间，但却对经济学乃至整个社会科学产生了重要的影响。目前，博弈论不仅已经成为主流经济学的重要组成部分，甚至有学者认为它是整个社会科学的基础。从1994年至今已经有6届诺贝尔经济学奖颁发给了从事博弈论及其应用研究的学者，使博弈论成为理论界关注的重点。然而博弈论不仅仅在理论界光彩夺目，在经济、管理、法律、政治、军事国防、工程、医疗卫生、环境、社会伦理、个人生活等领域同样得到广泛应用，甚至在某些自然科学领域（如量子力学、生物学）都可以觅其踪迹。

随着博弈论理论的不断完善和在各个领域的广泛应用，博弈论已经成为一个重要的决策分析工具，无论是宏观层次的决策问题还是微观层次的决策问题都可以运用博弈论的理论和方法进行分析。Samuelson 说："要想在现代社会做一个有文化的人，你必须对博弈论有一个大致了解。"目前，博弈论在国内的发展和传播非常迅速，许多高校为研究生甚至本科生开设了博弈论方面的课程，有关博弈论方面的专著（或译著）也大量出版。

自20世纪80年代初以来，作者所在的华中科技大学（原华中理工大学）系统工程研究所在陈珽先生的指导下，开始了决策分析及相关理论（包括博弈论）的研究，并由陈珽先生和岳超源教授先后为研究生开设了"决策分析"课程，博弈论作为该课程的一个重要内容也随之为学生讲授。随着博弈论的研究和应用在国内的开展和深入，华中科技大学从1997年起为研究生开设了选修课"经济博弈论"，并从2001年起为本科生开设了公选课"博弈论"，作者有幸承担了这两门课程的教学任务，至今已有20多年。通过对课程讲义进行扩展，作者于2007年编写了博弈论的入门教材《博弈论教程》。较之国内已有的博弈论方面的书籍，该书更侧重于博弈论基础知识的介绍，如博弈问题的描述（建模）、博弈的均衡及其求解方法、经典案例的分析等。《博弈论教程》出版至今已10余年，结合作者这10多年来使用该教材的心得和体会，以及部分读者使用该书后的意见和建议，我们对第1版教材中的部分章节进行了适当调整，并对部分内容进行了增减或修改，主要表现为：一是对第一部分和第三部分的篇章结构进行了适当的调整；二是增加了博弈建模方面的内容，以及均衡精炼思想讲解方面的示例；三是删除了绝大多数文科学生，同时也是大多数工科学生在博弈论课程学习过程中极少涉及的有关均衡存在性证明方面的内容。修订后的《博弈论教程》，定位仍是一本关于博弈论基础的入门教材，希望对博弈论的理论和应用做深入了解和学习的读者，可阅读迈克尔·马希勒等人编写的《博弈论》或者奥斯本等人编写的《博弈论教程》以及迈尔森编写的《博弈论：矛盾冲突分析》。

本书配有教学课件和相关资源，有需要的读者可以发邮件至 cbsld@jg.bjtu.edu.cn 索取。

由于作者水平有限，疏漏、不当之处在所难免，衷心希望读者不吝赐教。

罗云峰

2020年10月

目 录

第二部分　完全信息动态博弈

第三部分　不完全信息静态博弈

第四部分　不完全信息动态博弈

绪论

本章是全书的绪论，主要介绍博弈论的研究对象、研究方法、博弈问题分类及博弈论发展历程，并对博弈论中解的概念进行探讨。

0.1 什么是博弈论

“博弈论”译自英文 game theory，以前国内翻译为“对策论”。

所谓博弈论就是研究决策主体的行为发生直接相互作用时的决策及这种决策的均衡问题，也就是，当一个主体，比如一个企业或团体的选择受其他企业或团体选择的影响，而且反过来影响其他人选择时的决策问题和均衡问题。因此，从这个意义上来讲，博弈论是研究决策问题的理论。

在现实生活中，“博弈”（game）可以用来泛指各种游戏，如棋类游戏、桥牌、扑克、博彩及各类体育比赛等，但在博弈论（至少是传统的博弈论）中，博弈被严格定义为完全理性的个人或群体的行为发生直接相互作用的情形，而博弈论正是研究这种情形下个人或群体的选择（即决策）及这种选择所导致的结果的理论。

虽然博弈论从本质上来讲是研究决策问题，但与传统的决策理论（或决策分析）相比，其研究对象还是有所不同。比如说，早上出门是否带伞，是人们经常遇到的一个决策问题，决策人（决策主体）对该问题的选择（或决策），取决于对未来天气状况的判断，而且决策的结果（带伞或不带伞）对未来的天气状况也不会产生任何影响；而在如国际象棋、围棋的对弈中，双方在考虑如何应对时，不仅需要考虑自己在每一步棋中的选择（走法），更要注意自己的这种选择对对方在下一步棋中的选择产生的影响，以及这种影响对自己在后面选择（走法）的影响，……因此，博弈论更加关注的是博弈决策中博弈各方的互动行为。从这个意义上讲，博弈论更是研究博弈各方策略依存性的理论①。正如 1994 年诺贝尔经济学奖获得者 John C. Harsanyi 所论述的那样：“博弈论是关于策略相互作用的理论，具体来讲就是关于社会形势中参与人（即博弈的主体）理性行为的理论，其中每个参与人对自己行动的选择必须以他对其他参与人将如何反应的判断为基础。”

---

① 2005 年诺贝尔经济学奖获得者 Robert Aumann 就认为，“交互的决策论” 是博弈论的一个最恰当的定义；Roger B. Myerson 则将博弈论定义为“相互影响的决策理论”；而 Christian Montet 和 Daniel Serra 更是认为博弈论（关于多个决策主体之间相互影响的决策的分析）可以被看成是决策论（关于单一决策主体决策的分析）的一般化，决策论也可被认为是一种双人博弈，只不过其中一方是一个虚拟的主体—— “自然”。

0.2 怎么研究博弈论

既然博弈论研究决策人在博弈（相互作用）中的决策，那么就必须对决策人的决策行为进行分析和预测。但是，我们知道：现实中的人是复杂的，其行为也是变幻莫测的，要想对其行为进行预测是极其困难的。博弈论在对博弈中决策人的行为进行预测时，如果不对决策人的行为或行为模式给出一定的约束或假定，那么就根本无法对决策人的行为进行准确预测，博弈论的研究也就无法进行，所得到的结论也不能保证逻辑上的合理和准确。因此，与传统的决策理论（或决策分析）一样，在分析博弈问题时，博弈论的分析框架都假设：参与人是完全理性的。所谓完全理性，是指参与人在追逐其目标——效用（即博弈结果给自己带来的满足）最大化时能前后一致地做决策，即参与人的行为和目标具有一致性。关于参与人理性行为的具体表现形式，文献里已有很多论述，归纳起来主要表现为：

（1）参与人的偏好具有一致性，且对具体的决策问题保持稳定；

（2）参与人对所面临的决策问题（或博弈问题）具有完全的理解，即使决策问题含有不确定性，参与人也能对这种不确定性进行描述或建模；

（3）参与人具有强大的（甚至是无限的）逻辑推理能力和计算能力。

在传统的决策问题中，当假设决策人完全理性时，对于给定的决策问题和决策人的决策目标，我们就可以对决策人的行为给出一个准确的预测，即决策人选择能够最大限度实现自身决策目标的行动，也就是效用最大的行动。但在博弈中，由于参与人的决策存在相互作用，导致博弈的结果不仅仅取决于某一个参与人的选择，而是所有人的选择。因此，每个参与人在做决策时都会考虑其他参与人如何决策，即对其他人的行为进行预期。所以，在分析某一位参与人在博弈中的决策行为时，就必须考虑其对其他参与人行为的预期，而其他参与人决策时同样也会对该参与人的行为进行预期。因此，分析某一位参与人在博弈中的决策行为就不仅要考虑其对其他参与人行为的预期，而且还要考虑其对其他参与人对自己行为的预期，以及其他参与人对自己对其他参与人行为的预期，……为了厘清每位参与人对其他参与人行为的相互预期，考察如下行为博弈实验——“猜数游戏”。

“猜数游戏”

每个游戏者报一个至多为100的非负的整数（即0，1，2，…，100，共101个非负的整数）。计算所有游戏者所报数字的平均数（记为A），报出不超过平均数70%（即0.7A）的最大数字者获胜（比如平均数是11，其70%为7.7，则所报数字不超过7的游戏者中，报最大数字者获胜）。

对于上述“猜数游戏”，每个游戏者该如何选择呢？如果游戏中只有两名游戏者，那么游戏者的报数策略就非常简单。由于所报的数不能超过平均数的70%，因此每个游戏者所报的数只有比对方的小，才可能成为获胜者。所以，每个游戏者都会报尽可能小的数，比如双方都报0（此时，两人都是获胜者）。但是，当游戏中有两名以上的游戏者时，报尽可能小的数并不能确保游戏者成为获胜者。比如，当有三个游戏者时，假设三人所报的数分别为

0，10 和 50，则平均数 $A=20$，平均数的 70% 即 $0.7A=14$，所以获胜者为报“10”的游戏者，而不是报“0”的游戏者。所以，当游戏者数不少于 3 人时，游戏者的报数策略就会变得相对复杂。此时，每个人报一个什么样的数，取决于其他人如何报数。

那么当游戏者数不少于 3 人时，游戏者该如何报数呢？下面就这一问题做一简单分析。为了简化分析，假设游戏者都是理性的。首先，一名游戏者要想成为获胜者，其所报的数就不能超过平均数的 70%，即 $0.7A$，而最大的平均数最多为 100（即 $A\leqslant 100$），所以每人所报的数不会超过 70；如果每人所报的数不超过 70，那么基于同样的逻辑，每人所报的数不会超过 $0.7\times(0.7\times 100)=49$；同理，每人所报的数就不会超过 $0.7\times[0.7\times(0.7\times 100)]=34.3$，如此推理下去，每人所报的数就会趋近于 0。这样，在一个多人（三人或三人以上）参与的“猜数游戏”中，游戏者都会选择报“0”。游戏者的选择是这样的吗？下面我们来看看上述分析存在的问题。

显然，理性的游戏者不可能选择超过 70（即可选的最大数的 70%）的数，但他是否就一定会选择不超过 49〔即 $0.7\times(0.7\times 100)=49$〕或者不超过 34〔即 $0.7\times[0.7\times(0.7\times 100)]=34.3$〕甚至更小的数呢？这取决于他对其他参与人行为的预期，即如果他认为其他参与人与自己一样，都是理性的，不可能选择超过 70 的数，那么他就会选择不超过 49（即 70 的 70%）的数。同样，如果他不仅认为其他参与人与自己一样都是理性的，而且还认为其他每个参与人都认为其他参与人都是理性的，那么他就会选择不超过 34（即 49 的 70%）的数。如果参与人的“理性层次”满足更高的要求，那么上述逻辑还可以做进一步的扩展，即如果满足以下条件，那么参与人就会选择小于 34 的数，比如 23（即 34 的 70%）：

（1）参与人是理性的；

（2）每个参与人认为其他参与人是理性的；

（3）每个参与人认为其他每个参与人认为其他参与人是理性的；

（4）每个参与人认为其他每个参与人认为其他每个参与人认为其他参与人是理性的。

上述分析表明：预测参与人在博弈中的行为是非常复杂的，想要得到一个明确且肯定（而不仅仅是猜测）的结论，是有很强的前提条件的。因此，为了便于对参与人在博弈中的行为进行预测，同时保证得到一个逻辑上严谨且一致的结论，在分析博弈问题时，除了假设参与人完全理性外，博弈论的分析框架还要求：博弈问题的结构（或者对博弈问题的描述）和参与人完全理性是共同知识（common knowledge）。所谓共同知识，是指如果有一种每个参与人都知道的“信息（或事件）”，并且每个参与人都知道每个参与人都知道它，每个参与人都知道每个参与人都知道每个参与人都知道它，如此等等，那么这种“信息”对参与人而言就是共同知识。显然，关于一个事件的共同知识这一概念比人们所熟悉的“相互知识”需要更多的信息，因为“相互知识”只需每个人都知道这一事件，而共同知识则是无穷尽的“相互知识”①。

博弈问题的结构和参与人完全理性为共同知识，是博弈分析所特有的一个基本假设（后面简称共同知识假设），也是博弈分析中参与人进行分析、预测和逻辑推理的基础，它确保了每个参与人的决策环境、理性层次及逻辑思维层次是完全相同的。

假设“参与人完全理性”是共同知识意味着：每个参与人都知道“参与人完全理性”，每个参与人都知道每个参与人都知道“参与人完全理性”，每个参与人都知道每个参与人都

① 这里给出的是共同知识的一种直观描述，其严格定义可参见第 1 章。

知道每个参与人都知道“参与人完全理性”，……这样，有了参与人完全理性和参与人完全理性是共同知识这两个假设，就可以确保前面的分析具有逻辑上的一致性，即参与人的选择满足①：

$$0.7\times0.7\times0.7\times\cdots\times100\to0$$

目前，博弈论对博弈问题的分析都是在完全理性和共同知识假设下进行的。假设参与人完全理性，在博弈中给定其对其他参与人行为的预期，那么参与人就可对其行为给出一个“自认为正确”的预期。这里，“自认为正确”的预期是指：这种预期是否正确，还要取决于其对其他参与人行为的预期。如果他/她对其他参与人的行为预期是正确的，那么其对自身行为的预期就是正确的；如果他/她对其他参与人的行为预期是不正确的，那么其对自身行为的预期也就是错误的，但这种错误是由于他/她对其他参与人的行为预期不正确而引起的。这也是为什么在博弈分析中还需要引入共同知识假设的原因。共同知识假设的引入，不仅确保了每个参与人能对其他参与人的行为有一个正确的预期，而且还可以对自己的行为预期进行“纠偏”，确保每个参与人能对自己的行为给出正确的预期。所以，在目前的博弈分析框架中，每个参与人不仅知道选择什么样的行动能使自己的选择最优，而且还能够预测到其他参与人的最优选择。按照 Roger B. Myerson 的论述，就是：参与人是智能的、理性的决策者。

内省式思维是一种有效的博弈分析模式，即参与人在预测其他参与人的决策时，可以假设：如果自己处于其他参与人的位置将会如何决策，从而为自己的决策提供支持。完全理性和共同知识假设可以确保：在分析博弈问题时，每个参与人采用内省式思维对其他人的决策进行预测时，所得到的结果与其他人自己分析所得的结果完全一样，不会出现因决策环境和理性层次的差异，而导致不同的参与人得到的分析结果不同。所以，在现有的博弈论分析框架下，“参与人对博弈问题的分析就如同博弈论专家一样精确，博弈论专家能够想到的、预测到的，参与人都能够想到、预测到。”

0.3 博弈论的发展历程

博弈论的思想及对具有博弈性质的问题的研究可以追溯到19世纪初甚至更早。例如，1838年Cournot的简单双寡头垄断模型；1883年Bertrand和1925年Edgeworth的两个寡头产量与价格垄断模型；两千多年前中国著名的“田忌赛马”等都属于早期博弈论的萌芽。但是，这种研究都是零星的、不系统的，带有很大的偶然性。

传统上一般以1944年John von Neumann和Oskar Morgenstern合著的巨著*Game Theory and Economic Behaviors*（《博弈论与经济行为》），作为博弈论诞生的主要标志。该书不仅汇集了当时博弈论的主要研究成果，并且首次完整而清晰地将博弈论的研究框架表述出来，给出了一类博弈问题的统一描述方式——战略式博弈。书中关于双人零和博弈的研究不仅成为现代博弈论研究的标准范式，所建立的关于不确定情形下的效用函数公理体系，更是为研究

① 当然，上述结果的出现还要求参与人对博弈问题的结构（即猜数游戏的游戏规则）完全了解，严格来讲，还要假设博弈问题的结构也是共同知识。

不确定性条件下的理性决策铺平了道路，为现代经济学的定量分析奠定了基础。因此，*Game Theory and Economic Behaviors* 的出版标志着博弈论作为一门学科的建立。

在 John von Neumann 和 Oskar Morgenstern 研究之后的相当长的一段时间里，人们对博弈论的研究主要集中在双人零和博弈上，而对于多人博弈或非零和博弈，却知之甚少，直到博弈论的另一位大师 John Nash 提出非合作博弈的解——Nash 均衡。

20 世纪 50 年代初，博弈论大师 John Nash 关于非合作博弈的两篇著名论文（其中一篇为博士毕业论文），不仅确定了非合作博弈的形式，提出了博弈论中最为重要的解的概念——Nash 均衡，而且还证明了 Nash 均衡的存在性。Nash 均衡是较传统零和博弈中极小极大解更为一般的博弈的解的概念，不仅适用于零和博弈还适用于所有的博弈模型。Nash 均衡及其存在性为非合作博弈的一般理论奠定了基础，开辟了博弈论研究的新领域。

在 Nash 之后，人们对博弈论的研究基本上都是沿着 Nash 均衡这条主线展开的。在 Nash 均衡中，博弈的参与人的信息是完全的，即博弈的参与人对其他参与人的情况有完全的了解；不仅如此，Nash 均衡还要求博弈的参与人是理性的而且理性的程度足以使 Nash 均衡出现；同时，Nash 均衡是一个静态概念，即在稳定的环境下，在其他的参与人不改变战略的条件下博弈的一种均衡状态。然而现实是在不断变化的并且时有重复，为了扩展 Nash 均衡的分析范围，Reinhard Selten 将 Nash 均衡的概念扩展到动态的甚至是多阶段博弈。在 Nash 均衡的基础之上，Selten 提出了在动态的甚至是参与人偶尔会犯错误的情形下如何精炼博弈的 Nash 均衡，从而剔除不合理的 Nash 均衡。

正如前所述，不论是静态博弈中的 Nash 均衡还是动态博弈中的 Nash 均衡，都要求博弈中的参与人对其他的参与人具有完全信息。而在现实生活中，博弈中的参与人要想获得其他参与人的完全信息的可能性极小，而且即使可能获得完全信息也要付出高昂成本。在前人关于完全信息的博弈理论的基础上，以现实的不完全信息为条件，博弈论大师 John C. Harsanyi 提出了如何将当时人们认为无法分析的不完全信息博弈，转换为运用已有的博弈理论及其他的数学方法便可以分析的博弈模型的一般方法，将博弈论的发展推向了另一个全新的发展阶段。

在对博弈问题进行理论研究的同时，博弈论的应用研究也得到了很大的发展，其应用范围已由 20 世纪 50 年代初的军事领域，扩展到经济、政治、文化及法律等诸多领域，甚至对进化生物学和计算科学等自然科学也产生了重要影响。例如，有学者将博弈论的基本模型引入量子理论，开展量子博弈研究。

0.4 博弈论的分类

传统上将博弈论分为合作博弈（cooperative game）与非合作博弈（non-cooperative game），其区别就在于，在博弈过程中参与人之间能否达成一个具有约束力的协议（binding agreement）①。若能达成协议，则是合作博弈，否则是非合作博弈。然而，“非合作”并不是说每个参与人总是拒绝和其他参与人合作，而是在非合作博弈中，参与人只是根据他们的

① 对于博弈论的这种划分方法，有学者提出了异议，认为参与人达成协议的过程本身就是也只能是一个非合作的博弈过程，因此，“最基本”的博弈问题只有非合作博弈而没有合作博弈。

“可察觉的自我利益”(perceived self-interest)来决策，即使在博弈之前参与人可以相互沟通，他们之间的协议、威胁或许诺也都是无法实施的。需要指出的是，非合作的参与人虽然仅仅由各自的私利所驱使，但在某些情况下，他们却能表现出“合作的行为”①。此外，需要强调的是，合作博弈并不意味着参与人之间没有利益冲突，而非合作博弈就一定存在利益冲突。事实上，在博弈论的研究中，无论是合作博弈还是非合作博弈，都是假设博弈的主体为实现自身利益（效用）最大化的决策人，其区别在于实现利益最大化的方式不同。在合作博弈中，参与人虽然能够以“合作”的方式来实现利益最大化，但他们之间仍可能存在利益冲突；在非合作博弈中，即使参与人之间利益一致，但由于缺乏协调机制，他们只能以一种“非合作”的方式来实现自身利益最大化。

对合作博弈的研究主要集中在20世纪五六十年代，除了探讨博弈各方如何形成合作以外，研究的重点主要是分析达成合作的各方如何分配由于合作而带来的额外利益。

自从Nash提出Nash均衡以来，尤其是20世纪60年代以后，博弈论的理论研究主要集中在非合作博弈，出现的成果也大多是非合作博弈方面的；而且在应用方面，非合作博弈也取得了巨大成功②。从20世纪80年代开始，非合作博弈理论逐渐“成为主流经济学的一部分，甚至可以说成为微观经济学的基础”。因此，总体上讲，非合作博弈是博弈论研究的主流。

对于非合作博弈问题，出于分析问题简便的需要，根据博弈问题本身的信息结构将其分为完全信息博弈（complete information game）和不完全信息博弈（incomplete information game）。所谓完全信息，就是指所有的参与人对博弈问题的信息结构有完全的了解，在博弈开始之前所有的参与人对博弈问题本身没有任何不确定性，也就是说，没有事前的不确定性；而不完全信息则意味着在博弈开始之前，至少有一个参与人对博弈问题信息结构的某一方面，没有完全了解，存在事前的不确定性。

同时，根据博弈问题本身所包含的参与人决策时序的差异，又可将博弈问题分为静态博弈（static game）和动态博弈（dynamic game）。所谓静态博弈，是指在博弈中所有的参与人同时选择行动，或虽非同时但后行动者并不知道先行动者采取什么具体行动；动态博弈是指参与人的行动存在先后顺序，且参与人可以获得有关博弈历史的部分或全部信息。

结合上述两种划分博弈问题的方法，习惯上将博弈问题又分为完全信息静态博弈(static game of complete information)、完全信息动态博弈（dynamic game of complete information)、不完全信息静态博弈（static game of incomplete information）和不完全信息动态博弈(dynamic game of incomplete information)。

0.5 博弈问题的解

博弈论研究的目的（或核心）就是寻找博弈问题的解，即给定一个博弈问题，分析或

① 事实上，非合作博弈理论的一个重要结论就是，在给定的博弈规则下，内生的合作是有可能达成的。

② 从1994年到2005年的12年间，诺贝尔经济学奖先后四次（1994年、1996年、2001年和2005年）授予了从事非合作博弈研究的学者就是一个很好的例证。

预测什么样的博弈结果将会出现。对于一个博弈问题，参与人之间的交互作用到底会导致什么样的结果出现？或者说什么样的博弈结果才是博弈问题的解呢？

探寻博弈问题的解，必须明确：博弈分析是在博弈问题的结构和参与人完全理性为共同知识的假设下进行的，而在该假设下，人们（或博弈论专家）对博弈问题的求解，就等同于完全理性的参与人对博弈问题的求解。因此，我们可以采用内省式思维分析博弈问题的解。

假设某个参与人在博弈开始之前对博弈的结果进行分析，并且预测到结果 A 将会出现而采取与之相对应的行动。现在的问题是：参与人的这种预测是否一定就是博弈的真正结果？或者说参与人的预测在什么情况下才是正确的？我们知道，博弈论是交互决策的理论，博弈中某个结果的出现是所有参与人共同选择的结果。因此，上述参与人所预测到的结果 A 要成为博弈的结果，就必须所有的参与人都采取与之相对应的行动。也就是说，当所有的参与人都在对博弈的结果进行预测时，只有所有的人都预测到结果 A 将会出现，那么这个结果才有可能成为博弈的结果。此时，参与人的预测才是正确的；反之，如果参与人有不同的预测，那么参与人的预测就可能不正确。例如，在一个两人博弈中，参与人 1 预测到结果 A 将会出现而采取与结果 A 相对应的行动，但参与人 2 预测到结果 B 将会出现而采取与结果 B 相对应的行动（这里 A 和 B 是两个不同的博弈结果），那么博弈真正出现的结果可能既不是结果 A（因为参与人 2 没有采取与结果 A 相对应的行动），也不是结果 B（因为参与人 1 没有采取与结果 B 相对应的行动）。

因此，我们可以将博弈问题的解定义为：所有参与人都预测到的博弈结果，即参与人的一致性预测。需要注意的是，这种一致性的预测不仅仅是所有的参与人都预测到某个结果会出现，而且是所有的参与人预测到所有的参与人都预测到某个结果会出现，也就是说，这种一致性的预测在参与人之间不仅是交互知识，而且是共同知识。

考察有三个参与人的“猜数游戏”。用(x, y, z)表示一个游戏结果，其中 x 表示参与人 1 的选择，y 表示参与人 2 的选择，z 表示参与人 3 的选择。假设参与人 1 预测的游戏结果为（1，2，3），即参与人 1 预测到其他两个参与人分别选择 2 和 3，自己选择 1。参与人 1 的这个预测结果是否会成为博弈的最终结果呢？显然，要让(1，2，3) 成为最终的博弈结果，不仅要求参与人 1 选择 1，而且还要求参与人 2 选择 2，参与人 3 选择 3。但是，参与人 2 和 3 会这样选择吗？首先，我们说参与人 2 是不会预测到博弈结果(1，2，3)的，这是因为：如果参与人 2 预测到参与人 1 选择 1，参与人 3 选择 3，自己选择 2 是不可能获胜的（此时，参与人 1 是唯一的获胜者）。同样的道理，参与人 3 也不可能预测到博弈结果(1，2，3)。既然参与人 2（或 3）不会选择 2（或 3），那么博弈的结果也就不可能为(1，2，3)。其次，虽然在博弈结果(1，2，3)中，参与人 1 的选择是最优的，他能成为获胜者，但参与人 1 也会预测到(1，2，3)不会成为最终的博弈结果，这是因为在现有的博弈分析框架（即完全理性假设和共同知识假设）下，参与人 1 也会预测到(1，2，3) 不可能成为参与人 2 和 3 的预测结果。

那么在有三个参与人的“猜数游戏”中，哪一个博弈结果可能会是大家都预测到的结果或一致性预测呢？从 0.2 节的分析中很容易知道，博弈结果（0，0，0)（即所有的参与人都选 0）是一个一致性的预测结果，这是因为：对所有的参与人来讲，预测到别人选 0 时，自己就必须选 0；不仅如此，而且所有的参与人都会预测到所有参与人预测到其他参与人选 0 时自己必须选 0，等等。

从上面的分析可以看到，一致预测性具有这样的性质："如果所有参与人都预测一个特定的博弈结果会出现，那么所有的参与人都不会利用该预测选择与预测结果不一致的策略，即没有哪个参与人有偏离这个预测结果的愿望，因此这个预测结果最终真会成为博弈的结果。"

在博弈论既有的分析框架下，参与人的一致性预测就是博弈问题的解，那么对于一个博弈问题什么样的结果可以成为一致性的预测呢？关于这个问题，目前人们已有了比较一致的认识，即将 Nash 均衡作为博弈问题的一致性预测，也就是博弈问题的解。

由于博弈论研究的核心是博弈问题的解，因此 Nash 均衡也成为"博弈论尤其是非合作博弈论的中心概念和赖以建立的基础"，非合作博弈论也基本上是围绕 Nash 均衡建立和发展起来的。Nash 均衡是作为完全信息静态博弈这一类最简单的博弈问题的解而提出的，随着所研究问题复杂程度的增加，人们又在 Nash 均衡的基础上提出了更加复杂和精炼的解的概念。例如对于完全信息动态博弈问题，提出了子博弈精炼 Nash 均衡；对于不完全信息静态博弈问题，提出了贝叶斯 Nash 均衡等。纵观博弈论尤其是非合作博弈论的发展，可以说对博弈问题解的研究，就是对 Nash 均衡及其精炼问题的研究。

0.6　本书的篇章结构

本书是一本关于传统的非合作博弈理论的入门教材，其内容围绕博弈问题的解——Nash 均衡及其精炼展开，全书共分四部分，其中第一部分在介绍完全信息静态博弈的描述方式——战略式博弈的基础上，重点介绍了完全信息静态博弈的解——Nash 均衡及 Nash 均衡的应用；第二部分在介绍完全信息动态博弈的描述方式——扩展式博弈的基础上，重点介绍了完全信息动态博弈的解——子博弈精炼 Nash 均衡及子博弈精炼 Nash 均衡的应用，同时还对重复博弈进行了介绍；第三部分在介绍不完全信息静态博弈的处理方式——Harsanyi 转换的基础上，重点介绍了不完全信息静态博弈的解——贝叶斯 Nash 均衡及贝叶斯 Nash 均衡的应用；第四部分介绍不完全信息动态博弈的解——精炼贝叶斯 Nash 均衡及精炼贝叶斯 Nash 均衡的应用，重点分析了如何应用"精炼"的思想解决"博弈解的多重性问题"。

第一部分　完全信息静态博弈

第 1 章　战略式博弈

对博弈问题进行系统科学的分析，必须首先给出博弈问题的规范性描述。战略式博弈是一种最常用的博弈问题描述方式，尤其是对那些不需要考虑博弈进程的完全信息博弈问题（如完全信息静态博弈）非常适用。本章将通过一个例子，介绍博弈分析所涉及的各种基本概念，并在此基础上给出完全信息博弈问题的战略式描述。

1.1　基本概念

考察这样一种新产品开发情形：两企业（不妨称为企业 1 和企业 2）准备各自开发同一种新产品，并投放市场。开发中企业的投入、产出如图 1.1 所示。

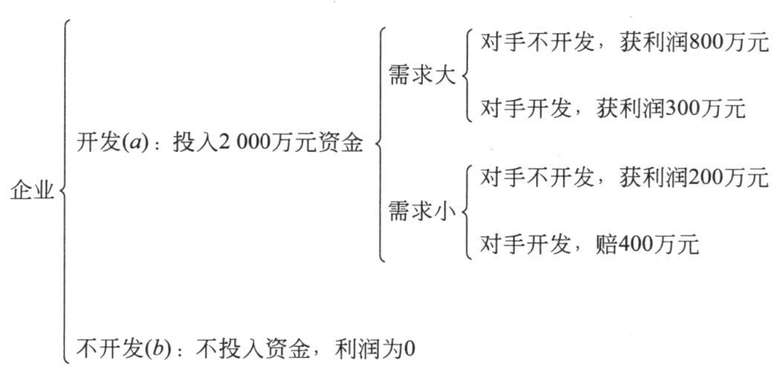

图 1.1　新产品开发的投入–产出图

从图 1.1 中可以看到，每个企业在新产品开发中的收益（产出），不仅与自己的决策和市场的需求大小有关，而且还与另一个企业的决策有关。因此，在新产品开发中企业面临的不仅仅是一个决策问题，更是一个博弈问题。在以后的讨论中，不妨将上述新产品开发问题称为“新产品开发博弈”。

在传统的博弈论中，对上述新产品开发问题进行博弈分析，一般都假设每个企业都知道图 1.1 所示的投入–产出图，或者说每个企业跟读者一样，都看到了图 1.1 所示的投入–产出图①。虽然我们假设企业都知道投入–产出图，但企业决策时仍可能面临如下不确定性：

（1）每个企业决策时是否知道市场的需求，即能否确定市场的需求是大还是小；

（2）每个企业决策时是否知道另一个企业的决策，即能否确定另一个企业是开发还是不开发。

根据企业对上述不确定性的了解程度，可以将上述“新产品开发博弈”问题定义为本

① 不仅如此，而且是两个企业同时在一起看到了投入–产出图。参见后面的分析。

书将要探讨的四类博弈问题——完全信息静态博弈、完全信息动态博弈、不完全信息静态博弈和不完全信息动态博弈。

假设市场需求确定，即企业1和企业2决策时都已知道市场需求，那么在博弈开始之前（即至少有一个企业开始决策之前），由于每个企业都看到了投入-产出图，使得每个企业该知道的信息都已知道，不存在任何事前（即博弈开始之前）的不确定性①。此时，企业面临的博弈问题就是本书第一、二部分所要探讨的完全信息博弈问题。

同时，根据企业的决策是否存在时序上的差异（即企业是否同时决策），又可以将所探讨的完全信息博弈问题分为完全信息静态博弈和完全信息动态博弈。如果两个企业同时决策，即不存在决策时序上的差异②，那么我们探讨的博弈问题就是完全信息静态博弈；如果两个企业先后决策，即存在决策时序上的差异，那么我们探讨的博弈问题就是完全信息动态博弈。

假设市场需求不确定，即至少有一个企业决策时不知道市场需求，那么在博弈开始之前，对于不知道市场需求的企业，虽然知道（看到）投入-产出图，但仍然存在一些与他的决策有关的信息，他无法确定。比如说，如果企业1不知道市场需求，那么在博弈开始之前，他就无法确定当他和对手同时选择开发时，自己是赚300万元还是亏损400万元；同时也无法确定当他选择开发而对手选择不开发时，自己是赚800万元还是赚200万元。这意味着在博弈开始之前，对于企业1来讲就已存在所谓的事前不确定性，所以企业面临的博弈问题就是本书第三、四部分所要探讨的不完全信息博弈问题。

同样，根据企业的决策是否存在时序上的差异，又可以将所探讨的不完全信息博弈问题分为不完全信息静态博弈问题和不完全信息动态博弈问题。

下面结合上述“新产品开发博弈”，对本书中所要用到的一些基本概念进行介绍。

1. 参与人（player，亦称局中人）

参与人是指博弈中选择行动以最大化自己效用的决策主体（可能是个人，也可能是团体，如国家、企业或组织等）。例如，“新产品开发博弈”中的企业1和企业2。参与人是构成博弈问题的最基本要素，没有参与人也就没有博弈问题。

在本书的讨论中，除特别指出外，一般都假设参与人为满足完全理性的决策主体，并且用$i=1, 2, \cdots, n$表示n人博弈中的参与人，$\Gamma=\{1, 2, \cdots, n\}$表示所有参与人的集合。在“新产品开发博弈”中，$\Gamma=\{1, 2\}$。

2. 行动（action）

行动是参与人在博弈的某个时点的决策变量。例如，“新产品开发博弈”中企业的选择——“开发”和“不开发”。行动也是构成博弈问题的基本要素之一，没有行动也就没有参与人之间的互动，也就无所谓博弈。因此，在博弈分析中，一般假设参与人都必须有多个（两个或两个以上）可供选择的行动。

在以后的讨论中，用a_i表示参与人$i(i=1, 2, \cdots, n)$的行动，$A_i=\{a_i\}$表示参与人i的所有行动的集合。例如，“新产品开发博弈”中，$A_1=A_2=\{a, b\}$。

需要注意的是，行动a_i不仅可以为离散型变量（如“新产品开发博弈”中企业的选

---

① 注意，虽然此时每个企业并不知道另一个企业的决策（开发或不开发），但由于每个企业的决策是发生在博弈开始之后的，因此这种不确定性（即另一个企业的决策）是博弈开始之后才有的，不是所谓的事前不确定性。

② 一个企业先决策，另一个企业后决策，但后决策企业并不知道先决策企业的决策，对于这种情形，在博弈分析中，我们将它等同于两个企业同时决策。也就是说，同时决策在这里是一个信息概念而非日历上的时间概念。

择)，也可以是连续型变量（如第 5 章将要介绍的 Cournot 模型中厂商的产量）。

在 n 人博弈中，n 个参与人行动的有序集 $a=(a_1, a_2, \cdots, a_n)$ 是 n 个参与人的行动组合（action profile，亦称为“行动断面”），它表示博弈中每个参与人 $i(i=1, 2, \cdots, n)$ 采取一个行动的一种博弈情形（situation），其中 a_i 表示参与人 i 所采取的行动。例如，在“新产品开发博弈”中，行动组合（开发，开发）(即 (a, a))表示博弈中企业 1 和企业 2 都采取行动“开发”；行动组合（不开发，开发）(即 (b, a))表示博弈中企业 1 采取行动“不开发”，而企业 2 采取行动“开发”。

用 A 表示所有行动组合的集合，在“新产品开发博弈”中，存在四个行动组合，即 $A=\{(a,a),(a,b),(b,a),(b,b)\}$。

3. 战略(strategy)

战略是参与人的行动规则，它规定了参与人在每一种轮到自己行动的情形下，应该采取的行动。它是与博弈的行动顺序相关的行动的有序集，也是构成博弈问题的基本要素之一。例如，在“新产品开发博弈”中，假设博弈中参与人的行动顺序（决策时序）是：企业 1 先采取行动，企业 2 观测到企业 1 的行动后再采取行动。在这样的博弈行动顺序下，轮到企业 2 行动时，可能面临的决策情形就会有两种：企业 1 已采取行动“开发”和企业 1 已采取行动“不开发”。因此，企业 2 的战略就必须告诉（规定）企业 2：当企业 1 采取行动“开发”时，自己应该怎样行动（“开发”还是“不开发”）；当企业 1 采取行动“不开发”时，自己应该怎样行动（“开发”还是“不开发”）。

事实上，博弈论中的战略类似于传统决策理论中的决策规则。在 n 人博弈中，用 s_i 表示参与人 $i(i=1, 2, \cdots, n)$ 的战略，X_i 表示参与人 $i(i=1, 2, \cdots, n)$ 在博弈中可能面临的所有决策情形的集合，称为观测集。参与人 $i(i=1, 2, \cdots, n)$ 在博弈中的战略可以定义为从观测集 X_i 到行动集 A_i 的映射关系，即

$$s_i: X_i \to A_i$$

用 $S_i=\{s_i\}$ 表示参与人 i 所有战略的集合。在“新产品开发博弈”中，如果博弈的行动顺序就是前面所提到的：企业 1 先采取行动，企业 2 观测到企业 1 的行动后再采取行动，那么企业 2 行动时面临的决策情形就有以下两种。

（1）情形 1（用 x_1 表示）：企业 1 已采取行动“开发”；

（2）情形 2（用 x_2 表示）：企业 1 已采取行动“不开发”。

所以，$X_2=\{x_1, x_2\}$。此时，企业 2 的战略集 S_2 就包含以下四个战略。

（1）战略 s_2^1：企业 1 采取行动“开发”，自己采取行动“开发”；企业 1 采取行动“不开发”，自己还是采取行动“开发”，即 $s_2^1(x_1)=a$，$s_2^1(x_2)=a$。

（2）战略 s_2^2：企业 1 采取行动“开发”，自己采取行动“开发”；企业 1 采取行动“不开发”，自己采取行动“不开发”，即 $s_2^2(x_1)=a$，$s_2^2(x_2)=b$。

（3）战略 s_2^3：企业 1 采取行动“开发”，自己采取行动“不开发”；企业 1 采取行动“不开发”，自己采取行动“开发”，即 $s_2^3(x_1)=b$，$s_2^3(x_2)=a$。

（4）战略 s_2^4：企业 1 采取行动“开发”，自己采取行动“不开发”；企业 1 采取行动“不开发”，自己也采取行动“不开发”，即 $s_2^4(x_1)=b$，$s_2^4(x_2)=b$。

但是，对于上述博弈行动顺序，企业 1 只面临博弈开始这样一种决策情形，因此 X_1 中只含有一个元素，所以企业 1 的战略集 S_1 就只包含以下两个战略。

（1）战略 s_1^1：博弈开始时，企业1采取行动“开发”，即 $s_1^1=a$。

（2）战略 s_1^2：博弈开始时，企业1采取行动“不开发”，即 $s_1^2=b$。

因此，企业1的战略集和行动集相同。事实上，在完全信息静态博弈中，由于不存在决策时序上的差异，所有参与人在同一决策时点即博弈开始的那一时刻决策，因此所有参与人面临的决策情形都只有一种，所以参与人的战略集与行动集相同。

在 n 人博弈中，用 $s=(s_1, s_2, \cdots, s_n)$ 表示 n 个参与人的战略组合（strategy profile），它表示博弈中每个参与人 $i(i=1, 2, \cdots, n)$ 采取战略组合中相应战略 s_i 的一种博弈情形。例如，在“新产品开发博弈”中，战略组合(s_1^1, s_2^3)表示博弈中企业1采用战略 s_1^1（即博弈开始采取行动“开发”），企业2采用战略 s_2^3（即观测到企业1采取行动“开发”，则采取行动“不开发”；企业1采取行动“不开发”，则采取行动“开发”）。

用 $S=\{s\}$ 表示博弈中所有战略组合的集合。在“新产品开发博弈”中，对于上述博弈行动顺序，显然存在8种战略组合，即

$$S=\{(s_1^1,s_2^1),(s_1^1,s_2^2),(s_1^1,s_2^3),(s_1^1,s_2^4),(s_1^2,s_2^1),(s_1^2,s_2^2),(s_1^2,s_2^3),(s_1^2,s_2^4)\}$$

4. 支付(payoff)

支付是指参与人在博弈中的所得。由于参与人为完全理性的决策主体，因此与传统的决策理论一样，在博弈分析中参与人都有一个定义“良好”的偏好关系①。在决策分析中，通常用效用函数来表示决策人的偏好；而在博弈分析中，除特别说明外，一般情况下也是用效用函数来表示参与人在博弈中的所得（即支付）。因此，参与人的支付就可表示为一种特定博弈情形（如行动组合或战略组合）下参与人得到的确定效用水平或期望效用水平。对于追求效用最大化的完全理性参与人而言，支付是博弈中每个参与人真正关心的东西，因此支付也是构成博弈问题的基本要素之一。

在以后的讨论中，用 $u_i(i=1, 2, \cdots, n)$ 表示参与人 i 的支付（效用水平），支付组合 $u=(u_1, u_2, \cdots, u_n)$ 表示参与人在特定博弈情形下所得到的支付，其中 u_i 为参与人 i 的支付。

由于博弈中每种特定博弈情形的出现都是参与人相互作用的结果，因此参与人在每种博弈情形下的支付（效用水平）不仅与自己的选择（行动或战略）有关，而且还与其他参与人的选择（行动或战略）有关。所以，参与人 $i(i=1, 2, \cdots, n)$ 的支付可表示为：

$$u_i=u_i(s_1,s_2,\cdots,s_n) \tag{1.1}$$

在以后的讨论中，为了描述方便，用 $s_{-i}=(s_1, \cdots, s_{i-1}, s_{i+1}, \cdots, s_n)$ 表示除参与人 i 以外其他参与人的战略组合，则 $s=(s_1, s_2, \cdots, s_n)=(s_i, s_{-i})$。因此，参与人 $i(i=1, 2, \cdots, n)$ 的支付就可表示为：

$$u_i=u_i(s_i,s_{-i}) \tag{1.2}$$

与式(1.1)相比，式(1.2)更清楚地反映了参与人的支付所具有的特征，即参与人的支付不仅与自己的战略 s_i 有关，而且还与其他参与人的战略 s_{-i} 有关。

在“新产品开发博弈”中，参与人的利润就是其支付，因此在市场需求大的情况下，如果参与人都选择“开发”，则其支付都为300万元，即 $u_1(a,a)=300$，$u_2(a,a)=300$；如

① 所谓定义“良好”的偏好关系，是指参与人的偏好满足效用函数公理体系。

果参与人 1 选择“开发”，而参与人 2 选择“不开发”，则参与人 1 的支付为 800 万元，而参与人 2 的支付为 0，即 $u_1(a,b)=800$，$u_2(a,b)=0$。在市场需求小的情况下，如果参与人都选择“开发”，则 $u_1(a,a)=-400$，$u_2(a,a)=-400$；如果参与人 1 选择“开发”，而参与人 2 选择“不开发”，则 $u_1(a,b)=200$，$u_2(a,b)=0$。

同样，在“新产品开发博弈”中，参与人的支付还可以根据参与人的战略组合得到。例如，对于前面所设定的博弈行动顺序（企业 1 先采取行动，企业 2 观测到企业 1 的行动后再采取行动），战略组合（s_1^1，s_2^3）表示博弈中企业 1 根据战略 s_1^1 选择自己的行动“开发”，企业 2 根据战略 s_2^3（即观测到企业 1 采取行动“开发”，则采取行动“不开发”；企业 1 采取行动“不开发”，则采取行动“开发”）选择自己的行动“不开发”（因为企业 2 观测到企业 1 采取行动“开发”，故而采取行动“不开发”），所以，战略组合（s_1^1，s_2^3）下参与人的支付为 $u_1(s_1^1, s_2^3)=800$，$u_2(s_1^1, s_2^3)=0$（市场需求大的情况下），或者 $u_1(s_1^1, s_2^3)=200$，$u_2(s_1^1, s_2^3)=0$（市场需求小的情况下）。

以上所介绍的四个基本概念——参与人、参与人的行动、参与人的战略及参与人的支付，是构成一个博弈问题的基本要素，也是描述一个博弈问题的基础。除了这些基本概念以外，在博弈问题的分析中，还涉及一个很重要的概念——信息。

5. 信息(information)

信息是参与人所具有的有关博弈的所有的知识，如有关其他参与人行动或战略的知识、有关参与人支付的知识等。例如，在“新产品开发博弈”中，企业有关投入-产出图的知识等。

信息是对博弈问题进行系统科学分析的基础，在不同的博弈问题中，根据具体情况博弈问题具有不同的关于博弈信息的假设。在“新产品开发博弈”中，企业都知道（或看到）投入-产出图就是博弈分析中有关信息的一个基本假设。如果两个企业都知道市场需求，那么这样的博弈情形就是前面所提到的完全信息假设；如果两个企业中至少有一个不知道市场需求，那么这样的博弈情形就是前面所提到的不完全信息假设。此外，还有完美信息假设、完全但不完美信息假设等①。

在博弈分析中，与信息有关的一个重要假设就是绪论中所提到的共同知识。共同知识是关于参与人对某种知识（如参与人的理性、参与人的支付等）了解程度的一种描述，如果某种知识成为共同知识就意味着：每个参与人都知道它，并且每个参与人都知道每个参与人都知道它，每个参与人都知道每个参与人都知道每个参与人都知道它，……在现有的博弈分析框架下，一般都假设博弈问题的结构（或者对博弈问题的描述）为共同知识。例如，在“新产品开发博弈”中，图 1.1 所示的投入-产出图对两个企业来讲为共同知识。也就是说，企业的行动或战略、支付等为共同知识。

共同知识假设是博弈分析所特有的、很强的重要假设，它比人们所熟悉的“相互知识”假设需要更多的信息，因为“相互知识”只需每个人都知道这一事件，而共同知识是无穷尽的“相互知识”。在理论上，共同知识有严格的数学定义和规范的描述，但在实际的博弈分析中，又如何理解共同知识呢？在不引起歧义的情况下，不妨认为：完全理性的参与人同时在一起（即参与人面对面）知道（如看到、听到）的信息，可以当作共同知识来处理。例如，在“新产品开发博弈”中，“投入-产出图”对两个企业来讲为共同知识，不仅意味

① 参见第 6 章。

着两个企业都看到了“投入-产出图”，而且两个企业同时在一起看到了“投入-产出图”。为了说明共同知识在博弈分析中的重要性，下面分析一个人们所熟知的智力游戏——“帽子颜色之谜”（the puzzle of the hats' color）。

$n(n\geqslant 2)$ 个“完全理性”的人围绕一张桌子而坐，他们每人戴一顶颜色或白或黑的帽子。每个人能够看到其他 $n-1$ 个人的帽子，但看不到自己的帽子。一个旁观者当着所有参与人的面宣布：“你们中每位都戴着一顶颜色或白或黑的帽子，这些帽子中至少有一顶是白的，我将开始慢慢数数。每次数数后你们都有机会举一次手。不过你只能在你知道你帽子颜色的情况下才能这样做。”试问：第一次在什么时候有人会举手？

在对“帽子颜色之谜”问题进行讨论之前，我们需要明确：旁观者的陈述给每个判断自己帽子颜色的人（不妨称为参与人）传递了什么样的信息？显然，旁观者的陈述传递了这样的信息：每个参与人都知道“至少有一顶是白的”，不仅如此，由于所有的参与人是在一起同时听到“至少有一顶是白的”，因此每个参与人都知道每个参与人都知道“至少有一顶是白的”，每个参与人都知道每个参与人都知道每个参与人都知道“至少有一顶是白的”，……也就是说，“至少有一顶是白的”在所有的参与人中成为共同知识。因此，在“帽子颜色之谜”问题中，“至少有一顶是白的”为共同知识。这是参与人分析推断自己帽子颜色的基础。

为了避免所讨论的问题过于复杂，不妨假设 $n=3$。根据帽子颜色可能的分布，分以下三种情况讨论。

(1) 3 个人中有一个人戴白色帽子。由于戴白色帽子的参与人知道“至少有一顶是白的”，并且他也没看到其他人戴白色的帽子，因此当旁观者数“1”时，他就会知道自己帽子的颜色为白色，于是他会举手。

(2) 3 个人中有两个人戴白色帽子。虽然所有的参与人都知道“至少有一顶是白的”，但由于每个参与人都至少看到了一顶白色帽子，因此当旁观者数“1”时，没有人能够判断出自己帽子的颜色，也意味着没有人会举手。

那么当旁观者数“2”时，又会出现什么情况呢？要分析当旁观者数“2”时，会出现什么情况，我们需要明确：“当旁观者数‘1’时，没有人能够判断出自己帽子的颜色”，这一事件能否给参与人后面的分析推理提供新的信息。

对每个参与人而言，他知道其他参与人知道“至少有一顶是白的”，如果有其他的某个参与人没有看到白色的帽子，那么他应该在旁观者数“1”时，判断出自己帽子的颜色为白色，所以“当旁观者数‘1’时，没有人能够判断出自己帽子的颜色”就意味着：每个参与人都至少看到了一顶白色的帽子。由于所有的参与人同时一起看到：“当旁观者数‘1’时，没有人能够判断出自己帽子的颜色”这一事件，因此所有的参与人同时一起知道：每个参与人都至少看到了一顶白色的帽子。这就意味着：“每个参与人都至少看到了一顶白色的帽子”成为共同知识。

由于“每个参与人都至少看到了一顶白色的帽子”，同时戴白色帽子的参与人又都只看到了一顶白色的帽子，因此当旁观者数“2”时，戴白色帽子的参与人就会推断出自己帽子的颜色为白色，于是两个戴白色帽子的参与人就会举手。

(3) 3 个人都戴白色帽子。从上面的分析可知：当旁观者数“1”时，没有人能够判断出自己帽子的颜色，同时“每个参与人都至少看到了一顶白色的帽子”成为共同知识。但由于每个参与人都看到了两顶白色帽子，因此当旁观者数“2”时，也没有人能够判断出自己帽子的颜色。

与前面的分析相似，从“当旁观者数‘2’时，也没有人能够判断出自己帽子的颜色”为共同知识，我们又可以推断出：“每个参与人都至少看到了两顶白色的帽子”为共同知识。因此，当旁观者数“3”时，所有的参与人（都戴白色帽子）就会推断出自己帽子的颜色为白色，于是所有的参与人都会举手。

“至少有一顶是白的”为共同知识，是“帽子颜色之谜”问题中参与人分析推理的基础。如果“至少有一顶是白的”不是共同知识，而仅仅是所谓的“相互知识”，也就是每个参与人都知道“至少有一顶是白的”，但不知道其他参与人是否知道“至少有一顶是白的”①，那么前面分析所得到的结论就可能完全不同。比如说，当三个人中有两个戴白色帽子时，由于每人都至少看到了一顶白色帽子，因此当旁观者数“1”时，没有人能够判断出自己帽子的颜色。此时，虽然每个参与人都是因为同样的原因——知道“至少有一顶是白的”同时至少看到了一顶白色的帽子，而无法判断出自己帽子的颜色，但是他却无法推断出其他参与人是因为什么样的原因而无法判断出自己帽子的颜色②。因此，此时参与人并不能从“当旁观者数‘1’时，没有人能够判断出自己帽子的颜色”这一事件，推断出“每个参与人都至少看到了一顶白色的帽子”。这意味着：当旁观者数“2”时，戴白色帽子的参与人也无法判断出自己帽子的颜色。

同样，对于三个人都戴白色帽子的情形，当“至少有一顶是白的”仅为“相互知识”时，由于无法推断出“每个参与人都至少看到了一顶白色的帽子”，因而“每个参与人都至少看到了一顶白色的帽子”也就无法成为共同知识。这又使得参与人无法从“当旁观者数‘2’时，没有人能够判断出自己帽子的颜色”这一事件，推断出“每个参与人都至少看到了两顶白色的帽子”，从而导致：当旁观者数“3”时，没有人判断出自己帽子的颜色。

除了假设博弈问题的结构为共同知识外，参与人完全理性也是在博弈分析中一个很重要的共同知识假设。参与人完全理性意味着参与人对博弈问题的分析如同博弈论专家一样准确，不会犯错误；而参与人完全理性为共同知识则意味着参与人之间的博弈成了博弈论专家之间的博弈，因此我们所研究的博弈问题都是博弈论专家之间进行的博弈问题。所以，在传统的博弈论中，博弈的主体都是同质的。

1.2　战略式博弈：定义与例子

战略式博弈(strategic form game)是博弈问题的一种规范性描述，有时亦称标准式博弈。战略式博弈是一种相互作用的决策模型，这种模型假设每个参与人仅选择一次行动或行动计划(战略)，并且这些选择是同时进行的。因此，对于那些不需要考虑博弈进程的完全信息博弈问题，如完全信息静态博弈最适于用战略式博弈来描述。

定义 1.1　战略式博弈包含以下三个要素：

---

①“至少有一顶是白的”为“相互知识”，相当于这样的情形：旁观者私下单独告诉每个参与人“这些帽子中至少有一顶是白的”，而不是当着所有参与人的面宣布“这些帽子中至少有一顶是白的”。

② 这是因为如果戴白帽子的参与人知道“至少有一顶是黑的”（而不是“至少有一顶是白的”），同时又看到了一顶黑色帽子，那么他同样无法判断出自己帽子的颜色。

（1）参与人集合 $\Gamma=\{1, 2, \cdots, n\}$；

（2）每位参与人非空的战略集 S_i，即 $\forall i\in\Gamma$，$\exists S_i\neq\varnothing$；

（3）每位参与人定义在所有战略组合 $\prod_{i=1}^{n}S_i=\{s=(s_1, \cdots, s_i, \cdots, s_n)\}$ 上的偏好关系 $>_i$。

根据上述定义，如果要用战略式博弈对一个博弈问题进行建模（或者描述），那么只需要说清楚博弈问题的三个构成要素即可，即博弈问题所涉及的参与人、每位参与人有哪些战略可供选择使用及每位参与人对战略组合的偏好。由于博弈分析中参与人满足完全理性假设，因此根据参与人定义在战略组合 $\prod_{i=1}^{n}S_i=\{s=(s_1, \cdots, s_i, \cdots, s_n)\}$ 上的偏好关系 $>_i$，就可得到参与人的效用函数 $u_i(s_1, \cdots, s_i, \cdots, s_n)$。所以，定义 1.1 还可表示为如下形式。

定义 1.2 战略式博弈包含以下三个要素：

（1）参与人集合 $\Gamma=\{1, 2, \cdots, n\}$；

（2）每位参与人非空的战略集 S_i，即 $\forall i\in\Gamma$，$\exists S_i\neq\varnothing$；

（3）每位参与人定义在战略组合 $\prod_{i=1}^{n}S_i=\{s=(s_1, \cdots, s_i, \cdots, s_n)\}$ 上的效用函数 $u_i(s_1, \cdots, s_i, \cdots, s_n)$。

在定义 1.1（定义 1.2）中，如果 $|\Gamma|<\infty$ 且 $\forall i\in\Gamma, |S_i|<\infty$，也就是，如果博弈中参与人的人数及每个参与人的战略数有限，则称这个博弈问题为有限博弈（finite game）。对于有限博弈，一般用三元组 $G=<\Gamma; (S_i); (>_i)>$ 或 $G=<\Gamma; (S_i); (u_i)>$ 来表示战略式博弈。此外，在上述关于战略式博弈的定义中，需要注意的是：

（1）战略式博弈隐含了这样的关于博弈进程的假设：博弈开始，所有的参与人同时从自己的战略集中选择一个战略，得到博弈结果，博弈结束。也就是，博弈一开始即结束。所以，战略式博弈事实上就可以看成是一个“博弈黑箱”，在“黑箱”的一端输入参与人的选择，另一端输出博弈的结果。

（2）参与人在战略式博弈中选择的是一个完备的行动计划（即战略），而不仅仅是某一博弈情形下的行动①。

下面先结合“新产品开发博弈”，分析如何利用战略式博弈对具体的博弈问题进行描述或建模。

例 1.1 考察“新产品开发博弈”。试用战略式博弈对两个企业都知道市场需求，且企业同时决策的博弈情形（即完全信息静态的“新产品开发博弈”）进行建模。

用战略式博弈对博弈问题进行建模，只需说明构成博弈问题的三个要素——参与人、参与人的战略和参与人的支付即可。假设市场需求大，那么完全信息静态的“新产品开发博弈”的战略式描述可用图 1.2 来表示。在图 1.2 中，企业 1 和企业 2 为博弈中的参与人，“开发”和“不开发”为两个参与人的行动（或战略），每个方格中的一组数字表示参与人采用相应的战略组合所得到的支付，其中第一个数字表示左边的参与人（即企业 1）的支付，第二个数字表示上方的参与人（即企业 2）的支付。

由于从图 1.2 中可以清楚看到博弈问题中的参与人、参与人的战略及参与人的支付，因

① 在某些战略式博弈中，参与人选择的可能是一次行动。若将该行动看成是参与人一个退化了的战略，那么战略式博弈中参与人的选择总是一个战略。

		企业2	
		开发	不开发
企业1	开发	300，300	800，0
	不开发	0，800	0，0

图 1.2　完全信息静态的“新产品开发博弈”的战略式描述（需求大时）

此在博弈分析中，对于只有两个参与人的有限博弈问题，一般都用图 1.2 的形式来表示一个博弈问题的战略式描述。图 1.3 给出了当市场需求小时，完全信息静态的“新产品开发博弈”的战略式描述。

		企业2	
		开发	不开发
企业1	开发	−400，−400	200，0
	不开发	0，200	0，0

图 1.3　完全信息静态的“新产品开发博弈”的战略式描述（需求小时）

例 1.2　考察“新产品开发博弈”。试用战略式博弈对两个企业都知道市场需求，且企业 1 先决策，企业 2 观测到企业 1 的选择后再进行选择的博弈情形（即完全信息动态的“新产品开发博弈”）进行建模。

对于给定的行动顺序（即企业 1 先决策，企业 2 观测到企业 1 的选择后再进行选择），由前面的分析可知：企业 1 的战略集为 $S_1=\{a, b\}$，企业 2 战略集为 $S_2=\{s_2^1, s_2^2, s_2^3, s_2^4\}$。

当市场需求大（或小）时，完全信息动态的“新产品开发博弈”的战略式描述如图 1.4（或图 1.5）所示。在图 1.4 中，各个战略组合所对应的支付由参与人（企业）根据战略所确定的行动组合来决定。例如，战略组合（a，s_2^1）中，企业 1 采取了战略或行动“开发”；企业 2 的战略是无论企业 1 是否开发，自己都开发，因此企业 2 的行动为“开发”。所以，战略组合（a，s_2^1）所确定的行动组合为（开发，开发），相对应的支付为（300，300）。而战略组合（b，s_2^1）中，企业 1 采取了战略或行动“不开发”；企业 2 的战略是无论企业 1 是否开发，自己都开发，因此企业 2 的行动为“开发”。所以，战略组合（b，s_2^1）所确定的行动组合为（不开发，开发），相对应的支付为（0，800）。其他战略组合所对应的支付也由类似方法得到。

		企业2			
		s_2^1	s_2^2	s_2^3	s_2^4
企业1	a	300，300	300，300	800，0	800，0
	b	0，800	0，0	0，800	0，0

图 1.4　完全信息动态的“新产品开发博弈”的战略式描述（需求大时）

		企业2			
		s_2^1	s_2^2	s_2^3	s_2^4
企业1	a	-400，-400	-400，-400	200，0	200，0
	b	0，200	0，0	0，200	0，0

图 1.5　完全信息动态的“新产品开发博弈”的战略式描述（需求小时）

从例 1.2 可以看到：由于战略式博弈是一种假设每个参与人仅选择一次行动或行动计划（战略），并且参与人同时进行选择的决策模型，因此从本质上来讲战略式博弈是一种静态模型，一般适用于描述不需要考虑博弈进程的完全信息静态博弈问题。对于例 1.2 所考察的完全信息动态的“新产品开发博弈”问题，虽然图 1.4 和图 1.5 给出了博弈问题的战略式描述，但从图 1.4 和图 1.5 中只能看到企业各自选择自己的行动或战略时所得到的结果，无法看到原问题所具有的、“企业 1 先行动，企业 2 观测到企业 1 的行动后再行动”这样的动态特性①。

下面再看两个大家非常熟悉的博弈问题——“锤子·剪刀·布”游戏和“田忌赛马”游戏的战略式模型。

例 1.3　考察“锤子·剪刀·布”游戏的战略式描述。两个参与人用不同的手势分别代表“锤子”“剪刀”“布”，要求两个参与人同时选择各出一种手势，手势相同为和，手势不同时，“锤子”胜“剪刀”，“剪刀”胜“布”，而“布”又胜“锤子”。假设赢时参与人的支付为 1，输时参与人的支付为-1，和时支付为 0。图 1.6 给出了“锤子·剪刀·布”游戏的战略式描述。

		2		
		锤子	剪刀	布
1	锤子	0，0	1，-1	-1，1
	剪刀	-1，1	0，0	1，-1
	布	1，-1	-1，1	0，0

图 1.6　“锤子·剪刀·布”游戏的战略式描述

例 1.4　考察“田忌赛马”游戏的战略式描述（见图 1.7）。战国时期，有一天齐王提出要与田忌赛马，双方约定从各自的上、中、下三个等级的马中各选一匹参赛，每匹马均只能参赛一次，每一次比赛双方各出一匹马，负者要付给胜者千金，最后按净胜次数决定胜负。已经知道，在同等级的马中，田忌的马不如齐王的马，而如果田忌的马比齐王的马高一等级，则田忌的马可取胜。

要给出“田忌赛马”游戏的战略式描述，关键在于如何确定参与人（即田忌和齐王）在博弈中的战略。在博弈中，双方一共要进行三场比赛，在每一场比赛中双方只能从各自的

① 关于博弈问题的动态特性的描述，必须引入扩展式博弈，详细分析参见第 6 章。

上、中、下三个等级的马中各选一匹参赛且每匹马均只能参赛一次，因此参与人的一个战略就是：参与人的上、中、下三个等级的马匹出场比赛的顺序。所以，双方各有六个战略。

用 (x, y, z) 表示参与人在博弈中的一个战略，其中 x、y 和 z 分别表示参与人在第一场、第二场和第三场比赛中所选择的马匹的等级，可取“上”“中”“下”三个等级且 $x \neq y \neq z$。比如，(上，中，下) 表示参与人的战略为：第一场比赛出上等马，第二场比赛出中等马，第三场比赛出下等马；(中，上，下) 表示参与人的战略为：第一场比赛出中等马，第二场比赛出上等马，第三场比赛出下等马；等等。在每一场比赛中，胜者的支付为 1，表示获得千金；负者的支付为-1，表示输掉千金；博弈的结果根据三场比赛的净胜次数确定。

田忌 \ 齐王	(上,中,下)	(上,下,中)	(中,上,下)	(中,下,上)	(下,上,中)	(下,中,上)
(上,中,下)	-3，3	-1，1	-1，1	1，-1	-1，1	-1，1
(上,下,中)	-1，1	-3，3	1，-1	-1，1	-1，1	-1，1
(中,上,下)	-1，1	-1，1	-3，3	-1，1	-1，1	1，-1
(中,下,上)	-1，1	-1，1	-1，1	-3，3	1，-1	-1，1
(下,上,中)	1，-1	-1，1	-1，1	-1，1	-3，3	-1，1
(下,中,上)	-1，1	1，-1	-1，1	-1，1	-1，1	-3，3

图 1.7　“田忌赛马”游戏的战略式描述

最后，我们看一下绪论中所提到的“猜数游戏”。

例 1.5　考察“猜数游戏”的战略式描述。绪论中所提到的“猜数游戏”要求所有的游戏者同时选择一个不大于 100 的非负整数，因此该游戏本质上也是一个完全信息静态博弈，同样可以用战略式博弈 $<\Gamma, S_i, u_i>$ 描述，其三个基本构成要素为：

(1) 参与人集 $\Gamma = \{1, 2, \cdots, n\}$；

(2) 每个参与人 $i(i \in \Gamma)$ 的战略集 $S_i = \{0, 1, 2, \cdots, 100\}$；

(3) 每个参与人 $i(i \in \Gamma)$ 的支付 u_i 按如下方式定义：

$$u_i = \begin{cases} v, & s_i \in \left\{s_j: s_j \leqslant \dfrac{7}{10n}\sum_{k=1}^{n} s_k\right\} \cap \arg\min_{j \in \Gamma} \left| s_j - \dfrac{7}{10n}\sum_{k=1}^{n} s_k \right| \\ 0, & \text{其他} \end{cases}$$

其中，v 表示参与人获胜时得到的奖励，同时假设参与人没有获胜时的支付为 0。

第2章 Nash均衡

本章将通过分析理性参与人在博弈中的选择行为，探讨完全信息静态博弈问题的求解，并给出完全信息静态博弈的解——Nash（纳什）均衡。

2.1 占优行为

首先考察博弈论中最为经典的一个博弈模型——“囚徒困境”（prisoner's dilemma）博弈。

两个小偷作案后被警察抓住，分别关在不同的屋子里审讯。在审讯之前，小偷从律师那里得知：如果两个人都坦白，将被各判刑4年；如果两个人都抵赖，将会因为证据不足而各判1年；如果其中一人坦白另一人抵赖，坦白的将会得到宽大处理而被无罪释放，而抵赖的将被重判，判刑6年。试问两个小偷将会如何选择？

上述“囚徒困境”博弈问题是Tucker在20世纪50年代提出的，该问题不仅“可以作为实际生活中许多现象的一个抽象概括”，而且对它的研究在一定程度上也奠定了非合作博弈论的理论基础。

在“囚徒困境”博弈问题中，参与人是两个小偷，参与人的战略都是：坦白和抵赖，支付就是在各种选择下所得到的刑期。图2.1给出了“囚徒困境”博弈问题的战略式描述。

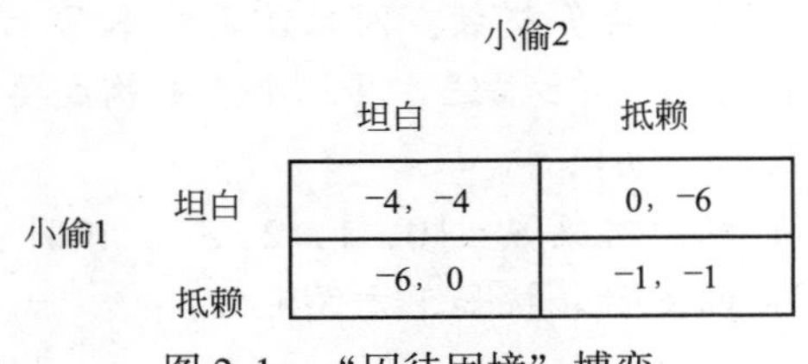

图2.1 “囚徒困境”博弈

显然，在“囚徒困境”博弈中，小偷选择的结果不仅与自己的选择有关，而且还与另一小偷的选择有关，那么小偷如何选择呢？不妨这样考虑小偷的决策过程：假设对方坦白，自己该怎么做；假设对方抵赖，自己又该怎么做。也就是，给定另一小偷的决策，寻找自己的最优决策。

对于每个小偷，当对方坦白时，自己坦白得-4，抵赖得-6，所以应该选择“坦白”；而当对方抵赖时，自己坦白得0，抵赖得-1，所以还是应该选择“坦白”。也就是说，无论对方如何选择，每个小偷都会选择“坦白”。因此，博弈的结果就是两个小偷都选择“坦白”。

两个小偷都选择“坦白”，这样的结果似乎与我们的直觉相矛盾。因为在“囚徒困境”的四种结果〔即（坦白，坦白），（坦白，抵赖），（抵赖，坦白），（抵赖，抵赖）〕中，虽说不能肯定（坦白，坦白）这个结果是最差的，但它显然不如（抵赖，抵赖）。这是因为

（坦白，坦白）导致两个小偷都得-4，而（抵赖，抵赖）却能使大家都得-1，也就是说，（抵赖，抵赖）是 Pareto（帕累托）优于（坦白，坦白）的。既然选择“抵赖”对双方都有好处，那么两个小偷是否都会选择“抵赖”呢？只要小偷是我们前面所假设的完全理性的参与人，答案就是否定的。

不妨假设两个小偷都选择“抵赖”，现在我们分析小偷的这种选择是否是理性的。对小偷 1 而言，在小偷 2 选择“抵赖”的情况下，自己选择“抵赖”得-1，选择“坦白”得 0。显然，“坦白”优于“抵赖”。因此，理性的小偷 1 将会偏离“抵赖”而选择“坦白”。基于同样的原因，理性的小偷 2 也会偏离“抵赖”而选择“坦白”。

除了(坦白，坦白)和(抵赖，抵赖)以外，“囚徒困境”是否还会出现其他的结果呢？比如说一个人坦白，另一个人抵赖？我们说这样的结果也是不会出现的，因为在对方选择“坦白”的情况下，自己选择“抵赖”显然是不理性的。

剩下的问题是：当两个小偷都选择“坦白”时，是否会有人偏离“坦白”而选择“抵赖”。基于同样的分析，两个小偷只要是理性的，这种情况就不会发生①。因此，虽然结果（抵赖，抵赖）是结果（坦白，坦白）的 Pareto 改进（即所有的人都得到好处），但只要两个小偷是理性的，这种对所有人都有好处的“改进”两人都无法得到。这也反映了现实生活中经常出现的“个人理性与集体理性间的矛盾”。

也许“囚徒困境”博弈是人们虚构出来的一个博弈模型，但在现实生活中与“囚徒困境”相似的情形却很多。例如，寡头垄断市场上厂商间的价格大战，就是典型的“囚徒困境”。还有目前人们议论比较多的有关中小学生教育方式的选择。家长明知素质教育对孩子的长远发展更有益处，但为了应付各种各样的升学考试，也不得不让自己的孩子参与各种名目的“模拟考试”或“考试培训”。这也是典型的“囚徒困境”。

进一步分析“囚徒困境”中小偷的战略，可以发现战略“坦白”具有这样的特点：无论对方怎样选择（选择“坦白”或者“抵赖”），“坦白”总是理性小偷的最优战略。考察更一般的 n 人博弈情形。在 n 人博弈中，参与人 $i(i=1,2,\cdots,n)$ 的支付 $u_i=u_i(s_i,s_{-i})$ 既与自己的选择 s_i 有关，也与其他参与人的选择 s_{-i} 有关。因此，在一般情况下，使参与人的支付 $u_i=u_i(s_i,s_{-i})$ 最大化的最优战略 s_i^* 是与其他人的选择 s_{-i} 有关的。但在某些特殊情况下，例如“囚徒困境”博弈中，可能会出现这样的情况：参与人 $i(i=1,2,\cdots,n)$ 的最优战略 s_i^* 与其他参与人的选择 s_{-i} 无关。也就是说，无论其他参与人选择什么战略，参与人的最优战略总是唯一的。这样的最优战略称为“占优战略”(dominant strategy)。例如，“囚徒困境”中参与人的“坦白”战略。

定义 2.1　在 n 人博弈中，如果对于所有的其他参与人的选择 s_{-i}，s_i^* 都是参与人 i 的最优选择，即 $\forall s_i\in S_i(s_i\neq s_i^*)$，$\forall s_{-i}\in\prod_{\substack{j=1\\j\neq i}}^{n}S_j$，有

$$u_i(s_i^*,s_{-i})>u_i(s_i,s_{-i})$$

则称 s_i^* 为参与人 i 的占优战略。

---

① 也许有人会问：如果两个小偷在被抓之前就制定攻守同盟，决定双方选择“抵赖”，这是否可以使博弈的结果为（抵赖，抵赖）呢？这要取决于“攻守同盟”对双方是否具有约束力，是否能对双方的支付产生影响。只要这种“攻守同盟”对双方的选择没有约束力，不能对违背协议（即“攻守同盟”）的参与人的支付产生影响，理性的参与人都会选择偏离“抵赖”而选择“坦白”。

显然，在一个博弈问题中，如果某个参与人具有占优战略，那么只要这个参与人是理性的，他肯定就会选择他的占优战略。参与人的这种选择行为称为占优行为。占优行为是理性参与人选择行为的最基本特征。

例 2.1 考察图 2.2 所示的战略式博弈，其中参与人 1 有两个战略——a_1和a_2，参与人 2 有四个战略——b_1、b_2、b_3和b_4。在参与人 2 的四个战略中，战略b_3是参与人 2 的占优战略。

1 \ 2	b_1	b_2	b_3	b_4
a_1	2，1	−2，−6	1，2	0，1
a_2	3，0	−1，2	3，3	−1，−2

图 2.2　战略式博弈

更进一步，如果所有的参与人都具有占优战略，那么只要参与人是理性的，肯定都会选择自己的占优战略。在这种情况下，博弈的结果就由参与人的占优战略共同决定。像这种由参与人的占优战略共同决定的博弈结果，称为占优战略均衡（dominant-strategy equilibrium）。

定义 2.2 在 n 人博弈中，如果对所有参与人 $i(i=1, 2, \cdots, n)$，都存在占优战略 s_i^*，则占优战略组合 $s^*=(s_1^*, s_2^*, \cdots, s_n^*)$ 称为占优战略均衡。

显然，在一个博弈问题中，如果所有参与人都有占优战略存在，那么占优战略均衡就是唯一的所有理性参与人可以预测到的博弈结果。例如，当市场需求大时，在完全信息静态的“新产品开发博弈”中（参见图 1.2），企业 1 和企业 2 都有占优战略“开发”，因此博弈的结果为占优战略均衡（开发，开发）①。

例 2.2 考察图 2.3 中的战略式博弈，其中参与人 1 有占优战略 a_2，参与人 2 有占优战略 b_3，因此博弈的结果为占优战略均衡(a_2, b_3)。

1 \ 2	b_1	b_2	b_3	b_4
a_1	2，1	−2，−6	1，2	−2，1
a_2	3，0	−1，2	(3，3)	−1，−2

图 2.3　战略式博弈

2.2　重复剔除劣战略行为

在“囚徒困境”中，“坦白”是小偷的占优战略，也就是说，相对于战略“抵赖”，

① 显然，这与我们的直觉是相符的，因为在“市场需求大”的情况下，企业只要选择“开发”就可以盈利，所以理性的企业都会选择“开发”。

“坦白”在任何情况下都是小偷的最优选择。因此，小偷只会选择战略“坦白”。反过来也可以这么理解：相对于战略“坦白”，小偷选择“抵赖”所得到的支付都要小于选择“坦白”所得到的。既然选择“抵赖”的所得总是小于选择“坦白”的所得，小偷当然就不会选择“抵赖”，这也就相当于小偷将战略“抵赖”从自己的选择中剔除掉了。

考察更一般的 n 人博弈情形。在 n 人博弈中，如果存在参与人 i 的占优战略 s_i^*，那么他在博弈中的战略选择问题就很简单：选择占优战略 s_i^*。但在大多数博弈问题中，参与人的占优战略并不存在。虽然不存在占优战略，但在某些博弈问题中，参与人 i 在对自己的战略进行比较时，可能会发现这样的情形：存在两个战略 s_i' 和 s_i''(s_i'，$s_i'' \in S_i$)，s_i'' 虽然不是占优战略，但与 s_i' 相比，自己在任何情况下选择 s_i'' 的所得都要大于选择 s_i' 的所得。在这种情况下，理性参与人 i 的选择又有什么样的特点呢？虽然我们不能确定参与人 i 最终会选择什么战略，但可以肯定的是，理性的参与人 i 绝对不会选择战略 s_i'。因为如果参与人 i 选择战略 s_i'，还不如直接选择战略 s_i''(因为参与人 i 在任何情况下选择 s_i'' 的所得都要大于选择 s_i' 的所得)。

定义 2.3 在 n 人博弈中，如果对于参与人 i，存在战略 s_i'，$s_i'' \in S_i$，对 $\forall s_{-i} \in \prod_{\substack{j=1 \\ j \neq i}}^{n} S_j$，有

$$u_i(s_i'', s_{-i}) > u_i(s_i', s_{-i})$$

则称战略 s_i' 为参与人 i 的劣战略，或者说战略 s_i'' 相对于战略 s_i' 占优。

在博弈中，如果战略 s_i' 是参与人 i 的劣战略，那么参与人 i 肯定不会选择战略 s_i'。这也就相当于参与人 i 将战略 s_i' 从自己的战略集 S_i 中剔除，直接从战略集 $S_i \setminus \{s_i'\}$ 中选择自己的战略。参与人的这种选择行为称为剔除劣战略行为。剔除劣战略行为也是理性参与人选择行为的基本特征之一。

考察战略式博弈 $G = <\Gamma;\ S_1, \cdots, S_i, \cdots, S_n;\ u_1, \cdots, u_i, \cdots, u_n>$。如果战略 s_i' 是参与人 i 的劣战略，那么参与人 i 将只会从战略集 $S_i \setminus \{s_i'\}$ 中选择自己的战略。令 $S_i' = S_i \setminus \{s_i'\}$，构造一个新的战略式博弈 $G' = <\Gamma;\ S_1, \cdots, S_i', \cdots, S_n;\ u_1, \cdots, u_i, \cdots, u_n>$。此时，对战略式博弈 G 的求解问题就可转换为对 G' 的求解。

例 2.3 考察图 2.4 中的战略式博弈，其中参与人 1 有两个战略——a_1 和 a_2，参与人 2 有三个战略——b_1、b_2 和 b_3。

从图 2.4 中可以看到：战略 b_2 相对于战略 b_3 占优，也就是说，战略 b_3 是参与人 2 的劣战略。因此，对图 2.4 中博弈问题的求解就可转换为对图 2.5 中博弈的求解。

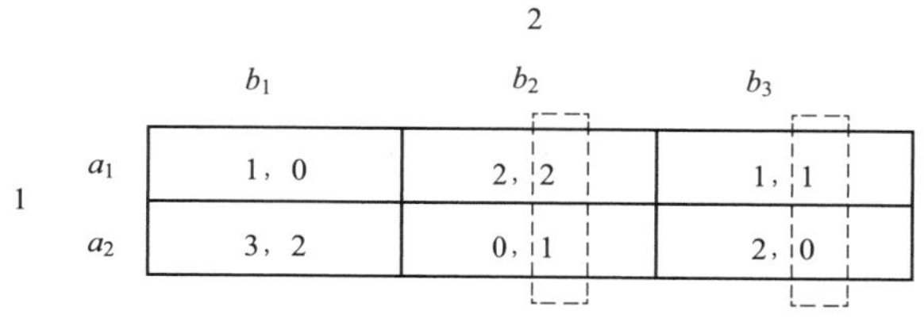

2
b_1
b_2
b_3
1
a_1
a_2
1，0
2，2
1，1
3，2
0，1
2，0

图 2.4 战略式博弈

1 \ 2	b_1	b_2
a_1	1，0	2，2
a_2	3，2	0，1

图 2.5 剔除劣战略后的战略式博弈

遵循上面的求解思路，如果在新构造出来的战略式博弈 G' 中，存在参与人 j 的某个劣战略 s_j'，那么又可以构造一个新的战略式博弈 G''，其中参与人 j 的战略集为 $S_j' = S_j \setminus \{s_j'\}$。此时，对战略式博弈 G 的求解问题就可转换为对 G'' 的求解。而参与人的这种不断剔除劣战略的行

为称为重复剔除劣战略行为。

例 2.4 考察图 2.6 中的战略式博弈，其中参与人 1 有三个战略——a_1、a_2和 a_3，参与人 2 有三个战略——b_1、b_2和 b_3。

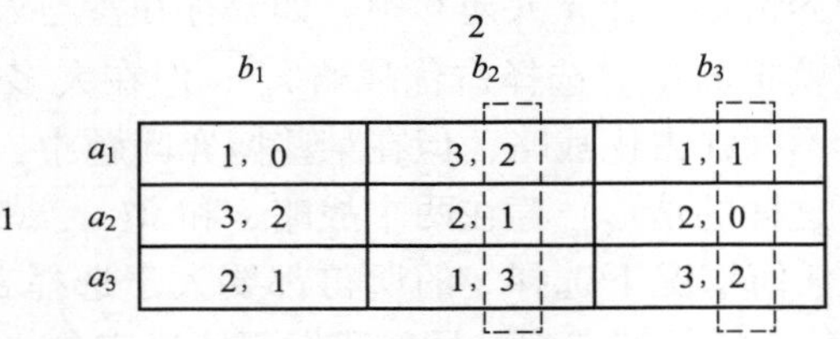

1 \ 2	b_1	b_2	b_3
a_1	1，0	3，2	1，1
a_2	3，2	2，1	2，0
a_3	2，1	1，3	3，2

图 2.6　战略式博弈

从图 2.6 中可以看到：战略 b_3是参与人 2 的劣战略。因此，对图 2.6 中博弈问题的求解就可转换为对图 2.7 中博弈的求解。

从图 2.7 中又可以看到：战略 a_3是参与人 1 的劣战略。因此，对图 2.7 中博弈问题的求解就可转换为对图 2.8 中博弈的求解，也就是对图 2.6 中原博弈问题的求解就转换为对图 2.8 中博弈的求解。

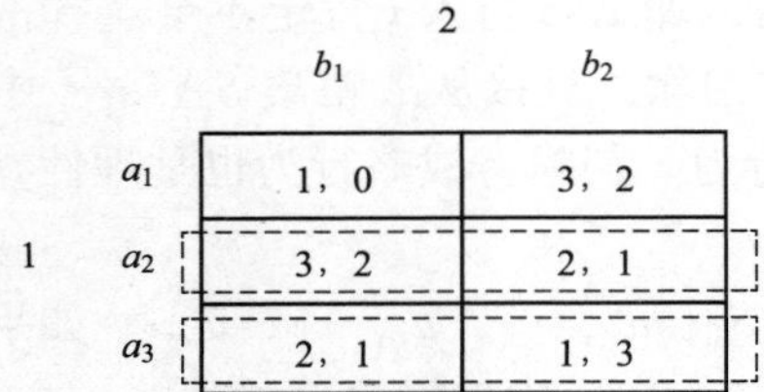

1 \ 2	b_1	b_2
a_1	1，0	3，2
a_2	3，2	2，1
a_3	2，1	1，3

图 2.7　剔除劣战略后的战略式博弈

1 \ 2	b_1	b_2
a_1	1，0	3，2
a_2	3，2	2，1

图 2.8　重复剔除劣战略后的战略式博弈

如果以上重复剔除劣战略的过程可以不断进行下去，直到新构造出来的博弈中每个参与人都只有一个战略，那么由所有参与人剩下的唯一战略所构成的战略组合就是原博弈问题的解，我们称之为“重复剔除的占优均衡”。此时，我们也称原博弈问题是“重复剔除劣战略可解的”。

例 2.5 考察图 2.9 中的战略式博弈，其中参与人 1 有三个战略——a_1、a_2和 a_3，参与人 2 有三个战略——b_1、b_2和 b_3。

从图 2.9 中可以看到：战略 b_3是参与人 2 的劣战略。因此，对图 2.9 中博弈问题的求解就可转换为对图 2.10 中博弈的求解。

1 \ 2	b_1	b_2	b_3
a_1	1，0	3，3	1，1
a_2	3，1	2，2	2，0
a_3	2，4	1，3	3，2

图 2.9　战略式博弈

1 \ 2	b_1	b_2
a_1	1，0	3，3
a_2	3，1	2，2
a_3	2，4	1，3

图 2.10　剔除劣战略后的战略式博弈

从图 2.10 中又可以看到：战略 a_3 是参与人 1 的劣战略。因此，对图 2.10 中博弈问题的求解就可转换为对图 2.11 中博弈的求解。

从图 2.11 中又可以看到：战略 b_1 是参与人 2 的劣战略。因此，对图 2.11 中博弈问题的求解就可转换为对图 2.12 中博弈的求解。

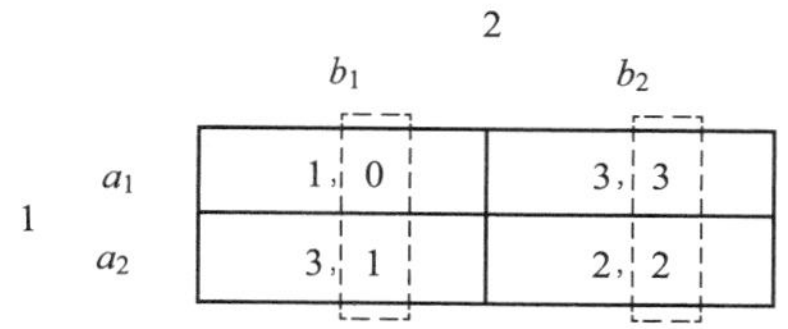

		2	
		b_1	b_2
1	a_1	1，0	3，3
	a_2	3，1	2，2

图 2.11 重复剔除劣战略后的战略式博弈

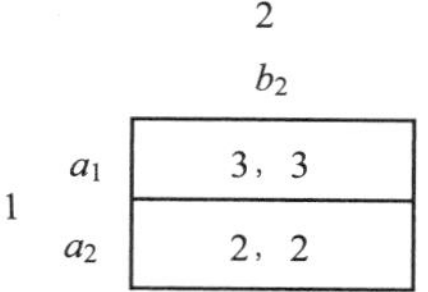

		2
		b_2
1	a_1	3，3
	a_2	2，2

图 2.12 重复剔除劣战略后的战略式博弈

在图 2.12 中，参与人 2 只有一个战略 b_2，参与人 1 选择战略 a_1，因此原博弈问题的解为战略组合 (a_1, b_2)。而 (a_1, b_2) 就是重复剔除的占优均衡。

在某些博弈问题中，参与人 i 在对自己的战略进行比较时，还可能会发现这样的情形：存在两个战略 s_i' 和 $s_i''(s_i', s_i'' \in S_i)$，与 s_i' 相比，虽然选择 s_i'' 的所得并不一定总是大于选择 s_i' 的所得，但自己在任何情况下选择 s_i'' 的所得都不会比选择 s_i' 的所得小，而且在某些情况下选择 s_i'' 的所得严格大于选择 s_i' 的所得。显然，在这种情况下，理性的参与人 i 将战略 s_i' 从自己的选择中剔除掉也是有道理的。与定义 2.3 中所定义的劣战略相仿，称战略 s_i' 为参与人 i 的弱劣战略。

定义 2.4 在 n 人博弈中，如果对于参与人 i，存在战略 s_i'，$s_i'' \in S_i$，对 $\forall s_{-i} \in \prod_{\substack{j=1 \\ j \neq i}}^{n} S_j$，有

$$u_i(s_i'', s_{-i}) \geqslant u_i(s_i', s_{-i})$$

且 $\exists s'_{-i} \in \prod_{\substack{j=1 \\ j \neq i}}^{n} S_j$，使得

$$u_i(s_i'', s'_{-i}) > u_i(s_i', s'_{-i})$$

则称战略 s_i' 为参与人 i 的弱劣战略，或者说战略 s_i'' 相对于战略 s_i' 弱占优。

有时为了表述方便，也将定义 2.3 所定义的劣战略称为严格劣战略，而将弱劣战略和严格劣战略统称为劣战略。与重复剔除严格劣战略的思路一样，也可以采用重复剔除弱劣战略的方法来求解博弈问题。但需要注意的是，在重复剔除的过程中，如果每次可以剔除的劣战略（包括严格劣战略和弱劣战略）不止一个，那么各个劣战略剔除的顺序不同，得到的博弈结果就有可能不同，除非每次剔除的都是严格劣战略。下面通过一个例子来说明这个问题。

考察图 2.13 中的战略式博弈。在图 2.13 中，b_2 和 b_3 是参与人 2 的劣战略。

		2		
		b_1	b_2	b_3
1	a_1	3，3	3，1	1，2
	a_2	1，1	2，0	2，0
	a_3	3，4	1，3	3，2

图 2.13 战略式博弈

如果首先剔除劣战略 b_3，那么在新博弈中，战略 a_3 成为弱劣战略，如果再剔除 a_3，则博弈的结果为战略组合 (a_1, b_1)；如果首先剔除劣战略 b_2，那么在新博弈中，战略 a_1 成为弱劣战略，如果再剔除 a_1，则博弈的结果为战略组合 (a_3, b_1)。造成博弈结果不同的原因在于：在原博弈中，a_1 和 a_3 原本互不占优，但是如果先剔除掉 b_3，则 a_1 相对于 a_3 弱占优，a_3 就可能因此被剔除掉；如果先剔除掉 b_2，则 a_3 相对于 a_1 弱占优，a_1 就可能因此被剔除掉。因此，当 b_2 和 b_3 的剔除顺序不同时，参与人 1 保留下来的战略就可能不同。但是，如果只允许剔除严格劣战略，那么无论是先剔除 b_2 还是 b_3，得到的博弈结果都是战略组合 (a_1, b_1) 和 (a_3, b_1)。

为了进一步说明问题，考察图 2.14 中战略式博弈。图 2.14 中博弈与图 2.13 中博弈的不同之处仅在于战略组合 (a_1, b_1) 下参与人 1 的支付不同。

		2		
		b_1	b_2	b_3
	a_1	4，3	3，1	1，2
1	a_2	1，1	2，0	2，0
	a_3	3，4	1，3	3，2

图 2.14　战略式博弈

在图 2.14 中，a_1 和 a_3 也是互不占优。但是，在剔除劣战略 b_2 和 b_3 的过程中，无论是先剔除 b_2 还是 b_3，只会出现 a_1 相对于 a_3 占优的情形，而不会出现 a_3 相对于 a_1 占优或弱占优的情形。因此，无论剔除劣战略的顺序如何，博弈的结果都是战略组合 (a_1, b_1)。

前面一再提到，博弈分析是在假设博弈问题的结构和参与人完全理性为共同知识的前提下进行的。现在就分析一下如果没有这样的假设，所得到的博弈问题的解——占优战略均衡和重复剔除的占优均衡是否存在。

当参与人理性时，如果存在参与人的占优战略，那么无论其他参与人是否理性或者是否知道他是理性的，他都会选择占优战略，因此如果博弈中存在占优战略均衡而且所有的参与人理性，那么博弈的结果就是占优战略均衡。也就是说，不需要完全理性为共同知识就可确保占优战略均衡为博弈的结果。但是，我们必须清楚：存在占优战略均衡的博弈，绝对只是博弈问题中的极少数，在大多数情况下占优战略均衡是不存在的。更重要的是，如果仅仅假设参与人是理性的，就会发现即使博弈问题是“重复剔除劣战略可解的”，也无法保证博弈的结果就是重复剔除的占优均衡。这是因为：在重复剔除过程的每一步中，如果只假设参与人理性，那么只能确保参与人将其劣战略剔除掉；而如果其他参与人不知道他是理性，就不能确保其他参与人知道他已将劣战略剔除掉。在这种情况下，就不能将原博弈问题转换为新的博弈问题。也就是说，虽然剔除劣战略行为是理性参与人选择行为的基本特征，但如果仅仅假设参与人理性是不能确保重复剔除的。

在例 2.3 中，如果参与人 1 不知道参与人 2 是理性的，他就不知道自己面临的博弈问题已由图 2.4 中的战略式博弈转换为图 2.5 中博弈。同样，如果参与人 2 不知道参与人 1 知道自己理性，图 2.4 中的战略式博弈也不能转换为图 2.5 中博弈。

在例 2.4 中，要确保图 2.6 中博弈转换为图 2.8 中博弈，就必须要求每个参与人都知道博弈问题转换的每一步（即每一次剔除劣战略），而且还要知道其他参与人知道博弈问题转换的每一步。具体来讲就是，

(1) 参与人 2 理性；

(2) 参与人 1 知道参与人 2 理性，参与人 2 知道参与人 1 知道参与人 2 理性；

(3) 参与人 1 理性，参与人 2 知道参与人 1 理性，参与人 1 知道参与人 2 知道参与人 1 理性。

而在例 2.5 中，对参与人理性假设的要求就更为复杂，除了例 2.4 中所要求的以上 3 点外，对理性还有更进一步的要求。

所以，随着博弈中参与人人数的增加及参与人战略空间的增大，重复剔除的过程就会越来越复杂，对理性假设的要求也就越来越高。因此，为了确保博弈分析的顺利进行，一般都假设参与人完全理性为共同知识。

基于同样的理由，我们也假设博弈问题的结构（包括参与人的支付）为共同知识。

2.3　Nash 均衡的定义

在前面两节，我们分析了理性参与人在博弈中的战略选择行为——占优行为与剔除劣战略行为。但是，在大多数博弈问题中，参与人的占优战略是不存在的，而且所有参与人同时存在占优战略的情形更是少见；剔除劣战略虽然可以在一定程度上简化博弈问题的求解，但在相当多的博弈中，是无法使用重复剔除劣战略的方法求解博弈问题的（例如，图 2.4 和图 2.6 所示战略式博弈）。为了完全解决完全信息博弈的求解问题，需要寻找新的方法和定义新的博弈解。

探寻博弈问题的解，必须明确：博弈分析是在博弈问题的结构和参与人完全理性为共同知识的假设下进行的，而在该假设下，人们（或博弈论专家）对博弈问题的求解，就等同于完全理性的参与人对博弈问题的求解。因此，可以采用内省式的分析方法来探寻博弈问题的解。同时，需要记住的是：在博弈论中，博弈问题的解定义为“所有参与人的一致性预测”。下面我们看一看，作为一致性预测的博弈结果（在战略式博弈中就是一个战略组合）应该具有什么样的特点。

假设参与人 $i(i=1, 2, \cdots, n)$ 在博弈开始之前对博弈的结果进行预测，并且预测战略组合 (s_i^*, s_{-i}^*) 将成为博弈的结果。现在的问题是：参与人 i 的这种预测是否一定就是博弈的真正结果？或者说参与人 i 的预测在什么情况下才是正确的？参与人 i 预测战略组合 (s_i^*, s_{-i}^*) 将成为博弈结果，也就意味着参与人 i 预测其他参与人的选择为 s_{-i}^*。在预测其他参与人的选择为 s_{-i}^* 的情况下，参与人 i 自己的选择 s_i^* 怎样才是合理的呢？或者说参与人 i 的选择 s_i^* 应该满足什么样的条件呢？显然，对于理性的参与人 i 来讲，其选择 s_i^* 必须满足这样的条件：在其他参与人的选择为 s_{-i}^* 的情况下，选择 s_i^* 的所得必须不小于选择其他任何战略的所得，或者说 s_i^* 必须是使自己的所得最大化的选择。也就是，对 $\forall s_i \in S_i$，$u(s_i^*, s_{-i}^*) \geq u_i(s_i, s_{-i}^*)$，或者 $s_i^* \in \arg\max\limits_{s_i \in S_i} u_i(s_i, s_{-i}^*)$。反之，如果 s_i^* 不能使参与人 i 的所得最大化，他就会偏离 s_i^* 而选择其他的战略，除非参与人 i 不是理性的。例如，在三人的“猜数游戏”中，虽然游戏结果(1, 2, 3)可能成为参与人 1 的预测结果（因为在该结果中他的选择是最优的），但游戏结果(2, 1, 3)则不可能成为参与人 1 的预测结果（因为在该结果中他的选择不是最优的）。

由以上分析可以推知，一个战略组合 $s^*=(s_1^*,\cdots,s_i^*,\cdots,s_n^*)$ 要成为博弈的结果，就必须满足：对于所有的参与人，当其他参与人选择战略组合 s^* 中给定的战略时，选择 s^* 中相应的战略所得到的支付不小于选择其他战略所得到的。也就是，$\forall i\in\Gamma$，$\forall s_i\in S_i$，$u_i(s_i^*,s_{-i}^*)\geqslant u_i(s_i,s_{-i}^*)$，或者 $\forall i\in\Gamma$，$s_i^*\in\arg\max\limits_{s_i\in S_i}u_i(s_i,s_{-i}^*)$。满足这样条件的战略组合 s^*，我们称之为 Nash 均衡(Nash equilibrium)。

定义 2.5 在一个给定的 n 人战略式博弈 $G=\langle\Gamma;S_1,\cdots,S_n;u_1,\cdots,u_n\rangle$ 中，战略组合 $s^*=(s_1^*,\cdots,s_i^*,\cdots,s_n^*)$ 是一个 Nash 均衡当且仅当 $\forall i\in\Gamma$，$\forall s_i\in S_i$，有

$$u_i(s_i^*,s_{-i}^*)\geqslant u_i(s_i,s_{-i}^*)$$

或者 $\forall i\in\Gamma$，$s_i^*\in\arg\max\limits_{s_i\in S_i}u_i(s_i,s_{-i}^*)$。

Nash 均衡是1994年诺贝尔经济学奖获得者 John Nash 在20世纪50年代，作为 n 人战略式博弈的解而提出来的，也是目前得到比较一致认可的博弈解。在传统的博弈论中，一般都将 Nash 均衡作为博弈的解。

事实上，一个战略组合 $s'=(s_1',\cdots,s_i',\cdots,s_n')$ 如果不是 Nash 均衡，则意味着一定存在某个参与人 i，当其他参与人选择战略组合 s' 给定的战略时，参与人 i 选择 s_i' 并不能使自己的支付最大化。这也就意味着：在参与人 i 的战略集中，一定存在战略 s_i''，当其他参与人选择战略组合 s' 给定的战略时，参与人 i 选择 s_i'' 所得到的支付大于选择 s_i' 的支付，即 $u_i(s_i'',s_{-i}')>u_i(s_i',s_{-i}')$。在这种情况下，理性的参与人 i 就会偏离 s_i'，从而使得战略组合 s' 不能成为博弈的结果。因此，一个战略组合 s' 如果不是 Nash 均衡，就不能成为博弈的解。例如，在三人的"猜数游戏"中，对于游戏结果（1，2，3），虽然参与人1的选择是最优的，但参与人2和参与3的选择却不是最优的。如果参与人2预测到参与人1选择1，同时参与人3选择3，那么参与人2就会将自己的选择变为0（此时，0是参与人2的最优选择），因此博弈的结果就不可能为（1，2，3）。同样的道理，参与人3也会做这样的偏离。但是，对于游戏结果（0，0，0），每个参与人在该结果中的选择都是最优的，因此游戏结果（0，0，0）是 Nash 均衡，没有参与人会偏离这个结果。所以，每个参与人预测到结果（0，0，0）时，都会选择0，而当所有的人都预测到结果（0，0，0）时，所有的人都会选择0。此时，博弈的结果就是 Nash 均衡（0，0，0）。这也意味着：在三人的"猜数游戏"中，博弈的一致性预测是 Nash 均衡（0，0，0）。

显然，前面所定义的博弈的解——占优战略均衡一定是 Nash 均衡，这是因为占优战略是参与人在任何情况下的最优选择，无论其他参与人如何选择，理性的参与人只会选择占优战略。同样，重复剔除的占优均衡也是 Nash 均衡。事实上，如果战略组合 $s^*=(s_1^*,\cdots,s_i^*,\cdots,s_n^*)$ 是重复剔除的占优均衡，那么对于任一参与人 i，可以证明：s_i^* 一定是参与人 i 在其他参与人选择 s_{-i}^* 情况下的最优选择。下面给出证明。

假设 s_i^* 不是参与人 i 在其他参与人选择 s_{-i}^* 情况下的最优选择，则一定存在 $s_i'\in S_i(s_i'\neq s_i^*)$，使得

$$u_i(s_i',s_{-i}^*)>u_i(s_i^*,s_{-i}^*) \tag{2.1}$$

由于 s_i' 不是重复剔除的占优均衡 s^* 中的战略，因此 s_i' 一定在重复剔除过程中被剔除掉。因此，存在 $s_i''\in S_i$，使得 s_i'' 相对于 s_i' 占优（弱占优）。此时，有

$$u_i(s_i'', s_{-i}^*) \geqslant u_i(s_i', s_{-i}^*) \tag{2.2}$$

若 $s_i''=s_i^*$，则式(2.1)与式(2.2)矛盾，假设不成立。所以，s_i^* 就是参与人 i 在其他参与人选择 s_{-i}^* 情况下的最优选择。若 $s_i''\neq s_i^*$，则 s_i'' 也一定在重复剔除过程中被剔除掉。因此，存在 $s_i'''\in S_i$，使得 s_i''' 相对于 s_i'' 占优（弱占优）。此时，有

$$u_i(s_i''', s_{-i}^*) \geqslant u_i(s_i'', s_{-i}^*) \tag{2.3}$$

由式(2.2)和式(2.3)，可得

$$u_i(s_i''', s_{-i}^*) \geqslant u_i(s_i', s_{-i}^*) \tag{2.4}$$

若 $s_i'''=s_i^*$，则式(2.1)与式(2.4)矛盾，假设不成立。所以，s_i^* 就是参与人 i 在其他参与人选择 s_{-i}^* 的情况下的最优选择。若 $s_i'''\neq s_i^*$，则 s_i''' 同样在重复剔除过程中被剔除掉。由于 s_i^* 是重复剔除过程中保留下来的战略，而且参与人 i 的战略数有限，因此重复上述证明过程，可得

$$u_i(s_i^*, s_{-i}^*) \geqslant u_i(s_i', s_{-i}^*) \tag{2.5}$$

由于式(2.1)与式(2.5)矛盾，假设不成立。所以，s_i^* 就是参与人 i 在其他参与人选择 s_{-i}^* 的情况下的最优选择。

关于 Nash 均衡，还可以这样理解：设想 n 个参与人在博弈之前就博弈的结果进行协商并达成一个协议，规定每个参与人选择一个特定战略 s_i^*，$s^*=(s_1^*, \cdots, s_n^*)$ 代表这个协议。现在的问题是：在没有外在强制的情况下，什么样的协议 s^* 才能够得到执行。可以设想，如果 s^* 不是 Nash 均衡，那么至少有一个参与人就会偏离协议 s^* 所规定的战略，使得协议 s^* 无法实施。因此，要使协议能够自动得到实施，就必须使协议为 Nash 均衡。推而广之，一种制度或者机制，要在实际中能够自动发生效力，就必须使这种制度或者机制所带来的结果是一种 Nash 均衡；否则，这种制度或者机制在实际中就无法自动实施。

对于一个战略式博弈，可以根据定义 2.5 来判断一个战略组合是否为 Nash 均衡，从而得到博弈的解。例如，“囚徒困境”中的战略组合（坦白，坦白）就是 Nash 均衡；图 1.2 所示的“新产品开发博弈”的战略组合（开发，开发）及图 2.2 和图 2.3 中战略式博弈的战略组合（a_2，b_3）都是 Nash 均衡。虽然根据定义 2.5 很容易判断一个战略式博弈的战略组合是否为 Nash 均衡，但是当博弈问题中的参与人人数很多并且参与人的战略空间很大时，根据定义 2.5 逐一判断每个战略组合是否为 Nash 均衡，并不是一件很容易的事。除了根据定义判断 Nash 均衡以外，目前人们尚未找到一种对所有博弈问题都适用的方便简捷的求解 Nash 均衡的方法。不过对于两人有限博弈，可以采用比较简单的“划线法”和“箭头法”。下面结合具体的例子对这两种方法进行说明。

“划线法”就是利用 Nash 均衡这样的性质：在两人博弈中，相互构成最优战略的战略组合就是 Nash 均衡。其具体步骤如下。

(1) 考察参与人 1 的最优战略。对于参与人 2 的每个战略，找出参与人 1 的最优战略，并在其对应的支付下画一横线。在图 2.15 中，对于参与人 2 的三个战略 b_1、b_2 和 b_3，参与人 1 相对应的最优战略分别为 a_3、a_2 和 a_2，相对应的支付分别为 4、4 和 3（图 2.15 中画了横线的参与人 1 的支付）。

(2) 用上述方法找出参与人 2 的最优战略。在图 2.15 中，对于参与人 1 的三个战略 a_1、

a_2和a_3，参与人2相对应的最优战略分别为b_3、b_2和b_3，相对应的支付分别为5、5和3（图2.15中画了横线的参与人2的支付）。

（3）找出最优战略组合。支付表中，如果某个方格中的两个支付值下面都画了横线，那么这个方格所对应的战略组合就是最优战略组合，也就是我们所要找的Nash均衡。在图2.15中，战略组合(a_2, b_2)所对应的支付值都划有横线，(a_2, b_2)即为我们所寻找的Nash均衡。

“箭头法”则是利用了Nash均衡这样的性质：在两人博弈中，一个战略组合只有在两个参与人都不愿意偏离的情况下才能构成Nash均衡。其具体步骤如下。

（1）对于每个战略组合，检查是否有参与人会偏离这个战略组合。如果有人会偏离，则用一个箭头指向他所要偏离的战略组合。例如，在图2.16中，对于战略组合(a_1, b_1)，在参与人2选择b_1的情况下，参与人1会偏离a_1而选择a_3，在参与人1选择a_1的情况下，参与人2会偏离b_1而选择b_3；又如，对于战略组合(a_2, b_3)，在参与人2选择b_3的情况下，参与人1不会偏离a_2，但在参与人1选择a_2的情况下，参与人会偏离b_3而选择b_2；以此类推。

（2）找出没有参与人会偏离的战略组合。支付表中，如果某个方格中没有箭头指向其他方格，那么这个方格所对应的战略组合就是没有参与人会偏离的战略组合，也就是我们所要找的Nash均衡。在图2.16中，战略组合(a_2, b_2)所对应的方格没有箭头指向其他方格，(a_2, b_2)即为我们所寻找的Nash均衡。

		2		
		b_1	b_2	b_3
	a_1	3，2	1，3	2，$\underline{5}$
1	a_2	2，4	$\underline{4}$，$\underline{5}$	$\underline{3}$，4
	a_3	$\underline{4}$，2	3，1	2，$\underline{3}$

图2.15 “划线法”寻找Nash均衡

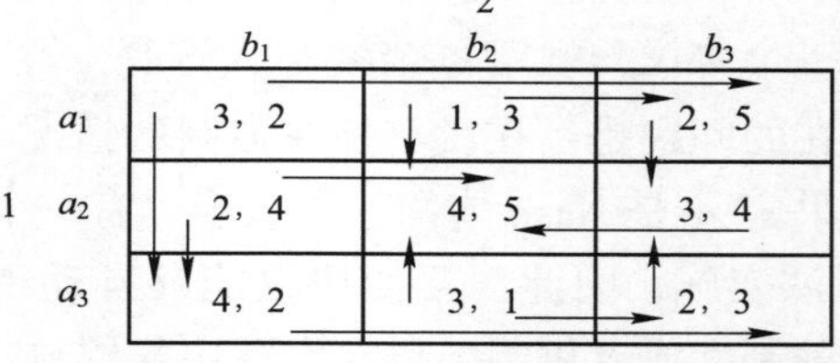

图2.16 “箭头法”寻找Nash均衡

下面再看两个战略式博弈问题——消耗战博弈和分钱博弈，并求解其Nash均衡。

例2.6 考察消耗战博弈的Nash均衡。所谓消耗战，是指两个参与人争夺同一物品，物品对参与人i的价值为v_i，设时间为连续变量，且从0到无穷。在争夺中，每个参与人需要选择向另一个参与人交出物品的时间：若一参与人选择在时间t移交，则另一参与人在此时得到物品；若两个参与人选择同时交出，则物品在两人之间平分，参与人i得到的价值为$\frac{v_i}{2}$。假设时间是有价值的：每一单位时间参与人失去一个单位支付，直到第一次移交发生。

显然，消耗战博弈可以用战略式博弈$<\Gamma, S_i, u_i>$描述，其三个基本构成要素为：

（1）参与人集$\Gamma=\{1, 2\}$；

（2）每个参与人$i(i=1, 2)$的战略集$S_i=\{t_i\}(t_i \geq 0)$；

（3）每个参与人$i(i=1, 2)$的支付u_i按如下方式定义：

$$u_i=\begin{cases} v_i-t_j, & t_i>t_j \\ \frac{v_i}{2}-t_i, & t_i=t_j \\ -t_i, & t_i<t_j \end{cases}$$

下面分析消耗战博弈的 Nash 均衡。

(1) 设 $v_1>v_2$，当参与人 1 选择 $t_1\geqslant v_2$ 时，参与人 2 的最优选择为 $t_2=0$；当参与人 2 选择 $t_2=0$ 时，虽然参与人 1 选择 $t_1>0$ 都是最优，但只有选择 $t_1\geqslant v_2$ 时，参与人 2 才不会偏离 $t_2=0$。所以，博弈的 Nash 均衡为 $(t_1, 0)$，其中 $t_1\geqslant v_2$。

(2) 设 $v_1<v_2$，仿上分析，可知：博弈的 Nash 均衡为 $(0, t_2)$，其中 $t_2\geqslant v_1$。

(3) 设 $v_1=v_2$，仿上分析，可知：博弈存在两个 Nash 均衡，其中一个为 $(t_1, 0)(t_1\geqslant v_2)$，另一个为 $(0, t_2)(t_2\geqslant v_1)$。

以上分析表明：对于消耗战博弈，在其所有的均衡中，某一个参与人选择立即移交。这也启迪人们在类似的消耗争夺战中，该放手时即放手！

例 2.7　考察分钱博弈的 Nash 均衡。两人使用如下方法分 100 元钱：每个人报一个至多为 100 的非负的整数。如果两人所报的数字之和不超过 100，那么每人得到所报的钱数（多余的钱烧毁）；如果两人所报的数字之和超过 100 且数目不同，那么报较小数的人得到自己所报的钱数，而另一个人则得到剩余的钱；如果两人所报的数字之和超过 100 且数目相同，那么每个人各自得到 50 元。

上述分钱博弈同样可以用战略式博弈 $<\Gamma, S_i, u_i>$ 描述，其三个基本构成要素为：

(1) 参与人集 $\Gamma=\{1, 2\}$；

(2) 每个参与人 $i(i=1, 2)$ 的战略集 $S_i=\{0, 1, 2, \cdots, 100\}$；

(3) 每个参与人 $i(i=1, 2)$ 的支付 u_i 按如下方式定义：

$$u_i=\begin{cases} s_i, & s_1+s_2\leqslant 100 \\ s_i, & s_1+s_2>100 \text{ 且 } s_i<s_j \\ 100-s_i, & s_1+s_2>100 \text{ 且 } s_i<s_j \end{cases}$$

显然，在分钱博弈中参与人只要报“50”，就可确保得到 50 元，因此对任一参与人，“报一个小于 50 的非负的整数”是严格劣战略。所以，在分钱博弈中，(50, 50) 是一个 Nash 均衡，此外 (50, 51)、(51, 50) 和 (51, 51) 也是 Nash 均衡。

在分钱博弈中，将分钱规则进行修改：若两人所报的数字之和不超过 100，则每人得到所报的钱数（多余的钱烧毁）；若两人所报的数字之和超过 100，则 100 元钱全部烧毁，每人都得 0。对于修改后的分钱规则，博弈结果 $(T, 100-T)$（其中 $T=0, 1, \cdots, 100$）都是 Nash 均衡。

2.4　混合战略 Nash 均衡

下面将介绍如何将参与人的选择由传统的（纯）战略集扩展到混合战略集，以及混合战略的 Nash 均衡的定义及求解问题。

2.4.1　混合战略

考察人们熟知的“猜硬币”博弈。两个参与人各握有一枚硬币，双方同时选择是正面向上（记作 O）还是背面向上（记作 R），即他们的战略空间都是 $\{O, R\}$。若两枚硬币是一致的（即全部背面向上或者全部正面向上），参与人 2 赢得参与人 1 的硬币；若两枚硬币不一致，则参与人 1 赢得参与人 2 的硬币。图 2.17 给出了该博弈的战略式描述。

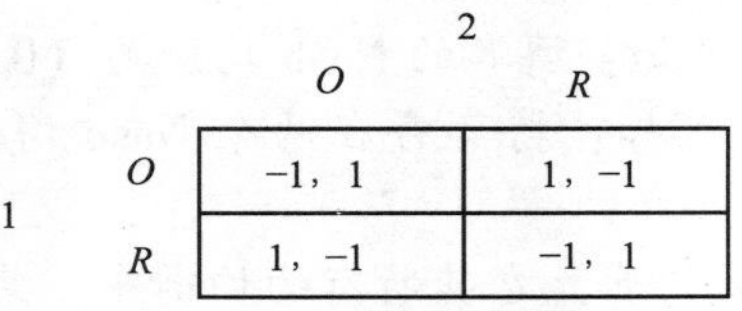

		2: O	2: R
1	O	−1，1	1，−1
	R	1，−1	−1，1

图 2.17　“猜硬币”博弈

显然，在“猜硬币”博弈中，无法找到前面所定义的 Nash 均衡。事实上，在“猜硬币”博弈的四个结果中，对于每个结果，总有一个参与人会偏离这个结果。例如，对于战略组合（O，O），参与人 1 会偏离 O 而选择 R，而对于战略组合（O，R），参与人 2 又会偏离 R 而选择 O，等等。

玩过“猜硬币”游戏的读者都会有这样的体验：在游戏过程中，自己会极力猜测对方如何选择，同时又不能让对方猜到自己的选择。为了使对方猜不透自己的选择，我们往往会随机选择自己的战略，即以一定的概率分布选择正面（O）或反面（R）。例如，在“猜硬币”游戏中，我们会以 50%的概率选择正面（O），以 50%的概率选择反面（R）。像这种以一定的概率分布来选择自己战略的行为，在博弈论中称之为混合战略（mixed strategy）。

定义 2.6　在一个给定的有限 n 人战略式博弈 $G=<\Gamma; S_1, \cdots, S_n; u_1, \cdots, u_n>$中，对任一参与人 i，设 $S_i=\{s_i^1, \cdots, s_i^{K_i}\}$，则参与人 i 的一个混合战略为定义在战略集 S_i上的一个概率分布 $\sigma_i=(\sigma_i^1, \cdots, \sigma_i^{K_i})$，其中 $\sigma_i^j(j=1, \cdots, K_i)$ 表示参与人 i 选择战略 s_i^j的概率，即 σ_i^j满足 $0\leqslant\sigma_i^j\leqslant1$ 且 $\sum_{j=1}^{K_i}\sigma_i^j=1$。

混合战略解释了一个参与人对其他参与人所采取的行动的不确定性，它描述了参与人在给定信息下以某种概率分布随机选择不同的行动或战略。为了与混合战略相区别，我们将第 1 章中所定义的战略称为纯战略（pure strategy），而在本书以后的讨论中，将参与人的纯战略和混合战略统称为战略。

从混合战略的定义可知，混合战略 σ_i就是定义在纯战略集上的一个概率分布。例如，在“猜硬币”博弈中，参与人 1 以 50% 的概率选择正面（O），以 50% 的概率选择反面（R），可用混合战略表示为 $\sigma_1=(0.5, 0.5)$。当参与人的混合战略 σ_i将概率以 1 赋给某一纯战略 s_i^j，即 $\sigma_i=(0, \cdots, 1, \cdots, 0)$ 时，混合战略就退化成为纯战略，因此可以将纯战略理解为混合战略的特例。例如，在“猜硬币”博弈中，参与人 1 的纯战略正面（O）可表示为 $\sigma_1=(1, 0)$，纯战略反面（R）可表示为 $\sigma_1=(0, 1)$。

在以后的讨论中，用 $\Sigma_i=\{\sigma_i\}$ 表示参与人 i 的混合战略空间，用 $\sigma=(\sigma_1, \cdots, \sigma_n)$ 表示混合战略组合（mixed strategy profile），其中 $\sigma_i\in\Sigma_i$，它表示博弈中每个参与人 $i(i=1, 2, \cdots, n)$采取混合战略组合中相应战略 σ_i的一种博弈情形。用 $\Sigma=\prod_{i=1}^{n}\Sigma_i=\{(\sigma_1, \cdots, \sigma_n) \mid \sigma_i\in\Sigma_i, i=1, 2, \cdots, n\}$ 表示混合战略组合空间，其中 $\sigma\in\Sigma$。

当参与人都采用给定的纯战略时，博弈的结果是确定的，因此其支付也是确定的。但是，当参与人采用混合战略时，由于其选择的随机性使得支付具有不确定性，此时参与人关心的是期望收益。给定混合战略组合 $\sigma=(\sigma_1, \cdots, \sigma_n)$，用 $\sigma_{-i}=(\sigma_1, \cdots, \sigma_{i-1}, \sigma_{i+1}\cdots, \sigma_n)$ 表示除参与人 i 以外的其他参与人的混合战略组合，因此 $\sigma=(\sigma_i, \sigma_{-i})$。用 $v_i(\sigma)=v_i(\sigma_i, \sigma_{-i})$ 表示参与人 i 在混合战略组合 $\sigma=(\sigma_i, \sigma_{-i})$ 下的期望效用。

由于在混合战略组合 σ 下，博弈的各种结果即各种纯战略组合 $s=(s_1, \cdots, s_j, \cdots, s_n)$ 都有可能出现，因此 $v_i(\sigma)$ 即为定义在所有纯战略组合集（即 S）上的期望效用。用 $\pi(s)$ 表示在混合战略组合 σ 下，纯战略组合 $s(s\in S)$ 出现的概率，因此参与人 i 在混合战略组合 σ 下的期望效用 $v_i(\sigma)$ 就表示为

$$v_i(\sigma)=v_i(\sigma_i,\sigma_{-i})=\sum_{s\in S}\pi(s)u_i(s) \tag{2.6}$$

用 $\sigma_j(s_j)$ 表示在混合战略组合 σ 下参与人 j 选择纯战略组合 $s=(s_1, \cdots, s_j, \cdots, s_n)$ 中纯战略 s_j 的概率。在现有的博弈分析中，一般假设每个参与人对战略的随机选择是相互独立的，因此 $\pi(s)=\prod_{j=1}^{n}\sigma_j(s_j)$。利用该条件并结合式(2.6)，可得

$$v_i(\sigma)=v_i(\sigma_i,\sigma_{-i})=\sum_{s\in S}\Big(\prod_{j=1}^{n}\sigma_j(s_j)\Big)u_i(s) \tag{2.7}$$

假设参与人 i 的纯战略集为 $S_i=\{s_i^1, \cdots, s_i^{K_i}\}$，用 $v_i(s_i^k, \sigma_{-i})$表示参与人 i 在其他参与人选择混合战略 σ_{-i}的情况下，选择纯战略 $s_i^k(1\leqslant k\leqslant K_i)$ 的期望支付，由式（2.7）可得

$$v_i(s_i^k,\sigma_{-i})=\sum_{s_{-i}\in S_{-i}}\Big(\prod_{j=1,j\neq i}^{n}\sigma_j(s_j)\Big)u_i(s_i^k,s_{-i}) \tag{2.8}$$

其中，$\prod_{j=1,\ j\neq i}^{n}\sigma_j(s_j)$ 是在混合战略组合 $\sigma=(s_i^k, \sigma_{-i})$下其他参与人的纯战略组合 s_{-i}出现的概率。

由式(2.7)和式(2.8)，可得

$$v_i(\sigma)=v_i(\sigma_i,\sigma_{-i})=\sum_{k=1}^{K_i}\sigma_i^k v_i(s_i^k,\sigma_{-i})=\sum_{k=1}^{K_i}\sigma_i^k\Big\{\sum_{s_{-i}\in S_{-i}}\Big[\prod_{j=1,j\neq i}^{n}\sigma_j(s_j)\Big]u_i(s_i^k,s_{-i})\Big\} \tag{2.9}$$

下面通过一个两人战略式博弈，对式(2.7)~式(2.9)进行说明。

考察图 2.18 中战略式博弈。假设参与人 1 的混合战略 $\sigma_1=(p, 1-p)$，参与人 2 的混合战略 $\sigma_2=(q, 1-q)$。如果参与人 1 和参与人 2 对战略的随机选择相互独立，那么在混合战略组合 $\sigma=(\sigma_1, \sigma_2)$下，战略组合$(a_1, b_1)$、$(a_1, b_2)$、$(a_2, b_1)$和$(a_2, b_2)$ 出现的概率就分别为 pq、$p(1-q)$、$(1-p)q$ 和$(1-p)(1-q)$。

		2	
		q	$1-q$
		b_1	b_2
1 (p)	a_1	x_1, y_1	x_2, y_2
1 ($1-p$)	a_2	x_3, y_3	x_4, y_4

图 2.18　战略式博弈

由式(2.7)，可得参与人1采用纯战略 a_1 和 a_2 的期望效用分别为

$$v_1(a_1,\sigma_2)=qu_1(a_1,b_1)+(1-q)u_1(a_1,b_2)=qx_1+(1-q)x_2 \tag{2.10}$$

$$v_1(a_2,\sigma_2)=qu_1(a_2,b_1)+(1-q)u_1(a_2,b_2)=qx_3+(1-q)x_4 \tag{2.11}$$

由式(2.7)(或式(2.9))、式(2.10)和式(2.11)，可得参与人1在混合战略组合 $\sigma=(\sigma_1,\ \sigma_2)$ 下的期望效用为

$$\begin{aligned}v_1(\sigma)&=pv_1(a_1,\sigma_2)+(1-p)v_1(a_2,\sigma_2)\\&=pqx_1+p(1-q)x_2+(1-p)qx_3+(1-p)(1-q)x_4\end{aligned}$$

同样，由式(2.7)，可得参与人2采用纯战略 b_1 和 b_2 的期望效用分别为

$$v_2(b_1,\sigma_1)=pu_2(a_1,b_1)+(1-p)u_2(a_2,b_1)=py_1+(1-p)y_3 \tag{2.12}$$

$$v_2(b_2,\sigma_1)=pu_2(a_1,b_2)+(1-p)u_2(a_2,b_2)=py_2+(1-p)y_4 \tag{2.13}$$

由式(2.7)(或式(2.9))、式(2.12)和式(2.13)，可得参与人2在混合战略组合 $\sigma=(\sigma_1,\ \sigma_2)$ 下的期望效用为

$$\begin{aligned}v_2(\sigma)&=qv_2(b_1,\sigma_1)+(1-q)v_2(b_2,\sigma_1)\\&=pqy_1+(1-p)qy_3+p(1-q)y_2+(1-p)(1-q)y_4\end{aligned}$$

2.4.2 混合战略 Nash 均衡

再回到前面的“猜硬币”博弈。玩过“猜硬币”游戏的读者都会有这样的体会：在游戏中，我们往往会以50%的概率选择正面（O），以50%的概率选择反面（R），即选择混合战略 $\sigma=(0.5,\ 0.5)$。那么有没有参与人会偏离混合战略 $\sigma_i=(0.5,\ 0.5)$ 呢?

当“猜硬币”博弈中双方都选择混合战略 $\sigma_i=(0.5,\ 0.5)$ 时，双方的期望收益都为0。假设参与人1保持混合战略 $\sigma_1=(0.5,\ 0.5)$，容易计算出：无论参与人2选择其他什么样的混合战略，只要参与人1保持混合战略 $\sigma_1=(0.5,\ 0.5)$ 不变，参与人2的期望收益都为0，不会增大。也就是说，偏离并不能给参与人2带来好处。反之，如果参与人2不选择混合战略 $\sigma_2=(0.5,\ 0.5)$ 而选择一个其他的战略，比如说 $\sigma_2=(0.6,\ 0.4)$（或者 $\sigma_2=(0.4,\ 0.6)$），那么参与人1只要选择 $\sigma_1=(0,\ 1)$（或者 $\sigma_1=(1,\ 0)$），就会使参与人2的期望收益小于0，而使自己的期望收益大于0。也就是说，如果参与人 i 偏离混合战略 $\sigma_i=(0.5,\ 0.5)$，就很可能被对方所利用。因此，在“猜硬币”博弈中，双方都不会偏离混合战略组合 $\sigma=((0.5,\ 0.5),\ (0.5,\ 0.5))$。像这样的混合战略组合我们称之为混合战略 Nash 均衡。

定义 2.7 在有限 n 人战略式博弈 $G=\langle\Gamma;\ S_1,\ \cdots,\ S_n;\ u_1,\ \cdots,\ u_n\rangle$ 中，混合战略组合 $\sigma^*=(\sigma_1^*,\ \cdots,\ \sigma_n^*)$ 为一个 Nash 均衡，当且仅当 $\forall i\in\Gamma$，$\forall\sigma_i\in\Sigma_i$，有 $v_i(\sigma_i^*,\ \sigma_{-i}^*)\geqslant v_i(\sigma_i,\ \sigma_{-i}^*)$。

与前面定义的纯战略 Nash 均衡的定义（定义2.5）相比，混合战略 Nash 均衡的定义在形式上与前者完全相同，只不过是将定义中的纯战略换为混合战略而已。因此，混合战略 Nash 均衡的意义与纯战略的相同。需要注意的是，在混合战略 Nash 均衡中，虽然参与人选择各种行动或战略的概率是稳定的，但博弈的结果却是随机的，并不稳定。在单次博弈中，均衡混合战略可以理解为参与人对各个纯战略的偏爱程度。

假设 $\sigma^*=(\sigma_1^*,\ \cdots,\ \sigma_n^*)$ 为混合战略 Nash 均衡，则根据混合战略 Nash 均衡的定义可知：$\forall i\in\Gamma$，$\forall s_i\in S_i$，有 $v_i(\sigma_i^*,\ \sigma_{-i}^*)\geqslant v_i(s_i,\ \sigma_{-i}^*)$（因为纯战略 s_i 为退化的混合战略）；反

之，如果 $\forall i \in \Gamma$，$\forall s_i \in S_i$，有 $v_i(\sigma_i^*, \sigma_{-i}^*) \geqslant v_i(s_i, \sigma_{-i}^*)$，则由式（2.9）可得

$$v_i(\sigma_i, \sigma_{-i}^*) = \sum_{k=1}^{K} \sigma_i^k v_i(s_i^k, \sigma_{-i}^*) \leqslant \sum_{k=1}^{K} \sigma_i^k v_i(\sigma_i^*, \sigma_{-i}^*) = v_i(\sigma_i^*, \sigma_{-i}^*)$$

所以，定义 2.7 也可表述为如下形式。

定义 2.8　在有限 n 人战略式博弈 $G=\langle \Gamma; S_1, \cdots, S_n; u_1, \cdots, u_n \rangle$ 中，混合战略组合 $\sigma^* = (\sigma_1^*, \cdots, \sigma_n^*)$ 为一个 Nash 均衡，当且仅当 $\forall i \in \Gamma$，$\forall s_i \in S_i$，有 $v_i(\sigma_i^*, \sigma_{-i}^*) \geqslant v_i(s_i, \sigma_{-i}^*)$。

例 2.8　考察图 2.19 中战略式博弈。在图 2.19 中，无论是用“划线法”还是“箭头法”，都找不到纯战略 Nash 均衡。事实上，根据纯战略 Nash 均衡的定义，很容易判断出博弈问题中的任一纯战略组合都不是 Nash 均衡。但是，根据混合战略 Nash 均衡的定义，可以判断出图 2.19 所示博弈存在混合战略 Nash 均衡——$\left(\left(\frac{1}{3}, \frac{2}{3}\right), \left(\frac{2}{3}, \frac{1}{3}\right)\right)$①。

		2	
		$\frac{2}{3}$ b_1	$\frac{1}{3}$ b_2
1	$\frac{1}{3}$ a_1	2，1	1，3
	$\frac{2}{3}$ a_2	1，2	3，1

图 2.19　混合战略 Nash 均衡

例 2.9　考察图 2.20 中战略式博弈。在图 2.20 中，博弈不仅存在两个纯战略 Nash 均衡——(a_1, b_1)和(a_2, b_2)，而且还有一个混合战略 Nash 均衡——$\left(\left(\frac{2}{3}, \frac{1}{3}\right), \left(\frac{1}{3}, \frac{2}{3}\right)\right)$。

		2	
		$\frac{1}{3}$ b_1	$\frac{2}{3}$ b_2
1	$\frac{2}{3}$ a_1	2，1	0，0
	$\frac{1}{3}$ a_2	0，0	1，2

图 2.20　战略式博弈的 Nash 均衡

图 2.19 和图 2.20 中博弈都是很简单的博弈问题，容易根据定义判断出 Nash 均衡②。对于一些复杂的博弈问题，要找到 Nash 均衡尤其是混合战略 Nash 均衡是非常不容易的。为了求解混合战略 Nash 均衡，必须了解在选择混合战略的情况下，参与人如何剔除劣战略及参与人最优混合战略的特性。

① 关于图 2.19 和图 2.20 中博弈的混合战略 Nash 均衡的求解过程，参见后面的介绍。

② 事实上，图 2.19 和图 2.20 中博弈的混合战略 Nash 均衡的求解也不容易。参见 2.5 节中关于混合战略 Nash 均衡求解的介绍。

首先，讨论在参与人选择混合战略的情况下，参与人的劣战略。在参与人选择纯战略的情况下，纯战略 s_i 是参与人 i 的劣战略，意味着存在纯战略 s_j，使得 s_j 相对于 s_i 占优。但是，在参与人选择混合战略的情况下，即使不存在相对于 s_i 占优的纯战略，s_i 也可能成为劣战略。在图 2.21 所示的战略式博弈中，不存在相对于 b_3 占优的纯战略，但是无论参与人 1 的选择 $\sigma_1=(p,\ 1-p)$ 如何，参与人 2 选择 $\sigma_2=\left(\frac{1}{2},\ \frac{1}{2},\ 0\right)$ 的所得为 $\frac{5}{2}$，大于选择 b_3 的所得 2。所以，$\sigma_2=\left(\frac{1}{2},\ \frac{1}{2},\ 0\right)$ 相对于 b_3 占优，也就是说，在参与人可以选择混合战略的情况下，b_3 成为劣战略。

其次，需要说明的是，在参与人选择混合战略的情况下，什么样的战略能够成为参与人的最优战略，取决于每个参与人对其他参与人可能选择战略的判断。在图 2.22 所示的战略式博弈中，b_3 既不对 b_2 占优，也不对 b_1 占优。但是，给定参与人 1 的选择 $\sigma_1=(p,\ 1-p)$，如果参与人 2 认为 $\frac{2}{5}\leqslant p\leqslant\frac{3}{5}$，那么 b_3 就成为参与人 2 在给定 $\sigma_1=(p,\ 1-p)$ 的情况下的最优选择。

		2		
		b_1	b_2	b_3
1	a_1	2，0	1，5	1，2
	a_2	1，5	2，0	2，2

图 2.21　战略式博弈

		2		
		b_1	b_2	b_3
1	a_1	2，0	1，5	1，3
	a_2	1，5	2，0	2，3

图 2.22　战略式博弈

最后，分析在给定其他参与人选择的情况下，参与人 i 的最优混合战略的构成。给定其他参与人的选择 σ_{-i}，假设 $\sigma_i^*=(\sigma_i^{1*},\ \cdots,\ \sigma_i^{K_i*})$ 为参与人 i 的最优混合战略，那么 $\forall\sigma_i\in\Sigma_i$，有 $v_i(\sigma_i^*,\ \sigma_{-i})\geqslant v_i(\sigma_i,\ \sigma_{-i})$，即 $\sum_{k=1}^{K_i}\sigma_i^{k*}v_i(s_i^k,\sigma_{-i})\geqslant\sum_{k=1}^{K_i}\sigma_i^k v_i(s_i^k,\sigma_{-i})$。关于参与人 i 的最优混合战略，有如下命题成立。

命题 2.1　在参与人 i 的最优混合战略 $\sigma_i^*=(\sigma_i^{1*},\ \cdots,\ \sigma_i^{K_i*})$ 中，对 $\forall\sigma_i^{j*}>0$，有

$$v_i(s_i^j,\sigma_{-i})=v_i(\sigma_i^*,\sigma_{-i})$$

下面给出上述命题的简单证明。

如果参与人 i 的最优混合战略 σ_i^* 为退化的纯战略，则上述结论显然成立；如果 σ_i^* 为严格的混合战略，则 σ_i^* 中存在两个或两个以上的严格大于 0 的分量。由于 $v_i(\sigma_i^*,\ \sigma_{-i})=\sum_{k=1}^{K_i}\sigma_i^{k*}v_i(s_i^k,\ \sigma_{-i})$，因此若能证明：对 $\forall\sigma_i^{j*}$，$\sigma_i^{h*}>0$，有 $v_i(s_i^j,\ \sigma_{-i})=v_i(s_i^h,\ \sigma_{-i})$，则命题 2.1 得证。

假设 $v_i(s_i^j,\ \sigma_{-i})\neq v_i(s_i^h,\ \sigma_{-i})$，不失一般性，设 $v_i(s_i^j,\ \sigma_{-i})>v_i(s_i^h,\ \sigma_{-i})$。构造满足如下条件的参与人 i 的混合战略 $\sigma_i'=(\sigma_i^{1'},\ \cdots,\ \sigma_i^{K_i'})$，

(1) 对 $\forall k\in\{1,\ 2,\ \cdots,\ K_i\}$，若 $k\neq j$ 且 $k\neq h$，则 $\sigma_i^{k'}=\sigma_i^{k*}$；

(2) $\sigma_i^{j'}=\sigma_i^{j*}+\sigma_i^{h*}$ 且 $\sigma_i^{h'}=0$。

显然，与最优混合战略 σ_i^* 相比，在混合战略 σ_i' 中，除了纯战略 s_i^j 和 s_i^h 所对应的分量与

最优混合战略 σ_i^* 的不同外，其他纯战略所对应的分量都是相同的。

根据式(2.9)，可得

$$\begin{aligned} v_i(\sigma'_i,\sigma_{-i}) - v_i(\sigma_i^*,\sigma_{-i}) &= \sum_{k=1}^{K_i}\sigma_i^{k'}v_i(s_i^k,\sigma_{-i}) - \sum_{k=1}^{K_i}\sigma_i^{k*}v_i(s_i^k,\sigma_{-i}) \\ &= \sigma_i^{h*}v_i(s_i^j,\sigma_{-i}) - \sigma_i^{h*}v_i(s_i^h,\sigma_{-i}) \\ &> 0 \end{aligned} \tag{2.14}$$

显然，式(2.14)与 σ_i^* 为参与人 i 的最优混合战略矛盾。因此，所需证明的命题得证。

命题 2.1 表明：如果 σ_i^* 是参与人 i 在给定对手选择混合战略 σ_{-i} 下的最优混合战略，若混合战略规定参与人 i 以严格正概率选择纯战略 s_i^k，则 s_i^k 一定也是给定 σ_{-i} 下的一个最优战略。也就是说，所有以正概率进入最优混合战略的纯战略都是参与人 i 的最优战略，并且参与人 i 在所有这些纯战略之间一定是无差异的，即如果 $\sigma_i^{1*}>0$，…，$\sigma_i^{k*}>0$，则有

$$v_i(s_i^1,\sigma_{-i})=v_i(s_i^2,\sigma_{-i})=\cdots=v_i(s_i^k,\sigma_{-i})$$

反之，如果参与人 i 有 n 个纯战略是最优的，那么这些最优纯战略上的任一概率分布都是参与人 i 的最优混合战略。

下面以图 2.17 中的“猜硬币”游戏为例，对参与人最优战略的上述性质进行说明。在“猜硬币”游戏中，设参与人 1 的战略为 $\sigma_1=(p,\ 1-p)$，参与人 2 的战略为 $\sigma_2=(q,\ 1-q)$。由式(2.8)可知，参与人 1 选择正面（O）的期望收益为

$$v_1(O,(q,1-q))=q\cdot(-1)+(1-q)\cdot 1=1-2q$$

参与人 1 选择反面（R）的期望收益为

$$v_1(R,(q,1-q))=q\cdot 1+(1-q)\cdot(-1)=2q-1$$

由于当且仅当 $q<\frac{1}{2}$ 时，$v_1(O,\ (q,\ 1-q))>v_1(R,\ (q,\ 1-q))$，因此当 $q<\frac{1}{2}$ 时，参与人 1 的最优纯战略为选择正面(O)；当 $q>\frac{1}{2}$ 时，参与人 1 的最优纯战略为选择反面(R)。而当 $q=\frac{1}{2}$ 时，参与人 1 无论选择正面(O)还是反面(R)都是无差异的。不仅如此，参与人 1 此时无论以什么样的概率分布选择正面(O)和反面(R)都是无差异的。

更一般地，用 $p^*(q)$ 表示在给定参与人 2 的战略 $\sigma_2=(q,\ 1-q)$ 的情况下，参与人 1 的最优反应。由式(2.9)可得

$$\begin{aligned} v_1((p,1-p),(q,1-q)) &= pv_1(O,(q,1-q))+(1-p)v_1(R,(q,1-q)) \\ &= (2q-1)+p(2-4q) \end{aligned} \tag{2.15}$$

在式(2.15)中，参与人 1 的期望收益在 $2-4q>0$ 时随 p 递增；在 $2-4q<0$ 时随 p 递减，因此当 $q<\frac{1}{2}$ 时，参与人 1 的最优反应为 $p^*(q)=1$（即选择正面）；当 $q>\frac{1}{2}$ 时，参与人 1 的

最优反应为$p^*(q)=0$(即选择反面)(参见图2.23中$p^*(q)$的两段水平虚线)。

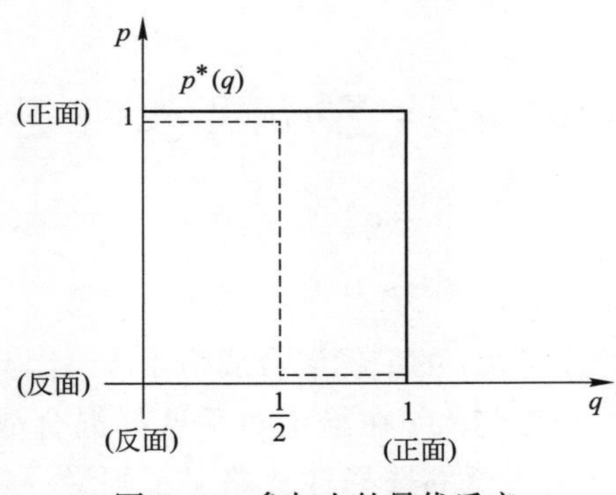

图2.23 参与人的最优反应

前面已经提到，在$q=\frac{1}{2}$时，参与人1选择纯战略正面(O)或反面(R)是无差异的。而且从式(2.15)可以看到，参与人1的期望收益在$q=\frac{1}{2}$时与p无关，所有混合战略(p，$1-p$)对参与人1都是无差异的。也就是说，当$q=\frac{1}{2}$时，对于0到1之间的任何p，混合战略（p，$1-p$)都是(q，$1-q$)的最优反应，即$p^*\left(\frac{1}{2}\right)\in[0,\ 1]$(参见图2.23所示$p^*(q)$ 中间的竖线段)。

综上分析，可得参与人1的最优反应$p^*(q)$ 为

$$p^*(q)=\begin{cases}1, & q<\frac{1}{2}\\ [0,1], & q=\frac{1}{2}\\ 0, & q>\frac{1}{2}\end{cases} \tag{2.16}$$

在式(2.16) 中，当$q=\frac{1}{2}$时，$p^*\left(\frac{1}{2}\right)$可以为[0，1]中的任一值，从而使得$p^*(q)$ 有不止一个值。因此，称$p^*(q)$ 为参与人1的最优反应响应（best correspondence)，而不是最优反应函数①。

对于给定的参与人i的混合战略σ_i，称σ_i中所有大于0的分量所对应的纯战略的集合为σ_i的支集(记为$S_i(\sigma_i)$)，即$S_i(\sigma_i)=\{s_i\in S_i \mid \sigma_i(s_i)>0\}$。例如，在一个战略式博弈中，设$S_i=\{s_i^1,\ s_i^2,\ s_i^3,\ s_i^4\}$，$\sigma_i=(0.1,\ 0.5,\ 0,\ 0.4)$，则$S_i(\sigma_i)=\{s_i^1,\ s_i^2,\ s_i^4\}$。

定理2.1（最优反应的引理） 在有限n人战略式博弈$G=<\Gamma;\ S_1,\ \cdots,\ S_n;\ u_1,\ \cdots,\ u_n>$中，混合战略组合$\sigma^*=(\sigma_1^*,\ \cdots,\ \sigma_n^*)$ 为一个Nash均衡，当且仅当$\forall i\in\Gamma$，σ_i^*的支集S_i

① 最优反应函数表示给定参与人2的一个战略，参与人1仅有一个最优战略与之相对应；而最优反应响应则表示给定参与人2的一个战略，参与人1不止有一个最优战略与之相对应。参见第4章中关于Cournot模型的介绍。

(σ_i^*)中每一个纯战略都是给定 σ_{-i}^* 下的最优反应。

上述定理可以在一定程度上帮助我们求解战略式博弈的 Nash 均衡，尤其是对两人两战略的战略式博弈问题（简称 2×2 的战略式博弈）。考察图 2.18 中战略式博弈，假设 $\sigma_1=(p,1-p)$，$\sigma_2=(q,1-q)$，(σ_1,σ_2)为博弈的混合战略 Nash 均衡。不失一般性，设 $0<p<1$ 且 $0<q<1$，因此 $0<1-p<1$ 且 $0<1-q<1$。根据最优战略的性质，有

$$\begin{cases}v_1(a_1,\sigma_2)=v_1(a_2,\sigma_2)\\v_2(b_1,\sigma_1)=v_2(b_2,\sigma_1)\end{cases}\tag{2.17}$$

将式（2.10）~式(2.13)分别代入式（2.17），可得

$$\begin{cases}qx_1+(1-q)x_2=qx_3+(1-q)x_4\\py_1+(1-p)y_3=py_2+(1-p)y_4\end{cases}$$

求解上式可得

$$\begin{cases}p=\dfrac{y_3-y_4}{y_2-y_1+y_3-y_4}\\[2ex]q=\dfrac{x_2-x_4}{x_3-x_1+x_2-x_4}\end{cases}\tag{2.18}$$

其中，$y_2-y_1+y_3-y_4\neq0$，$x_3-x_1+x_2-x_4\neq0$。

利用式(2.18)即可求出 2×2 的战略式博弈的混合战略 Nash 均衡。例如，对于图 2.19 中战略式博弈，根据式(2.18)，可得 $p=\dfrac{1}{3}$，$q=\dfrac{2}{3}$；对于图 2.20 中战略式博弈，根据式(2.18)，可得 $p=\dfrac{2}{3}$，$q=\dfrac{1}{3}$。

以上求解混合战略 Nash 均衡的方法，实际上是利用了在最优混合战略中，大于 0 的分量所对应的纯战略的期望支付相等的性质，因此这种方法也称“等值法”。

虽然“等值法”对求解 2×2 的战略式博弈的混合战略 Nash 均衡尤为有效，但对于参与人的战略数大于 2 的博弈问题，却无法直接利用“等值法”求解博弈的混合战略 Nash 均衡。在下一节，我们将介绍如何求解更一般的博弈问题的混合战略 Nash 均衡。

2.5　混合战略 Nash 均衡的求解

根据定义判断一个战略组合是否为 Nash 均衡非常简单，但对于一般的博弈问题，求解其 Nash 均衡是非常困难的。下面将介绍两种求解 Nash 均衡的方法——支撑求解法和规划求解法。

2.5.1　支撑求解法

首先介绍支撑求解法所用到的基本概念——支撑（support）。对于给定的混合战略组合 σ，σ 的支撑(记为 $S(\sigma)$)是指参与人按照 σ 选择战略时，所有参与人支集 $S_i(\sigma_i)=\{s_i\in S_i$

$\mid \sigma_i(s_i)>0\}$ 的直积，即 $S(\sigma)=\prod_{i\in\Gamma}\{s_i\in S_i \mid \sigma_i(s_i)>0\}$。它表示的是：当参与人按照 σ 选择战略时，纯战略组合集 S 中以大于0的概率出现的所有纯战略组合的集合。例如，在一个两人战略式博弈中，

$$S_1=\{s_1^1,s_1^2,s_1^3,s_1^4\},S_2=\{s_2^1,s_2^2,s_2^3\}$$

设 $\sigma_1=(0.1,\ 0.5,\ 0,\ 0.4)$，$\sigma_2=(0.6,\ 0,\ 0.4)$，所以

$$S_1(\sigma_1)=\{s_1^1,s_1^2,s_1^4\},S_2(\sigma_2)=\{s_2^1,s_2^3\}$$

战略组合 $\sigma=(\sigma_1,\ \sigma_2)$ 的支撑为

$$S(\sigma)=\{s_1^1,s_1^2,s_1^4\}\times\{s_2^1,s_2^3\}=\{(s_1^1,s_2^1),(s_1^1,s_2^3),(s_1^2,s_2^1),(s_1^2,s_2^3),(s_1^4,s_2^1),(s_1^4,s_2^3)\}$$

利用“支撑”这一概念和前面所提到的最优反应的引理（即定理2.1），就可求解一般情形下的混合战略Nash均衡。对于给定的有限 n 人战略式博弈 $G=<\Gamma;\ S_1,\ \cdots,\ S_n;\ u_1,\ \cdots,u_n>$，假设混合战略组合 $\sigma^*=(\sigma_1^*,\ \cdots,\ \sigma_n^*)$ 为Nash均衡，考察 σ^* 的支撑 $S(\sigma^*)=\prod_{i\in\Gamma}S_i(\sigma_i{}^*)$。对 $\forall i\in\Gamma$，设 $\sigma_i^*=(\sigma_i^*(s_i^1),\ \cdots,\ \sigma_i^*(s_i^{K_i}))$，不失一般性，设 $\sigma_i^*(s_i^1)>0,\ \cdots,\ \sigma_i^*(s_i^{k_i})>0$，则参与人 i 关于混合战略组合 σ^* 的支集 $S_i(\sigma_i^*)=\{s_i^1,\ \cdots,\ s_i^{k_i}\}$。由最优反应的引理可得

$$\begin{cases}\sum_{s_{-i}\in S_{-i}}\Big(\prod_{j\in\Gamma,j\neq i}\sigma_j^*(s_j)\Big)u_i(s_i^1,s_{-i})=v_i\\ \sum_{s_{-i}\in S_{-i}}\Big(\prod_{j\in\Gamma,j\neq i}\sigma_j^*(s_j)\Big)u_i(s_i^2,s_{-i})=v_i\\ \vdots\\ \sum_{s_{-i}\in S_{-i}}\Big(\prod_{j\in\Gamma,j\neq i}\sigma_j^*(s_j)\Big)u_i(s_i^{k_i},s_{-i})=v_i\end{cases}\tag{2.19}$$

其中，$v_i=v_i(\sigma_i^*,\ \sigma_{-i}^*)$ 为参与人 i 在混合战略Nash均衡 σ^* 下的期望效用。

同时，由概率分布的规范性条件，可得

$$\sum_{j=1}^{k_i}\sigma_i^*(s_i^j)=1\tag{2.20}$$

在式(2.19)与式(2.20)中，一共有 k_i+1 个未知数（即 $\sigma_i^*(s_i^1)$，$\cdots$，$\sigma_i^*(s_i^{k_i})$ 和 v_i），同时也存在 k_i+1 个等式方程。因此，在求解混合战略组合Nash均衡时，如果能够构造出混合战略均衡 σ^* 的支撑，则对所有的参与人，就可得到 $\sum_{i=1}^{n}(k_i+1)$ 个未知数和 $\sum_{i=1}^{n}(k_i+1)$ 个等式方程。联立求解 $\sum_{i=1}^{n}(k_i+1)$ 个等式方程即可得到所要求解的混合战略均衡 σ^*。

对于给定的有限 n 人战略式博弈 $G=<\Gamma;\ S_1,\ \cdots,\ S_n;\ u_1,\ \cdots,\ u_n>$，支撑法求解Nash均衡的基本思路就是：

(1) 构造出所有的混合战略均衡的支撑；

(2) 对于每个给定的支撑，求解由式(2.19)和式(2.20)所确定的方程组。

必须说明的是，构造出所有混合战略均衡的支撑并不是一件十分容易的事情，在求解均

衡的过程中，需要对可能存在的支撑进行猜测，而最简单且最保险的方法就是简单枚举法。此外，对于构造出来的支撑，在求解方程组的过程中，可能会出现以下问题。

（1）方程组的解不存在。方程组的解不存在并不意味着不存在 Nash 均衡，只要所给定的博弈问题是有限战略式博弈，Nash 均衡总是存在的①。导致方程组无解的原因在于所构造的支撑有问题，需要构造新的支撑。

（2）解不满足非负性条件，即方程组的解虽然存在，但在解中存在小于 0 的情形。因此，为了保证所得到的解构成 Nash 均衡，我们假定：$\forall i \in \Gamma$，$\forall s_i^j \in S_i(\sigma_i^*)$，$\sigma_i(s_i^j) > 0$。

（3）方程组的解存在，并且解都大于 0，但对于给定的解，存在这样的情形：对于某个参与人 i，存在一个不属于支集 $S_i(\sigma_i^*)$ 的战略 s_i^h（即 $s_i^h \in S_i$ 但 $s_i^h \notin S_i(\sigma_i^*)$），给定其他参与人的战略 σ_{-i}^*，参与人 i 采用 s_i^h 所得到的期望效用大于采用支集 $S_i(\sigma_i^*)$ 中战略的期望效用。显然，这种情形与解为 Nash 均衡是矛盾的，因为均衡战略 σ_i^* 的支集 $S_i(\sigma_i^*)$ 中每一个纯战略都是 σ_{-i}^* 的最优反应。为了将这种不合理的情形排除掉，我们假定：$\forall i \in \Gamma$，$\forall s_i^h \in S_i$ 但 $s_i^h \notin S_i(\sigma_i^*)$，$\sum_{s_{-i} \in S_{-i}} (\prod_{j \in \Gamma,\, j \neq i} \sigma_j^*(s_j)) u_i(s_i^h, s_{-i}) < v_i$。

下面通过一个算例，看看如何应用支撑法求解 Nash 均衡。

例 2.10　在图 2.24 中，参与人 1 有 U 和 L 两种纯战略，参与人 2 有 A、B、C 和 D 四种纯战略，假设参与人 1 和参与人 2 的混合战略分别为 $\sigma_1 = (\sigma_1^U, \sigma_1^L)$ 和 $\sigma_2 = (\sigma_2^A, \sigma_2^B, \sigma_2^C, \sigma_2^D)$。

			2			
			σ_2^A	σ_2^B	σ_2^C	σ_2^D
			A	B	C	D
1	σ_1^U	U	0，2	6，1	2，3	4，6
	σ_1^L	L	4，3	2，6	1，2	6，1

图 2.24　支撑法求解混合战略 Nash 均衡

显然，在上述博弈中，不存在纯战略 Nash 均衡，因此不存在其支撑中只包含参与人一个战略的 Nash 均衡。所以，在上述博弈中，可能的支撑包括一个 2×4 战略组合（$\{U,L\} \times \{A,B,C,D\}$）、四个 2×3 战略组合（$\{U,L\} \times \{A,B,C\}$、$\{U,L\} \times \{A,B,D\}$、$\{U,L\} \times \{A,C,D\}$ 和 $\{U,L\} \times \{B,C,D\}$）及六个 2×2 战略组合（$\{U,L\} \times \{A,B\}$、$\{U,L\} \times \{A,C\}$、$\{U,L\} \times \{A,D\}$、$\{U,L\} \times \{B,C\}$、$\{U,L\} \times \{B,D\}$ 和 $\{U,L\} \times \{C,D\}$）。对于这些支撑，需要对它们分别进行讨论，以确定博弈的实际支撑。

首先，假设支撑是 2×4 战略组合，即 $\{U, L\} \times \{A, B, C, D\}$。对于参与人 1，其支集 $\{U, L\}$ 中每个纯战略获得的期望支付相同，对于参与人 2，其支集 $\{A, B, C, D\}$ 中每个纯战略获得的期望支付相同，即

$$\begin{cases} v_1(U,\sigma_2) = v_1(L,\sigma_2) = v_1(\sigma_1,\sigma_2) = v_1 \\ v_2(\sigma_1,A) = v_2(\sigma_1,B) = v_2(\sigma_1,C) = v_2(\sigma_1,D) = v_2(\sigma_1,\sigma_2) = v_2 \end{cases}$$

① 参见第 3 章中有关 Nash 均衡存在性的讨论。

根据式(2.8)，有

$$\begin{cases}6\sigma_2^B+2\sigma_2^C+4\sigma_2^D=v_1\\4\sigma_2^A+2\sigma_2^B+\sigma_2^C+6\sigma_2^D=v_1\\2\sigma_1^U+3\sigma_1^L=v_2\\\sigma_1^U+6\sigma_1^L=v_2\\3\sigma_1^U+2\sigma_1^L=v_2\\6\sigma_1^U+\sigma_1^L=v_2\\\sigma_2^A+\sigma_2^B+\sigma_2^C+\sigma_2^D=1\\\sigma_1^L+\sigma_1^U=1\end{cases} \tag{2.21}$$

在式(2.21)中，各等式之间相互矛盾，因此不存在满足式(2.19)的解。所以，$\{U, L\}\times\{A, B, C, D\}$不可能为博弈的均衡支撑。

其次，考察支撑是2×3战略组合的情况。当支撑是$\{U, L\}\times\{A, B, C\}$时，仿上分析，可得

$$\begin{cases}6\sigma_2^B+2\sigma_2^C=v_1\\4\sigma_2^A+2\sigma_2^B+\sigma_2^C=v_1\\2\sigma_1^U+3\sigma_1^L=v_2\\\sigma_1^U+6\sigma_1^L=v_2\\3\sigma_1^U+2\sigma_1^L=v_2\\\sigma_2^A+\sigma_2^B+\sigma_2^C=1\\\sigma_1^L+\sigma_1^U=1\end{cases} \tag{2.22}$$

在式(2.22)中，各等式之间相互矛盾，因此不存在满足式(2.19)的解。所以，$\{U, L\}\times\{A, B, C\}$不可能为博弈的均衡支撑。

基于同样的原因（即方程组的解不存在），$\{U, L\}\times\{A, B, D\}$、$\{U, L\}\times\{A, C, D\}$和$\{U, L\}\times\{B, C, D\}$都不可能为博弈的均衡支撑。

最后，考虑支撑是2×2战略组合的情况。当支撑是$\{U, L\}\times\{A, B\}$时，仿上分析，可得

$$\begin{cases}6\sigma_2^B=v_1\\4\sigma_2^A+2\sigma_2^B=v_1\\2\sigma_1^U+3\sigma_1^L=v_2\\\sigma_1^U+6\sigma_1^L=v_2\\\sigma_1^U+\sigma_1^L=1\\\sigma_2^A+\sigma_2^B=1\end{cases} \tag{2.23}$$

联立求解上述方程组，可得$\sigma_2^A=\sigma_2^B=\frac{1}{2}$，$\sigma_1^U=\frac{3}{4}$，$\sigma_1^L=\frac{1}{4}$，$v_1=3$，$v_2=\frac{9}{4}$。但是，给定$\sigma_1=\left(\frac{3}{4}, \frac{1}{4}\right)$，$v_2(\sigma_1, C)=\frac{11}{4}>v_2$，$v_2(\sigma_1, D)=\frac{19}{4}>v_2$，参与人2选择纯战略$C$和$D$的所得

大于在均衡中的所得，因此$\{U, L\}\times\{A, B\}$不可能成为博弈的均衡支撑。

当支撑是$\{U, L\}\times\{A, C\}$时，仿上分析，可得

$$\begin{cases}2\sigma_2^C=v_1\\4\sigma_2^A+\sigma_2^C=v_1\\2\sigma_1^U+3\sigma_1^L=v_2\\3\sigma_1^U+2\sigma_1^L=v_2\\\sigma_1^L+\sigma_1^U=1\\\sigma_2^A+\sigma_2^C=1\end{cases}\tag{2.24}$$

联立求解上述方程组，可得 $\sigma_2^A=\dfrac{1}{5}$，$\sigma_2^C=\dfrac{4}{5}$，$\sigma_1^U=\sigma_1^L=\dfrac{1}{2}$，$v_1=\dfrac{8}{5}$，$v_2=\dfrac{5}{2}$。但是，给定 $\sigma_1=\left(\dfrac{1}{2}, \dfrac{1}{2}\right)$，$v_2(\sigma_1, B)=\dfrac{7}{2}>v_2$，$v_2(\sigma_1, D)=\dfrac{7}{2}>v_2$，参与人 2 选择纯战略 B(或 D)的所得大于在均衡中的所得，因此 $\{U, L\}\times\{A, C\}$ 也不可能成为博弈的均衡支撑。

当支撑是 $\{U, L\}\times\{A, D\}$ 时，仿上分析，可得

$$\begin{cases}4\sigma_2^D=v_1\\4\sigma_2^A+6\sigma_2^D=v_1\\2\sigma_1^U+3\sigma_1^L=v_2\\6\sigma_1^U+\sigma_1^L=v_2\\\sigma_1^L+\sigma_1^U=1\\\sigma_2^A+\sigma_2^D=1\end{cases}\tag{2.25}$$

联立求解上述方程组，可得 $\sigma_2^A=-1$，$\sigma_2^D=2$，$\sigma_1^U=\dfrac{1}{3}$，$\sigma_1^L=\dfrac{2}{3}$。由于方程组的解不满足非负性条件，因此$\{U, L\}\times\{A, D\}$也不可能成为博弈的均衡支撑。基于同样的原因（方程组的解不满足非负性条件），$\{U, L\}\times\{B, C\}$也不可能成为博弈的均衡支撑。

当支撑是$\{U, L\}\times\{B, D\}$时，仿上分析，可得

$$\begin{cases}6\sigma_2^B+4\sigma_2^D=v_1\\2\sigma_2^B+6\sigma_2^D=v_1\\\sigma_1^U+6\sigma_1^L=v_2\\6\sigma_1^U+\sigma_1^L=v_2\\\sigma_1^L+\sigma_1^U=1\\\sigma_2^B+\sigma_2^D=1\end{cases}\tag{2.26}$$

联立求解上述方程组，可得 $\sigma_2^B=\dfrac{1}{3}$，$\sigma_2^D=\dfrac{2}{3}$，$\sigma_1^U=\sigma_1^L=\dfrac{1}{2}$，$v_1=\dfrac{14}{3}$，$v_2=\dfrac{7}{2}$。给定 $\sigma_1=\left(\dfrac{1}{2}, \dfrac{1}{2}\right)$，$v_2(\sigma_1, A)=v_2(\sigma_1, C)=\dfrac{5}{2}<v_2$，参与人2在均衡中的所得大于选择纯战略$A$和$C$的所

得，所以$\{U, L\}\times\{B, D\}$为均衡支撑。参与人1的混合战略$\sigma_1=\left(\frac{1}{2}, \frac{1}{2}\right)$与参与人2的混合战略$\sigma_2=\left(0, \frac{1}{3}, 0, \frac{2}{3}\right)$，构成混合战略Nash均衡$\left(\left(\frac{1}{2}, \frac{1}{2}\right), \left(0, \frac{1}{3}, 0, \frac{2}{3}\right)\right)$。

当支撑是$\{U, L\}\times\{C, D\}$时，仿上分析，可得

$$\begin{cases}2\sigma_2^C+4\sigma_2^D=v_1\\ \sigma_2^C+6\sigma_2^D=v_1\\ 3\sigma_1^U+2\sigma_1^L=v_2\\ 6\sigma_1^U+\sigma_1^L=v_2\\ \sigma_1^L+\sigma_1^U=1\\ \sigma_2^C+\sigma_2^D=1\end{cases} \tag{2.27}$$

联立求解上述方程组，可得$\sigma_2^C=\frac{2}{3}$，$\sigma_2^D=\frac{1}{3}$，$\sigma_1^U=\frac{1}{4}$，$\sigma_1^L=\frac{3}{4}$，$v_1=\frac{8}{3}$，$v_2=\frac{9}{4}$。给定$\sigma_1=\left(\frac{1}{4}, \frac{3}{4}\right)$，$v_2(\sigma_1, A)=\frac{11}{4}>v_2$，$v_2(\sigma_1, B)=\frac{19}{4}>v_2$，参与人2选择纯战略$A$（或$B$）的所得大于在均衡中的所得，因此$\{U, L\}\times\{C, D\}$也不可能成为博弈的均衡支撑。

综上，图2.24中博弈的混合战略Nash均衡为$\left(\left(\frac{1}{2}, \frac{1}{2}\right), \left(0, \frac{1}{3}, 0, \frac{2}{3}\right)\right)$，即$\sigma_1=\left(\frac{1}{2}, \frac{1}{2}\right)$，$\sigma_2=\left(0, \frac{1}{3}, 0, \frac{2}{3}\right)$。

由以上算例可以看到：如果无法事前确定博弈的均衡支撑，那么就只能对所有可能的支撑逐一进行计算，从而使得计算量十分巨大。如果能够在求解Nash均衡之前，就确定博弈的均衡支撑，那么就可以使计算量大大减少。事实上，对于给定的支撑，在计算之前进行简单的分析，就有可能判断出给定的支撑是否合理，从而排除不合理的支撑，减少计算量。例如，对于图2.24中战略式博弈，假设给定的支撑为$\{U, L\}\times\{A, D\}$，在参与人2只选择A和D的前提下，参与人1的战略L相对于战略U占优，因此参与人1的均衡战略的支集中就不可能含有战略U，而这与$\{U, L\}\times\{A, D\}$为均衡支撑相矛盾，所以$\{U, L\}\times\{A, D\}$不可能为均衡支撑。基于同样的原因，$\{U, L\}\times\{B, C\}$也不可能成为均衡支撑。

进一步的分析可以看到：对于图2.24中的战略式博弈，虽然参与人2的四个纯战略A、B、C和D之间互不占优，但是可以构造参与人2的混合战略$\sigma_2=\left(0, \frac{1}{2}, \frac{1}{3}, \frac{1}{6}\right)$，无论参与人1的战略$\sigma_1=(\sigma_1^U, \sigma_1^L)$如何，$\sigma_2=\left(0, \frac{1}{2}, \frac{1}{3}, \frac{1}{6}\right)$对纯战略$A$严格占优，也就是说，纯战略$A$是参与人2的严格劣战略，因此可以将纯战略$A$从参与人2的均衡战略支集中排除。同样，可以构造参与人2的混合战略$\sigma_2=\left(\frac{1}{3}, \frac{1}{6}, 0, \frac{1}{2}\right)$，无论参与人1的战略$\sigma_1=(\sigma_1^U, \sigma_1^L)$如何，$\sigma_2=\left(\frac{1}{3}, \frac{1}{6}, 0, \frac{1}{2}\right)$对纯战略$C$严格占优，因此又可以将纯战略$C$

从参与人 2 的均衡战略支集中排除。所以，图 2.24 中博弈可能的均衡支撑就只有 $\{U, L\}\times\{B, D\}$。

例 2.11 考察“锤子 · 剪刀 · 布”游戏的 Nash 均衡（参见图 1.6）。

显然，在“锤子 · 剪刀 · 布”游戏中不存在纯战略 Nash 均衡，参与人均衡战略的支集中至少含有两个纯战略。现在的问题是：是否存在这样的 Nash 均衡，参与人均衡战略的支集中只含有两个战略。假设存在这样的 Nash 均衡，那么参与人在游戏中就只会选择两种手势，比如说“锤子”和“剪刀”。不妨设参与人 2 只选择“锤子”和“剪刀”，此时“剪刀”就成为参与人 1 的劣战略，参与人 1 就只会选择“锤子”和“布”。但是，在参与人 1 只选择“锤子”和“布”的情况下，对参与人 2 来讲，战略“布”又是对战略“锤子”占优的，而这与战略“锤子”属于均衡战略的支集相矛盾①。因此，不存在参与人均衡战略的支集中只含有两个战略的 Nash 均衡。所以，博弈的均衡支撑包含参与人所有的战略。

在判断出均衡支撑的前提下，设参与人 1 和参与人 2 的均衡战略分别为 $\sigma_1=(\sigma_1^1, \sigma_1^2, \sigma_1^3)$ 和 $\sigma_2=(\sigma_2^1, \sigma_2^2, \sigma_2^3)$，仿前面的分析，可得 $\sigma_1^1=\sigma_1^2=\sigma_1^3=\dfrac{1}{3}$，$\sigma_2^1=\sigma_2^2=\sigma_2^3=\dfrac{1}{3}$。所以，“锤子 · 剪刀 · 布”游戏的 Nash 均衡为 $\left(\left(\dfrac{1}{3}, \dfrac{1}{3}, \dfrac{1}{3}\right), \left(\dfrac{1}{3}, \dfrac{1}{3}, \dfrac{1}{3}\right)\right)$。

由于目前尚未找到有效的判断博弈问题均衡支撑的简捷方法，随着博弈问题中参与人人数的增加及战略空间的增大，判断均衡支撑的工作就会变得十分烦冗，因此支撑求解法的运算量一般都会很大，即使对于经常讨论的两人有限博弈问题也是如此。例如，在一个两人有限博弈中，假设参与人 1 有 $m(\geqslant 2)$ 个战略，参与人 2 有 $n(\geqslant 2)$ 个战略。如果不能应用其他方法排除参与人某些不合理的战略，那么在求解非退化的混合战略 Nash 均衡时，就需要对 $(2^m-m-1)(2^n-n-1)$ 个支撑逐一进行计算分析。因此，在利用支撑求解法的过程中，存在计算复杂性问题。

2.5.2 规划求解法

所谓规划求解法，就是将求解博弈问题的混合战略 Nash 均衡，转换为一个规划问题进行求解。相对于支撑求解法，规划求解法对两人有限博弈问题的 Nash 均衡求解尤为有效。下面对规划求解法的基本原理和步骤进行介绍。

在一个两人有限战略式博弈中，设 $S_1=\{s_1^1, \cdots, s_1^m\}$，$S_2=\{s_2^1, \cdots, s_2^n\}$。用矩阵 $\boldsymbol{U}_1=(a_{ij})_{m\times n}$ 表示参与人 1 的支付，其中 a_{ij} 表示参与人 1 在战略组合 (s_1^i, s_2^j) 下的支付，即 $a_{ij}=u_1(s_1^i, s_2^j)$；用矩阵 $\boldsymbol{U}_2=(b_{ij})_{m\times n}$ 表示参与人 2 的支付，其中 b_{ij} 表示参与人 2 在战略组合 (s_1^i, s_2^j) 下的支付，即 $b_{ij}=u_2(s_1^i, s_2^j)$。设参与人 1 和参与人 2 的混合战略分别为 $\boldsymbol{\sigma}_1=(\sigma_1^1, \cdots, \sigma_1^m)$ 和 $\boldsymbol{\sigma}_2=(\sigma_2^1, \cdots, \sigma_2^n)$，则 $v_1(\boldsymbol{\sigma}_1, \boldsymbol{\sigma}_2)=\boldsymbol{\sigma}_1\boldsymbol{U}_1\boldsymbol{\sigma}_2^{\mathrm{T}}$，$v_2(\boldsymbol{\sigma}_1, \boldsymbol{\sigma}_2)=\boldsymbol{\sigma}_1\boldsymbol{U}_2\boldsymbol{\sigma}_2^{\mathrm{T}}$。一个两人有限战略式博弈的 Nash 均衡可以通过求解以下规划问题得到。

① 参见最优反应引理。

$$
\begin{aligned}
\max\ z=&\boldsymbol{\sigma}_1 \boldsymbol{U}_1 \boldsymbol{\sigma}_2^{\mathrm{T}}-v_1+\boldsymbol{\sigma}_1 \boldsymbol{U}_2 \boldsymbol{\sigma}_2^{\mathrm{T}}-v_2 \\
\text{s. t.}\quad & \boldsymbol{U}_1 \boldsymbol{\sigma}_2^{\mathrm{T}} \leqslant v_1 \boldsymbol{E}_m^{\mathrm{T}} \\
& (\boldsymbol{\sigma}_1 \boldsymbol{U}_2)^{\mathrm{T}} \leqslant v_2 \boldsymbol{E}_n^{\mathrm{T}} \\
& \boldsymbol{\sigma}_1 \boldsymbol{E}_m^{\mathrm{T}}=\boldsymbol{\sigma}_2 \boldsymbol{E}_n^{\mathrm{T}}=1 \\
& \sigma_1^i \geqslant 0, i=1,\cdots,m \\
& \sigma_2^j \geqslant 0, j=1,\cdots,n
\end{aligned}
\tag{2.28}
$$

其中，$\boldsymbol{E}_m$和$\boldsymbol{E}_n$分别表示矩阵（1，…，1）$_{1\times m}$和（1，…，1）$_{1\times n}$，v_1和v_2分别表示参与人1和参与人2在Nash均衡下的期望支付。

在上述规划问题中，约束条件实际上是利用定义2.8得到的。其中，$\boldsymbol{U}_1\boldsymbol{\sigma}_2^{\mathrm{T}}\leqslant v_1\boldsymbol{E}_m^{\mathrm{T}}$表示在均衡下，参与人1采用任一纯战略得到的期望收益不大于均衡收益v_1，即$\forall s_1^i\in S_1$，$v_1(s_1^i，\boldsymbol{\sigma}_2)\leqslant v_1$；$(\boldsymbol{\sigma}_1\boldsymbol{U}_2)^{\mathrm{T}}\leqslant v_2\boldsymbol{E}_n^{\mathrm{T}}$表示在均衡下，参与人2采用任一纯战略得到的期望收益不大于均衡收益v_2，即$\forall s_2^j\in S_2$，$v_2(s_2^j，\boldsymbol{\sigma}_1)\leqslant v_2$。而在目标函数中，$\boldsymbol{\sigma}_1\boldsymbol{U}_1\boldsymbol{\sigma}_2^{\mathrm{T}}-v_1$和$\boldsymbol{\sigma}_1\boldsymbol{U}_2\boldsymbol{\sigma}_2^{\mathrm{T}}-v_2$意味着如果参与人1和参与人2的选择不是均衡战略，目标函数就永远无法达到最优。

例2.12 利用规划求解法求解图2.25中战略式博弈的Nash均衡。

		2			
		σ_2^A A	σ_2^B B	σ_2^C C	σ_2^D D
1	σ_1^U U	3，5	1，4	5，7	4，2
	σ_1^L L	4，3	2，5	0，3	2，6

图2.25　规划求解法求解混合战略Nash均衡

对于图2.25中战略式博弈，参与人1的支付矩阵为

$$\boldsymbol{U}_1=\begin{bmatrix}3&1&5&4\\4&2&0&2\end{bmatrix}$$

参与人2的支付矩阵为

$$\boldsymbol{U}_2=\begin{bmatrix}5&4&7&2\\3&5&3&6\end{bmatrix}$$

设参与人1和参与人2的混合战略分别是$\boldsymbol{\sigma}_1=(\sigma_1^U，\sigma_1^L)$和$\boldsymbol{\sigma}_2=(\sigma_2^A，\sigma_2^B，\sigma_2^C，\sigma_2^D)$，$v_1$和$v_2$分别表示参与人1和参与人2在Nash均衡下的期望支付。利用规划求解方法求解该战略式博弈，构造如下规划问题。

$$
\begin{aligned}
\max\ z=&(\sigma_1^U,\sigma_1^L)\begin{bmatrix}3&1&5&4\\4&2&0&2\end{bmatrix}(\sigma_2^A,\sigma_2^B,\sigma_2^C,\sigma_2^D)^{\mathrm{T}}-v_1+\\
&(\sigma_1^U,\sigma_1^L)\begin{bmatrix}5&4&7&2\\3&5&3&6\end{bmatrix}(\sigma_2^A,\sigma_2^B,\sigma_2^C,\sigma_2^D)^{\mathrm{T}}-v_2
\end{aligned}
$$

$$\text{s.t.}\quad \begin{bmatrix} 3 & 1 & 5 & 4 \\ 4 & 2 & 0 & 2 \end{bmatrix}(\sigma_2^A,\sigma_2^B,\sigma_2^C,\sigma_2^D)^{\mathrm{T}} \leqslant (v_1,v_1)^{\mathrm{T}}$$

$$\left((\sigma_1^U,\sigma_1^L)\begin{bmatrix} 5 & 4 & 7 & 2 \\ 3 & 5 & 3 & 6 \end{bmatrix}\right)^{\mathrm{T}} \leqslant (v_2,v_2,v_2,v_2)^{\mathrm{T}}$$

$$\sigma_1^U+\sigma_1^L=1$$

$$\sigma_2^A+\sigma_2^B+\sigma_2^C+\sigma_2^D=1$$

$$\sigma_1^U\geqslant 0,\sigma_1^L\geqslant 0$$

$$\sigma_2^A\geqslant 0,\sigma_2^B\geqslant 0,\sigma_2^C\geqslant 0,\sigma_2^D\geqslant 0$$

求解上述规划问题，可得博弈的三个 Nash 均衡，其中一个纯战略 Nash 均衡 $(U,\ C)$ 和两个混合战略 Nash 均衡 $\left(\left(\frac{1}{3},\ \frac{2}{3}\right),\ \left(0,\ \frac{2}{3},\ 0,\ \frac{1}{3}\right)\right)$ 和 $\left(\left(\frac{2}{5},\ \frac{3}{5}\right),\ \left(0,\ \frac{5}{6},\ \frac{1}{6},\ 0\right)\right)$。

利用规划问题求解 Nash 均衡的思路，还可以推广到有限 n 人战略式博弈 $G=<\Gamma;\ S_1,\ \cdots,S_n;\ u_1,\ \cdots,\ u_n>$。对 $\forall i\in\Gamma$，设 $S_i=\{s_i^1,\ \cdots,\ s_i^{K_i}\}$，$\sigma_i=(\sigma_i^1,\ \cdots,\ \sigma_i^{K_i})$。求解下列规划问题即可得到博弈的解。

$$\begin{aligned} \max z &= \sum_{i=1}^{n}\left(v_i(\sigma_i,\sigma_{-i})-v_i\right) \\ \text{s.t.}\quad & v_i(s_i^j,\sigma_{-i})\leqslant v_i,\quad \forall i\in\Gamma, \forall s_i^j\in S_i \\ & \sum_j \sigma_i^j=1,\ \ \forall i\in\Gamma \\ & \sigma_i^j\geqslant 0,\ \ \forall i\in\Gamma, \forall j\in\{1,\cdots,K_i\} \end{aligned} \tag{2.29}$$

其中，$v_i(i=1,\ \cdots,\ n)$ 为参与人 i 在 Nash 均衡下的期望支付。

例 2.13 在图 2.26 所示的战略式博弈中，参与人 1、参与人 2 和参与人 3 都有两个纯战略 U 和 D。在图 2.26 中，当参与人 3 选择 U 时，博弈的支付为图 2.26 中左边的支付表；当参与人 3 选择 D 时，博弈的支付为图 2.26 中右边的支付表。在支付表的每个方格中，第一个数字表示参与人 1 在相应的战略组合下的支付，第二个数字表示参与人 2 在相应的战略组合下的支付，第三个数字表示参与人 3 在相应的战略组合下的支付①。求解该博弈的 Nash 均衡。

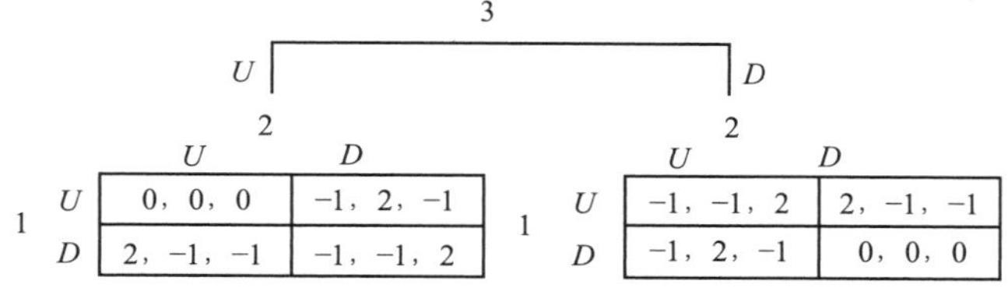

图 2.26　规划求解法求解多人战略式博弈的混合战略 Nash 均衡

① 在图 2.26 中，参与人支付的设定遵循了这样的原则：当某个参与人的战略区别于另外两个参与人时（即他的战略为 U，另外两个参与人的战略是 D 或者当他的战略是 D 其他两个参与人的战略是 U），他将赢得支付 2 单位，其他两个人各损失 1 单位；当三个参与人的战略相同时（同时是战略 U 或者 D），每个参与人都没有损失或赢得，支付为 0。所以，这个博弈类似少年朋友经常玩的“少数除开”游戏。

设参与人1的混合战略为$\sigma_1=(\sigma_1^1,\ \sigma_1^2)$，参与人2的混合战略为$\sigma_2=(\sigma_2^1,\ \sigma_2^2)$，参与人3的混合战略为$\sigma_3=(\sigma_3^1,\ \sigma_3^2)$。根据式（2.9），有

$$v_1(\sigma_1,\sigma_{-1})=\sigma_1^1 v_1(U,\sigma_{-1})+\sigma_1^2 v_1(D,\sigma_{-1})$$
$$v_2(\sigma_2,\sigma_{-2})=\sigma_2^1 v_2(U,\sigma_{-2})+\sigma_2^2 v_2(D,\sigma_{-2})$$
$$v_3(\sigma_3,\sigma_{-3})=\sigma_3^1 v_3(U,\sigma_{-3})+\sigma_3^2 v_3(D,\sigma_{-3})$$

又由式（2.8），可得

$$v_1(U,\sigma_{-1})=-\sigma_2^2\sigma_3^1-\sigma_2^1\sigma_3^2+2\sigma_2^2\sigma_3^2,\quad v_1(D,\sigma_{-1})=2\sigma_2^1\sigma_3^1-\sigma_2^2\sigma_3^1-\sigma_2^1\sigma_3^2$$
$$v_2(U,\sigma_{-2})=-\sigma_1^2\sigma_3^1-\sigma_1^1\sigma_3^2+2\sigma_1^2\sigma_3^2,\quad v_2(D,\sigma_{-2})=2\sigma_1^1\sigma_3^1-\sigma_1^2\sigma_3^1-\sigma_1^1\sigma_3^2$$
$$v_3(U,\sigma_{-3})=-\sigma_1^2\sigma_2^1-\sigma_1^1\sigma_2^2+2\sigma_1^2\sigma_2^2,\quad v_3(D,\sigma_{-3})=2\sigma_1^1\sigma_2^1-\sigma_1^2\sigma_2^1-\sigma_1^1\sigma_2^2$$

利用式（2.29），构造如下规划问题

$$\begin{aligned}\max\ & z=v_1(\sigma_1,\sigma_{-1})+v_2(\sigma_2,\sigma_{-2})+v_3(\sigma_3,\sigma_{-3})-\boldsymbol{v}_1-\boldsymbol{v}_2-\boldsymbol{v}_3\\ \text{s.t.}\ & v_i(U,\sigma_{-i})\leqslant \boldsymbol{v}_i,\ i=1,2,3\\ & v_i(D,\sigma_{-i})\leqslant \boldsymbol{v}_i,\ i=1,2,3\\ & \sigma_i^1+\sigma_i^2=1,\ i=1,2,3\\ & \sigma_i^1,\sigma_i^2\geqslant 0,\ i=1,2,3\end{aligned}\tag{2.30}$$

其中，$\boldsymbol{v}_1$，$\boldsymbol{v}_2$和$\boldsymbol{v}_3$分别表示参与人1，参与人2和参与人3在Nash均衡下的期望支付。

求解上述规划问题，可得博弈的六个纯战略Nash均衡$(U,\ D,\ U)$，$(U,\ U,\ D)$，$(U,\ D,\ D)$，$(D,\ U,\ U)$，$(D,\ D,\ U)$，$(D,\ U,\ D)$和一个混合战略Nash均衡$\left(\left(\frac{1}{2},\ \frac{1}{2}\right),\ \left(\frac{1}{2},\ \frac{1}{2}\right),\ \left(\frac{1}{2},\ \frac{1}{2}\right)\right)$。

最后，分析一种特殊形式的两人博弈——零和博弈。所谓零和博弈，是指在任何博弈情形下两个参与人的支付之和为零，即$\forall i\in\{1,\ 2,\ \cdots,\ m\}$和$\forall j\in\{1,\ 2,\ \cdots,\ n\}$，$a_{ij}+b_{ij}=0$。例如，前面介绍的“猜硬币”游戏、“锤子·剪刀·布”游戏及“田忌赛马”游戏等就是典型的零和博弈。用$\boldsymbol{U}$表示一个零和博弈的支付矩阵，在以下的讨论中，不妨设$\boldsymbol{U}_1=\boldsymbol{U}$，则$\boldsymbol{U}_2=-\boldsymbol{U}$。因此，在零和博弈中，如果给出了支付矩阵$\boldsymbol{U}$，就意味着给出了所有参与人的支付。

在支付矩阵如2.27图所示的零和博弈中，参与人1有三个战略，用$S_1=\{a_1,\ a_2,\ a_3\}$表示，参与人2也有三个战略，用$S_2=\{b_1,\ b_2,\ b_3\}$表示。考察参与人在该博弈中的战略选择。由于在零和博弈中参与人1的所得就是参与人2的所失，因此给定参与人1的任一选择a_i，参与人2选择战略使自己支付最大化的行为(即$\max\limits_j b_{ij}$)，就是选择战略使参与人1的支付最小化的行为(即$\min\limits_j a_{ij}$)①。比如说，假设参与人1选择a_1，那么参与人2选择战略b_1、b_2和b_3所得的支付分别为-1、-4和-2，战略b_1使参与人1的所得最小，所以参与人2选择战略b_1。由于在任一情况下，参与人2都选择使参与人1的支付最小化的战略$b_k\in\arg\min\limits_j a_{ij}$，因此参与人1就会在使自己支付最小化的战略中，选择使自己的支付达到最

① 注意，此时$a_{ij}=-b_{ij}$。

大化所对应的战略 $a_h \in \arg\max_i \min_j a_{ij}$。例如，在图 2.27 所示的零和博弈中，参与人 1 选择战略 a_1、a_2和 a_3时，参与人 2 会分别选择战略 b_1、b_3和 b_2，同时参与人 1 的所得分别为 1、2 和 0，所以参与人 1 选择战略 a_2。将上述参与人 1 选择战略的理性思考过程称为参与人 1 的极大极小化行为。对于图 2.27 中的零和博弈，参与人 1 的极大极小化行为可以确保自己的支付不小于 2。

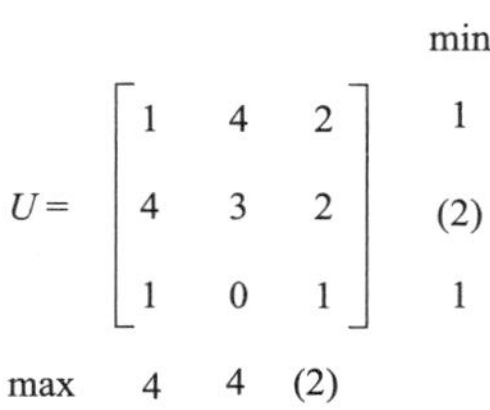

图 2.27　零和博弈中参与人的极大极小化行为

对参与人 2 的选择行为，也可以进行同样的推理。由于参与人 1 的所得就是参与人 2 的所失，因此对于给定的博弈的支付矩阵 $\boldsymbol{U}$（也是参与人 1 的支付矩阵），参与人 2 的上述选择行为就表现为极小极大化行为。具体来讲就是，给定参与人 2 任一选择 b_j，参与人 1 选择使自己支付最大化的战略 $a_k \in \arg\max_i a_{ij}$，与此同时，参与人 2 在使自己支付最小化（即参与人 1 支付最大化）的战略中，选择使自己的支付达到最大化（即损失降到最小）所对应的战略 $b_h \in \arg\min_j \max_i a_{ij}$。对于图 2.27 所示的零和博弈，参与人 2 选择战略 b_1、b_2和 b_3时，参与人 1 会分别选择战略 a_2、a_1和 a_1(或 a_2)，同时参与人 2 的所得分别为−4、−4 和−2，所以参与人 2 选择战略 b_3。

参与人在零和博弈中的这种极大极小化行为，可以用来指导我们求解零和博弈的 Nash 均衡。

定义 2.9　对于给定的零和博弈的支付矩阵 $\boldsymbol{U}$，如果存在某个 i^* 和 j^*，使得

$$a_{i^*j^*} = \max_i \min_j a_{ij} = \min_j \max_i a_{ij}$$

那么称 i^* 行 j^* 列所对应的点为支付矩阵 $\boldsymbol{U}$ 的鞍点（saddle point）。

假设 $a_{i^*j^*}$ 为一零和博弈的鞍点，那么 $a_{i^*j^*}$ 就为支付矩阵中第 j^* 列的最大值。给定参与人 2 选择 j^* 列所对应的战略 $s_2^{j^*}$，参与人 1 选择 i^* 行所对应的战略 $s_1^{i^*}$，可以使自己的支付为最大值 $a_{i^*j^*}$，因此参与人 1 不会偏离 i^* 行所对应的战略 $s_1^{i^*}$；同样，假设 $a_{i^*j^*}$ 为一零和博弈的鞍点，那么 $a_{i^*j^*}$ 就为支付矩阵中第 i^* 行的最小值。给定参与人 1 选择 i^* 行所对应的战略 $s_1^{i^*}$，参与人 2 选择 j^* 列所对应的战略 $s_2^{j^*}$，可以使自己的损失最小(即收益最大)，因此参与人 2 不会偏离 j^* 列所对应的战略 $s_2^{j^*}$。鞍点所对应的战略组合为博弈的一个 Nash 均衡。例如，在图 2.27 所示的支付矩阵中，a_{23}为鞍点，其对应的战略组合(a_2，b_3)为博弈的一个 Nash 均衡。

定理 2.2　在零和博弈中，如果支付矩阵 $\boldsymbol{U}$ 存在鞍点，那么鞍点所对应的战略组合就是博弈的 Nash 均衡。

定理 2.2 告诉我们，对于零和博弈，可以通过求解其支付矩阵的鞍点，找到博弈的 Nash 均衡。但是，在许多博弈中，并不存在定义 2.9 所定义的鞍点。例如，“猜硬币”游戏

就是一个典型的零和博弈，它所对应的支付矩阵中并不存在鞍点（参见图2.28）。

$$U=\begin{bmatrix}-1 & 1\\ 1 & -1\end{bmatrix}\begin{matrix}\min\\ -1\\ -1\end{matrix}$$
$$\max\quad 1\quad 1$$

图2.28 “猜硬币”游戏的支付矩阵

对于不存在定义2.9所定义的鞍点的零和博弈问题，同样可以通过引入混合战略，定义混合战略意义下的鞍点。

定义2.10 对于给定的零和博弈的支付矩阵 $\boldsymbol{U}$，如果存在参与人1的某个混合战略 $\boldsymbol{\sigma}_1^*=(\sigma_1^{1*},\ \cdots,\ \sigma_1^{m*})$ 和参与人2的某个混合战略 $\boldsymbol{\sigma}_2^*=(\sigma_2^{1*},\ \cdots,\ \sigma_2^{n*})$，使得

$$v_1(\boldsymbol{\sigma}_1^*,\boldsymbol{\sigma}_2^*)=\max_{\sigma_1}\min_{\sigma_2}v_1(\boldsymbol{\sigma}_1,\boldsymbol{\sigma}_2)=\min_{\sigma_2}\max_{\sigma_1}v_1(\boldsymbol{\sigma}_1,\boldsymbol{\sigma}_2),$$

那么称战略组合（$\boldsymbol{\sigma}_1^*$，$\boldsymbol{\sigma}_2^*$）为支付矩阵 $\boldsymbol{U}$ 的鞍点。

定理2.3（von Neumann 极小极大定理） 在零和博弈中，对于给定的支付矩阵 $\boldsymbol{U}$，如果存在混合战略 $\boldsymbol{\sigma}_1^*=(\sigma_1^{1*},\ \cdots,\ \sigma_1^{m*})$ 和 $\boldsymbol{\sigma}_2^*=(\sigma_2^{1*},\ \cdots,\ \sigma_2^{n*})$ 及一个常数 v，使得对任意 j 有 $\sum_{i=1}^{m}a_{ij}\sigma_1^{i*}\geqslant v$，对任意 i 有 $\sum_{j=1}^{n}a_{ij}\sigma_2^{j*}\leqslant v$，那么战略组合($\boldsymbol{\sigma}_1^*$，$\boldsymbol{\sigma}_2^*$)为该博弈的Nash均衡。其中，$v$ 为参与人1在均衡中所得到的期望支付，亦称该博弈的值。

von Neumann 极小极大定理保证了定理2.2对于混合战略意义下的鞍点也成立。关于定理2.3的详细证明可以参见相关文献，其基本思想就如同针对纯战略的描述，参与人1考虑到对方使自己支付最小的最优反应，从中选择使自己最好的战略。参与人2也遵循同样的思路。为满足Nash均衡的互为最优反应的条件，必须有 $\max_{\sigma_1}\min_{\sigma_2}v_1(\boldsymbol{\sigma}_1,\ \boldsymbol{\sigma}_2)=\min_{\sigma_2}\max_{\sigma_1}v_1(\boldsymbol{\sigma}_1,\ \boldsymbol{\sigma}_2)$。

对于零和博弈的Nash均衡，也可以通过求解式(2.29)中的规划模型得到。但是，根据定理2.3，我们可以得到一种更为简便的求解零和博弈Nash均衡的方法。

定理2.4 对于给定的零和博弈，如果博弈的值 v 大于0，则博弈的Nash均衡（$\boldsymbol{\sigma}_1^*$，$\boldsymbol{\sigma}_2^*$）为以下对偶线性规划问题的解

$$\begin{aligned}&\min\sum_{i=1}^{m}p_i\\ \text{s.t.}\quad&\sum_{i=1}^{m}a_{ij}p_i\geqslant 1\quad(j=1,\cdots,n)\\ &p_i\geqslant 0\quad(i=1,\cdots,m)\end{aligned}\tag{2.31}$$

和

$$\begin{aligned}&\max\sum_{j=1}^{n}q_j\\ \text{s.t.}\quad&\sum_{j=1}^{n}a_{ij}q_i\leqslant 1\quad(i=1,\cdots,m)\\ &q_i\geqslant 0\quad(j=1,\cdots,n)\end{aligned}\tag{2.32}$$

其中，Nash 均衡支付 $v=\frac{1}{\sum_{i=1}^{m}p_i}=\frac{1}{\sum_{j=1}^{n}q_j}$，Nash 均衡战略 $\boldsymbol{\sigma}_1^*=(vp_1, \cdots, vp_i, \cdots, vp_m)$，$\boldsymbol{\sigma}_2^*=(vq_1, \cdots, vq_i, \cdots, vq_n)$。

定理 2.4 可以由定理 2.3 得到。由于定理 2.4 只适用于 $v>0$ 的情形，因此对于 $v\leqslant 0$ 的情形，上述定理 2.4 所给出的方法需做适当的修改。

命题 2.2　如果支付矩阵 $\boldsymbol{U}=(a_{ij})_{m\times n}$ 的每个元素都大于 0，即 $a_{ij}>0$，那么博弈的值大于 0，即 $v>0$。

命题 2.3　如果支付矩阵 $\boldsymbol{U}'=(a'_{ij})_{m\times n}$ 是由 $\boldsymbol{U}=(a_{ij})_{m\times n}$ 的每个元素都加上一个常数 c 得到，即 $a'_{ij}=a_{ij}+c$，那么支付矩阵 $\boldsymbol{U}$ 和 $\boldsymbol{U}'$ 所对应的零和博弈的 Nash 均衡战略相同，博弈的值相差 c。

根据上述命题，可以得到求解一般零和博弈 Nash 均衡的方法。

（1）使支付矩阵 $\boldsymbol{U}$ 中的所有元素都大于 0。如果支付矩阵 $\boldsymbol{U}$ 中有小于 0 的元素，可以通过加上一个常数使它们都大于 0。

（2）求解定理 2.4 中的两个对偶线性规划问题。

例 2.14　求解图 2.29 中战略式博弈的 Nash 均衡。

		2		
		L	M	R
	U	2，−2	1，−1	3，−3
1	C	2，−2	3，−3	1，−1
	D	4，−4	2，−2	2，−2

图 2.29　通过求解对偶线性规划问题求零和博弈的 Nash 均衡

根据前面的介绍，可知该博弈的支付矩阵为

$$\boldsymbol{U}=\begin{bmatrix}2 & 1 & 3\\2 & 3 & 1\\4 & 2 & 2\end{bmatrix}$$

由于该博弈的支付矩阵 $\boldsymbol{U}=(a_{ij})_{3\times 3}$ 的每个元素都大于 0，即 $a_{ij}>0$，因而博弈的值大于 0，即 $v>0$。设参与人 1 和参与人 2 的混合战略分别是 $\boldsymbol{\sigma}_1=(vp_1, vp_2, vp_3)$ 和 $\boldsymbol{\sigma}_2=(vq_1, vq_2, vq_3)$，利用对偶线性规划求解方法求解该战略式博弈的 Nash 均衡，构造规划问题如下。

$$\begin{aligned}
&\min\ \{p_1+p_2+p_3\}\\
&\text{s. t.}\ \ 2p_1+2p_2+4p_3\geqslant 1\\
&\qquad\ \ p_1+3p_2+2p_3\geqslant 1\\
&\qquad\ \ 3p_1+p_2+2p_3\geqslant 1\\
&\qquad\ \ p_1\geqslant 0,\ p_2\geqslant 0,\ p_3\geqslant 0
\end{aligned}$$

和

$$\begin{aligned}&\max\ \{q_1+q_2+q_3\}\\&\text{s. t. }\ 2q_1+q_2+3q_3\leqslant 1\\&\qquad 2q_1+3q_2+q_3\leqslant 1\\&\qquad 4q_1+2q_2+2q_3\leqslant 1\\&\qquad q_1\geqslant 0,\ q_2\geqslant 0,\ q_3\geqslant 0\end{aligned}$$

通过对第一个规划问题进行计算，得到 $p_1=\dfrac{1}{4}$，$p_2=\dfrac{1}{4}$，$p_3=0$，参与人1的支付 $v=2$，因此参与人1的混合战略 $\sigma_1^*=\left(\dfrac{1}{2},\ \dfrac{1}{2},\ 0\right)$。同理，对对偶问题求解，得到 $q_1=0$，$q_2=\dfrac{1}{4}$，$q_3=\dfrac{1}{4}$，参与人2的损失 $v=2$，因此参与人2的混合战略 $\sigma_2^*=\left(0,\ \dfrac{1}{2},\ \dfrac{1}{2}\right)$。所以，该博弈存在一个混合战略 Nash 均衡 $\left(\left(\dfrac{1}{2},\ \dfrac{1}{2},\ 0\right),\ \left(0,\ \dfrac{1}{2},\ \dfrac{1}{2}\right)\right)$。

例 2.15 求解图 2.30 中战略式博弈的 Nash 均衡。

		2	
	L	M	R
U	2，−2	−2，2	1，−1
1 C	−1，1	1，−1	0，0
D	3，−3	0，0	2，−2

图 2.30 通过求解对偶线性规划问题求零和博弈的 Nash 均衡

该博弈的支付矩阵为

$$\boldsymbol{U}=\begin{bmatrix}2&-2&1\\-1&1&0\\3&0&2\end{bmatrix}$$

在上述支付矩阵 $\boldsymbol{U}=(a_{ij})_{3\times 3}$ 中，$a_{12}<0$，$a_{21}<0$。为了利用定理 2.4 中的对偶线性规划模型求解博弈的解，构造支付矩阵 $\boldsymbol{U}'=(a'_{ij})_{m\times n}$，其中 $a'_{ij}=a_{ij}+c$。令 $c=2$，那么新构造的支付矩阵为

$$\boldsymbol{U}'=\begin{bmatrix}4&0&3\\1&3&2\\5&2&4\end{bmatrix}$$

设参与人1和参与人2的混合战略分别是 $\boldsymbol{\sigma}_1=(v'p_1,\ v'p_2,\ v'p_3)$ 和 $\boldsymbol{\sigma}_2=(v'q_1,\ v'q_2,\ v'q_3)$，$v$ 为原博弈的值，v' 为新博弈的值，且 $v'=v+2$，利用对偶线性规划求解方法求解新战略式博弈的 Nash 均衡，构造规划问题如下。

$$\begin{aligned}&\min\ \{p_1+p_2+p_3\}\\ &\text{s. t.}\quad 4p_1+p_2+5p_3\geqslant 1\\ &\qquad\ \ 3p_2+2p_3\geqslant 1\\ &\qquad\ \ 3p_1+2p_2+4p_3\geqslant 1\\ &\qquad\ \ p_1\geqslant 0,\ p_2\geqslant 0,\ p_3\geqslant 0\end{aligned}$$

和

$$\begin{aligned}&\max\ \{q_1+q_2+q_3\}\\ &\text{s. t.}\quad 4q_1+3q_3\leqslant 1\\ &\qquad\ \ q_1+3q_2+2q_3\leqslant 1\\ &\qquad\ \ 5q_1+2q_2+4q_3\leqslant 1\\ &\qquad\ \ q_1\geqslant 0,\ q_2\geqslant 0,\ q_3\geqslant 0\end{aligned}$$

通过对对偶问题计算，得到 $p_1=0$，$p_2=\frac{3}{13}$，$p_3=\frac{2}{13}$，参与人 1 的支付 $v'=\frac{13}{5}$；$q_1=\frac{1}{13}$，$q_2=\frac{4}{13}$，$q_3=0$，参与人 2 的损失 $v'=\frac{13}{5}$。因此，参与人 1 的混合战略 $\sigma_1^*=\left(0,\ \frac{3}{5},\ \frac{2}{5}\right)$，参与人 2 的混合战略 $\sigma_2^*=\left(\frac{1}{5},\ \frac{4}{5},\ 0\right)$，原博弈的值 $v=v'-2=\frac{3}{5}$。所以，博弈存在一个混合战略 Nash 均衡 $\left(\left(0,\ \frac{3}{5},\ \frac{2}{5}\right),\ \left(\frac{1}{5},\ \frac{4}{5},\ 0\right)\right)$。

上面介绍了两种求解博弈问题 Nash 均衡的方法——支撑求解法和规划求解法。从理论上来讲，这两种方法对有限战略式博弈都是适用的，但从以上例子的求解过程来看，都存在计算过程复杂、计算量大等问题，尤其是对多人（即参与人人数大于 2）博弈问题。当参与人人数大于 2 时，使用支撑求解法，就必须求解非线性方程组；而使用规划求解法，就必须求解一个无论是目标函数还是约束条件都是非线性的规划问题。总而言之，博弈均衡的计算问题是目前博弈论研究中没有得到很好解决的问题。

虽然，目前还不能从根本上解决博弈均衡的计算问题，但只要注意求解过程中的一些技巧或借助一些适当的工具，就有可能简化计算过程，达到事半功倍的效果。例如，在应用支撑求解法时，通过剔除劣战略可以简化均衡支撑的判断，减少计算量；应用规划求解法时，借助一些求解非线性规划问题的计算机软件，可以大大提高计算效率①。还有就是利用博弈论研究中一些已有的成果，也可以帮助我们检验计算结果的正确性。例如，Wilson 奇数定理告诉我们，几乎所有的有限战略式博弈都有有限奇数个 Nash 均衡。因此，在求解 Nash 均衡的过程中，如果已经找到了偶数个 Nash 均衡，那么就很有可能还存在没有找到的均衡②。

---

① 由于目前市面上大多数求解非线性规划问题的计算机软件，都不是专门针对求解 Nash 均衡的规划求解法编写的，因此借助计算机软件求解 Nash 均衡，有时只能将部分 Nash 均衡找到，得不到所有的均衡。

② 注意，Wilson 奇数定理并没有肯定在任何情况下都有有限奇数个 Nash 均衡，在某些情况下仍有可能存在偶数个 Nash 均衡。参见第 4 章的“共同投资博弈模型”。

2.6 战略式博弈的混合扩展

前面，为了确保战略式博弈的解——Nash 均衡的存在，将参与人的选择，从仅能从战略集中确定地选择某一个战略（即纯战略）扩展到了以一定的概率分布从战略集中随机地选择战略（即混合战略），从而将 Nash 均衡从纯战略 Nash 均衡扩展到了混合战略 Nash 均衡。但事实上，在建立完全信息静态博弈的模型——战略式博弈时，我们定义的参与人的选择只有纯战略，并不包含混合战略。为了将博弈的解（混合战略 Nash 均衡）与博弈模型严格对应起来，需要将战略式博弈模型进行扩展，定义一种新的博弈模型——战略式博弈的混合扩展。

与战略式博弈一样，战略式博弈的混合扩展也是一种完全信息静态博弈的建模方式，不同的是它将参与人的选择从纯战略扩展了到混合战略。

定义 2.11 对于给定的战略式博弈 $G=<\Gamma;(S_i);(u_i)>$，其混合扩展 $G_K=<\Gamma_k;(\Sigma_i);(v_i)>$三要素为：

(1) 参与人集合 $\Gamma_K=\Gamma$；

(2) 任一参与人 i 的战略集 $\Sigma_i = \left\{\sigma_i: S_i \to R \middle| \sum_{s_i \in S_i} \sigma_i(s_i) = 1,\ \forall s_i \in S_i,\ \sigma_i(s_i) \geqslant 0\right\}$；

(3) 每位参与人 i 定义在战略组合 $\prod_{i=1}^{n} \Sigma_i = \{\sigma = (\sigma_1, \cdots, \sigma_i, \cdots, \sigma_n)\}$ 上的支付函数 $v_i(\sigma_1, \cdots, \sigma_i, \cdots, \sigma_n)$ 由式（2.7）给出，即

$$v_i(\sigma) = v_i(\sigma_1, \cdots, \sigma_i, \cdots, \sigma_n) = \sum_{s \in S}\left(\prod_{j=1}^{n} \sigma_j(s_j)\right) u_i(s)$$

上述定义表明：一个战略式博弈的混合扩展本质上就是一个战略式博弈，只不过将参与人的选择从纯战略扩展到了混合战略（即定义在纯战略集上的概率分布），参与人的支付从确定的效用 u_i扩展到了参与人选择混合战略时的期望效用 v_i。

显然，对于一个战略式博弈 $G=<\Gamma;(S_i);(u_i)>$的混合扩展 $G_K=<\Gamma_k;(\Sigma_i);(v_i)>$，其解就可直接采用混合战略 Nash 均衡，即由定义 2.7 给出。

第 3 章　Nash 均衡的特性

在本章中，我们将对博弈问题解的特性进行探讨，分析为什么要用 Nash 均衡作为博弈问题的解，作为博弈问题的解，Nash 均衡是否总是存在，以及 Nash 均衡的唯一性如何。

3.1　博弈的解

关于博弈论的核心问题：给定一个博弈，关于“将会发生什么”即博弈的解，目前至少有三个不同的可能解释。

（1）经验的、描述性的解释：在给定的博弈中，参与人如何展开博弈。

（2）规范性的解释：在给定的博弈中，参与人“应该”如何展开博弈。

（3）理论的解释：假定参与人的行为是“合理的”或“理性的”，那么能够推测出什么。

描述性博弈论就是第一种解释。这个研究领域涉及对参与人实际行为的观察，既包括现实生活中的情形，也包括人为的实验室情形（主持实验者要求参与人参与博弈，并记录他们的行为）。本书的介绍不包含这方面的内容，感兴趣的读者可以参阅行为博弈方面的文献或书籍。

第二种解释适用于法官（裁判）、立法者或者仲裁者，他们需要根据商定的原则（比如公正、效率、非歧视和公平的原则）决定博弈的结果。一般来讲，这种方法适用于研究合作博弈，因为合作博弈涉及有约束力的协议，博弈的结果可以从“规范”或者公认的原则推出来，也可以由仲裁者根据这些原则来决定。本书主要介绍非合作博弈方面的内容，对合作博弈感兴趣的读者可以参阅相关文献或书籍。

在本书中，将介绍博弈论的第三种解释，即理论方法。在描述一个博弈的基础之上（不管是用前面介绍的战略式博弈，还是后面将会涉及的其他博弈模型进行建模），将“预期会发生什么”，也就是给定关于参与人行为的假定（如前面提到的理性假设和共同知识假设），什么结果（或者结果的集合）将会合理地跟着发生。

3.2　Nash 均衡的意义

给定分析框架（即理性假设和共同知识假设），如第 2 章所介绍的那样，将 Nash 均衡作为博弈的解。也就是说，将 Nash 均衡当作博弈的一种一致性预测——如果所有参与人预测一个特定的 Nash 均衡会出现，那么所有参与人都不会偏离，这个 Nash 均衡将会出现。

事实上，如果将 (s_i^*, s_{-i}^*)（或 $(\sigma_i^*, \sigma_{-i}^*)$）作为博弈的一致性预测，那么 (s_i^*, s_{-i}^*)（或 $(\sigma_i^*, \sigma_{-i}^*)$）就应具有这样的特点：对于博弈中的任一参与人 i，如果他预测到 (s_i^*, s_{-i}^*)（或 $(\sigma_i^*, \sigma_{-i}^*)$）将作为博弈结果出现，那么在他预测到其他参与人的选择为 s_{-i}^*（或 σ_{-i}^*）的情况下，自己的选择 s_i^*（或 σ_i^*）必须使自己的收益最大化（否则他就不是理性的），即 $s_i^* \in \arg\max_{s_i \in S_i} u_i(s_i, s_{-i}^*)$。而 Nash 均衡正具有这样的特点：对任一参与人 i，在给定其他参与人选择的情况下，均衡战略是自己的最优战略。所以，Nash 均衡具有作为博弈一致性预测的特点——所有参与人的自我肯定。反过来，一个博弈结果 (s_i, s_{-i})（或 (σ_i, σ_{-i})）如果不是 Nash 均衡，那么就意味着：至少有一个参与人 i，在给定其他参与人的选择 s_{-i}（或 σ_{-i}）的情况下，会偏离 s_i（或 σ_i）。因此，(s_i, s_{-i})（或 (σ_i, σ_{-i})）不可能成为博弈的一致性预测。也就是说，一个非 Nash 均衡的预测将会被参与人（至少一个参与人）自我否定。例如，在三人的“猜数游戏”中，对于游戏结果（0，0，0）（Nash 均衡结果），每个参与人预测到其他参与人选择“0”时，都会选择“0”。而对于其他的游戏结果，如（1，2，3）（非 Nash 均衡结果），参与人 2 和参与人 3 都会偏离自己的选择，从而将结果（1，2，3）否定。

下面再通过一个例子——“斗鸡博弈”，来说明 Nash 均衡的一致性预测。

例 3.1 考察“斗鸡博弈”——两个勇士举着长枪，准备从独木桥的两端冲上桥中央进行决斗，每位勇士都有两种选择：冲上去（用 U 表示）或退下来（用 D 表示）。若两人都冲上去，则两败俱伤；若一方冲上去而另一方退下来，冲上去者取得胜利（至少心理上是这样的），退下来的丢了面子；若两人都退下来，两人都丢面子。博弈的支付如图 3.1 所示[①]。

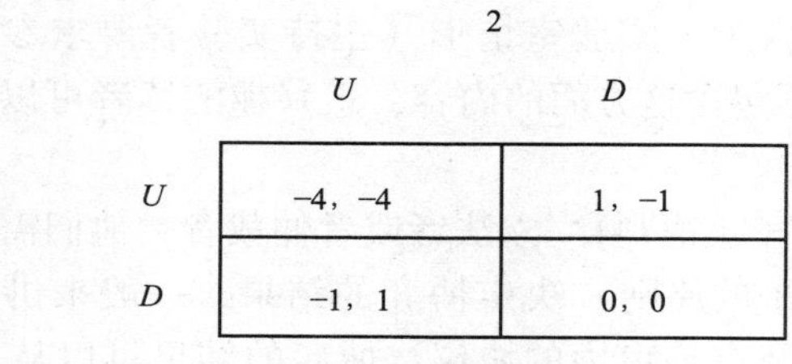

		2: U	2: D
1	U	−4，−4	1，−1
	D	−1，1	0，0

图 3.1 “斗鸡博弈”

在上述博弈中，存在两个纯战略 Nash 均衡——(U, D)和(D, U)，也就是一个人冲上去，另一个就必须退下来。事实上，当一个理性的参与人预测到对方将会冲上去时，明智的选择就是退下来；而当预测到对方将会选择退下来时，就应该大胆地冲上去。所以，可以将 Nash 均衡作为“斗鸡博弈”的一致性预测。(U, U)和(D, D)，也就是两人同时冲上去或同时退下来，不是 Nash 均衡，也不能成为博弈的一致性预测。这是因为如果参与人预测(U, U)会出现，那么在行动时他不会选择 U，因为相对于选择 U 实现预测的结果，参与人选择 D 可以使自己的支付变好，从而导致预测的行动和实际的行动不符，这也就意味着这个预测被参与人自我否定。所以，非 Nash 均衡的(U, U)不可能成为一个一致性预测。基于同样的原因，(D, D)也不是一个一致性预测。

---

① “斗鸡博弈”亦称“胆小鬼游戏”，在社会、经济生活中有着许多应用。人们在现实生活中遇到的骑虎难下、进退维谷的情形，都可以用“斗鸡博弈”来解释。

考察图 3.2 中博弈。在图 3.2 中，博弈有唯一的 Nash 均衡——$\left(\left(\frac{3}{4}, \frac{1}{4}\right), \left(\frac{1}{2}, \frac{1}{2}\right)\right)$，而且两个参与人在均衡中的期望收益都为 0。在参与人 2 选择均衡战略 $\sigma_2 = \left(\frac{1}{2}, \frac{1}{2}\right)$ 的情况下，纯战略 U 是参与人 1 的最优反应；而在参与人 1 选择均衡战略 $\sigma_1 = \left(\frac{3}{4}, \frac{1}{4}\right)$ 的情况下，纯战略 L 是参与人 2 的最优反应；并且在参与人 1 选择纯战略 U 而参与人 2 选择纯战略 L 的情况下，双方的收益都为 0，与均衡中的期望收益相同。但是，作为非 Nash 均衡的战略组合 (U, L) 却不能成为博弈的一致性预测。这是因为如果预测到参与人 2 选择纯战略 L，参与人 1 的最优选择又应该是 D，此时参与人 1 会偏离 U 而选择 D。

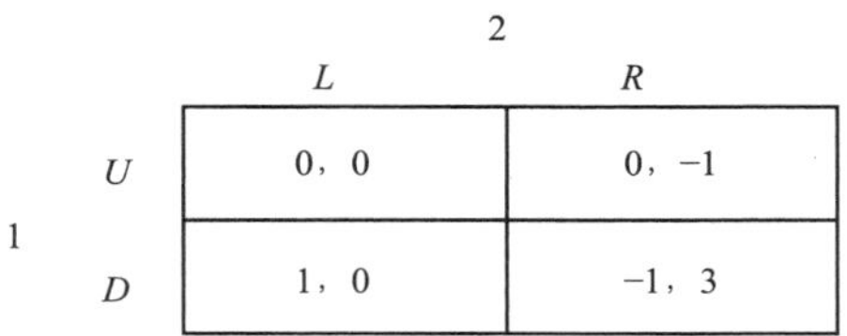

		2: L	R
1	U	0，0	0，−1
	D	1，0	−1，3

图 3.2 战略式博弈

由于理性的参与人不会预测非 Nash 均衡的解，因此非 Nash 均衡作为博弈的解是不合理的。但这并不意味着任一 Nash 均衡在任一特定的情形下都是合理的。在实际的博弈中，博弈的解依赖于实际的环境变量(environment variable)。

给定一个博弈 G，R 是 G 中参与人如何行动的数学描述的某个值域，例如在战略式博弈中，R 为参与人混合战略组合的集合。用 $\varphi(G) \subseteq R$ 表示博弈的解，作为博弈的解，$\varphi(G)$ 应满足如下两个条件：

(1) $\forall G$，$\pi \in \varphi(G)$，都存在一个环境能使 π 成为参与人在这个博弈 G 中将如何行动的准确预测；

(2) $\forall G$，$\pi \in R \setminus \varphi(G)$，不存在一个环境能使 π 成为参与人在这个博弈 G 中将如何行动的准确预测。

任何一个满足以上两条性质的解，我们称之为博弈的一个精确解(exact solution)。精确解要求对所有可能情况下参与人将如何行动进行预测，并且其对参与人在各种情况下将如何行动的预测是准确预测，也就是一致性预测。一般情况下，同时满足以上两条性质的解难以找到。将满足第一条性质的解，称为博弈的下解(lower solution)。下解排除了所有不合理的预测，但也可能排除了合理的预测；将满足第二条性质的解，称为博弈的上解(upper solution)。上解包含了所有合理的预测，但也可能包含了不合理的预测。显然，Nash 均衡是上解。

3.3 Nash 均衡的存在性

将 Nash 均衡作为博弈的解，会面临这样的问题：Nash 均衡是否存在，或者说对于我们所关心的博弈问题，是否一定存在一个 Nash 均衡？非常庆幸的是，我们能够得到一个肯定的答案。下面给出了博弈论中一些经典的存在性结论，对结论证明感兴趣的读者可参阅相关文献。

定理 3.1（Nash 均衡的存在性定理 1） 每一个有限的战略式博弈至少存在一个 Nash 均衡（包括纯战略和混合战略 Nash 均衡）。

定理 3.1 为博弈论中关于 Nash 均衡存在性的最基本定理。1950 年，John Nash 在文章“Equilibrium Points in N-person Games”中首次提出 Nash 均衡的概念，并给出了该存在性定理。无论怎样强调该定理对于博弈论以后的发展的意义都不过分，因为 Nash 均衡之后的博弈论的发展（尤其是非合作博弈论的发展）基本上都是以该定理为基石的。

除了有限战略式博弈外，在经济学和现实生活中，还存在很多无限博弈，即参与人的战略有无限多个或参与人的战略能在一个集合中连续取值，如厂商之间的价格或产量竞争。对应于这些情况有如下的存在性定理。

定理 3.2（Nash 均衡的存在性定理 2） 对于战略式博弈 $G=<\Gamma;(S_i);(u_i)>$，若 S_i 为欧氏空间的非空紧凸子集，支付函数 u_i 关于战略组合 s 连续、关于 s_i 拟凹，则该博弈存在纯战略的 Nash 均衡。

定理 3.3（Nash 均衡的存在性定理 3） 对于战略式博弈 $G=<\Gamma;(S_i);(u_i)>$，若战略空间 $S_i=\{s_i\}$ 为距离空间中的非空紧子集，支付函数 u_i 关于战略组合 s 连续，则该博弈存在混合战略的 Nash 均衡（将纯战略 Nash 均衡作为混合战略 Nash 均衡的特例）。

在上述关于 Nash 均衡的存在性结论（即定理 3.2 和定理 3.3）中，都要求参与人的支付关于所有参与人战略组合的连续性，在经济学的一些理论或应用中，非连续性或非拟凹的收益函数是很常见的。如果有不连续的收益，则一个紧的战略空间就不再确保参与人对应其对手战略的最优反应一定存在。为了探寻此时均衡的存在性，Dasgupta 进一步对以上存在性条件进行放松，得到如下存在性定理。

定理 3.4（Nash 均衡的存在性定理 4） 对于战略式博弈 $G=<\Gamma;(S_i);(u_i)>$，若对于所有的 i，S_i 为有限维欧氏空间的非空紧凸子集；u_i 关于 s_i 拟凹、关于 s 上半连续且 $\max\limits_{s_i} u_i(s_i, s_{-i})$ 关于 s_{-i} 连续，则该博弈存在一个纯战略的 Nash 均衡。

3.4 Nash 均衡的多重性

通过前面的介绍可以看到，就我们所涉及的博弈问题而言，Nash 均衡总是存在的，而且在许多博弈问题中，存在多个 Nash 均衡，如“斗鸡博弈”、图 2.20 中的战略式博弈，以及图 1.4 和图 1.5 中的“新产品开发”博弈等。事实上，在某些博弈中其均衡集会相当大，例如，在例 2.7 所讨论的分钱博弈中，当分钱规则修改后，其均衡集中就包含了 101 个纯战略 Nash 均衡①。

我们知道，在博弈论中 Nash 均衡是作为博弈的解——一致性的预测而引入的。在一个博弈问题中，如果博弈只存在一个 Nash 均衡，那么 Nash 均衡作为一致性的预测，应该说是

① 事实上，博弈的均衡集还可能会更大，参见第一部分习题 17。

相当有效的。但是，如果博弈中存在多个 Nash 均衡，那么 Nash 均衡作为博弈解的意义也就相对弱化了。例如，在“斗鸡博弈”中，虽然存在两个纯战略的 Nash 均衡(U, D)和(D, U)(即一个人冲上去，另一个人退下来)，但是如果用它们作为一致性的预测，就会面临这样的问题：在博弈中，到底谁冲上去，谁又该退下来？如果两个参与人对“两个均衡到底哪一个会出现”的预测不一致，就可能会出现问题。比如说，参与人 1 预测博弈的解为：自己冲上去，对方退下来（即均衡(U, D)），而参与人 2 则预测博弈的解为：对方退下来，自己冲上去（即均衡(D, U)），那么博弈真正的结果就会既不是 Nash 均衡（U, D）也不是 Nash 均衡(D, U)，而是非 Nash 均衡(U, U)——双方都冲上去，出现两败俱伤的情形。

因此，在传统的博弈论研究中，面临的问题或许并不是如何找到博弈的 Nash 均衡（即存在性问题)，而是在博弈的多个 Nash 均衡中选择一个合理的均衡（即多重性问题)。事实上，当在一个博弈中存在多个 Nash 均衡时，目前还没有一个一般的理论能证明哪个 Nash 均衡结果一定会出现。

对于 Nash 均衡的多重性问题，目前解决的思路主要有两种。第一种是均衡精炼的方法，其主要思路就是：从博弈解的定义入手，在 Nash 均衡的基础上，通过定义更加精炼的博弈解，如子博弈精炼 Nash 均衡、精炼贝叶斯 Nash 均衡等①，剔除 Nash 均衡中不合理的均衡。这种解决 Nash 均衡多重性的思路具有普遍性，对所有的博弈问题都适用。如果均衡精炼的方法可以称为规范式的方法，那么第二种解决 Nash 均衡多重性问题的方法就是非规范式的方法。非规范式方法的方式很多，包括“焦点效应”“相关均衡”等。其特点就是针对一些特定情形下的特定博弈问题，给出具体的解决 Nash 均衡多重性问题的方法。在本小节的余下部分，主要对非规范式的方法进行介绍。有关均衡精炼的思想（规范式的方法）散布在本书的第二、三、四部分。

3.4.1　焦点效应

在某些存在多个 Nash 均衡的博弈中，往往会出现这样的现象：所有的参与人都会相互预期博弈中某一特定的均衡将会出现，从而选择执行这个特定的均衡。2005 年诺贝尔经济学奖获得者 T. C. Schelling 对这种现象进行了详尽的探讨并且证明：在一个具有多重均衡的博弈中，趋向于将参与人的注意力集中到一个均衡的任何事情，都可能使参与人全都预期并随之实行这个均衡，就像一个自行应验的预言一样。Schelling 将这种现象称之为“焦点效应”（focal-point effect)。在焦点效应中具有某种使它显著地区别于所有其他均衡之性质的均衡，被称为“焦点均衡”(focal equilibrium)。根据“焦点效应”，如果在一个博弈中存在一个焦点均衡，那么应该预期能观测到这个均衡。

考察“性别战”博弈——一对青年夫妻决定周末出去娱乐，可供他们娱乐的项目有观看足球比赛（用 F 表示）和观看芭蕾舞演出（用 B 表示）。男的喜欢看足球比赛，女的喜欢看芭蕾舞演出，但夫妻双方都宁愿在一起，不愿分开。假设夫妻双方同时选择娱乐项目。图 3.3 给出了“性别战”博弈的战略式描述。

显然，在“性别战”博弈中，存在两个纯战略 Nash 均衡——(F, F)和(B, B)(即双方同时选择看足球比赛或者同时选择看芭蕾舞演出）及一个混合战略 Nash 均衡

① 参见本书第二、三、四部分的介绍。

		妻子 F	妻子 B
丈夫	F	3，1	0，0
丈夫	B	0，0	1，3

图 3.3 “性别战”博弈

$\left(\left(\frac{3}{4},\frac{1}{4}\right),\left(\frac{1}{4},\frac{3}{4}\right)\right)$。如果仅对图 3.3 中那个抽象的模型进行分析，那么没有任何理由预言到底哪一个均衡将会出现。事实上，在对“性别战”博弈进行建模的过程中，除了保留图 3.3 所示的要素(即参与人、战略和支付)以外，其他与“性别战”博弈有关的所有信息，如夫妻双方的生活习俗、他们所遵循的文化传统等都被抛弃在模型之外。而在实际的博弈过程中，这些被模型所抽象掉的信息，往往可能会指导我们达到一个特定的均衡，即焦点均衡。例如，假设“性别战”博弈中的青年夫妻都生活在比较传统的家庭中，在生活中妻子总是传统地服从丈夫，那么在实际的博弈中，即使这对夫妻没有感到必须遵守这个传统的压力，这个传统也会使得均衡(F, F)(即双方同时选择看足球比赛）更为聚焦并更有可能被执行。正是由于这个歧视女性的传统，妻子将预期丈夫会认定她应该选择“看足球比赛”，故而勉强地选择“看足球比赛”；而丈夫将预期妻子会选择“看足球比赛”，从而选择“看足球比赛”（因为此时选择“看足球比赛”的所得大于选择“看芭蕾舞演出”）。反过来，如果夫妻双方生活在一个比较现代的（甚至有点前卫的）家庭中，丈夫十分尊重妻子，那么在实际的博弈中，(B, B)(即双方同时选择看芭蕾舞演出）就有可能成为“焦点均衡”而被实现。除了上面所提到的社会文化习俗及传统会对博弈均衡的实现产生影响外，夫妻双方博弈的习惯、过去博弈的历史等也都可能成为影响博弈均衡的“焦点”因素。例如，假设夫妻双方都认为周末的娱乐活动应该丰富多彩，那么上一次大家选择了“看足球比赛”，这一次博弈的均衡就更有可能是大家都选择“看芭蕾舞演出”。还有就是博弈的现实状况或背景，也会将博弈引向特定的均衡。例如，在“性别战”中，正好碰上周末下雨，由于足球比赛是在室外进行，不适宜观看，因此“下雨”这样一个现实背景就可能将博弈引向“看芭蕾舞演出”这样一个均衡。

此外，“焦点效应”在某些博弈中还可能由均衡战略自身的性质来确定。考察图 3.4 中战略式博弈。在图 3.4 所示博弈中，存在三个 Nash 均衡——$((0, 1, 0), (0, 1, 0))$、$\left(\left(\frac{3}{11},\frac{5}{11},\frac{3}{11}\right),\left(\frac{3}{11},\frac{5}{11},\frac{3}{11}\right)\right)$和$\left(\left(\frac{1}{2}, 0, \frac{1}{2}\right),\left(\frac{1}{2}, 0, \frac{1}{2}\right)\right)$，其中只有$((0, 1, 0), (0, 1, 0))$为纯战略 Nash 均衡（即$(a_2, b_2)$）。相对于其他两个混合战略 Nash 均衡，纯战略 Nash 均衡(a_2, b_2)不仅结构简单，而且均衡收益高①，因而更有可能使参与人聚焦到纯战略 Nash 均衡(a_2, b_2)上。

但值得注意的是，“焦点效应”不可能引导理性的参与人去执行一个非 Nash 均衡的战略组合。考察图 3.5 中战略式博弈。在图 3.5 所示博弈中，战略组合(a_2, b_1)所对应的支付

① 简单的计算表明：参与人在纯战略 Nash 均衡下的收益都为 3，而在两个混合战略 Nash 均衡下的期望收益都分别为$\frac{15}{11}$和 2.5。

（即（4，4））对博弈双方来讲，是非常有吸引力的，但由于(a_2, b_1)不是 Nash 均衡[①]，因此参与人不可能聚焦到战略组合(a_2, b_1)上。也就是说，聚焦因素只有针对 Nash 均衡时才可能是有效的。

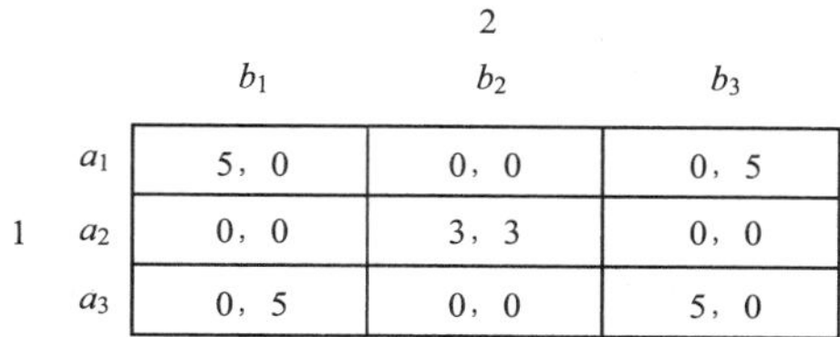

		2		
		b_1	b_2	b_3
	a_1	5，0	0，0	0，5
1	a_2	0，0	3，3	0，0
	a_3	0，5	0，0	5，0

图 3.4 战略式博弈

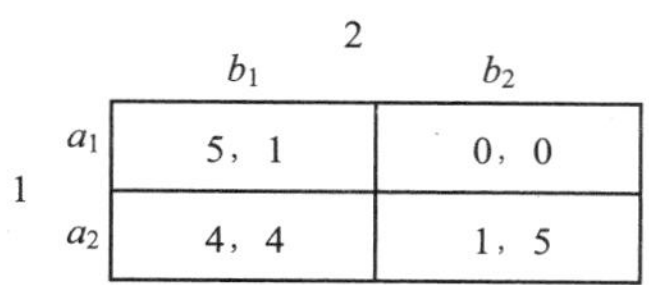

		2	
		b_1	b_2
1	a_1	5，1	0，0
	a_2	4，4	1，5

图 3.5 战略式博弈

在“性别战”博弈中，将博弈聚焦于一个特定均衡的简单易行的方法，就是在博弈之前，夫妻双方进行一个简单的沟通或商议。对于一个家庭和睦、夫妻关系融洽的家庭来讲，这种沟通或商议往往是十分有效的。类似于“性别战”中这种博弈之前进行的沟通或商议，在博弈分析中称之为具有通信的博弈或“廉价磋商”(cheap talk)。

在博弈分析中，将参与人在博弈开始之前，不花任何成本所达成的、对参与人没有约束力的协议称为“廉价磋商”。在某些情况下，“廉价磋商”确实可以使某些 Nash 均衡实际上出现，就如同和睦家庭中的“性别战”一样，事前的沟通或磋商可以使夫妻双方达到一个特定的均衡。考察图 3.6 中战略式博弈。在图 3.6 中，存在两个纯战略 Nash 均衡——(A, A)和(B, B)，其中(A, A) Pareto 优于(B, B)。如果在博弈开始之前，两个参与人进行一个简单的沟通，并商议在博弈中大家都选择A，那么在实际的博弈中 Nash 均衡(A, A)就很有可能出现。

但是，“廉价磋商”这种方式并不是在任何情况下都是有效的。例如，在“性别战”中，如果夫妻双方当时恰好关系紧张，那么他们之间事前的沟通就可能变得无效。考察图 3.7 中战略式博弈。在图 3.7 中，同样存在两个纯战略 Nash 均衡——(A, A)和(B, B)，其中(A, A) Pareto 优于(B, B)。对于图 3.7 所示博弈，R. J. Aumann 认为：对参与人 1 来讲，战略B是他的安全战略，这是因为无论对方如何选择，参与人 1 选择B可以确保自己的收益不少于 7；但选择A，虽然有可能得到 9，却可能出现博弈的“极坏”情形——什么都得不到。同样，对于参与人 2 来讲也是这样。因此，即使博弈之前双方进行沟通，并商议选择均衡(A, A)，但只要双方稍稍有点保守或者厌恶风险，博弈的均衡就很可能是(B, B)，而不是双方事前确定的(A, A)。

		2	
		A	B
1	A	9，9	0，0
	B	0，0	1，1

图 3.6 存在“廉价磋商”的战略式博弈

		2	
		A	B
1	A	9，9	0，8
	B	8，0	7，7

图 3.7 存在“廉价磋商”的战略式博弈

下面以“性别战”博弈为例，给出参与人进行事前磋商或沟通的正式描述。

在“性别战”博弈中，假设夫妻双方就周末的娱乐活动安排进行协商。为了简化建模，

① 图 3.5 中博弈存在两个纯战略 Nash 均衡和一个混合战略 Nash 均衡，但(a_2, b_1)不是 Nash 均衡。

不妨假设协商中只有丈夫向妻子提出建议——“一起去看足球比赛”（记为f）或者“一起去看芭蕾舞演出”（记为b），妻子收到建议后，可以接受丈夫的建议，也可以不接受。同样，由于双方的协商是我们所定义的“廉价磋商”，因此丈夫给出建议后，他可以按建议行事（即遵守协议），也可以不按建议行事（即不遵守协议）。考察从丈夫开始提出建议，然后双方同时选择行动这样一个扩展后的“性别战”博弈（简称为含有沟通过程的“性别战”博弈）。在这个博弈过程中，妻子的战略不再是简单的“观看足球比赛”或者“观看芭蕾舞演出”，而是在收到丈夫的建议后，采取行动的行动规则。由于妻子可能收到的建议有两个，而每收到一个建议后可以采取的行动也是两个，因此妻子就有如下四个战略[①]：

(1) (F, F)——无论丈夫提出什么样的建议，都去看足球比赛；

(2) (F, B)——丈夫提出去看足球比赛，就去看足球比赛；丈夫提出去看芭蕾舞演出，就去看芭蕾舞演出；

(3) (B, B)——无论丈夫提出什么样的建议，都去看芭蕾舞演出；

(4) (B, F)——丈夫提出去看足球比赛，却去看芭蕾舞演出；丈夫提出去看芭蕾舞演出，却去看足球比赛。

同样，丈夫的战略也是给出建议后的行动规则。由于丈夫可能提出的建议有两个，而提出建议后可能采取的行动也有两个，因此丈夫也有如下四个战略：

(1) (f, F)——提出去看足球比赛，自己也去看足球比赛；

(2) (f, B)——提出去看足球比赛，自己却去看芭蕾舞演出；

(3) (b, F)——提出去看芭蕾舞演出，自己却去看足球比赛；

(4) (b, B)——提出去看芭蕾舞演出，自己也去看芭蕾舞演出。

因此，含有沟通过程的“性别战”博弈模型就可用图 3.8 中的战略式博弈描述。

		妻子			
		(F, F)	(F, B)	(B, F)	(B, B)
丈夫	(f, F)	3，1	3，1	0，0	0，0
	(f, B)	0，0	0，0	1，3	1，3
	(b, F)	3，1	0，0	3，1	0，0
	(b, B)	0，0	1，3	0，0	1，3

图 3.8　含有沟通过程的“性别战”博弈

在图 3.8 所示博弈中，存在多个纯战略 Nash 均衡，下面对各个纯战略 Nash 均衡进行说明。

(1) 在均衡$((f, F), (F, B))$中，丈夫的战略是：建议去看足球比赛，同时自己也去看足球比赛，而妻子的战略是：丈夫怎么建议，自己就怎么去做。因此，均衡$((f, F), (F, B))$的存在，说明夫妻之间相互信任，说话算数，博弈之前的沟通就可以将博弈引向特定的均衡。

① 在不至于引起混淆的情况下，我们也用关于行动的组合或向量来表示战略。例如，在含有沟通过程的“性别战”博弈中，在妻子的战略 (x, y) 这个向量中，第一个分量x表示在收到丈夫的建议为f的情况下，妻子选择的行动；第二个分量y表示在收到丈夫的建议为b的情况下，妻子选择的行动。在丈夫的战略 (x, y) 中，第一个分量x表示丈夫的建议，第二个分量y表示丈夫选择的行动。

在战略组合$((b, B), (F, B))$中，丈夫的战略是：建议去看芭蕾舞演出，同时自己也去看芭蕾舞演出，而妻子的战略是：丈夫怎么建议，自己就怎么去做。但$((b, B), (F, B))$并不是 Nash 均衡，这是由于在所构建的模型中，丈夫位于主导地位（因为只有丈夫可以提出建议），因此理性的丈夫可以利用夫妻间的信任，将博弈引向有利于自己的均衡结果上①。

（2）均衡$((f, F), (F, F))$和$((b, F), (F, F))$的存在，说明在丈夫占主导地位的家庭中，博弈可以聚焦到有利于丈夫的均衡上。在均衡$((b, F), (F, F))$中，丈夫虽然提出去看芭蕾舞演出，但实际上去看足球比赛。妻子知道丈夫只是说说而已，因此无论丈夫提出什么建议，都顺从丈夫去看足球比赛。

（3）均衡$((f, B), (B, B))$和$((b, B), (B, B))$的存在，说明在妻子占主导地位的家庭中，博弈可以聚焦到有利于妻子的均衡上。

（4）均衡$((b, F), (B, F))$的存在，说明在夫妻互不信任的情况下，位于主导地位的丈夫可以将博弈引向有利于自己的结果。

3.4.2 相关均衡

在“性别战”博弈中，夫妻双方通过长期的共处，在周末娱乐项目的选择上可能会形成这样的习惯：双方根据周末的天气状况来选择娱乐项目。比如说，足球比赛在露天进行，刮风下雨就不宜观看，双方选择观看芭蕾舞演出；反之，如果天气晴好，大家就选择观看足球比赛。显然，夫妻之间形成的这种习惯对双方来讲都是有益的。下面通过一个规范的分析，看看双方选择娱乐项目的“习惯”如何给双方带来好处。

假设夫妻双方根据周末的天气状况来选择娱乐项目，为了简化分析，假设未来的天气状况有两种：天气晴好（用ω_1表示）和天气恶劣（用ω_2表示），用$\Omega=\{\omega_1, \omega_2\}$表示夫妻双方可能观测到的天气状况。不失一般性，假设出现ω_1（即天气晴好）的概率与出现ω_2（即天气恶劣）的概率相等，即$\pi(\omega_1)=\pi(\omega_2)=\frac{1}{2}$。考察从夫妻双方观测到天气状况，然后双方同时选择行动这样一个扩展后的“性别战”博弈（简称含有天气观测的“性别战”博弈）。在该博弈中，每个参与人（丈夫或妻子）都有以下四个战略：

（1）(F, F)——观测到ω_1，去看足球比赛；观测到ω_2，去看足球比赛；

（2）(F, B)——观测到ω_1，去看足球比赛；观测到ω_2，去看芭蕾舞演出；

（3）(B, B)——观测到ω_1，去看芭蕾舞演出；观测到ω_2，去看芭蕾舞演出；

（4）(B, F)——观测到ω_1，去看芭蕾舞演出；观测到ω_2，去看足球比赛。

如果夫妻双方按照上面所说的“习惯”选择娱乐项目，就相当于大家都选择战略(F, B)。含有天气观测的“性别战”博弈模型可用图 3.9 中的战略式博弈描述。在图 3.9 中，图 3.9（a）表示天气晴好时的支付，图 3.9（b）表示天气恶劣时的支付。从图 3.9 中可以看到：战略组合$((F, B), (F, B))$无论是在天气晴好的情况下还是在天气恶劣的情况下，都构成 Nash 均衡。这意味着当夫妻双方根据天气状况来选择周末的娱乐项目时，谁偏离战略(F, B)即违背双方长期形成的“习惯”，谁就会倒霉（即期望收益减少）。当夫妻双方都按“习惯”办事时，双方的期望收益都为$\frac{1}{2}\times3+\frac{1}{2}\times1=2$，大于双方在混合战略 Nash 均衡

① 在夫妻之间相互信任的前提下，理性的丈夫是不会建议去看芭蕾舞演出的。

下的期望收益①。

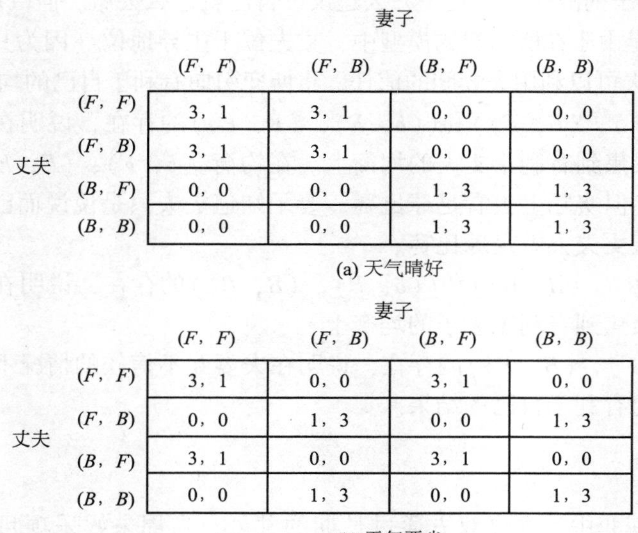

		妻子			
		(F,F)	(F,B)	(B,F)	(B,B)
丈夫	(F,F)	3，1	3，1	0，0	0，0
	(F,B)	3，1	3，1	0，0	0，0
	(B,F)	0，0	0，0	1，3	1，3
	(B,B)	0，0	0，0	1，3	1，3

(a) 天气晴好

		妻子			
		(F,F)	(F,B)	(B,F)	(B,B)
丈夫	(F,F)	3，1	0，0	3，1	0，0
	(F,B)	0，0	1，3	0，0	1，3
	(B,F)	3，1	0，0	3，1	0，0
	(B,B)	0，0	1，3	0，0	1，3

(b) 天气恶劣

图 3.9　含有天气观测的“性别战”博弈

现在我们分析一下，如果有人不按“习惯”办事（即偏离战略(F, B)），会出现什么样的情况。假设妻子坚持按“习惯”办事（即保持战略(F, B)不变），丈夫偏离大家约定俗成的“习惯”（即偏离战略(F, B)）。从图 3.9 中可以看到：如果丈夫偏离战略(F, B)，他在天气晴好情况下的收益不会大于选择战略(F, B)时的收益，他在天气恶劣情况下的收益也不会大于选择战略(F, B)时的收益，因此丈夫偏离战略(F, B)并不会使自己的期望收益增加，甚至还可能使自己的收益减少②。

将上述对“性别战”博弈的分析推广到一般的博弈问题，就可以得到一种解决 Nash 均衡多重性问题的方式：让参与人根据某个共同观测到的信号（如“性别战”中的天气状况）来选择行动。但这存在一个问题，就是如果没有外界的强迫，参与人为什么会根据一个共同观测到的信号来选择行动？或者说什么情况下参与人才会根据一个共同观测到的信号来选择行动？从对“性别战”博弈的分析，可以看到：如果参与人根据信号选择行动的规则（如含有天气观测的“性别战”博弈中的战略）本身能够构成一个 Nash 均衡，那么参与人就可能会根据某个共同观测到的信号来选择行动。这种由参与人的行动规则所构成的 Nash 均衡，就是 Aumann 定义的“相关均衡”(correlated equilibrium)。

下面先给出“相关均衡”的定义，然后通过两个一般性的例子对其进行说明。

给定一个有限 n 人战略式博弈 $G=<\Gamma;(A_i);(u_i)>$，其中 A_i为参与人 $i(i=1,2,\cdots,n)$ 的行动集。用 $\Omega=\{\omega_1,\cdots,\omega_m\}$ 表示状态（如“性别战”博弈中的天气状况）集，P_i为参与人 i 关于状态集 Ω 的一个分割，即 $P_i=\{P_i^1,\cdots,P_i^{K_i}\}$。$\pi(\omega)$为定义在状态集 Ω 上的概率测度，即 ω 出现的概率。对 $\forall i\in\Gamma$，参与人 i 的战略 δ_i为从状态集到行动集的映射，即

---

① 在“性别战”博弈中，混合战略 Nash 均衡为$\left(\left(\frac{3}{4},\frac{1}{4}\right),\left(\frac{1}{4},\frac{3}{4}\right)\right)$，在此均衡下，双方的期望收益为$\frac{3}{4}$。

② 事实上，这也正是 Nash 均衡（(F,B)，(F,B)）所具有的性质决定的。

δ_i：$\Omega \rightarrow A_i$，它满足对$\forall P_i^j \in P_i$，若$\omega \in P_i^j$且$\omega' \in P_i^j$，则$\delta_i(\omega)=\delta_i(\omega')$。用$\delta=(\delta_1, \delta_2, \cdots, \delta_n)$表示参与人战略的组合。

定义 3.1　一个给定的有限 n 人战略式博弈<Γ，(A_i)，(u_i)>的相关均衡，包括：

（1）有限概率空间(Ω, π)；

（2）$\forall i \in \Gamma$，状态集Ω的一个分割P_i；

（3）若$\delta=(\delta_1^*, \delta_2^*, \cdots, \delta_n^*)$为相关均衡当且仅当对$\forall i \in \Gamma$和任意的$\delta_i$，有

$$\sum_{\omega \in \Omega} \pi(\omega) \cdot u_i(\delta_i^*, \delta_{-i}^*(\omega)) \geqslant \sum_{\omega \in \Omega} \pi(\omega) \cdot u_i(\delta_i, \delta_{-i}^*(\omega))$$

在前面对“性别战”博弈的分析中，令$\Omega=\{\omega_1, \omega_2\}$(即天气状况集)，$P_i=\{\{\omega_1\}, \{\omega_2\}\}$(即关于天气状况集的一个分割)，$\pi(\omega_1)=\pi(\omega_2)=\frac{1}{2}$，战略$\delta_i$就是所定义的夫妻双方根据天气状况选择娱乐项目的行动规则，即(F, F)、(F, B)、(B, B)和(B, F)。容易验证：含有天气状况的“性别战”博弈中的战略组合$((F, B), (F, B))$，就是“性别战”博弈的一个相关均衡。同样，战略组合$((F, F), (F, F))$、$((B, B), (B, B))$和$((B, F), (B, F))$也是“性别战”博弈的相关均衡。

为了让读者更好地理解相关均衡中的三个条件，考察图 3.5 中的战略式博弈。在图 3.5 中，博弈除了存在两个纯战略 Nash 均衡(a_1, b_1)和(a_2, b_2)外，还有一个混合战略 Nash 均衡$\left(\left(\frac{1}{2}, \frac{1}{2}\right), \left(\frac{1}{2}, \frac{1}{2}\right)\right)$。在混合战略 Nash 均衡中，参与人的期望收益都为$\frac{5}{2}$。

假设参与人通过掷骰子的方法来决定参与人的行动。此时，骰子上出现的点数就是状态，所以$\Omega=\{\omega_1, \omega_2, \omega_3, \omega_4, \omega_5, \omega_6\}$，其中$\omega_i$表示骰子上的点数为“$i$”（$i=1, 2, \cdots, 6$）。此时，$\pi(\omega_i)=\frac{1}{6}$（$i=1, 2, \cdots, 6$）。假设双方约定：当出现奇数时，参与人 1 选择行动a_1，参与人 2 选择行动b_1；当出现偶数时，参与人 1 选择行动a_2，参与人 2 选择行动b_2。也就是，出现奇数时，双方选择纯战略均衡(a_1, b_1)；出现偶数时，双方选择纯战略均衡(a_2, b_2)。

对于参与人j（$j=1, 2$），构造参与人j关于状态集的分割$P_j=\{P_j^1, P_j^2\}$，其中$P_j^1=\{\omega_1, \omega_3, \omega_5\}$，$P_j^2=\{\omega_2, \omega_4, \omega_6\}$。所以，参与人 1 存在以下四个战略：

（1）战略δ_1^1为满足如此条件的映射：对$\forall \omega \in P_1^1$，$\delta_1^1(\omega)=a_1$；对$\forall \omega \in P_1^2$，$\delta_1^1(\omega)=a_2$；

（2）战略δ_1^2为满足如此条件的映射：对$\forall \omega \in P_1^1$，$\delta_1^2(\omega)=a_1$；对$\forall \omega \in P_1^2$，$\delta_1^2(\omega)=a_1$；

（3）战略δ_1^3为满足如此条件的映射：对$\forall \omega \in P_1^1$，$\delta_1^3(\omega)=a_2$；对$\forall \omega \in P_1^2$，$\delta_1^3(\omega)=a_1$；

（4）战略δ_1^4为满足如此条件的映射：对$\forall \omega \in P_1^1$，$\delta_1^4(\omega)=a_2$；对$\forall \omega \in P_1^2$，$\delta_1^4(\omega)=a_2$。

参与人 2 存在以下四个战略：

（1）战略δ_2^1为满足如此条件的映射：对$\forall \omega \in P_2^1$，$\delta_2^1(\omega)=b_1$；对$\forall \omega \in P_2^2$，$\delta_2^1(\omega)=b_2$；

（2）战略δ_2^2为满足如此条件的映射：对$\forall \omega \in P_2^1$，$\delta_2^2(\omega)=b_1$；对$\forall \omega \in P_2^2$，$\delta_2^2(\omega)=b_1$；

（3）战略δ_2^3为满足如此条件的映射：对$\forall \omega \in P_2^1$，$\delta_2^3(\omega)=b_2$；对$\forall \omega \in P_2^2$，$\delta_2^3(\omega)=b_1$；

（4）战略δ_2^4为满足如此条件的映射：对$\forall \omega \in P_2^1$，$\delta_2^4(\omega)=b_2$；对$\forall \omega \in P_2^2$，$\delta_2^4(\omega)=b_2$。

在参与人 1 的四个战略中，战略δ_1^1就是参与人 1 根据双方约定确定的战略；在参与人 2 的四个战略中，战略δ_2^1就是参与人 2 根据双方约定确定的战略。

构造战略式博弈<Γ，(S_i)，(u_i)>，其中 $\Gamma=\{1, 2\}$，$S_1=\{\delta_1^1, \delta_1^2, \delta_1^3, \delta_1^4\}$，$S_2=\{\delta_2^1, \delta_2^2, \delta_2^3, \delta_2^4\}$，博弈的支付如图 3.10 所示。其中，图 3.10(a)和图 3.10(b)分别表示当骰子上的点数为奇数和偶数时，各战略组合所对应的参与人的支付 v_j'和 v_j''；图 3.10(c)表示各战略组合所对应的参与人的期望支付 v_j，其中 $v_j=\left(\frac{1}{6}+\frac{1}{6}+\frac{1}{6}\right)v_j'+\left(\frac{1}{6}+\frac{1}{6}+\frac{1}{6}\right)v_j''=\frac{1}{2}v_j'+\frac{1}{2}v_j''$。

从图 3.10(c)中可以看到：战略组合(δ_1^1, δ_2^1)为 Nash 均衡，这也意味着（δ_1^1，δ_2^1）为图 3.5 中战略式博弈的相关均衡。

在图 3.10(c)中，还存在(δ_1^3, δ_2^3)这样一个均衡，它实际上对应的是参与人这样的约定：出现奇数时，双方选择纯战略均衡(a_2, b_2)；出现偶数时，双方选择纯战略均衡（a_1，b_1）。

1 \ 2	δ_2^1	δ_2^2	δ_2^3	δ_2^4
δ_1^1	5，1	5，1	0，0	0，0
δ_1^2	5，1	5，1	0，0	0，0
δ_1^3	4，4	4，4	1，5	1，5
δ_1^4	4，4	4，4	1，5	1，5

(a) 骰子上点数为奇数时的支付

1 \ 2	δ_2^1	δ_2^2	δ_2^3	δ_2^4
δ_1^1	1，5	4，4	4，4	1，5
δ_1^2	0，0	5，1	5，1	0，0
δ_1^3	0，0	5，1	5，1	0，0
δ_1^4	1，5	4，4	4，4	1，5

(b) 骰子上点数为偶数时的支付

1 \ 2	δ_2^1	δ_2^2	δ_2^3	δ_2^4
δ_1^1	3，3	4.5，2.5	2，2	0.5，2.5
δ_1^2	2.5，0.5	5，1	2.5，0.5	0，0
δ_1^3	2，2	4.5，2.5	3，3	0.5，2.5
δ_1^4	2.5，4.5	4，4	2.5，4.5	1，5

(c) 参与人的期望支付

图 3.10 战略式博弈

在“性别战”博弈和上面的例子中，实际上都隐含了这样的假设——参与人观测到的信号是相同的（如“性别战”博弈中的天气状况，上面例子中骰子点数的奇偶性）。事实上，在图 3.5 中，如果每个参与人观测到的信号不同但相关，参与人获得的期望收益可能会更高。

在图 3.5 所示博弈中，假设参与人同意由第三方（即中间人）通过掷骰子的方法来决定每个人的行动，双方约定：如果骰子上的点数为 1 或 2，中间人就让参与人 1 选择行动 a_1，如果骰子上的点数为 3~6，中间人就让参与人 1 选择行动 a_2；如果骰子上的点数为 1~4，中间人就让参与人 2 选择行动 b_1，如果骰子上的点数为 5 或 6，中间人就让参与人 2 选择行动 b_2。注意，此时中间人只告诉参与人应该选择什么行动，而不透露骰子上出现的点数。

显然，在这种情况下，参与人得到的信号只是相关的但并不相同。

根据参与人的约定，构造参与人 1 关于状态集的分割 $P_1=\{P_1^1,\ P_1^2\}$，其中 $P_1^1=\{\omega_1,\ \omega_2\}$，$P_1^2=\{\omega_3,\ \omega_4,\ \omega_5,\ \omega_6\}$。仿上分析，参与人 1 存在四个在形式上与前面完全相同的战略 δ_1^1、δ_1^2、δ_1^3 和 δ_1^4；构造参与人 2 关于状态集的分割 $P_2=\{P_2^1,\ P_2^2\}$，其中 $P_2^1=\{\omega_1,\ \omega_2,\ \omega_3,\ \omega_4\}$，$P_2^2=\{\omega_5,\ \omega_6\}$。同样，参与人 2 存在四个在形式上与前面完全相同的战略 δ_2^1、δ_2^2、δ_2^3 和 δ_2^4。

构造战略式博弈 $<\Gamma,\ (S_i),\ (u_i)>$，其中 $\Gamma=\{1,\ 2\}$，$S_1=\{\delta_1^1,\ \delta_1^2,\ \delta_1^3,\ \delta_1^4\}$，$S_2=\{\delta_2^1,\ \delta_2^2,\ \delta_2^3,\ \delta_2^4\}$，博弈的支付如图 3.11 所示。其中，图 3.11(a)、图 3.11(b) 和图 3.11(c) 分别表示当骰子上的点数为 1 和 2、3 和 4、5 和 6 时，各战略组合所对应的参与人的支付 v_j'、v_j'' 和 v_j'''；图 3.11(d) 表示各战略组合所对应的参与人的期望支付 v_j，其中 $v_j=\frac{1}{3}v_j'+\frac{1}{3}v_j''+\frac{1}{3}v_j'''$。

1 \ 2	δ_2^1	δ_2^2	δ_2^3	δ_2^4
δ_1^1	5，1	5，1	0，0	0，0
δ_1^2	5，1	5，1	0，0	0，0
δ_1^3	4，4	4，4	1，5	1，5
δ_1^4	4，4	4，4	1，5	1，5

(a)　骰子上点数为1和2时的支付

1 \ 2	δ_2^1	δ_2^2	δ_2^3	δ_2^4
δ_1^1	4，4	4，4	1，5	1，5
δ_1^2	5，1	5，1	0，0	0，0
δ_1^3	5，1	5，1	0，0	0，0
δ_1^4	4，4	4，4	1，5	1，5

(b)　骰子上点数为3和4时的支付

1 \ 2	δ_2^1	δ_2^2	δ_2^3	δ_2^4
δ_1^1	1，5	4，4	4，4	1，5
δ_1^2	0，0	5，1	5，1	0，0
δ_1^3	0，0	5，1	5，1	0，0
δ_1^4	1，5	4，4	4，4	1，5

(c)　骰子上点数为5和6时的支付

1 \ 2	δ_2^1	δ_2^2	δ_2^3	δ_2^4
δ_1^1	$\frac{10}{3},\ \frac{10}{3}$	$\frac{13}{3},\ 3$	$\frac{5}{3},\ 3$	$\frac{2}{3},\ \frac{10}{3}$
δ_1^2	$\frac{10}{3},\ \frac{2}{3}$	5，1	$\frac{5}{3},\ \frac{1}{3}$	0，0
δ_1^3	$3,\ \frac{5}{3}$	$\frac{14}{3},\ 2$	2，2	$\frac{1}{3},\ \frac{5}{3}$
δ_1^4	$3,\ \frac{13}{3}$	4，4	$2,\ \frac{14}{3}$	1，5

(d)　参与人的期望支付

图 3.11　战略式博弈

从图3.11(d)中可以看到：战略组合（δ_1^1，δ_2^1）为Nash均衡。这也意味着（δ_1^1，δ_2^1）为图3.5中战略式博弈的相关均衡。显然，参与人在此均衡下的期望收益$\left(\frac{10}{3}, \frac{10}{3}\right)$大于图3.10(c)中均衡的期望收益（3，3）。此外，战略组合（δ_1^2，δ_2^2）、（δ_1^3，δ_2^3）和（δ_1^4，δ_2^4）也是图3.5中战略式博弈的相关均衡。

第 4 章　Nash 均衡的应用

在本章中，将介绍 Nash 均衡应用的一些经典模型，通过这些例子可以进一步加深对 Nash 均衡含义的理解①。

4.1　Cournot 模型

Cournot（古诺）模型由 Antoine Augustin Cournot 于 1838 年在研究产业经济学时提出，它可以说是具有 Nash 均衡思想的最早模型，比 Nash 均衡的定义早了 100 多年。该模型研究了寡头垄断市场中，企业追求利润最大化时的决策问题。Cournot 模型包含了以下基本假设。

（1）企业生产的产品是同质无差异的。该假设意味着消费者在购买企业生产的产品时，仅根据产品的价格进行决策，即谁的价格低就购买谁的产品。

（2）企业进行的是产量竞争，也就是说，企业的决策变量为产量。

（3）模型为静态的，即企业的行动是同时的。

用 $q_i \in [0, \infty)$ 表示企业 i（$i=1, 2$）的产量，$c_i(q_i)$ 表示企业 i 的成本，$P=P(q_1+q_2)$ 表示逆需求函数（其中 P 是价格，即价格是产量的函数），则企业 i 的利润 π_i 为

$$\pi_i(q_1,q_2)=q_i \cdot P(q_1+q_2)-c_i(q_i)$$

其中，π_i 是关于 q_i 的可微函数。

对于追求利润最大化的企业 i（$i=1, 2$）而言，其面临的决策问题为

$$\max_{q_i} \pi_i(q_1,q_2)=q_i \cdot P(q_1+q_2)-c_i(q_i)$$

下面求解企业的最优产量组合。由于 π_i 可微，因此由最优化一阶条件可得

$$\begin{cases} \dfrac{\partial \pi_1}{\partial q_1}=P(q_1+q_2)+q_1P'(q_1+q_2)-c_1'(q_1)=0 \\ \dfrac{\partial \pi_2}{\partial q_2}=P(q_1+q_2)+q_2P'(q_1+q_2)-c_2'(q_2)=0 \end{cases}$$

给定市场的逆需求函数 $P(q_1+q_2)$ 和企业的成本 $c_i(q_i)$，上述一阶条件可表示为：

$$\begin{cases} q_1=R_1(q_2) \\ q_2=R_2(q_1) \end{cases}$$

上面两个函数 $R_1(\cdot)$ 和 $R_2(\cdot)$ 分别描述了给定对手的产量，企业 i 应该如何反应，因

① 需要说明的是，本章中所有的模型都摘自于国内外公开发表的文献及出版的教材。

而分别称为企业1与企业2的反应函数（reaction function）。反应函数意味着每个企业的最优产量是另一个企业的产量的函数，两个反应函数的交点便是最优产量组合。由Nash均衡的定义可知，该最优产量组合即为Nash均衡。

为了得到更具体的结果，考虑上述模型的简单情形。假设每个企业具有相同的不变单位成本 c，即 $c_i(q_i)=cq_i$，逆需求函数为线性形式 $P=a-(q_1+q_2)$（其中 a 为非负的常数），所以

$$\pi_i(q_i,q_j)=q_i(a-q_i-q_j-c)$$

此时，最优化的一阶条件为

$$\begin{cases}\dfrac{\partial\pi_1}{\partial q_1}=a-(q_1+q_2)-q_1-c=0\\[2ex]\dfrac{\partial\pi_2}{\partial q_2}=a-(q_1+q_2)-q_2-c=0\end{cases}$$

企业的反应函数为

$$\begin{cases}q_1=R_1(q_2)=\dfrac{1}{2}(a-q_2-c)\\[2ex]q_2=R_2(q_1)=\dfrac{1}{2}(a-q_1-c)\end{cases}$$

联立求解上式，可得企业的Nash均衡产量为

$$q_1^*=q_2^*=\frac{1}{3}(a-c) \tag{4.1}$$

企业的Nash均衡利润分别为

$$\pi_1^*=\pi_2^*=\frac{1}{9}(a-c)^2 \tag{4.2}$$

在上述简单假设下，两个企业的反应函数均为直线，两条直线的交点即为Nash均衡，如图4.1所示。

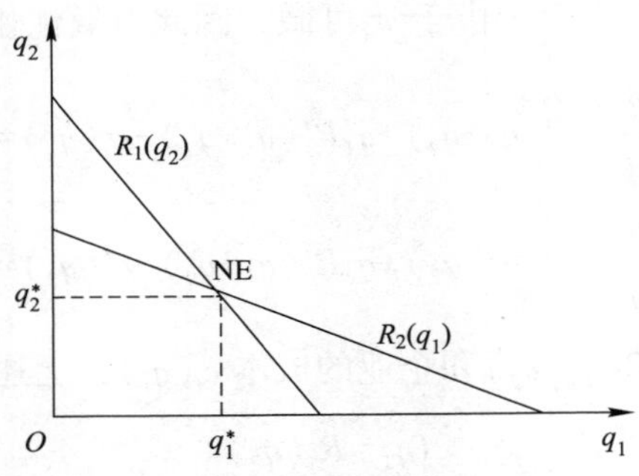

图4.1　Cournot模型的Nash均衡

从图4.1可以看到：在以上的简单假设下，Cournot模型的反应曲线是向下的，这是因为产品是同质无差异的，一个企业增加产量则另一个企业就必须减少产量。因此，从这种意义上说Cournot模型中参与人的战略是相互替代的。

Cournot 模型也可以利用重复剔除严格劣战略的方法寻找均衡。虽然在企业的反应函数中，每个企业的最优产量依赖于另一个企业的产量，使得 Cournot 模型并不存在占优战略均衡，但在利润函数及成本函数满足一定条件的情形下，仍然能够利用重复剔除严格劣战略的思路求解 Nash 均衡。

在图 4.2 中，令 $q_i^0=R_i(0)$ 为企业 i 的垄断最优产量，即另一个企业产量为 0（不生产）时的产量。显然，任一个企业此时都不会选择大于其垄断产量的产量。因此，第一轮剔除后，企业的战略集为 $[0,\ q_i^0]$；其次，给定企业 2 知道企业 1 将会在 $[0,\ q_1^0]$ 中选择，企业 2 将会在 $[q_2^1,\ q_2^0]$ 中选择，其中 $q_2^1=R_2(q_1^0)$。同样，若企业 1 知道企业 2 将会在 $[q_2^1,\ q_2^0]$ 中选择，企业 1 将会在 $[R_1(q_2^0),\ q_1^1]$ 中选择，其中 $q_1^1=R_1(q_2^1)$。以此类推，每次反应后参与人的产量区间不断缩小，反复重复此过程，最后将收敛到 Nash 均衡点。

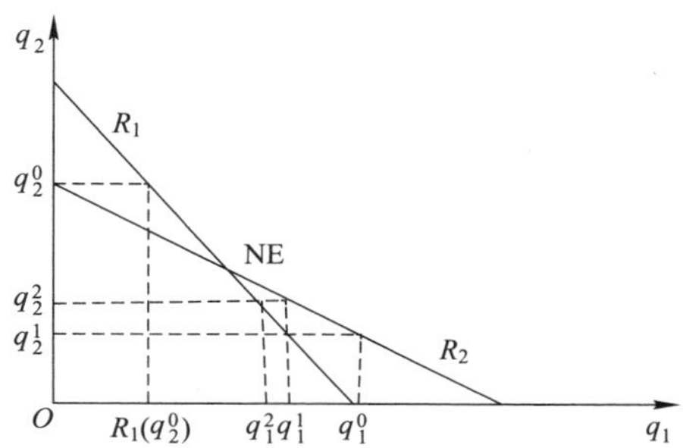

图 4.2　Cournot 模型中企业产量的调整过程

需要说明的是，在上述讨论中，隐含的假定是稳定的均衡存在且唯一。实际上并不是任一个 Cournot 模型的 Nash 均衡都是存在的，且即使存在也不一定唯一。要使 Cournot 模型中稳定的均衡存在且唯一是有条件的，它要求两个企业的反应函数满足一定的条件。而反应函数由利润函数和成本函数决定，因此要求利润函数和成本函数满足一定的条件。目前，对两个企业甚至是多个企业的 Cournot 模型的 Nash 均衡的存在性及唯一性条件，已经有一些初步的结果，感兴趣的读者可以参阅相关文献。

在前面的讨论中，我们是在假设企业单独决策的条件下，得到企业的均衡产量和均衡利润。在企业的决策过程中，可能会出现企业联合起来垄断市场的情况。下面计算企业联合垄断市场时的最优产量和均衡利润。当企业联合起来垄断市场时，企业面临如下决策问题：

$$\max_{Q} \Pi=Q(a-Q-c)$$

容易计算出，最优垄断产量和垄断利润为

$$\begin{cases} Q^*=\dfrac{1}{2}(a-c) \\ \Pi(Q^*)=\dfrac{1}{4}(a-c)^2 \end{cases}$$

将上式与式(4.1)和式(4.2)比较，可以看出：当企业联合起来垄断市场时，市场上的垄断产量 Q^* 小于企业单独决策时市场上的总产量 $q_1^*+q_2^*$，但垄断利润 $\Pi(Q^*)$ 却大于企业单独决策时市场上的利润之和 $\pi_1^*+\pi_2^*=\dfrac{2}{9}(a-c)^2$。

至此，有的读者或许会产生这样的疑问，既然垄断产量小于寡头总产量，而垄断利润大于寡头总利润，那么两个企业可否联合起来垄断市场从而均分垄断利润呢？为了回答上述问题，下面考察两个企业关于是否合作而进行的博弈。现在假设每一个企业都有两种选择——"合作"与"不合作"。若企业选择"合作"，则企业的产量为垄断产量的一半，即$\frac{1}{4}(a-c)$，若企业选择"不合作"；则企业的产量为 Nash 均衡产量，即$\frac{1}{3}(a-c)$。所以，当两个企业都选择"合作"时，每个企业的利润为$\frac{1}{8}(a-c)^2$；当两个企业都选择"不合作"时，每个企业的利润为$\frac{1}{9}(a-c)^2$；当一个企业选择"合作"而另外一个企业选择"不合作"时，则选择"合作"的企业的利润为

$$\pi=\left(a-c-\frac{1}{4}(a-c)-\frac{1}{3}(a-c)\right)\cdot\frac{1}{4}(a-c)=\frac{5}{48}(a-c)^2$$

而选择"不合作"的企业的利润为

$$\pi=\left(a-c-\frac{1}{4}(a-c)-\frac{1}{3}(a-c)\right)\cdot\frac{1}{3}(a-c)=\frac{5}{36}(a-c)^2$$

因此，企业之间关于是否合作而进行的博弈可表示为图 4.3 所示的战略式博弈。

		企业1	
		合作	不合作
企业2	合作	$\frac{(a-c)^2}{8}$, $\frac{(a-c)^2}{8}$	$\frac{5(a-c)^2}{48}$, $\frac{5(a-c)^2}{36}$
	不合作	$\frac{5(a-c)^2}{36}$, $\frac{5(a-c)^2}{48}$	$\frac{(a-c)^2}{9}$, $\frac{(a-c)^2}{9}$

图 4.3　企业合作选择博弈的战略式描述

由此很容易看出上述博弈有唯一的 Nash 均衡，那就是两个企业都选择"不合作"，即两个企业都合作从而使得各自利润都得到增加的有效结果无法得到。这是典型的"囚徒困境"问题，垄断最优的情形在两个寡头的时候是无法达到的。产生该现象的原因在于每个企业在选择自己的最优产量时，只考虑到对本企业利润的影响而忽略了对另一个企业的负外部效应。关于这一点，可以从下面的分析中看得更加清楚。

假设两个企业事先约定联合起来垄断市场，并规定每个企业都生产垄断产量一半的产量，即$\frac{1}{4}(a-c)$，但在实际生产中，企业 1 按约定生产了$\frac{1}{4}(a-c)$，而企业 2 却生产了$\frac{1}{4}(a-c)+\Delta q$，即将自己的产量改变了 Δq。此时，企业 1 的利润为

$$\pi_1=\left\{a-c-\left[\frac{1}{4}(a-c)+\frac{1}{4}(a-c)+\Delta q\right]\right\}\cdot\frac{1}{4}(a-c)=\frac{1}{8}(a-c)^2-\frac{1}{4}(a-c)\Delta q$$

企业 2 的利润为

$$\pi_2=\left\{a-c-\left[\frac{1}{4}(a-c)+\frac{1}{4}(a-c)+\Delta q\right]\right\}\cdot\left[\frac{1}{4}(a-c)+\Delta q\right]=\frac{1}{8}(a-c)^2+\frac{1}{4}(a-c)\Delta q-(\Delta q)^2$$

只要 $0<\Delta q<\frac{1}{4}(a-c)$，企业 2 的利润就可以大于垄断利润 $\frac{1}{8}(a-c)^2$，而企业 1 的利润却小于垄断利润 $\frac{1}{8}(a-c)^2$。这说明企业间的事先约定在实际生产中是无法得到遵守的，除非这种约定是有约束力的①。

但是，对于 Nash 均衡产量，企业都会自动遵守。假设企业 1 生产了 Nash 均衡产量 $\frac{1}{3}(a-c)$，而企业 2 却生产了 $\frac{1}{3}(a-c)+\Delta q$，即将 Nash 均衡产量改变了 Δq，此时企业 1 的利润为

$$\pi_1=\left\{a-c-\left[\frac{1}{3}(a-c)+\frac{1}{3}(a-c)+\Delta q\right]\right\}\cdot\frac{1}{3}(a-c)=\frac{1}{9}(a-c)^2-\frac{1}{3}(a-c)\Delta q$$

企业 2 的利润为

$$\pi_2=\left\{a-c-\left[\frac{1}{3}(a-c)+\frac{1}{3}(a-c)+\Delta q\right]\right\}\cdot\left[\frac{1}{3}(a-c)+\Delta q\right]=\frac{1}{9}(a-c)^2-(\Delta q)^2$$

只要 $\Delta q\neq 0$，即企业 2 不生产 Nash 均衡产量，其利润都将小于均衡利润 $\frac{1}{9}(a-c)^2$。因此，如果两个企业事先约定都生产 Nash 均衡产量 $\frac{1}{3}(a-c)$，那么在实际生产中这种事先约定将会得到遵守，即使这种约定是没有约束力的。

4.2　Bertrand 模型

在寡头垄断市场中，企业关心更多的可能是自己的产品在市场上的价格，而不是生产多少产品，也就是说，企业进行的可能是价格竞争而不是产量竞争。Bertrand（伯川德）模型对寡头垄断市场中的这种情形进行了研究。与 Cournot 模型相比，除了假设企业的决策变量为价格外，Bertrand 模型所包含的基本假设与 Cournot 模型相同，即假设企业生产的产品是同质无差异的，企业的决策变量为价格，以及企业同时选择②。

用 $p_i\in[0,\infty)$ 表示企业 $i(i=1,2)$ 的产品价格，假设企业的单位成本都为 c，市场需求为 $D(p_i,p_j)$，此时企业 i 的利润函数为

---

① 在实际生产中，企业间的这种约定往往是不受法律保护的，在许多国家还被反垄断法所禁止，因此企业间的事先约定对企业可能是没有约束力的。

② 通常，将以产量为决策变量的模型称为产量竞争模型，以价格为决策变量的模型称为价格竞争模型。所以，Cournot 模型又称为产量竞争模型，Bertrand 模型和后面介绍的 Hotelling 模型称为价格竞争模型。

$$\pi_i=\begin{cases}(p_i-c)\cdot D(p_i,p_j), & p_i<p_j\\ (p_i-c)\cdot \dfrac{D(p_i,p_j)}{2}, & p_i=p_j\\ 0, & p_i>p_j\end{cases}$$

由企业利润函数可知：模型的 Nash 均衡为(c, c)，也就是说，博弈达到均衡时两个企业选择的价格相等且都等于边际成本。由此可以看到，即使市场上只有两个企业，企业的均衡定价都等于边际成本，每个企业获得的利润都为0。更重要的是，上述结论与市场需求特性没有任何关系。然而按照产业经济学的一般理论，只有两个企业的市场是一个寡头市场，也是一个不完全的市场，不完全市场应该存在寡头利润。这里的结论却表明在 Bertrand 模型中，即使只有两个企业却得到了与完全竞争市场一样的结论，这便是著名的“Bertrand 悖论”。此外，Bertrand 模型还有一个重要的性质：若两个企业的边际成本同时下降，企业的均衡利润保持不变，仍然为0。正是因为这些特有的性质使得 Bertrand 模型至今仍是博弈论的一个重要的研究领域。

Bertrand 悖论产生的原因及解决的办法是产业经济学中值得深入研究的问题。在 Bertrand 模型中，常常遭到质疑的是，模型假设企业生产的产品是同质无差异的，而这与实际的产品市场是有出入的，因为在现实生活中很难找到由不同企业生产而又完全相同的产品。因此，为解决 Bertrand 悖论，可以在模型中引入产品的差异性。下面将要介绍的 Hotelling（霍特林）模型就是这样一种模型。

4.3 Hotelling 模型

为了解决 Bertrand 悖论，可以在模型中引入产品的差异性，但是要在模型中引入产品的差异性，首先必须解决产品差异性的描述问题，即如何描述产品的差异。这是因为对于实际的产品，其差异的形式是多种多样的，如有的产品是外包装不同、有的是颜色形状不同、有的是性能质量不同等。而在 Hotelling 模型中，Hotelling 通过引入产品在空间位置上的差异，巧妙地解决了产品的差异形式的描述问题。

在 Hotelling 模型中，产品虽然仍是同质的，但其在空间位置上有差异，因而对于不同位置的消费者，其运输成本不同，由此导致产品不再是完全可替代的①。在 Hotelling 模型中，模型的基本假设为：

（1）企业进行的是价格竞争，即决策变量为价格；

（2）博弈为静态的，即假设企业是同时行动的；

（3）企业所生产的产品虽然同质但在空间位置上存在差异。

给定上述假设，考察企业在如下情形下的价格决策问题：企业1和企业2分别处在长度为1的线性城市的两端（如图4.4所示），它们均以单位成本 c 生产（或销售）同质无差异的产品。假设单位消费者在这个［0，1］区间上均匀分布，其单位运输成本为 t 且具有相同

① 也就是说，不同的企业生产或销售的产品在同一空间位置时，其物理属性完全相同，对消费者来讲没有差异，但在不同空间位置时，由于存在运输成本，因而对消费者来讲是有差异的。

的需求①。企业 $i(i=1,2)$ 的战略为选择价格 p_i，目标为最大化本企业利润。

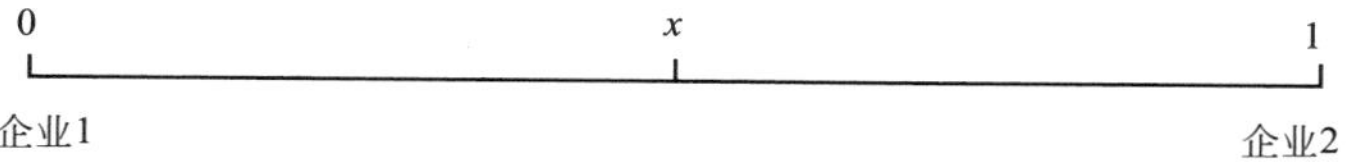

图 4.4　企业位置示意图

当产品在空间位置上存在差异时，产品价格 p_i 不再是消费者购买决策所考虑的唯一因素，理性的消费者还会考虑因购买产品而引起的运输成本 t，选择购买价格和运输成本之和较小的产品。由于消费者在直线上均匀分布且每个消费者的单位运输成本相同，因此若直线上 x 处的消费者在企业 1 处购买，则 x 左边的消费者必然也在企业 1 购买。同理，若直线上 x 处的消费者在企业 2 处购买，则 x 右边的消费者必然也在企业 2 处购买。假设 x 为 $[0,1]$ 区间上这样的点：企业 1 和企业 2 的产品对于位于 x 处的消费者来讲是无差异的，也就是说，位于 x 处的消费者到企业 1 购买产品的成本与到企业 2 购买产品的成本相同。所以，x 满足如下条件：

$$p_1+tx=p_2+t(1-x) \tag{4.3}$$

当 x 满足上述条件时，企业 1 的需求 $D_1(p_1,p_2)$ 就是 x 左边的消费者，即

$$D_1(p_1,p_2)=x \tag{4.4}$$

企业 2 的需求 $D_2(p_1,p_2)$ 就是 x 右边的消费者，即

$$D_2(p_1,p_2)=1-x \tag{4.5}$$

联立求解式(4.3)、式(4.4)和式(4.5)，可得

$$\begin{cases} D_1(p_1,p_2)=\dfrac{p_2-p_1+t}{2t} \\ D_2(p_1,p_2)=\dfrac{p_1-p_2+t}{2t} \end{cases}$$

此时，企业 i 的利润函数为

$$\begin{cases} \pi_1=\dfrac{p_2-p_1+t}{2t}(p_1-c) \\ \pi_2=\dfrac{p_1-p_2+t}{2t}(p_2-c) \end{cases}$$

下面求解企业的最优价格组合，即这个博弈的 Nash 均衡价格组合。由于 π_i 可微，因此由最优化一阶条件可得

$$\begin{cases} \dfrac{\partial\pi_1}{\partial p_1}=\dfrac{p_2-2p_1+c+t}{2t}=0 \\ \dfrac{\partial\pi_2}{\partial p_2}=\dfrac{p_1-2p_2+c+t}{2t}=0 \end{cases}$$

① 例如，在一条很长的步行街出售相同商品的店家，以及在狭长的海滩浴场上出售饮料的摊贩，所面临的就是类似的决策情形。

联立求解上式，可得

$$p_1^* = p_2^* = c+t$$

此时，每个企业的均衡利润为

$$\pi_1^* = \pi_2^* = \frac{t}{2}$$

以上结论说明，通过引入产品的位置差异，使得企业的均衡利润不再为0，而企业的定价也大于产品的边际成本，这在一定程度上解释了 Bertrand 悖论。在均衡中，企业的均衡价格为企业生产成本和消费者的单位运输成本之和，若单位运输成本越高，则均衡价格和均衡利润也越高。这是因为在 Hotelling 模型中，空间位置的差异对产品差异的影响是通过消费者的单位运输成本反映出来的，在空间位置的差异相同的情况下，单位运输成本越高，产品的差异越大[①]。因此，随着消费者单位运输成本的上升，两个企业之间产品的替代性减弱，企业之间的竞争减弱，每个企业对其附近的消费者的垄断力加强，均衡价格和均衡利润也随之升高。然而正如前所述，Bertrand 模型还有另外一个重要特征，就是当企业的边际成本同时下降时，企业的均衡利润保持不变（即仍然为0）。引入位置差异以后企业的均衡利润虽然不再为0，但在 Hotelling 模型中当企业的边际生产成本同时下降时，企业的均衡利润是否变化呢？如果变化，又是怎样变化呢？

为了回答以上问题，在 Hotelling 模型中，假设企业的边际生产成本为 $c-s$，其中 $s>0$，可以解释为产业的一个外生参数，例如新技术使得整个产业的边际成本同时下降。此时企业的生产成本即为 $(c-s)q$，假设其他假设保持不变，企业 i 的需求仍为

$$D_i(p_1, p_2) = \frac{p_j - p_i + t}{2t}$$

企业的利润为

$$\pi_i = (p_i - c + s) D_i(p_1, p_2)$$

此时，容易得到 Nash 均衡价格为

$$p_1^* = p_2^* = c+t-s$$

而均衡利润仍为

$$\pi_1^* = \pi_2^* = \frac{t}{2}$$

由此可以看出：在 Hotelling 模型中，当整个产业的边际成本同时下降时，企业的均衡利润仍保持不变。进一步，再来看一下：如果企业的总成本（而不仅仅是边际成本）同时下降，那么企业的均衡利润是否会增加呢？为此，假设企业的生产成本取如下形式

$$c(q) = (c-s)q + \alpha s$$

其中 s 的含义同上，$0<\alpha<\frac{1}{2}$，因此当 s 从0变为大于0时（但 s 足够小以保证均衡仍然存

① 事实上，当单位运输成本 $t=0$ 时，空间位置的差异对产品的差异不产生任何影响。

在)，每个企业的生产成本减小。在这种情况下容易得到企业的均衡价格仍为

$$p_1^* = p_2^* = c + t - s$$

企业的均衡利润却为

$$\pi_1^* = \pi_2^* = \frac{t}{2} - \alpha s$$

上式表明：整个产业的生产成本同时减少时，企业的均衡利润反而下降了！之所以这样，就是因为在 Hotelling 模型中，市场的总需求是固定的，不随价格的变化而变化，因而市场的需求弹性为 0。当企业的成本同时下降时，由于需求没有发生变化，价格竞争反而变得更加激烈。因此，一个企业对另一个企业施加的影响增加，起到了一个威胁均衡的作用。

在上面的分析中，将两个企业固定于线性城市的两端。如果允许企业在选择价格的同时还可以选择位置，那么两个企业都会选择线性城市的中点（即[0，1]的中点），而当两个企业都位于中点时，Bertrand 均衡则成为模型的唯一均衡①。

除了可以解释差异性产品的定价问题外，Hotelling 模型还可以用来解释政治生活中的许多现象。例如，在一个国家的大选中，参选的各政党为了赢得选举，往往都会对自己的政策定位进行精心的选择（相当于企业在线性城市中选择自己的位置)。如果选举中只有两个政党（或候选人）参选，那么为了获得更多选民的支持和选举的胜利，两个政党的政策定位会“惊人地”一致或相似（即都选择城市的中点)。

4.4 Hardin 公共财产问题

公共资源被过度使用，如草原沙化、渔业资源枯竭及各种矿产资源的过度开发等，使人类社会的生存面临着极大的挑战。虽然造成这种现象的原因很多，但人们的利己行为无疑是最主要的“祸根”。下面以 G. Hardin 的公共财产模型为例，分析人们的利己行为如何使得公共资源被过度使用。

考察一个有 n 个村民的村庄，所有村民每年都在村庄公共的草地上放牧。用 g_i 表示村民 $i(i=1, 2, \cdots, n)$ 放养羊的数目，$G=g_1+\cdots+g_n$ 表示村民放养羊的总数。假设村民放养一只羊的平均成本为 c（包括购买羊羔和照看羊的成本)，放养一只羊得到的平均收益（即一只羊的平均价值）为 v。显然，v 与草地上羊的总数 G 有关。由于每只羊至少需要一定数量的青草才能生存下去，因此草地可以放养羊的总数有一个上限 G_{max}，当 $G<G_{max}$ 时，$v(G)>0$；但当 $G \geqslant G_{max}$ 时，$v(G)=0$。当草地上放养的羊很少时，增加一只羊也许不会对其他羊的价值产生影响，但随着放养总数的不断增加，每只羊的平均价值将会下降，因此假设

（1）当 $G<G_{max}$ 时，$v'(G)<0$；

（2）当 $G<G_{max}$ 时，$v''(G)<0$。

条件(1)表明每只羊的平均价值随着放养总数的增加将会下降；条件(2)表明随着放

① 事实上，只要两个企业位于同一个位置，产品的空间位置差异也就不再存在，Hotelling 模型也就“退化”为 Bertrand 模型，因而 Bertrand 均衡就是模型的唯一均衡。

养总数的增加，每只羊的平均价值下降的速度将会加快（如图4.5所示）。

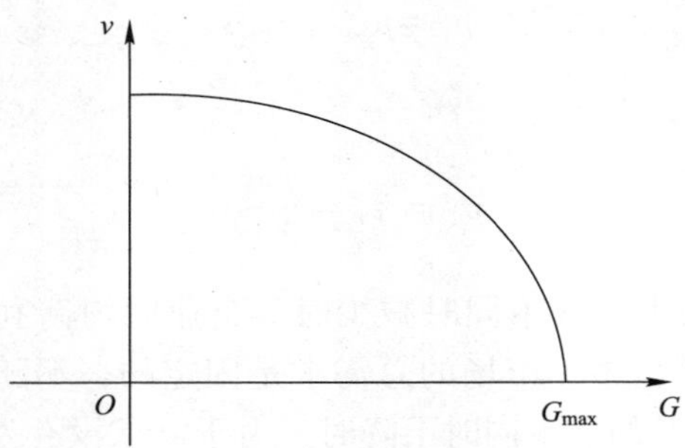

图4.5　每只羊的平均价值曲线

假设每年开春时所有村民同时决定放养羊的数量 g_i。为了便于分析，不失一般性，设 $g_i \in [0, \infty)$。对于村民 i，放养 g_i 只羊获得的利润 π_i 为

$$\pi_i(g_1, \cdots, g_i, \cdots, g_n) = g_i \cdot [v(G) - c] \tag{4.6}$$

假设 $(g_1^*, \cdots, g_i^*, \cdots, g_n^*)$ 为Nash均衡，则对于每个村民 i，当其他村民的选择为 $g_{-i}^* = (g_1^*, \cdots, g_{i-1}^*, g_{i+1}^*, \cdots, g_n^*)$ 时，g_i^* 必须使式(4.6)最大化。因此，由最优化一阶条件可得

$$v(G^*) + g_i^* v'(G^*) - c = 0 \tag{4.7}$$

其中，$G^* = g_1^* + \cdots + g_n^*$。

将上述所有村民的最优化一阶条件加总，然后再除以 n，即得

$$v(G^*) + \frac{1}{n} G^* v'(G^*) - c = 0 \tag{4.8}$$

式(4.8)给出的是：当所有村民单独决策时，村民放养羊的总数 G^* 应满足的条件。下面假设整个村庄为一个整体，决定草地上应该放养羊的总数 G^{**}。此时，整个村庄（社会）面临的决策问题是

$$\max_{0 \leqslant G \leqslant \infty} G \cdot [v(G) - c]$$

由最优化一阶条件可得

$$v(G^{**}) + G^{**} v'(G^{**}) - c = 0 \tag{4.9}$$

建立“村民牧羊”博弈模型的目的是解释：为什么在村民可以自由放牧的情况下，会出现过度放牧的情形。如果能够证明：在村民可以自由放牧的情况下，村民的放养总数 G^* 大于村民集体决策得到的放养总数 G^{**}，那么就意味着达到了建模的目的。因此，下面比较 G^* 和 G^{**} 的大小。

在式(4.7)中，$v(G) + g_i v'(G)$ 实际上就是村民 i 放养数量为 g_i 的羊时所得到的边际收益（因为 $v(G) + g_i v'(G)$ 为村民 i 总收益 $g_i v(G)$ 的一阶导数），c 为村民 i 放养一只羊的边际成本。式(4.7)表明：村民 i 的最优解满足边际收益等于边际成本的最优化条件。在村民 i 的边际收益 $v(G) + g_i v'(G)$ 中，$v(G)$ 为放养数量为 g_i 时，再多养一只羊的收益，由假设条件

(1)可知：在给定其他村民放养数 g_{-i} 的情况下，$v(G)$ 随 g_i 的增加而减少；$g_i v'(G)$ 为放养数量为 g_i 时，再多养一只羊对自己已经放养的羊（总数为 g_i）的损害，由假设条件（2）可知：在给定其他村民放养数 g_{-i} 的情况下，$g_i v'(G)$ 的绝对值随 g_i 的增加而增加。也就是说，每个村民多养羊的行为对已经放养的羊的"损害"，随自己放养数量的增加而增大。在式(4.9)中，社会的边际收益 $v(G)+Gv'(G)$ 也包含两项，其中 $v(G)$ 为再多养一只羊的收益，$Gv'(G)$ 是再多养一只羊对已经放养的羊的损害。比较式（4.7）与式（4.9）可以发现，每个村民在考虑多养一只羊对自己已经放养的羊的损害时，只考虑到自己的行为（即 g_i）对自己已经放养的羊的损害（即 $g_i v'(G)$），而没有考虑到其他村民的放养行为（即 g_{-i}）对已经放养的羊的损害①，这就导致每个村民的边际收益 $v(G)+g_i v'(G)$ 大于社会的边际收益 $v(G)+Gv'(G)$。

在图 4.6 中，由于村民的平均边际收益 $v(G)+\frac{1}{n}Gv'(G)$ 大于社会的边际收益 $v(G)+Gv'(G)$（因为每个村民的边际收益大于社会的边际收益），因此村民的平均边际收益曲线 $MR_1=v(G)+\frac{1}{n}Gv'(G)$ 位于社会的边际收益曲线 $MR_2=v(G)+Gv'(G)$ 的上方。所以，使村民的平均边际收益 $v(G)+\frac{1}{n}Gv'(G)$ 等于边际成本 c 的放养总数 G^*，大于使社会的边际收益 $v(G)+Gv'(G)$ 等于边际成本 c 的放养总数 G^{**}，即 $G^*>G^{**}$。这说明公共资源被过度使用了，原因就在于每个村民只考虑到自己的行为，而没有考虑自己的行为对其他村民的影响及其他村民的选择对自己的影响。

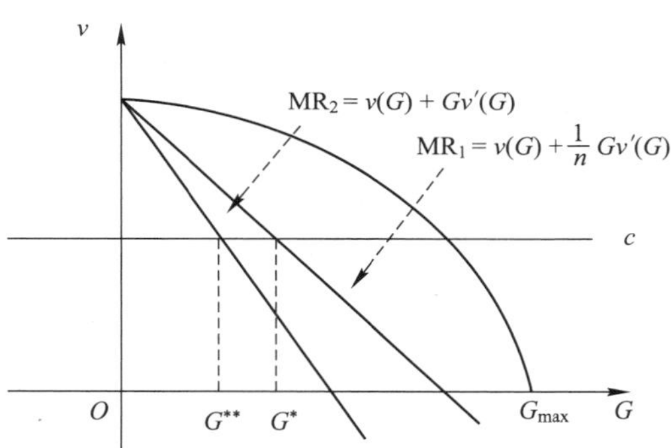

图 4.6　最佳放养数与均衡放养数的比较

4.5　混合战略 Nash 均衡应用

在前面所介绍的应用中，所涉及的均衡都是纯战略 Nash 均衡，但在实际应用中，遇到的更多可能是混合战略 Nash 均衡。下面介绍几个经典的混合战略 Nash 均衡应用。

① 这实际上也是由 Nash 均衡的特点所造成的，因为在 Nash 均衡中，每个参与人都在假设其他参与人的选择不变的前提下最优化自己的行为。

4.5.1 小偷–守卫博弈

1994年诺贝尔经济学奖获得者 R. Selten 在1996年3月在上海的一次演讲中，讲述了一个关于小偷与守卫之间博弈的例子。在这个博弈里，参与人是小偷（称为参与人1）和守卫（称为参与人2），小偷有两个战略："偷窃"与"不偷窃"；守卫也有两个战略："睡"和"不睡"。小偷只有在守卫睡时选择"偷"才能得手，而守卫最希望自己在睡觉时小偷不偷。图4.7给出了这一博弈问题的战略式描述。在图4.7中，V 表示小偷偷窃得手时的支付，T 表示小偷偷窃被抓时受到的惩罚，小偷此时的支付为负效用。小偷不偷时，不得不失，其支付为0；D 表示守卫因睡觉被窃而受到的惩罚，守卫此时的支付为负效用，S 表示守卫睡觉而未遭偷窃得到的正效用。守卫不睡只是在尽职，其支付为0。

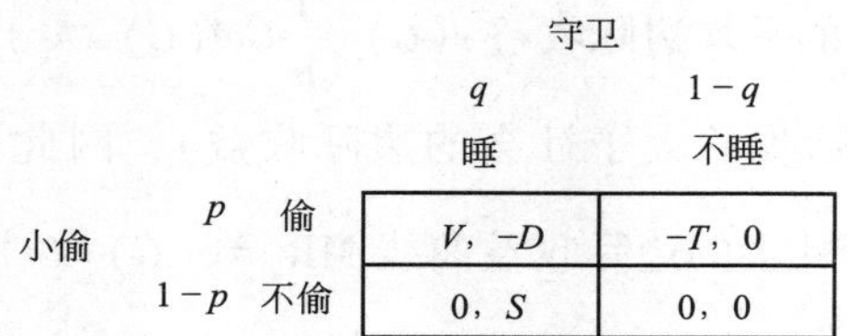

		守卫 q 睡	守卫 $1-q$ 不睡
小偷	p 偷	V，$-D$	$-T$，0
	$1-p$ 不偷	0，S	0，0

图4.7 小偷–守卫博弈的战略式描述

在小偷–守卫博弈中，不存在纯战略 Nash 均衡，这是因为：给定小偷偷窃，守卫的最优战略是"不睡"；给定守卫不睡，小偷的最优战略是"不偷窃"；给定小偷不偷窃，守卫的最优战略是"睡觉"；而给定守卫睡觉，小偷的最优战略是"偷窃"；如此等等。因此，没有一个战略组合构成纯战略 Nash 均衡。

下面求解该小偷–守卫博弈问题的混合战略 Nash 均衡。设小偷的混合均衡战略为 $\sigma_1=(p,\ 1-p)$（即小偷以 p 的概率选择"偷窃"，以 $1-p$ 的概率选择"不偷窃"），守卫的混合均衡战略为 $\sigma_2=(q,\ 1-q)$（即守卫以 q 的概率选择"睡觉"，以 $1-q$ 的概率选择"不睡觉"）。由于小偷–守卫博弈是两人两战略的博弈问题，因此可以采用"等值法"来求解混合战略 Nash 均衡。

给定守卫的混合战略 $\sigma_2=(q,\ 1-q)$，小偷选择"偷窃"$(p=1)$和"不偷窃"$(p=0)$的期望收益相等，即 $v_1((1,\ 0),\ (q,\ 1-q))=v_1((0,\ 1),\ (q,\ 1-q))$。根据式(2.7)，可得

$$qV+(1-q)(-T)=0$$

所以

$$q=\frac{T}{V+T} \tag{4.10}$$

给定小偷的混合战略 $\sigma_1=(p,\ 1-p)$，守卫选择"睡"$(q=1)$和"不睡"$(q=0)$的期望收益相等，即 $v_2((1,\ 0),\ (p,\ 1-p))=v_2((0,\ 1),\ (p,\ 1-p))$。根据式(2.7)，可得

$$p(-D)+(1-p)S=0$$

所以

$$p=\frac{S}{S+D} \tag{4.11}$$

因此，小偷-守卫博弈的混合战略 Nash 均衡为$\left(\left(\frac{S}{S+D}, \frac{D}{S+D}\right), \left(\frac{T}{V+T}, \frac{V}{V+T}\right)\right)$。下面分析小偷和守卫支付的变化对均衡的影响。从式(4.10)和式(4.11)可以看到：每个参与人选择纯战略的概率都取决于对方的支付。这也正是两人两战略博弈问题的混合战略 Nash 均衡所具有的特点。关于这一点，在小偷-守卫博弈中，可以这样解释：小偷选择“偷窃”和“不偷窃”的概率，取决于其对手（即守卫）的特征，而我们所讨论的小偷-守卫博弈，就只是图 4.7 所给出的一个抽象模型。在这个抽象的模型中，守卫的特征也就仅仅由其支付所决定；同样，守卫选择“睡”和“不睡”的概率，取决于其对手（即小偷）的支付，原因也在于小偷的支付决定了小偷的特征。

在式(4.10)中，改变小偷的支付，比如加大小偷被抓后的惩罚 T，可以发现守卫选择“睡觉”的概率增加了，而小偷选择“偷”的概率却没有变化。这说明加大对小偷的惩罚，并不能从根本上减少偷窃现象的发生，从长期来讲，反而会使守卫更加偷懒。

同样，在式(4.11)中，加大守卫失职后的惩罚 D，可以看到小偷选择“偷”的概率减少了，这说明加大对守卫失职后的惩罚，不仅可以使守卫短期内更加尽职，从长期来讲，可以从根本上减少偷窃现象的发生。

上述结论对管理工作有着重要的启示。为了加强单位的保卫工作，减少偷窃现象的发生，可以选择加大对小偷的打击力度，但这治标不治本，反而会使单位的保卫人员更加懒惰。反之，如果加强内部管理，加大对失职人员的惩戒，就可从根本上减少偷窃现象的发生。

4.5.2　监督博弈

在现实生活中，监督问题无处不在。完善的监督机制有利于提高效率，预防腐败等不良行为的发生，保护相关利益方的正当权益，使社会生产健康有序地发展。常见的监督包括教育、安全生产、执法、行政、财政、税收、证券、药品、技术、舆论监督等。监督过程本质上是一种被监督方与相关利益方之间为实现利益最大化的互动过程。下面以税收检查为例，对监督博弈问题进行分析。

在税收监督博弈中，参与人包括税收机关（称为参与人 1）和纳税人（称为参与人 2）。税收机关的纯战略是“检查”和“不检查”，纳税人的纯战略是“逃税”和“不逃税”。图 4.8 给出了税收监督博弈的战略式描述。在图 4.8 中，站在税收机关的角度，设定参与人在各战略组合下的支付：对纳税人来讲，纳税是其应尽的义务，不逃税时不得不失，其支付为 0，而如果逃税成功（即税收机关不检查时逃税），纳税人获得额外的支付——应交的税款 t；对税收机关来讲，收缴税款是其应尽职责，收到税款时不得不失，其支付为 0，而如果纳税人逃税成功则意味着税收机关损失税款 t，其支付为 $-t$。假设税收机关的检查存在成本 C，纳税人逃税被抓时会受到惩罚，用罚款额 F 表示。

			纳税人	
			q 逃税	$1-q$ 不逃税
税收机关	p	检查	$-C+F$, $-F$	$-C$, 0
	$1-p$	不检查	$-t$, t	0, 0

图 4.8　税收监督博弈的战略式描述

在图4.8中，如果 $C>t+F$，那么税收机关存在占优战略“不检查”。如果税收机关总是选择“不检查”，那么也就无所谓监督了。因此，在以下的分析中，假设 $C<t+F$。在这个假设下，博弈不存在纯战略Nash均衡。下面求解税收监督博弈的混合战略Nash均衡。

设税收机关混合均衡战略为 $\sigma_1=(p,\ 1-p)$（即税收机关以 p 的概率选择“检查”，以 $1-p$ 的概率选择“不检查”），纳税人的混合均衡战略为 $\sigma_2=(q,\ 1-q)$（即纳税人以 q 的概率选择“逃税”，以 $1-q$ 的概率选择“不逃税”）。由于税收监督博弈是两人两战略的博弈问题，因此可以采用“等值法”求解税收监督博弈的混合战略Nash均衡。

给定纳税人的混合战略 $\sigma_2=(q,\ 1-q)$，税收机关选择“检查”（$p=1$）和“不检查”（$p=0$）的期望收益相等，即 $v_1((1,\ 0),\ (q,\ 1-q))=v_1((0,\ 1),\ (q,\ 1-q))$。根据式（2.7），可得

$$q(-C+F)+(1-q)(-C)=q(-t)$$

所以

$$q=\frac{C}{F+t} \tag{4.12}$$

给定税收机关的混合战略 $\sigma_1=(p,\ 1-p)$，纳税人选择“纳税”（$q=1$）和“不纳税”（$q=0$）的期望收益相等，即 $v_2((1,\ 0),\ (p,\ 1-p))=v_2((0,\ 1),\ (p,\ 1-p))$。根据式（2.7），可得

$$p(-F)+(1-p)t=0$$

所以

$$p=\frac{t}{t+F} \tag{4.13}$$

因此，税收监督博弈的混合战略Nash均衡为 $\left(\left(\frac{t}{t+F},\ \frac{F}{t+F}\right),\ \left(\frac{C}{t+F},\ \frac{t+F-C}{t+F}\right)\right)$。下面分析应纳税款 t、对逃税的惩罚 F 及检查成本 C 对博弈均衡的影响。在式(4.12)中，对逃税的惩罚 F 越大，纳税人逃税的概率就越小；反之，税收机关的检查成本 C 越高，纳税人逃税的概率就越大。这些结论与我们的直觉都是相吻合的。但是，从式(4.12)中还可以得到这样的结论：纳税人应缴税款 t 越多，纳税人逃税的概率反而越小。这是为什么呢？关于这个问题，可以从式(4.13)中得到答案。在式(4.13)中，应缴税款 t 越多，税收机关检查的可能性就越大，纳税人逃税被抓的可能性就越大，因而逃税的可能性反而小了。进一步分析，这个结论对税收监督实践有着深刻的寓意。如果税收机关监督的对象是企业，那么税款额 t 的大小就代表着企业规模的大小，从这个意义上讲，这个结论就解释了为什么逃税现象更多地发生在小企业中。如果税收机关收缴的是个人所得税，那么这个结论就意味着在“穷人”中逃税现象比在“富人”中更为普遍。也许许多读者不认同这个结论，但从西方发达国家的税收实践来看，确实如此，已有的实证研究也证明了这个结论。读者之所以觉得这个结论与我们的直觉不符，原因可能是多方面的。比如媒体的宣传，从各种媒体看到的、听到的，可能更多的是“某某富商偷逃税款”或者“某某明星少报收入”之类的“爆炸性”新闻，绝对不会有哪家媒体来炒作“某某小学教师少交5元、10元的个人所得税”之类的事情。

这就造成直觉上认为"只有富人才会逃税"。事实上，在我们周围有意或无意少交、漏交个人所得税的现象十分普遍。还有税收机关的重点监督，使得"富人"逃税的难度更大，再加上逃税被抓后的媒体曝光，使其成本更高。

需要注意的是，在图 4.8 中，我们是站在税收机关的角度来设定参与人的支付的。如果站在纳税人的角度来设定参与人的支付，那么所得到的参与人的支付就会与图 4.8 中的不同。比如说，从纳税人的角度来讲，他会认为自己不该交税，所以"逃税"才是不得不失，而不逃税则意味着自己的损失。图 4.9 给出了站在纳税人的角度所设定的参与人的支付。

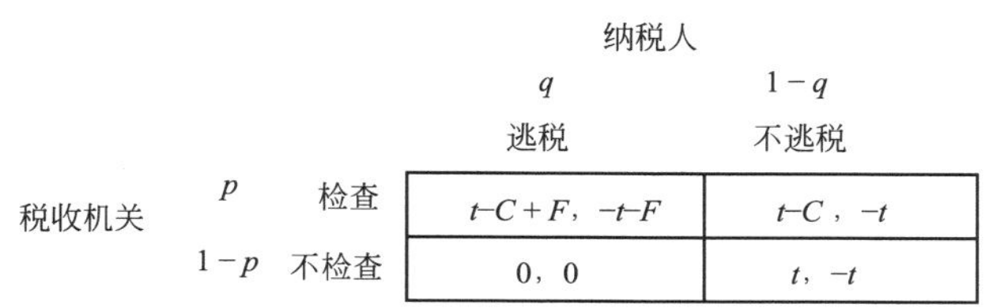

			纳税人	
			q 逃税	$1-q$ 不逃税
税收机关	p	检查	$t-C+F$，$-t-F$	$t-C$，$-t$
	$1-p$	不检查	0，0	t，$-t$

图 4.9　参与人的支付（站在纳税人角度）

显然，从形式上看图 4.9 中博弈与图 4.8 中的完全不同，但实际上两者是完全等价的。这是因为在图 4.8 和图 4.9 所示的两个战略式博弈中，不仅博弈中的参与人相同，参与人的战略集相同，而且参与人定义在各个战略组合上的偏好关系也完全相同。只是由于构造参与人的效用时，选用的基准点不同，才使得参与人的支付在形式上不同。读者不妨计算一下图 4.9 中博弈的均衡，可以发现结论与图 4.8 中完全一样。这种情形可以推广到一般的战略式博弈。但需要注意的是，在参与人偏好关系保持不变的前提下，选用不同形式的效用函数，虽然不会从根本上改变博弈解的性质（如 Nash 均衡的存在性及 Nash 均衡的数量等），但有可能使博弈解的具体"表现形式"发生改变。例如，在图 3.3 所示的"性别战"博弈中，存在三个 Nash 均衡——两个纯战略 Nash 均衡(F, F)和(B, B)及一个混合战略 Nash 均衡$\left(\left(\frac{3}{4}, \frac{1}{4}\right), \left(\frac{1}{4}, \frac{3}{4}\right)\right)$。如果将参与人选择同一娱乐项目的效用稍做改变（如图 4.10 所示），那么博弈同样存在两个纯战略 Nash 均衡(F, F)和(B, B)及一个混合战略 Nash 均衡$\left(\left(\frac{2}{3}, \frac{1}{3}\right), \left(\frac{1}{3}, \frac{2}{3}\right)\right)$，但混合战略的"形式"（即数值）发生了改变。

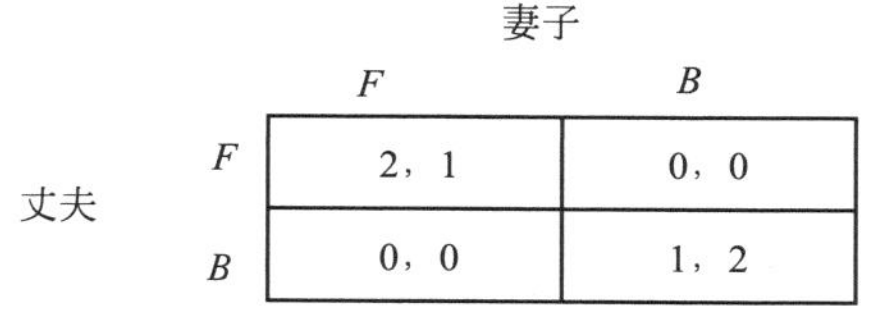

		妻子	
		F	B
丈夫	F	2，1	0，0
	B	0，0	1，2

图 4.10　"性别战"博弈的变形

进一步分析图 4.8 和图 4.9 中参与人的支付，可以发现：监督博弈如果不考虑检查的成本，实际上就是一个零和博弈。所以，"监督"与其说是保证文明社会进步和效率的手段，不如说是自利的社会中的一种"无奈之举"。"监督"是有成本的！

4.5.3　共同投资博弈模型

考察如下共同投资模型：两个企业进行投资决策，每个企业都面临两种选择，投资一个规模较大的项目或者一个规模较小的项目。其中，大项目需要两个企业共同投资才能完成，而小项目每个企业都可以单独完成。当两个企业都投资大项目时，由于大项目得以完成，每个企业都可以获得较大的回报。假设两个企业平分收益，并设每个企业的收益为$\pi_1(\pi_1>0)$；当两个企业都投资小项目时，每个企业都可以获得回报$\pi_2(\pi_2>0)$。由于小项目收益较低，因此$\pi_2<\pi_1$；如果一个企业投资大项目而另一企业投资小项目，那么投资大项目的企业由于无法单独完成项目，其收益为0，同时投资小项目的企业收益为$\pi_3(\pi_3>0)$。图4.11给出了共同投资博弈的战略式描述，其中A表示企业投资大项目，B表示企业投资小项目。

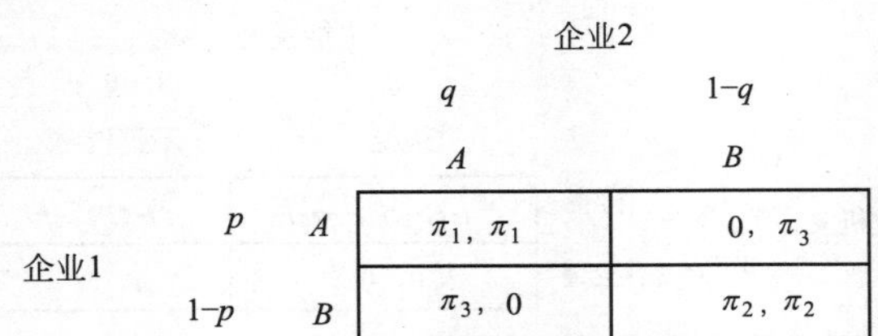

		企业2	
		q A	$1-q$ B
企业1	p A	π_1, π_1	$0, \pi_3$
	$1-p$ B	$\pi_3, 0$	π_2, π_2

图4.11 共同投资博弈的战略式描述

上述博弈的均衡与企业的收益π_3有关。当两个企业都完成了小项目时，由于项目间的竞争性或项目产品的替代性，使得企业的收益π_2一般小于一个企业单独投资小项目时的收益π_3。因此，一般情形下，$\pi_3\geqslant\pi_2$。下面根据π_1与π_3间的关系，分两种情形讨论模型的均衡。

（1）如果$\pi_3>\pi_1$，则模型存在唯一的Nash均衡——(B, B)。由于非均衡结果(A, A)对均衡结果(B, B)Pareto占优，因此企业此时面临的决策情形是一个典型的“囚徒困境”。

（2）如果$\pi_3\leqslant\pi_1$，则上述博弈存在两个纯战略Nash均衡——(A, A)和(B, B)及一个混合战略Nash均衡。在纯战略Nash均衡中，均衡(A, A)是Pareto占优的，因此在经济上它是一个比较理想的结果。但是，从风险占优的角度考虑，对任一参与人来讲，战略B（即投资小项目）比战略A（即投资大项目）更“安全”一些。这是因为参与人只要选择了战略B，不管其他参与人如何行动，他总可以确保盈利$\pi_2(\pi_2>0)$；但倘若他选取战略A，尽管他可能获得更高的盈利$\pi_1(\pi_1>\pi_2)$，然而也可能什么都得不到①。

在混合战略Nash均衡中，企业以$\frac{\pi_2}{\pi_1-\pi_3+\pi_2}$的概率选择战略$A$，以$\frac{\pi_1-\pi_3}{\pi_1-\pi_3+\pi_2}$的概率选择战略$B$②。从模型的混合战略Nash均衡可以看到：从期望盈利的角度考虑，只有每个企业预测到对方投资大项目（即选择战略A）的概率大于$\frac{\pi_2}{\pi_1-\pi_3+\pi_2}$时，才会选择投资大项目，企业间的合作才可能形成。由于$\frac{\pi_2}{\pi_1-\pi_3+\pi_2}$随$\pi_2$增大而增大，因此当小项目对企业的诱惑越大时，企业间达成合作的可能性就越小，或者说小项目给企业带来的保本收益π_2越大时，基于对风险的考虑，企业选择合作的可能性也越小。同时，$\frac{\pi_2}{\pi_1-\pi_3+\pi_2}$随$\pi_1-\pi_3$增大而减小，

---

① 参见第3章中对图3.7中战略式博弈的分析。

② 注意，当$\pi_3=\pi_1$时，混合战略均衡退化为纯战略均衡（A, A）。此时，模型中只有偶数个（即2个）Nash均衡。这种情形就是Wilson奇数定理中的奇异情形。在讨论混合战略Nash均衡时，不妨设$\pi_3<\pi_1$。

这意味着：由合作而带来的收益增量越大①，企业间的合作越容易形成；反之，合作带来的额外收益越小，合作的可能性就越小。

为了达成合作，增进双方的利益，企业之间可以建立一些协调机制，比如说，在投资决策之前，企业之间签订有约束力的协议，规定双方必须投资大项目，否则就属违约，违约一方需向对方支付一定数量的罚金②。下面分析当企业签订有约束力的协议时博弈的均衡情况。

图 4.12 给出了当企业签订有约束力的协议时，企业在各种博弈情形下的支付，其中 t 为企业违约时支付的罚金③。下面仍分两种情况讨论模型的均衡。

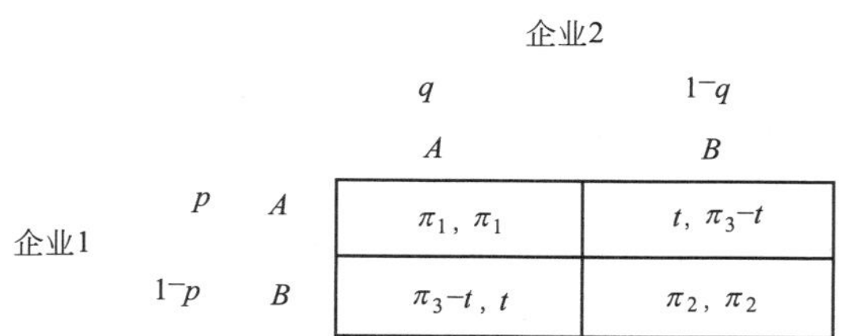

			企业2 q A	企业2 $1-q$ B
企业1	p	A	$\pi_1,\ \pi_1$	$t,\ \pi_3-t$
企业1	$1-p$	B	$\pi_3-t,\ t$	$\pi_2,\ \pi_2$

图 4.12　企业签订协议时的共同投资模型

（1）假设 $\pi_3>\pi_1$，从图 4.12 中容易看出：只要罚金 t 足够大，使得 $t>\pi_2$ 且 $\pi_1>\pi_3-t$，那么模型中就只有唯一的 Nash 均衡——$(A,\ A)$。由于$(A,\ A)$对$(B,\ B)$Pareto 占优，因此企业之间的协议可使企业摆脱“囚徒困境”。

（2）假设 $\pi_3\leqslant\pi_1$，显然，如果 $t>\pi_2$，则模型只存在唯一的 Nash 均衡$(A,\ A)$。如果 $t\leqslant\pi_2$，则模型同样存在两个纯战略 Nash 均衡$(A,\ A)$和$(B,\ B)$及一个混合战略 Nash 均衡。但在混合战略 Nash 均衡中，企业以$\dfrac{\pi_2-t}{\pi_1-\pi_3+\pi_2}$的概率选择战略 A，以$\dfrac{\pi_1-\pi_3+t}{\pi_1-\pi_3+\pi_2}$的概率选择战略 B。因此，从期望盈利的角度考虑，罚金 t 的存在，使得每个企业选择战略 B（即选择不合作）的可能性减少，企业之间形成合作的概率增大。

以上分析说明，企业之间签订有约束力的协议，有助于增进企业之间的合作，提高企业的收益。但是，一般情况下，企业之间签订有约束力的协议都是有成本的④，而且这种成本往往随罚金 t 的增大而增大。由于罚金 t 数量多少的设定，一般取决于小项目的收益 π_2 和 π_3，因此小项目的诱惑不仅会妨碍企业之间合作的自发形成，而且还会增大企业之间达成合作的成本。

共同投资模型对人们的现实生活具有指导意义，比如说，两个朋友合伙做生意，如果两个人相互了解程度不够或者说不够信任对方，那么很可能就会采取保险的战略，双方都从大项目撤资，投资到更保险的小项目上。因此，如果双方不能充分地信任对方，那么还不如一开始就不选择在一起合伙做生意，“道不同，不相为谋”就是这个道理。而如果两人在生意上是长期的拍档，或者说双方除了这次合作以外，以后还可能有许多其他的合作项目，那么

① 注意，是收益增量而不是收益本身。

② 在经济活动中，企业之间签订这样的协议是合法的，受法律保护。这与“囚徒困境”中的囚徒制定“攻守同盟”是不同的，因为囚徒的行为是不受法律保护的，甚至是违法的。

③ 当企业都投资小项目时，可以视为协议无效，不需支付罚金，或者双方都违约，都向对方支付罚金。

④ 如谈判成本、执行成本（包括监督协议实施的成本、出现违约情况时司法成本等）等等。

双方可能都会选择合作，此时即使“牺牲一点小小的利益也不能牺牲感情”。这样做看似吃亏，实际上也未必会真的吃亏，同时也给自己留下了好的名声，方便了双方以后的合作。

4.5.4 专利竞赛博弈

在前面分析“新产品开发博弈”时，仅仅考虑企业是否开发，至于企业到底如何开发这些细节，我们并没有考虑。如果在“新产品开发博弈”中，考虑的不仅是企业选择开发与否，同时还考虑开发的投入和产出过程，则博弈问题的结构和均衡结果都将会发生变化。同时，在这种情形下的“新产品开发博弈”，亦称为“专利竞赛博弈”。

在专利竞赛模型中，两个企业同时开始开发一个新产品。每个企业开发出新产品所用的时间和其投入到产品开发中的经费有关。假设企业 i 投入到产品开发中的经费为 x_i，那么企业 i 完成开发所用的时间为 $f(x_i)$。其中 $f'(x_i)<0$，即投入越多，完成新产品开发所用的时间越短。先完成新产品开发的企业可以申请专利保护从而独享专利的收益 V，后开发出来的企业则一无所获，如果同时完成，则两企业共同分享收益。显然，投入经费多的企业将获得专利收益。企业 i 的投资-利润函数如下①。

$$\pi_i=\begin{cases}-x_i, & x_i<x_j, j\neq i\\ \dfrac{V}{2}-x_i, & x_i=x_j, j\neq i\\ V-x_i, & x_i>x_j, j\neq i\end{cases}$$

图4.13是投资-利润函数曲线。从图4.13中可以看出，企业的利润函数不连续。此博弈问题也不存在纯战略 Nash 均衡。因为如果企业1选择任何小于 V 的经费投入 x_1，企业2就会通过选择 x_2 的经费投入夺得专利所有权，其中 $x_2\in(x_1, V]$；如果企业1选择经费投入 $x_1=V$，那么企业2就会选择 $x_2=0$，而这又会使企业1选择数量很少的经费投入 x_1，其中 $x_1>0$。所以，两个企业的任何经费投入组合都不是本博弈问题的 Nash 均衡。因此，此博弈只存在混合战略 Nash 均衡。

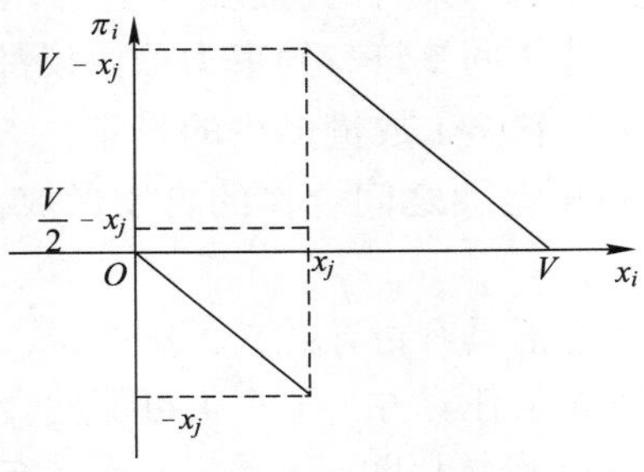

图4.13 企业的投资-利润函数曲线

考虑企业1采取经费投入 $x_1=0$ 的战略，此时企业1的收益为0。对于企业1，选择 $x_1>V$ 的战略就是一个严格劣战略，因为此时无论企业2选择何种水平的经费投入，企业1的收益都是负值。因此，企业1选择的经费投入水平只会落在区间 $[0, V]$ 上，企业1随机地在

① 注意与例2.6中消耗战博弈的区别。在专利竞赛博弈中，参与人的投入是“沉没成本”，一旦决定投入就不可回撤；而在消耗战博弈中，参与人的实际投入与对手的投入有关。

区间[0, V]上选择经费投入水平。同理，企业 2 也随机地在区间[0, V]上选择经费投入水平。用 $M_i(x)$ 表示在均衡时企业 i 的均衡混合战略的分布函数，即企业 i 选择其经费投入水平不高于 x 的概率。可以证明：对任意 $x \in [0, V]$，$M_i(x) = \frac{x}{V}$，即企业在区间[0, V]上均匀选择经费投入水平，是博弈的一个混合战略 Nash 均衡。下面给出一个简单的证明。

给定企业 1 在区间[0, V]上均匀选择经费投入水平 x_1，则企业 2 选择区间[0, V]上任一经费投入水平 x_2时，赢得专利的概率为$\frac{x_2}{V}$；用 $E\pi_2(x_2)$ 表示企业 2 选择区间[0, V]上任一经费投入水平 x_2时的期望利润，则

$$E\pi_2(x_2) = V \cdot \frac{x_2}{V} + 0 \cdot \left(1 - \frac{x_2}{V}\right) - x_2 = 0$$

上式说明，当企业 1 在区间[0, V]上均匀选择经费投入水平时，企业 2 选择区间[0, V]上任一经费投入水平都是无差异的。因此，企业 2 在区间[0, V]上均匀选择经费投入水平，构成企业 2 的最优混合战略。

同理可以证明：当企业 2 在区间[0, V]上均匀选择经费投入水平时，企业 1 在区间[0, V]上均匀选择经费投入水平，构成企业 1 的最优混合战略。

思考题一

1. 什么是博弈？试举例说明博弈问题与传统的决策问题有什么不同。

2. 什么是共同知识？试举例说明共同知识与相互知识的区别。

3. 什么是完全理性假设？完全理性为共同知识对博弈分析有何意义？试举例说明。

4. 在博弈论中，划分完全信息和不完全信息的标准是什么？划分静态博弈和动态博弈的标准是什么？划分合作博弈和非合作博弈的标准是什么？

5. 什么是博弈的战略式？你认为构成一个博弈问题的最基本要素是什么？为什么？

6. 什么是参与人的战略？战略和行动是等同的吗？试举例说明。

7. 在博弈论中，博弈问题的解是什么？为什么 Nash 均衡可以作为博弈的解？Nash 均衡作为博弈的解存在什么问题？

8. 占优战略均衡和重复剔除占优均衡对参与人的理性要求有何不同？在有限战略式博弈中，是否一定要求完全理性为共同知识，才能确保重复剔除占优均衡成为博弈的解？

9. 举例说明在采用重复剔除劣战略的方法求解博弈问题时，剔除顺序对博弈结果的影响。

10. 什么是战略式博弈的混合战略？纯战略与混合战略有什么区别？最优混合战略有什么特点？

11. 什么是混合战略 Nash 均衡？你是如何理解混合战略 Nash 均衡的？

12. 使用支撑法求解 Nash 均衡时需要注意什么问题？采用什么方法可以减少求解过程中的计算量。

13. 在现有的博弈分析框架下，非 Nash 均衡能够作为博弈的解吗？为什么？试举例说明。

14. 什么是“焦点效应”？试举例说明“焦点效应”如何解决 Nash 均衡多重性问题。

15. 什么是“廉价磋商”？试举例说明“廉价磋商”在什么情况下才是有效的。

16. 什么是“相关均衡”？构造“相关均衡”的关键是什么？

17. Cournot 模型与 Bertrand 模型的基本假设有什么不同？在 Hotelling 模型中，产品的差异性由什么来表示？在什么情况下 Hotelling 模型可以看成是 Bertrand 模型？

18. 在 Hardin 公共财产问题中，“羊”的价值函数满足什么条件？为什么要这样规定？试说明理由。

19. 通过第一部分（完全信息静态博弈）的学习，你认为博弈论中最重要的概念是什么？说明理由。

习题 1

习题 1 部分参考答案

第二部分　完全信息动态博弈

第5章　扩展式博弈

对博弈问题的规范性描述，是科学、系统地分析博弈问题的基础。第1章我们介绍了一种常用的博弈问题描述方式——战略式博弈，虽然这种博弈模型结构简单，只要给出博弈问题的三个基本构成要素（即参与人、参与人的战略集及参与人的支付），就可完成对博弈问题的建模。但是，由于战略式博弈假设每个参与人仅选择一次行动或行动计划（战略），并且参与人同时进行选择，因此从本质上来讲战略式博弈是一种静态模型，一般适用于描述不需要考虑博弈进程的完全信息静态博弈问题。

虽然战略式博弈也可以对动态博弈问题进行建模，但是从所得到的模型中只能看到博弈的结果，而无法直观地了解博弈问题的动态特性。回顾前面介绍的“新产品开发博弈”，在例1.2中，给出了“企业1先决策，企业2观测到企业1的选择后再进行选择”这样一种博弈情形的战略式描述，即图1.4和图1.5。虽然图1.4和图1.5都完整地给出了博弈问题的三个基本要素——参与人、参与人的战略及参与人的支付，但是如果我们知道的仅仅就是图1.4和图1.5，那么也就只能看到企业各自选择自己的行动或战略时所得到的结果，无法直观地看到博弈的过程是“企业1先行动，企业2观测到企业1的行动后再行动”。

在本章中，将介绍一种新的博弈问题描述方式——扩展式博弈。在扩展式博弈模型中，不仅可以看到博弈的结果，而且还能直观地看到博弈的进程。在介绍扩展式博弈构成的基础上，我们还将对扩展式博弈的战略和解进行讨论。

5.1　扩展式博弈及博弈树

扩展式博弈(extensive form game)是博弈问题的一种规范性描述。与战略式博弈侧重博弈结果的描述相比，扩展式博弈更注重对参与人在博弈过程中所遇到决策问题的序列结构的详细分析。我们知道，要了解一个博弈问题的具体进程，就必须弄清楚以下两个问题：

（1）每个参与人在什么时候行动（决策）；

（2）每个参与人行动时，他所面临决策问题的结构。这包括参与人行动时可供他选择的行动方案，以及参与人行动时所了解的信息。

上述两个问题构成了参与人在博弈过程中所遇到决策问题的序列结构。对于一个博弈问题，如果能够说清楚博弈过程中参与人的决策问题的序列结构，那么就意味着知道了博弈问题的具体进程。

定义5.1　扩展式博弈包括以下要素：

（1）参与人集合$\Gamma=\{1, 2, \cdots, n\}$；

（2）参与人的行动顺序，即每个参与人在何时行动；

（3）每个参与人行动时面临的决策问题，包括参与人行动时可供他选择的行动方案及他所了解的信息；

(4) 参与人的支付函数，即博弈结束时每个参与人得到的博弈结果。

从上述定义可以看到：如果要用扩展式博弈对一个博弈问题进行建模（或者描述），那么除了要说明博弈问题所涉及的参与人及每位参与人的支付函数以外，还必须对博弈过程中参与人所遇到的决策问题的序列结构进行详细的解释，说清楚每个参与人在何时行动，以及参与人行动时可供选择的行动方案和所了解到的信息。

例 5.1 考察"新产品开发博弈"。试用扩展式博弈对两个企业都知道市场需求，且企业同时决策的博弈情形（即完全信息静态的"新产品开发博弈"）进行建模。

根据定义 5.1，完全信息静态的"新产品开发博弈"的扩展式博弈包括以下要素：

(1) 参与人是企业 1 和企业 2；

(2) 两个企业同时行动，即同时选择是否开发；

(3) 每个企业行动时有两种选择——"开发"和"不开发"，并且每个企业行动时不知道对方的选择①；

(4) 两个企业的支付如图 1.1 所示。

例 5.2 考察"新产品开发博弈"。试用扩展式博弈对两个企业都知道市场需求，且企业 1 先决策，企业 2 观测到企业 1 的选择后再进行选择的博弈情形（即完全信息动态的"新产品开发博弈"）进行建模。

根据定义 5.1，完全信息动态的"新产品开发博弈"的扩展式博弈包括以下要素：

(1) 参与人是企业 1 和企业 2；

(2) 企业 1 先行动，企业 2 后行动；

(3) 企业 1 行动时有两种选择："开发"和"不开发"，企业 1 行动时不知道企业 2 的行动；企业 2 行动时有两种选择："开发"和"不开发"，但企业 2 行动时已经知道企业 1 的行动；

(4) 两个企业的支付如图 1.1 所示。

在上述两个例子中，我们用文字描述的方法给出了博弈问题的扩展式描述。对于一些简单的博弈问题，这种文字描述的方法也许是简单可行的。但可以想象，如果遇到的是更为复杂的博弈问题，如参与人人数大于 2，每个参与人可以多次行动且每次行动时可供选择的行动方案不同等，文字描述所给出的模型就会显得烦冗拖沓，极不直观。因此，需要寻找一种简便易行的扩展式博弈的描述方式。下面就以"新产品开发博弈"为例，介绍一种不仅简单方便，而且十分直观的扩展式博弈的描述方式——博弈树（game tree）。

所谓博弈树，就是由结和有向枝构成的"有向树"。图 5.1 给出的是当市场需求大时，完全信息动态的"新产品开发博弈"的博弈树。在图 5.1 所示的博弈树中，最上端的一个点 x_1（用空心圆表示），表示博弈的开始，将"企业 1"标示在点 x_1 上，表示博弈开始于企业 1 的选择。企业 1 的选择有"开发"和"不开发"，分别用标有"开发"和"不开发"

---

① 注意，虽然此时每个企业都不知道对方的选择，但用扩展式博弈进行建模时，仍然假设参与人都同时看到了图 1.1 所示的投入-产出图，即图 1.1 对两个企业来说为共同知识。

的有向枝表示。若企业 1 选择“开发”，则博弈从点 x_1 达到点 x_2（用实心圆表示）；若企业 1 选择“不开发”，则博弈从点 x_1 达到点 x_3(用实心圆表示)。点 x_2(或 x_3)上标有“企业 2”，表示企业 2 在博弈到达点 x_2(或 x_3)时即企业 1 选择“开发”（或“不开发”）后，再进行选择；企业 2 的行动也有“开发”和“不开发”，同样分别用标有“开发”和“不开发”的有向枝表示。若企业 2 选择“开发”，则博弈从点 x_2(或 x_3)达到点 x_4(或 x_6)(都用实心圆表示)；若企业 2 选择“不开发”，则博弈从点 x_2(或 x_3)达到点 x_5(或 x_7)(都用实心圆表示)。由于企业 2 选择后，博弈结束，因此点 x_4、x_5、x_6 和 x_7 都表示博弈的结束。在点 x_4、x_5、x_6 和 x_7 旁标有支付向量，表示博弈达到该点时企业的所得。其中，支付向量中的第一个数字表示企业 1 的所得，第二个数字表示企业 2 的所得①。

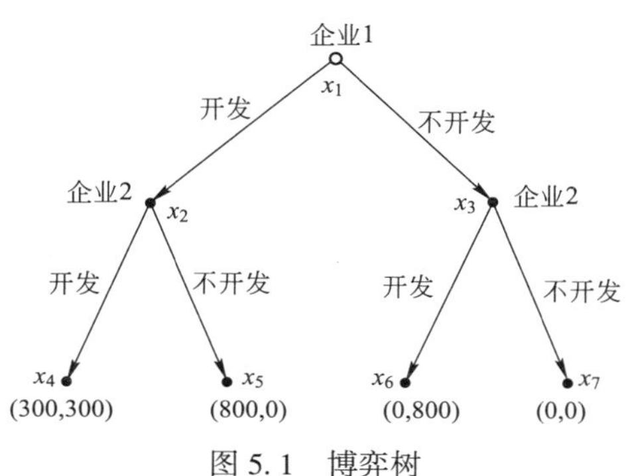

图 5.1 博弈树

在图 5.1 中，点 x_1、x_2、x_3、x_4、x_5、x_6 和 x_7 称为博弈树的结（node），其中标有参与人（即企业）的结 x_1、x_2 和 x_3，称为决策结（decision node），表示参与人在此选择行动；标有支付向量的结 x_4、x_5、x_6 和 x_7，表示博弈结束，称为终点结（terminal node）。在决策结中，决策结 x_1 表示博弈的开始，亦称为博弈树的初始结或根（root）。结与结的连线称为博弈树的枝（branch），表示博弈从枝的一个结到达另一个结，参与人需要选择的行动。例如，博弈从决策结 x_1 达到 x_2，需要企业 1 选择行动“开发”，所以在连接 x_1 和 x_2 的枝上，标有行动“开发”。在博弈树中，枝是有向的，表示博弈只能从枝的一个结到达另一个结。例如，在连接 x_1 和 x_3 的枝上，标有行动“不开发”，表示当企业 1 选择“不开发”时，博弈从 x_1 达到 x_3，因此连接 x_1 和 x_3 的枝的方向是从 x_1 指向 x_3。

通过以上介绍，回过来再考察图 5.1 中的博弈树，可以得到这样的信息：

(1) 博弈中的参与人是企业 1 和企业 2；

(2) 博弈中企业 1 先选择，企业 2 后选择；

(3) 企业 1 选择时有行动“开发”和“不开发”，企业 2 选择的行动有“开发”和“不开发”；

(4) 博弈中企业的支付。

也就是说，除了“企业 2 行动时是否观测到企业 1 的选择”这一点暂时无法从图 5.1 中知道以外，完全信息动态的“新产品开发博弈”的扩展式描述所需要的信息（或要素）都可以从图 5.1 中得到。如果还能够直接从博弈树中知道“企业 2 行动时是否观测到企业 1 的选择”，那么给出博弈树，就意味着给出了完全信息动态的“新产品开发博弈”的扩展式描

① 一般情形下，支付向量中数字的顺序与博弈树中参与人的行动顺序相对应。

述。下面探讨如何在博弈树中，将“企业2行动时是否观测到企业1的选择”这一信息表示出来。

我们知道，在完全信息动态的“新产品开发博弈”中，企业2决策时企业1已经做出选择，此时企业2面临的决策情形就有以下两种：

(1) 企业2知道企业1的选择；

(2) 企业2不知道企业1的选择。

对于第一种情形，企业2知道企业1的选择，即知道企业1选择了“开发”还是“不开发”，因此企业2知道博弈是从x_1到了x_2还是从x_1到了x_3。这就意味着当轮到企业2决策时，他知道自己是在点x_2上还是在点x_3上；对于第二种情形，企业2不知道企业1的选择，即不知道博弈是从x_1到了x_2还是从x_1到了x_3。因此，当轮到企业2决策时，他不知道自己是在点x_2上还是在点x_3上。所以，“企业2行动时是否观测到企业1的选择”这一问题，实际上就等价于“企业2行动时是否知道自己是在博弈树中的点x_2上还是在点x_3上”。为了将“企业2行动时是否知道自己是在博弈树中的点x_2上还是在点x_3上”这一点说清楚，需要引入“信息集”（information set）的概念。

在博弈树中，参与人i的一个信息集（用I_i表示）是参与人i决策结的一个集合，它满足以下两个条件：

(1) I_i中的每个决策结都是参与人i的决策结；

(2) 当博弈到达信息集I_i（即博弈到达I_i中某个决策结）时，参与人i知道自己是在信息集I_i中的决策结上，但不知道自己究竟在I_i中哪个决策结上。

因此，参与人i的信息集I_i可以用来描述：当轮到参与人i行动时，他所了解到的信息，即他知道什么（知道自己位于哪一个信息集上）、不知道什么（不知道自己位于信息集中哪一个决策结上）。例如，在“新产品开发博弈”中，假设企业1先行动，企业2后行动，但企业2行动时不知道企业1的行动，那么在图5.1所示的博弈中，当企业2行动时，就只知道博弈要么到达点x_2，要么达到点x_3，但具体在哪一点上，企业2不清楚。也就是说，企业2只知道自己位于决策结集合$\{x_2, x_3\}$上，但不知道位于$\{x_2, x_3\}$中哪一个决策结上。在这种情况下，$\{x_2, x_3\}$就是企业2的一个信息集。如果假设企业2行动时知道企业1的行动，那么在图5.1所示的博弈中，当企业2行动时，就知道博弈是到达了点x_2，还是到达了点x_3。此时，企业2的决策结集$\{x_2\}$和$\{x_3\}$都是企业2的信息集①。设X为一决策结集，用$I_i(X)$表示参与人i的由决策结集X构成的一个信息集。例如，$I_2(\{x_2, x_3\})$表示企业2的由决策结集$\{x_2, x_3\}$构成的信息集，$I_2(\{x_2\})$和$I_2(\{x_3\})$分别表示企业2的由决策结集$\{x_2\}$和$\{x_3\}$构成的信息集。

为了更好地说明信息集这个概念，考察如图5.2所示的博弈情形中参与人3的信息集②。由于参与人3选择时，参与人1和参与人2都已经做出选择，因此参与人3选择时，可能面临的决策情形就有以下四种：

(1) 既知道参与人1的选择也知道参与人2的选择；

(2) 知道参与人1的选择，但不知道参与人2的选择；

---

① 注意，这是一种信息集退化了的情况，即信息集中只含有一个决策结（亦称单结信息集）。此时，虽然信息集的定义要求参与人不知道自己在信息集哪一个决策结上，但由于只有一个决策结，实际上也就意味着参与人知道自己在哪一个决策结上。

② 在图5.2中，省略了参与人的支付，但这并不影响对问题的分析。

(3) 知道参与人 2 的选择，但不知道参与人 1 的选择；

(4) 既不知道参与人 1 的选择也不知道参与人 2 的选择。

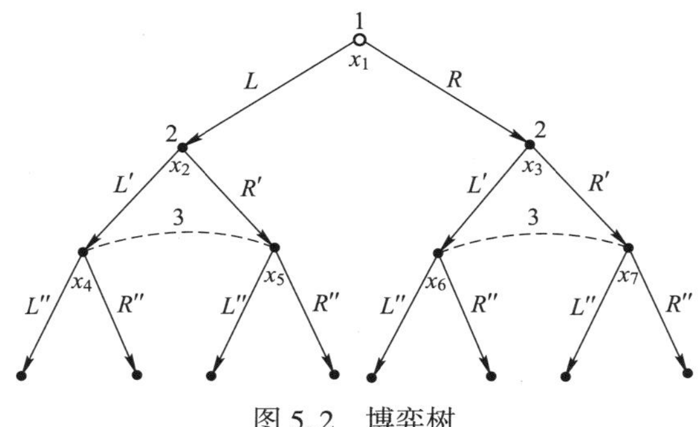

图 5.2　博弈树

下面对上述四种情形分别进行考察。首先考察第二种情形，即参与人 3 知道参与人 1 的选择，但不知道参与人 2 的选择。参与人 3 知道参与人 1 的选择，就意味着当轮到他选择时，他知道博弈进入了博弈树的左边（如果参与人 1 选择 L）还是右边（如果参与人 1 选择 R）；但由于参与人 3 不知道参与人 2 的选择，因此当轮到他选择时，他不知道自己是在 x_4 上还是 x_5 上，或者 x_6 上还是 x_7 上。但是，参与人 3 知道自己要么就在 x_4 或者 x_5 上，要么就在 x_6 或者 x_7 上。所以，参与人 3 的决策结集 $\{x_4, x_5\}$ 和 $\{x_6, x_7\}$ 都为参与人 3 的信息集。在博弈树中，用虚线将属于同一信息集的决策结连起来，表示它们属于同一信息集。例如，在图 5.2 中，用虚线将点 x_4 和点 x_5 连起来，表示它们都属于信息集 $\{x_4, x_5\}$，用虚线将点 x_6 和点 x_7 连起来，表示它们都属于信息集 $\{x_6, x_7\}$。

考察第三种情形，即参与人 3 知道参与人 2 的选择，但不知道参与人 1 的选择。虽然参与人 3 知道参与人 2 选择了 L' 还是 R'，但由于他不知道参与人 1 的选择，因此当参与人 2 选择 L' 时，参与人 3 知道自己是在 x_4 或者 x_6 上，但究竟在哪一点上参与人 3 并不清楚。所以，决策结集 $\{x_4, x_6\}$ 是参与人 3 的一个信息集；当参与人 2 选择 R' 时，参与人 3 知道自己是在 x_5 或者 x_7 上，但究竟在哪一点上并不清楚。所以，决策结集 $\{x_5, x_7\}$ 是参与人 3 的另一个信息集。在图 5.3 中，用虚线将点 x_4 和点 x_6 连起来，表示它们都属于信息集 $\{x_4, x_6\}$，用虚线将点 x_5 和点 x_7 连起来，表示它们都属于信息集 $\{x_5, x_7\}$。

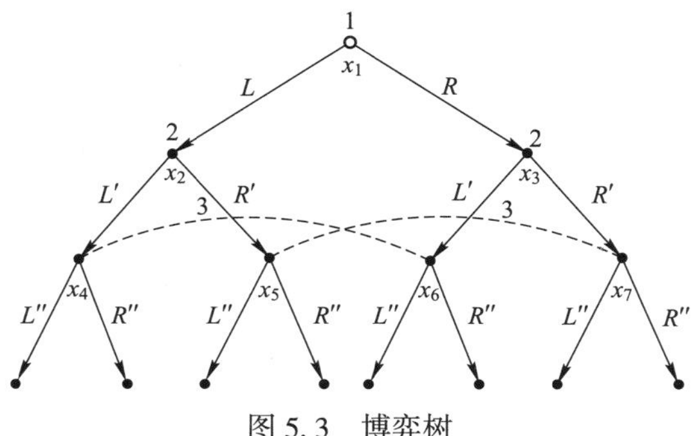

图 5.3　博弈树

考察第四种情形，即参与人 3 既不知道参与人 1 的选择也不知道参与人 2 的选择。由于参与人 1 和参与人 2 的选择参与人 3 都不知道，因此当轮到参与人 3 行动时，他只知道自己

位于点 x_4、x_5、x_6 和 x_7 四点中的某一点上，但究竟在哪一点上，参与人3并不清楚。所以，决策结集 $\{x_4, x_5, x_6, x_7\}$ 是参与人3的一个信息集。在图5.4中，用虚线将点 x_4、x_5、x_6、x_7 连起来，表示它们都属于信息集 $\{x_4, x_5, x_6, x_7\}$。

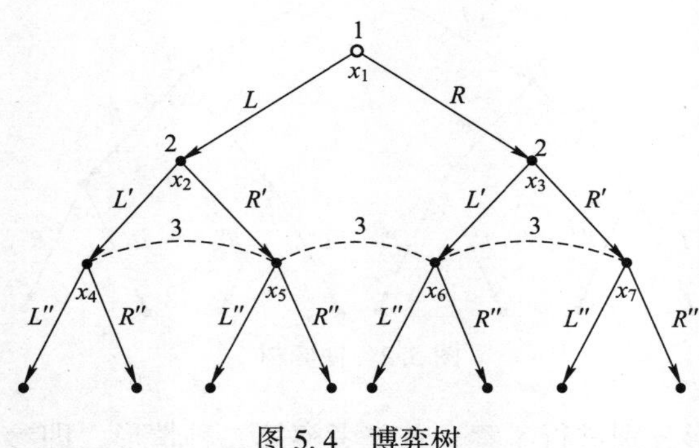

图5.4 博弈树

最后，考察第一种情形，即参与人3既知道参与人1的选择也知道参与人2的选择。由于参与人3既知道参与人1的选择，又知道参与人2的选择，因此当轮到参与人3行动时，他知道自己在 x_4、x_5、x_6 和 x_7 四点中的哪一点上，所以决策结集 $\{x_4\}$、$\{x_5\}$、$\{x_6\}$ 和 $\{x_7\}$ 都是参与人3的信息集（参见图5.5）。

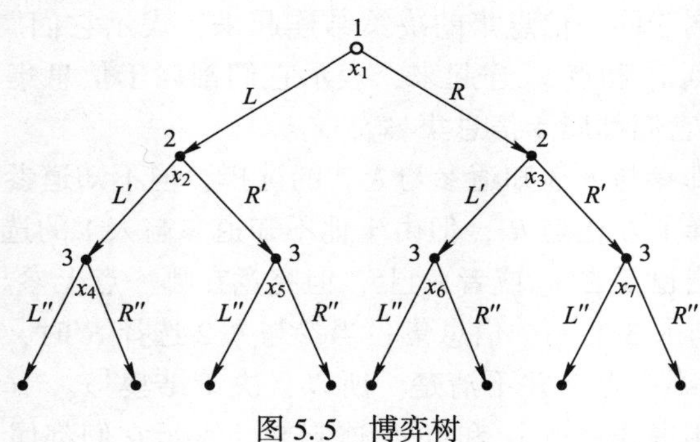

图5.5 博弈树

从上面的分析可以看到：如果有了信息集这个概念，同时又在博弈树中用特定的方式将信息集标示出来①，那么当给出一个博弈问题的博弈树时，实际上就意味着给出了这个博弈问题的扩展式描述。比如说，如果读者现在看到的是图5.2（或者图5.3、图5.4、图5.5）所示的博弈树，那么就应该从图5.2中得到一个博弈问题的扩展式描述，这种描述包含了扩展式博弈的所有要素。

当然，当采用“将参与人属于同一信息集的决策结用虚线连起来”的方式表示参与人的信息集时，在图5.2~图5.5中，实际上隐含了参与人2行动时已经观测到参与人1的行动，因为在图5.2~图5.5中，参与人2的信息集都是单结信息集（即只包含一个决策结的信息集）②。

---

① 即将属于同一信息集的决策结用虚线连起来这种方式，来标示博弈树中的信息集。

② 在博弈开始时，最先行动的参与人知道自己在博弈树的起始结进行选择，所以最先行动的参与人的信息集都是单结信息集。

例 5.3 考察“新产品开发博弈”。试用博弈树描述“两个企业都知道市场需求，且企业1先决策，企业2观测到企业1的选择后再进行选择”的博弈情形。

图 5.1 实际上已经给出了当市场需求大时，“新产品开发博弈”的博弈树。图 5.6 给出的是当市场需求小时，“新产品开发博弈”的博弈树。

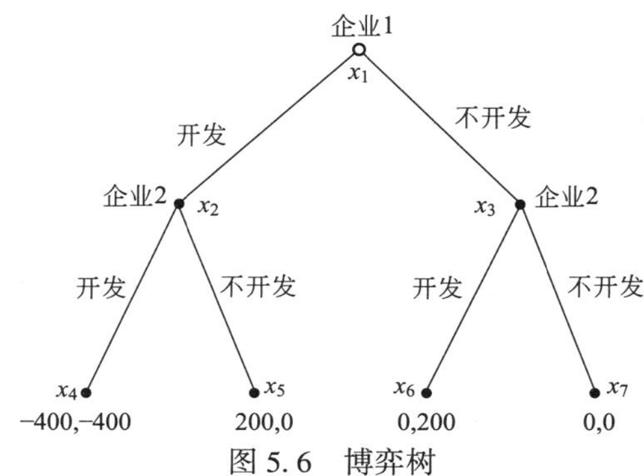

图 5.6 博弈树

注意，在图 5.6 中，没有标示枝的方向。在以后的讨论中，假设博弈树中的博弈都是从上往下进行的，因此在不引起歧义的情况下，都不标示博弈树中枝的方向。

以上我们讨论了博弈问题的扩展式描述，并给出了扩展式博弈的一种直观描述方式——博弈树。由于在博弈分析中，假设博弈的结构(或描述方式)为共同知识，因此在以后的讨论中，如果给出博弈树，就意味着所有的参与人都同时一起看到了博弈树。

在博弈分析中，除了前面一再提到的博弈结构和参与人完全理性为共同知识外，对于多阶段的动态博弈问题，一般还假设参与人满足“完美记忆”(perfect recall) 要求，即假设参与人不会忘记以前知道或者做过的事情。但在现实生活中，不满足“完美记忆”要求的情形比比皆是。例如，人们在玩扑克时，往往会忘记自己曾经出过什么牌或者对手曾经出过什么牌；在棋类比赛中，也会出现这种情况。但是，在博弈分析中，如果没有“完美记忆”假设，各种博弈结果都有可能出现，那么也就无法对博弈进行预测。

考察图 5.7 中的博弈树。在图 5.7 中，当参与人 1 第二次行动时，他分不清决策结 x_4 和 x_5 及 x_6 和 x_7，这还容易理解，因为他不知道参与人 2 的选择。但是，他分不清决策结 x_4 和 x_6 及 x_5 和 x_7，就让人难以理解了。这实际上意味着：参与人 1 第二次行动时忘了他第一次行动时的选择。所以，图 5.7 所示博弈不满足“完美记忆”要求。

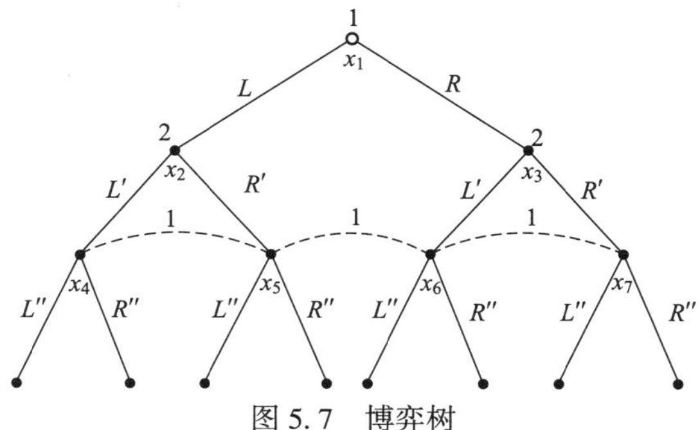

图 5.7 博弈树

5.2 扩展式博弈的战略及其 Nash 均衡

5.1 节给出了一种新的博弈描述方式——扩展式博弈。给定一个博弈问题的扩展式，又该如何来求解博弈问题的解呢？我们知道，对于战略式博弈，可以用 Nash 均衡来描述博弈问题的解，而对于定义 5.1 所定义的（或博弈树所描述的）扩展式博弈，是否同样可以用 Nash 均衡来描述博弈问题的解呢？从 Nash 均衡的定义（即定义 2.5）可知：给出一个博弈问题的战略式描述，就可以定义博弈问题的 Nash 均衡。因此，对于一个扩展式博弈问题，如果能够给出其战略式描述，那么就可以用 Nash 均衡来描述该博弈的解。

对于一个博弈问题，要给出其战略式描述，就必须定义清楚该博弈问题的三个要素：参与人、参与人的战略及参与人在相应战略组合下的支付。而从定义 5.1 可知，一个扩展式博弈实际上已定义了博弈的参与人及参与人的支付，因此如果能定义一个扩展式博弈的战略，那么就意味着给出了一个扩展式博弈的战略式描述，同时也就意味着可以用 Nash 均衡来描述博弈的解。下面分析如何定义扩展式博弈中参与人的战略。

所谓参与人的战略，就是参与人在博弈中的行动规则，它规定了参与人在博弈中每一种轮到自己行动的情形下，应该采取的行动。而在博弈树中，参与人在博弈中每一种轮到自己行动的情形又可以用一个信息集来表示，因此参与人在扩展式博弈中的战略实际上就是参与人在每个信息集上的行动规则。

用 H_i 表示博弈树中参与人 i 的信息集 I_i 的集合，即 $H_i=\{I_i\}$；用 $A_i(I_i)$ 表示参与人 i 在信息集 I_i 上的行动集，$A_i(H_i)$ 表示参与人 i 在所有信息集上的行动集，即 $A_i(H_i)=\bigcup_{I_i\in H_i}A_i(I_i)$。参与人 i 的一个纯战略 s_i 就是从信息集合 H_i 到行动集合 $A_i(H_i)$ 的一个映射关系，即

$$s_i: H_i \to A_i(H_i)$$

其中，对 $\forall I_i \in H_i$，$s_i(I_i)\in A_i(I_i)$。

根据上述定义，参与人 i 的一个纯战略可以解释为参与人 i 在各个信息集上的行动组合。因此，在以后的讨论中，可以用参与人 i 在每个信息集 I_i 上的行动集 $A_i(I_i)$ 的笛卡儿积来表示参与人 i 的战略集 S_i，即 $S_i=\prod_{I_i\in H_i}A_i(I_i)$。例如，对于图 5.6 中博弈树所示“新产品开发博弈”，企业 1 只有一个信息集 $I_1(\{x_1\})$，企业 1 在信息集 $I_1(\{x_1\})$ 上的行动为“开发”和“不开发”，所以企业 1 的战略就是“开发”和“不开发”。此时，企业 1 的战略与行动等同；企业 2 有两个信息集 $I_2(\{x_2\})$ 和 $I_2(\{x_3\})$，企业 2 在每个信息集上的行动都为“开发”和“不开发”，所以企业 2 的战略就是企业 2 在信息集 $I_2(\{x_2\})$ 和 $I_2(\{x_3\})$ 上的行动组合 (x, y)，其中 x 表示企业 2 在信息集 $I_2(\{x_2\})$ 上所采取的行动（“开发”或“不开发”），y 表示企业 2 在信息集 $I_2(\{x_3\})$ 上所采取的行动（“开发”或“不开发”）①。此时，企业 2 有 4 个战略，即战略（开发，开发）（表示企业 2 在信息集 $I_2(\{x_2\})$ 和 $I_2(\{x_3\})$ 上都采取行动“开发”）、战略（开发，不开发）（表示企业 2 在信息集 $I_2(\{x_2\})$ 上采取行动“开发”，

① 注意，这里的行动组合是指同一参与人在自己各个信息集上行动的有序集，而第 1 章中所定义的行动组合是指各个参与人所采取行动的有序集。

而在信息集 $I_2(\{x_3\})$上采取行动“不开发”)、战略（不开发，开发）（表示企业 2 在信息集 $I_2(\{x_2\})$上采取行动“不开发”，而在信息集 $I_2(\{x_3\})$上采取行动“开发”）及战略（不开发，不开发）（表示企业 2 在信息集 $I_2(\{x_2\})$和 $I_2(\{x_3\})$上都采取行动“不开发”）。

考察图 5.8 所示博弈树。在图 5.8 中，参与人 2 的信息集为 $I_2(\{x_2\})$，参与人 2 在 $I_2(\{x_2\})$ 上的行动集为 $\{C, D\}$。所以，参与人 2 的战略集为 $\{C, D\}$，参与人 1 的信息集为 $I_1(\{x_1\})$和 $I_1(\{x_3\})$，其中参与人 1 在 $I_1(\{x_1\})$上的行动集为 $\{A, B\}$，在 $I_1(\{x_3\})$上的行动集为 $\{E, F\}$。所以，参与人 1 的战略集为$\{A, B\}\times\{E, F\}$，即$\{(A, E), (A, F), (B, E), (B, F)\}$[①]。

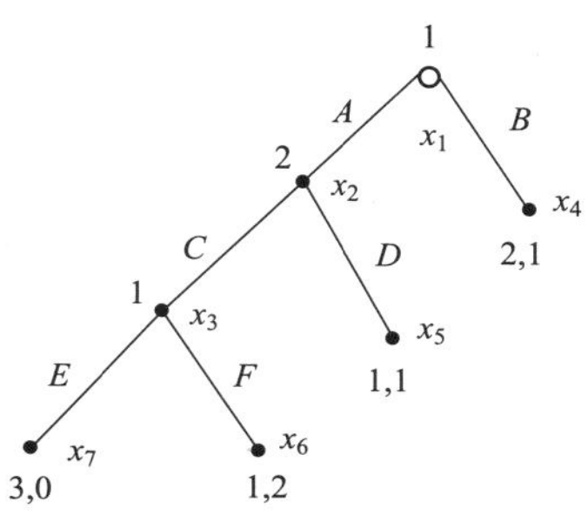

图 5.8　博弈树

对于扩展式博弈，博弈中可能发生的每一事件序列，都可以用博弈树中的一条从初始结（或根）到终结点之一的由枝形成的路径来表示。例如，在图 5.6 中，路径 $x_1\to x_2\to x_4$ 表示“企业 1 在信息集 $I_1(\{x_1\})$选择行动‘开发’，企业 2 在信息集 $I_2(\{x_2\})$选择行动‘开发’”这样一个事件序列；在图 5.8 中，路径为 $x_1\to x_2\to x_3\to x_7$ 表示“参与人 1 在信息集 $I_1(\{x_1\})$选择行动 A，参与人 2 在信息集 $I_2(\{x_2\})$选择行动 C，参与人 1 又在信息集 $I_1(\{x_3\})$选择行动 E”这样一个事件序列。与此同时，扩展式博弈中参与人的每个战略组合又与博弈树中的一条路径相对应。例如，在图 5.6 中，战略组合(开发，(开发，不开发)) 所对应的路径为 $x_1\to x_2\to x_4$，战略组合（不开发，（不开发，不开发))所对应的路径为 $x_1\to x_3\to x_7$；在图 5.8 中，战略组合$((A, E), C)$所对应的路径为 $x_1\to x_2\to x_3\to x_7$，战略组合 $((A, F), D)$所对应的路径为 $x_1\to x_2\to x_5$[②]。所以，在扩展式博弈中，参与人的战略组合描述的是博弈中每一可能发生的事件序列。因此，参与人在每种战略组合下所得到的博弈结果（支付），就是该战略组合所描述的事件序列所带来的博弈结果（支付)。例如，在图 5.6 中，战略组合（开发，(开发，不开发)) 所对应的路径为 $x_1\to x_2\to x_4$，企业的支付为（-400，-400)；在图 5.8 中，战略组合$((A,E),C)$所对应的路径为 $x_1\to x_2\to x_3\to x_7$，参与人的支付为（3，0)。

由以上分析可以看到：给定一个博弈问题的扩展式描述，可以得到参与人的战略及参与

① 当参与人 1 在信息集 $I_1(\{x_1\})$上采取行动 B 时，博弈就已经结束，不再可能到达信息集 $I_1(\{x_3\})$。但是，作为参与人的战略必须对参与人可能面临的任何决策情形（即可能达到的信息集)，明确参与人应采取的行动。所以，在图 5.8 所示博弈树中，存在参与人 1 的战略——（B，E）和（B，F）。

② 需要注意的是，在博弈树中每个战略组合都存在一条与之相对应的路径，但在许多情况下，每条路径所对应的战略组合并不唯一。例如，在图 5.8 中，与战略组合 $((A, F), D)$和 $((A, E), D)$所对应的路径都为 $x_1\to x_2\to x_5$，而路径 $x_1\to x_4$ 更是与 4 个战略组合—— $((B, E), C)$、$((B, E), D)$、$((B, F), C)$和 $((B, F), D)$相对应。

人在各战略组合下的支付，所以由一个博弈问题的扩展式描述可以得到该博弈问题的战略式描述。图 5.9~图 5.11 分别给出了图 5.1、图 5.6 及图 5.8 中扩展式博弈的战略式描述。

		企业2			
		(开发,开发)	(开发,不开发)	(不开发,开发)	(不开发,不开发)
企业1	开发	300, 300	300, 300	800, 0	800, 0
	不开发	0, 800	0, 0	0, 800	0, 0

图 5.9　图 5.1 的战略式描述

		企业2			
		(开发,开发)	(开发,不开发)	(不开发,开发)	(不开发,不开发)
企业1	开发	−400, −400	−400, −400	200, 0	200, 0
	不开发	0, 200	0, 0	0, 200	0, 0

图 5.10　图 5.6 的战略式描述

在给出扩展式博弈的战略式描述的基础上，根据第 2 章中的 Nash 均衡的定义(即定义 2.5)，即可得到扩展式博弈的 Nash 均衡。例如，由图 5.9 可得图 5.1 中扩展式博弈的 Nash 均衡——(开发，(开发，开发))和(开发，(开发，不开发))，由图 5.10 可得图 5.6 中扩展式博弈的 Nash 均衡——(开发，(不开发，开发))、(开发，(不开发，不开发)) 和 (不开发，(开发，开发))，由图 5.11 可得图 5.8 中扩展式博弈的 Nash 均衡——$((B, E), D)$ 和$((B, F), D)$①。

		企业2	
		C	D
企业1	(A, E)	3, 0	1, 1
	(A, F)	1, 2	1, 1
	(B, E)	2, 1	2, 1
	(B, F)	2, 1	2, 1

图 5.11　图 5.8 的战略式描述

5.3　战略式博弈和扩展式博弈的关系

到目前为止，已经介绍了两种描述博弈问题的方式——战略式博弈和扩展式博弈。对于所面临的博弈问题，这两种方式都可用来建模，但在实际应用中，必须注意两者的差异。下

① 在本章中，除非特别说明外，Nash 均衡都是指纯战略 Nash 均衡。

面对这两种建模方式做一简单比较。

战略式博弈从本质上来讲是一种静态模型，它假设所有的参与人同时选择战略并得到博弈的结果，至于博弈中参与人何时行动、行动时又如何行动等，战略式博弈并不考虑。这种建模方式对于描述完全信息的静态博弈问题，如“囚徒困境”“性别战”等非常适用，也很直观。虽然战略式博弈也可用来对动态博弈问题进行建模，但从所得到的模型中，却无法直观地看到博弈问题所具有的动态特性。例如，对于图 5.1(或图 5.6) 所示的“新产品开发博弈”，其战略式博弈如图 5.9(或图 5.10) 所示。如果得到的关于博弈问题的描述仅仅就是图 5.9(或图 5.10)，那么是无法直观地从图 5.9(或图 5.10) 中了解到原博弈问题具有“企业 1 先行动，企业 2 观测到企业 1 的行动后再行动”这样的动态特性。

扩展式博弈从本质上来讲是一种动态模型，它不仅直观地给出了博弈的结果，而且还对博弈的过程进行详尽的描述，如给出博弈中参与人的行动顺序，以及参与人行动时的决策环境和行动空间等。例如，对于“新产品开发博弈”问题，如果给出的是图 5.1(或图 5.6) 所示的扩展式博弈，那么不仅可以直观地看到博弈的结果，而且还可以看到博弈过程中参与人的行动顺序（企业 1 先行动，企业 2 后行动)、每次行动时的行动空间（企业 1 和企业 2 都可选择行动“开发”和“不开发”）及行动时所了解的信息（企业 2 行动时观测到企业 1 的行动）等。

前面已经看到，给出博弈问题的扩展式描述（如博弈树)，就可得到博弈问题的战略式描述。同样，在许多情况下，给出博弈问题的战略式描述，也能构造出博弈问题的扩展式描述。例如，对于图 2.1 给出的“囚徒困境”博弈，也可以用图 5.12 中的博弈树来描述。

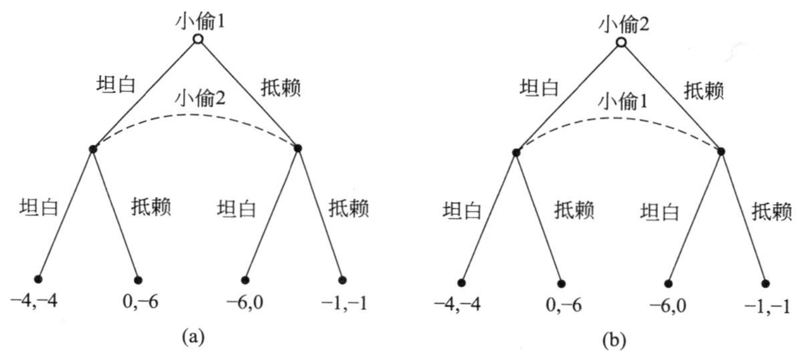

图 5.12　“囚徒困境”的扩展式描述

但是，在求解博弈问题的解时，如果将 Nash 均衡当作博弈问题的解，那么可以直接根据战略式描述得到博弈的 Nash 均衡。而如果是扩展式博弈，则需要先给出博弈的战略式描述，才能得到博弈的 Nash 均衡。究其原因，主要在于 Nash 均衡本身只是一个静态的解的概念①。

此外，需要注意的是战略式博弈与扩展式博弈在相互转换时的对应关系。对于给定的扩展式博弈，总有唯一的战略式博弈与之对应；但对于给定的战略式博弈，会存在多个扩展式博弈与之对应。例如，对于图 2.1 给出的“囚徒困境”博弈，既可以用图 5.12(a)中的博弈

① 因为 Nash 均衡要求在给定其他参与人选择不变的前提下，每个参与人的均衡战略是自己的最优选择。

树，也可以用图5.12(b)中的博弈树来描述[①]；又如，对图5.9中的战略式博弈，除了可以用图5.1所示的扩展式博弈描述外，也可以用类似图5.12中的博弈树来描述。

在战略式博弈与扩展式博弈相互转换时，关于其对应关系曾经存在这样的疑惑：描述同一战略式博弈的两个扩展式博弈，它们之间“到底有多大的区别”？或者说给定两个扩展式博弈，如果不明确计算它们的战略式描述，有没有可能确认它们是否能够推出相同的战略式博弈？Thompson研究了这个问题，他定义了三类不改变博弈“本质”的初等变换，并证明：两个具有相同参与人集合的扩展式博弈，如果通过有限次三类初等变换可以相互转换，那么这两个扩展式博弈就对应着相同的战略式博弈。该结论反过来也成立：如果两个扩展式博弈能够推出相同的战略式博弈，那么这两个扩展式博弈就可以通过有限次的三类初等变换互相转换。

① 在有 n 个参与人的战略式博弈中，类似的博弈树可以构造出 $n!$ 个。

第 6 章　子博弈精炼 Nash 均衡

在本章我们将介绍一种新的博弈解——子博弈精炼 Nash 均衡，并对子博弈精炼 Nash 均衡的唯一性、求解方法及存在的不足进行分析。

6.1　子博弈精炼 Nash 均衡的定义

对于扩展式博弈，同样可以用 Nash 均衡作为博弈的解。但是，与 Nash 均衡作为战略式博弈的解一样，我们面临着 Nash 均衡的多重性问题，而且在多个 Nash 均衡中有些是明显不合理的。例如，在图 5.1 中，博弈存在两个 Nash 均衡——(开发，(开发，开发))和(开发，(开发，不开发))，其中均衡（开发，(开发，不开发)）要求企业 2 采取战略“企业 1 开发自己就开发，企业 1 不开发自己也不开发”。“新产品开发博弈”中，如果市场需求大，不管对方是否开发，每个企业都应选择“开发”（因为只要开发即可盈利）①，所以“当企业 1 开发时，企业 2 开发”是合理的，但是“当企业 1 不开发时，企业 2 不开发”就不合理了。所以，均衡（开发，(开发，不开发)）不是一个关于博弈结果的合理预测。在图 5.6 中，博弈存在三个 Nash 均衡——(开发，(不开发，开发))、(开发，(不开发，不开发))和（不开发，(开发，开发)），但这三个均衡是否都是合理的呢？我们知道，在“新产品开发博弈”中，如果市场需求小，那么就只能一个企业开发，另一个企业不开发，问题在于谁选择开发，谁选择不开发。但是，对于先行动的企业 1 来讲，只要自己选择“开发”，理性的企业 2 就只会选择“不开发”②，所以均衡（不开发，(开发，开发)）是不合理的。而对于企业 2 来讲，企业 1 开发自己当然不能开发，如果企业 1 不开发自己显然应该开发，所以均衡（开发，(不开发，不开发)）也是不合理的。因此，对于图 5.6 中的扩展式博弈，合理的 Nash 均衡是（开发，(不开发，开发)）。在图 5.8 中，博弈存在两个 Nash 均衡——（(B，E)，D)和（(B，F)，D)。当参与人 1 在信息集 $I_1(\{x_1\})$采取行动 B 时，博弈结束。但是，作为参与人 1 的战略必须告诉参与人 1，如果他在信息集 $I_1(\{x_3\})$上他应如何选择。显然，如果轮到参与人 1 在信息集 $I_1(\{x_3\})$上决策，他的最优选择为行动 E。所以，对于图 5.8 中博弈，均衡((B，F)，D)是不合理的。

博弈论的研究目的就是寻找博弈问题的解。到目前为止，人们主要是将 Nash 均衡作为博弈的解，但 Nash 均衡作为博弈的解面临一个很大的问题——多重性问题。如何解决 Nash 均衡的多重性问题，人们已做了很多探讨，如前面讨论过的“焦点效应”、相关均衡等，但这些方法都是一些非规范式的方法，需要结合具体的博弈问题，剔除不合理的 Nash 均衡。例如对于图 5.1

① 参见图 1.1。

② 否则，企业 2 就会亏本，还不如选择“不开发”。

和图5.6中的博弈问题，只有结合"新产品开发博弈"的特点，才能将不合理的均衡剔除掉。

除了非规范式的方法以外，解决Nash均衡的多重性问题的一种主要方法就是精炼的方法，即从博弈解的定义入手，在Nash均衡的基础上，通过定义更加精炼的博弈解剔除Nash均衡中不合理的均衡。比如说，对于图5.6中扩展式博弈，存在三个Nash均衡——(开发，(不开发，开发))、(开发，(不开发，不开发))和(不开发，(开发，开发))，但只有均衡(开发，(不开发，开发)) 是合理的。如果能够构造一种新的（或者说更加精炼的）博弈解，使得均衡（开发，（不开发，开发)) 满足新的博弈解的要求，而其他两个均衡——(开发，(不开发，不开发)) 和（不开发，(开发，开发)) 却不满足新的博弈解的要求，那么就可直接根据新的博弈解的定义，将不合理的Nash均衡（即均衡(开发，(不开发，不开发))和(不开发，(开发，开发))) 剔除掉。Selten在1965年提出的"子博弈精炼Nash均衡"(subgame perfect Nash equlibrium)的概念，就是这样一种新的博弈解。子博弈精炼Nash均衡不仅在一定程度上解决了Nash均衡的不足，而且对完全信息的动态博弈问题尤为适用。下面将对子博弈精炼Nash均衡的定义及求解方法进行介绍。

在给出子博弈精炼Nash均衡的正式定义之前，需要介绍"子博弈"这个概念。所谓"子博弈"，就是原博弈的一部分，它始于原博弈中一个位于单结信息集中的决策结 x，并由决策结 x 及其后续结共同组成①。子博弈可以作为一个独立的博弈进行分析，并且与原博弈具有相同的信息结构。例如，对于图5.2和图5.8中的扩展式博弈，除原博弈外还分别存在两个子博弈(如图6.1和图6.2所示)；对于图5.5中的扩展式博弈，则存在包括原博弈在内的7个子博弈；而对于图5.4和图5.12中的扩展式博弈，都只有一个子博弈，即原博弈本身②。

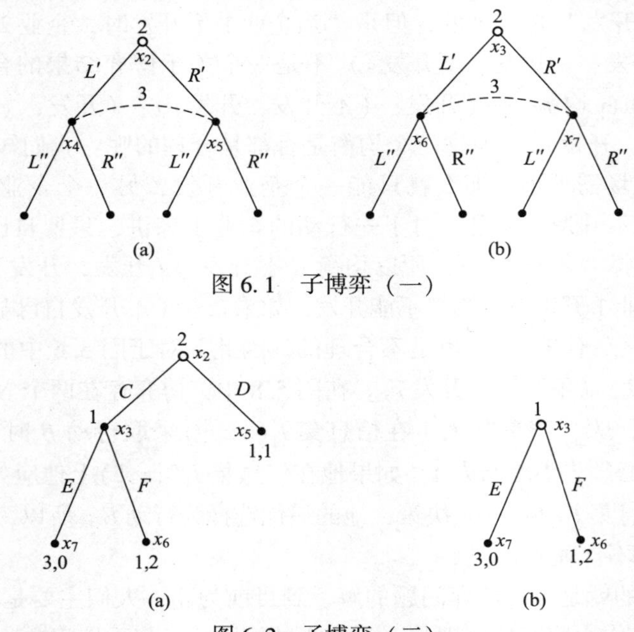

图6.1　子博弈（一）

图6.2　子博弈（二）

① 假设 x，y 为博弈树中的两个结，如果博弈能够从 x 到达 y，则称 y 为 x 的后续结。例如，在图5.8所示的博弈树中，博弈能够从 x_2 到达决策结 x_3（通过参与人2采取行动 C）和 x_5（通过参与人2采取行动 D），博弈也能够从 x_2 到达终点结 x_6（通过参与人2采取行动 C 之后，参与人1采取行动 F）和 x_7（通过参与人2采取行动 C 之后，参与人1采取行动 E）。所以，博弈树中的 x_3、x_5、x_6 和 x_7 都是 x_2 的后续结。

② 与某些文献或教材中的定义不同，我们将原博弈也看成是一个子博弈。

需要说明的是，对于图 5.4 中的扩展式博弈，虽然决策结 x_2 和 x_3 都是位于单决策结信息集中的决策结，但 x_2（或 x_3）及其后续结并不能构成一个子博弈，这是因为子博弈必须与原博弈具有相同的信息结构。在原博弈中，参与人 3 并不知道参与人 1 的选择，也就是说，参与人 3 并不知道参与人 2 是在 x_2 还是 x_3 上进行选择。x_2（或 x_3）及其后续结如能作为"一个独立的博弈"（即子博弈）进行分析，则必须要求参与人 3 知道这个"一个独立的博弈"始于 x_2 还是 x_3，而这与原博弈中"参与人 3 并不知道参与人 2 是在 x_2 还是 x_3 上进行选择"是矛盾的。基于同样的原因，图 5.3 中的扩展式博弈也只存在一个子博弈，即原博弈。

在以后的讨论中，为了叙述方便，用 $\Gamma(x_i)$ 表示博弈树中开始于决策结 x_i 的子博弈。例如，对于图 5.8 中的博弈树，$\Gamma(x_2)$ 表示开始于决策结 x_2 的子博弈（如图 6.2(a)所示），$\Gamma(x_3)$ 表示开始于决策结 x_3 的子博弈（如图 6.2(b)所示），而 $\Gamma(x_1)$ 表示开始于决策结 x_1 的子博弈，即原博弈（如图 5.8 所示）。

下面给出子博弈精炼 Nash 均衡的定义。

定义 6.1　扩展式博弈的战略组合 $s^*=(s_1^*, \cdots, s_n^*)$ 是一个子博弈精炼 Nash 均衡，当且仅当满足以下条件：

（1）它是原博弈的 Nash 均衡；

（2）它在每一个子博弈上给出（或构成）Nash 均衡。

上述定义意味着：一个战略组合是子博弈精炼 Nash 均衡当且仅当它对所有的子博弈（包括原博弈）构成 Nash 均衡，同时也意味着原博弈的 Nash 均衡并不一定是子博弈精炼 Nash 均衡，除非它还对所有子博弈构成 Nash 均衡。例如，对于图 5.1 中的扩展式博弈，子博弈 $\Gamma(x_2)$ 和 $\Gamma(x_3)$ 的 Nash 均衡均为企业 2 选择"开发"①，所以原博弈的 Nash 均衡（开发，（开发，开发））对所有的子博弈（包括原博弈）构成 Nash 均衡，因此（开发，（开发，开发））是子博弈精炼 Nash 均衡。由于(开发，（开发，不开发））对子博弈 $\Gamma(x_3)$ 没有给出 Nash 均衡，因此虽然(开发，（开发，不开发））是 Nash 均衡，但并不是子博弈精炼 Nash 均衡。

对于图 5.6 中的扩展式博弈，子博弈 $\Gamma(x_2)$ 的 Nash 均衡为企业 2 选择"不开发"，子博弈 $\Gamma(x_3)$ 的 Nash 均衡为企业 2 选择"开发"，所以原博弈的 Nash 均衡(开发,(不开发，开发））对所有的子博弈（包括原博弈）构成 Nash 均衡，因此(开发，（不开发，开发））是子博弈精炼 Nash 均衡。由于(不开发，（开发，开发））和(开发，（不开发，不开发））分别对子博弈 $\Gamma(x_2)$ 和 $\Gamma(x_3)$ 没有给出 Nash 均衡，因此虽然（不开发，（开发，开发））和（开发，（不开发，不开发））是 Nash 均衡，但并不是子博弈精炼 Nash 均衡。

对于图 5.8 中的扩展式博弈，子博弈 $\Gamma(x_3)$ 的 Nash 均衡为参与人 1 选择 E，子博弈 $\Gamma(x_2)$ 的 Nash 均衡为：参与人 2 选择 D，参与人 1 选择 E，所以原博弈的 Nash 均衡（(B, E)，D)对所有的子博弈（包括原博弈）构成 Nash 均衡，因此((B, E)，D)是子博弈精炼 Nash 均衡。由于((B, F)，D)对子博弈 $\Gamma(x_2)$ 和 $\Gamma(x_3)$ 都没有给出 Nash 均衡，因此虽然((B, F)，D)是 Nash 均衡，但并不是子博弈精炼 Nash 均衡。

由以上分析可以看到：虽然图 5.1、图 5.6 及图 5.8 中的扩展式博弈都存在多个 Nash 均衡，但合理的 Nash 均衡都是子博弈精炼 Nash 均衡。所以，对于诸如图 5.1、图 5.6 和图

① 注意，始于 x_2 和 x_3 的子博弈实际上是一个单人博弈问题（决策问题）。

5.8所示的扩展式博弈，尤其是完全信息的动态博弈，一般都用子博弈精炼Nash均衡作为博弈的解。

例6.1 两人使用下列过程去分配两个相同的不可分割的物品：他们中的某一个人提出一种分配方式，另一个人可能接受也可能拒绝。如果拒绝，两人都得不到任何东西。假设每个人仅关心所得的物品数量。

图6.3是上述分配博弈的扩展式描述，其中A表示“参与人1得2件物品，参与人2得0件物品”的分配方案，B表示“两个参与人各得1件物品”的分配方案，C表示“参与人1得0件物品，参与人2得2件物品”的分配方案；Y表示参与人2接受参与人1的分配方案，N表示参与人2拒绝参与人1的分配方案。所以，在分配博弈中，参与人1有三个战略：战略A、B和C，参与人2有8个战略：战略(Y, Y, Y)、(Y, Y, N)、(Y, N, Y)、(N, Y, Y)、(Y, N, N)、(N, Y, N)、(N, N, Y)和(N, N, N)[①]。

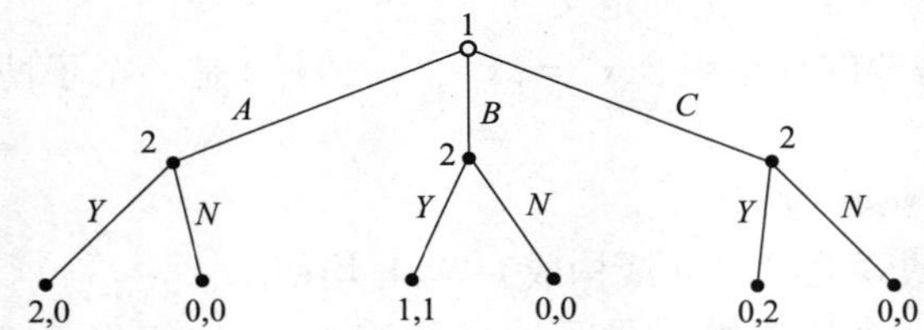

图6.3 分配博弈的扩展式描述

图6.4是分配博弈的战略式描述。从图6.4可以看到，博弈的Nash均衡为$(A, (Y, Y, Y))$、$(A, (Y, Y, N))$、$(A, (Y, N, Y))$、$(A, (Y, N, N))$、$(A, (N, N, Y))$、$(A, (N, N, N))$、$(B, (N, Y, Y))$、$(B, (N, Y, N))$、$(C, (N, N, Y))$。在这9个均衡中，前四个导致的分配结果为（2，0），随后两个导致的分配结果为（0，0），最后一个导致的分配结果为（0，2），其他两个导致的分配结果为（1，1）。除了均衡$(A, (Y, Y, Y))$和$(B, (N, Y, Y))$外，在其余的均衡中都涉及：在轮到参与人2选择时，参与人2的一个不合理的选择——拒绝至少给他一件物品的分配方案。所以，合理的Nash均衡只有$(A, (Y, Y, Y))$和$(B, (N, Y, Y))$。而根据子博弈精炼Nash均衡的定义，容易验证$(A, (Y, Y, Y))$和$(B, (N, Y, Y))$为子博弈精炼Nash均衡。

		2							
		(Y, Y, Y)	(Y, Y, N)	(Y, N, Y)	(N, Y, Y)	(Y, N, N)	(N, Y, N)	(N, N, Y)	(N, N, N)
1	A	2，0	2，0	2，0	0，0	2，0	0，0	0，0	0，0
	B	1，1	1，1	0，0	1，1	0，0	1，1	0，0	0，0
	C	0，2	0，0	0，2	0，2	0，0	0，0	0，2	0，0

图6.4 分配博弈的战略式博弈

以上分析说明，用子博弈精炼Nash均衡作为博弈的解，可以在一定程度上克服Nash均

① 在战略(x, y, z)（其中x，y，z为Y或N）中，x表示参与人1的分配方案为A时，参与人2的选择；y表示参与人1的分配方案为B时，参与人2的选择；z表示参与人1的分配方案为C时，参与人2的选择。

衡的不足，剔除一些不合理的 Nash 均衡。同时，著名的 Kuhn 定理也为应用这种新的解概念分析一类博弈问题奠定了基础。

定理 6.1（Kuhn 定理）　每个有限的扩展式博弈都存在子博弈精炼 Nash 均衡①。

虽然 Kuhn 定理保证了子博弈精炼 Nash 均衡的存在性，但 Kuhn 定理并不能确保所讨论的有限的扩展式博弈都只存在唯一的子博弈精炼 Nash 均衡。例如，例 6.1 中所讨论的分配博弈，就存在两个子博弈精炼 Nash 均衡。由于子博弈精炼 Nash 均衡并不是在任何情况下都是唯一的，使用子博弈精炼 Nash 均衡仍可能面临解的多重性问题，特别是在某些情况下（如退化了的动态博弈），博弈的子博弈精炼 Nash 均衡与 Nash 均衡是一样的。在图 6.5 中，图 6.5(b) 是图 6.5(a) 中扩展式描述的战略式描述，从图 6.5(b) 中容易看出，博弈存在两个 Nash 均衡。但由于图 6.5(b) 中博弈只存在一个子博弈即原博弈，因此这两个 Nash 均衡都是子博弈精炼 Nash 均衡②。

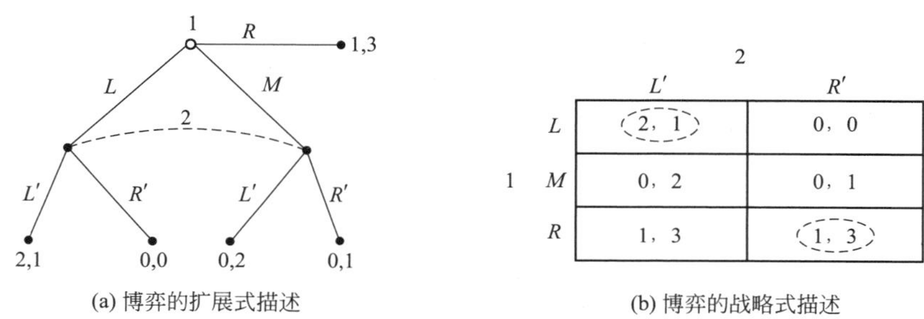

(a) 博弈的扩展式描述　　(b) 博弈的战略式描述

图 6.5　存在多个子博弈精炼 Nash 均衡的扩展式博弈

6.2　子博弈精炼 Nash 均衡的求解

定义 6.1 虽然给出了子博弈精炼 Nash 均衡解的定义，但没有说明如何求解子博弈精炼 Nash 均衡。下面以图 5.8 中扩展式博弈为例，介绍一种最常用的求解子博弈精炼 Nash 均衡的方法——逆向归纳法。

考察图 5.8 中博弈。参与人 1 在博弈开始时（即在信息集 $I_1(\{x_1\})$ 上）面临两种选择——行动 A 和行动 B。参与人 1 此时选择哪种行动呢？对于理性的参与人 1 来讲，只会选择使自己支付最大化的行动。从图 5.8 中很容易知道参与人 1 选择行动 B 时所得到的支付为 2；但是，如果参与人 1 选择行动 A，则所得支付就要取决于参与人 2 在信息集 $I_2(\{x_2\})$ 上的选择，以及博弈到达决策结 x_3 时参与人 1 在信息集 $I_1(\{x_3\})$ 上的选择。也就是说，参与人 1 选择行动 A 所得支付，取决于子博弈 $\Gamma(x_2)$ 的结果。因此，为了确定参与人 1 在博弈开始时的选择，就必须确定参与人 1 选择行动 A 所得支付，而为了确定参与人 1 选择行动 A 所

① 所谓有限的扩展式博弈，是指参与人人数和参与人行动时的行动空间都有限的扩展式博弈。除非特别说明，本书所讨论的扩展式博弈都是指有限的扩展式博弈。

② 关于图 6.5 中博弈解的合理性讨论，参见本书第四部分。

得支付，就必须先求解子博弈 $\Gamma(x_2)$。如何求解子博弈 $\Gamma(x_2)$ 呢？可以采用同样的方法来求解子博弈 $\Gamma(x_2)$，即在求解子博弈 $\Gamma(x_3)$ 的基础上，确定参与人2在信息集 $I_2(\{x_2\})$ 上的选择，从而求解子博弈 $\Gamma(x_2)$。

由以上分析可以得到图5.8中博弈的求解过程：首先求解博弈树中最底层的子博弈 $\Gamma(x_3)$，得到子博弈 $\Gamma(x_3)$ 的结果为（3，0）（即参与人1选择 E）；再求解子博弈 $\Gamma(x_2)$，容易得到博弈的结果为（1，1）（即参与人2选择 D）；最后求解原博弈，即子博弈 $\Gamma(x_1)$，得到博弈的结果为（2，1）（即参与人1选择 B）。

考察更一般的情形。对于图6.6中的博弈树，参与人 i 在信息集 $I_i(\{x_i\})$ 上选择行动 L 还是行动 R，取决于选择行动 L 和行动 R 所带来的后果。由于参与人 i 选择行动 L 时使博弈进入了子博弈 $\Gamma(x_{i+1})$，因此参与人 i 选择行动 L 的后果就是得到子博弈 $\Gamma(x_{i+1})$。同样，参与人 i 选择行动 R 的后果就是得到子博弈 $\Gamma(x_{i+2})$。所以，参与人 i 在信息集 $I_i(\{x_i\})$ 上的最优选择，取决于参与人 i 在信息集 $I_i(\{x_i\})$ 上可能采取的行动所导致的各个子博弈。也就是说，参与人 i 在信息集 $I_i(\{x_i\})$ 上的最优选择，一定是使博弈进入能给自己带来最大支付的子博弈。因此，为了确定参与人 i 在信息集 $I_i(\{x_i\})$ 上的选择，就必须先求解参与人 i 在信息集 $I_i(\{x_i\})$ 上可能采取的行动所导致的各个子博弈。而对于各个子博弈的求解又可以采用同样的方法进行。

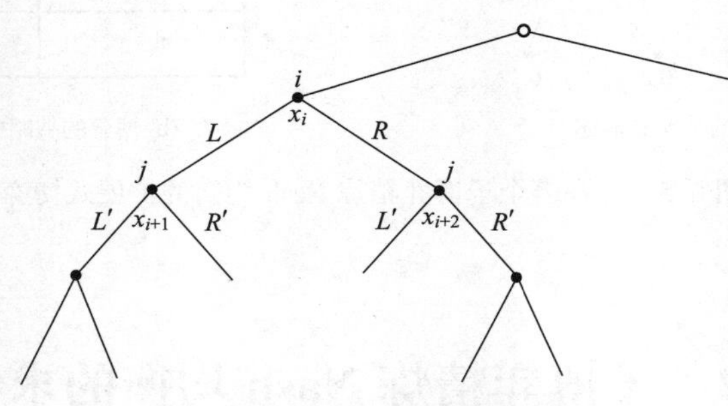

图6.6　一般情形的博弈树

由以上分析可得求解有限扩展式博弈的一般步骤：

(1) 找出博弈的所有子博弈①；

(2) 按照博弈进程的“反方向”逐一求解各个子博弈，即最先求解最底层的子博弈，再求解上一层的子博弈……，直至原博弈。也就是说，在求解每一个子博弈时，该子博弈要么不含有其他任何子博弈，要么所含子博弈都已被求解。

上述求解有限扩展式博弈的方法亦称“逆向归纳法”（backward induction）。由于逆向归纳法对各个子博弈逐一进行求解，因此逆向归纳法所得到的解在各个子博弈上构成Nash均衡，这也就意味着逆向归纳法所得的解为子博弈精炼Nash均衡。

例6.2　考察图6.7所示的扩展式博弈。在图6.7中，博弈存在5个子博弈，即子博弈 $\Gamma(x_3)$、$\Gamma(x_4)$、$\Gamma(x_5)$、$\Gamma(x_2)$ 和 $\Gamma(x_1)$（即原博弈），其中 $\Gamma(x_3)$、$\Gamma(x_4)$ 和 $\Gamma(x_5)$ 为最底层的子博弈。下面利用逆向归纳法求解博弈的子博弈精炼Nash均衡。

---

① 由于原博弈为有限扩展式博弈，因此博弈的子博弈有限。

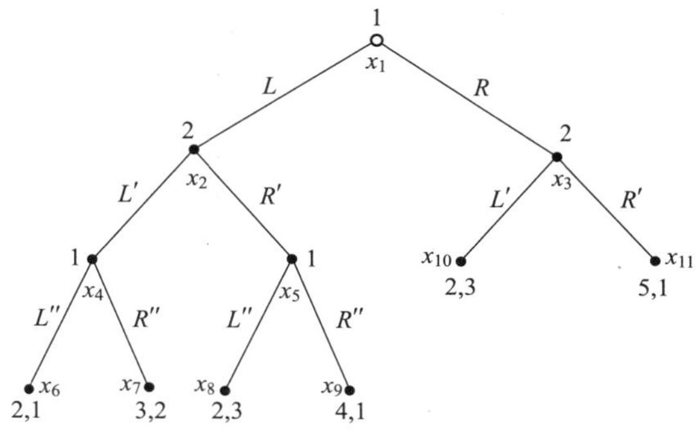

图 6.7 逆向归纳法求解扩展式博弈

(1) 求解最底层的子博弈——子博弈 $\Gamma(x_3)$、$\Gamma(x_4)$和 $\Gamma(x_5)$。子博弈 $\Gamma(x_3)$的结果为(2, 3)(即参与人 2 选择 L'),子博弈 $\Gamma(x_4)$的结果为(3, 2)(即参与人 1 选择 R''),子博弈 $\Gamma(x_5)$的结果为(4, 1)(即参与人 1 选择 R'')。

(2) 求解上一层的子博弈。由于 $\Gamma(x_3)$的上一层子博弈 $\Gamma(x_1)$含有尚未求解的子博弈 $\Gamma(x_2)$,因此此时不能直接求解子博弈 $\Gamma(x_1)$。$\Gamma(x_4)$和 $\Gamma(x_5)$的上一层子博弈为 $\Gamma(x_2)$,而 $\Gamma(x_2)$所含的子博弈(即 $\Gamma(x_4)$和 $\Gamma(x_5)$)都已求解,所以此时可以求解子博弈 $\Gamma(x_2)$。求解 $\Gamma(x_2)$,可得博弈的结果为(3, 2),Nash 均衡为$((R'', R''), L')$①(即参与人 1 在 $I_1(\{x_4\})$ 和 $I_2(\{x_5\})$上分别选择 R'',参与人 2 选择 L')。

(3) 由于 $\Gamma(x_1)$(即原博弈)所含子博弈都已求解,因此此时可以求解 $\Gamma(x_1)$。求解 $\Gamma(x_1)$,可得博弈的结果为(3, 2),Nash 均衡为 $((L, R'', R''), (L', L'))$②。

由于 $((L, R'', R''), (L', L'))$在各个子博弈上都构成 Nash 均衡,因此$((L, R'', R''), (L', L'))$即为图 6.7 所示扩展式博弈的子博弈精炼 Nash 均衡。

从逆向归纳法求解子博弈精炼 Nash 均衡的过程可以看到:在求解任一子博弈时,参与人在该子博弈的初始决策结上的选择,对余下的博弈进程而言是最优的。例如,在图 6.6 中,当求解子博弈 $\Gamma(x_i)$时,参与人 i 在信息集 $I_i(\{x_i\})$上的选择,是使博弈进入能给自己带来最大支付的子博弈。因此,从这个意义上来讲,应用逆向归纳法所得到的博弈的解——子博弈精炼 Nash 均衡,在一定程度上满足动态规划的最优性原理③。

逆向归纳法对于完美信息(perfect information)的博弈问题尤为适用。所谓完美信息的博弈,是指每个参与人决策时都没有不确定性,也就是说,在博弈树中每个参与人的信息集都是单决策结的④。例如,图 5.1、图 5.5、图 5.6、图 5.8、图 6.3 及图 6.7 所示的扩展式

① 在子博弈 $\Gamma(x_2)$的 Nash 均衡 $((R'', R''), L')$中,(R'', R'') 为参与人 1 的战略,表示参与人 1 在信息集 $I_1(\{x_4\})$ 选择 R'',在信息集 $I_1(\{x_5\})$选择 R'';L'为参与人 2 的战略。

② 在 Nash 均衡 $((L, R'', R''), (L', L'))$ 中,(L, R'', R'') 为参与人 1 的战略,表示参与人 1 在信息集 $I_1(\{x_1\})$ 选择 L,在信息集 $I_1(\{x_4\})$选择 R'',在信息集 $I_1(\{x_5\})$选择 R'';(L', L')为参与人 2 的战略,表示参与人 2 在信息集 $I_2(\{x_2\})$选择 L',在信息集 $I_2(\{x_3\})$选择 L'。

③ 动态规划的最优性原理是指"作为整个过程的最优战略具有这样的性质:无论过去的状态和决策如何,对前面的状态和决策所形成的状态而言,余下的诸决策必须构成最优战略"。简言之,一个最优战略的子战略总是最优战略。

④ 注意完美信息与完全信息的区别,完全信息只是博弈开始时参与人没有不确定性,相当于博弈树为共同知识;而完美信息则是在任一决策时点上参与人都没有不确定性,这不仅要求博弈树为共同知识,而且每个参与人决策时博弈的历史也是共同知识。

博弈都是完美信息的，而图5.2、图5.3和图5.4中的扩展式博弈却不是完美信息博弈，因为参与人3决策时，不知道参与人1或参与人2的选择。对于完美信息的博弈，子博弈精炼Nash均衡完全满足动态规划的最优性原理，即在博弈的任何决策时点上，子博弈精炼Nash均衡都能给出参与人的最优选择。在图6.7所示的扩展式博弈中，$((L, R'', R''), (L', L'))$为子博弈精炼Nash均衡，容易验证：在博弈树的任一决策结上，该均衡都能给出参与人的最优选择。例如，在决策结x_1上，参与人1选择L所导致的博弈结果为（3，2）（即子博弈$\Gamma(x_2)$的结果），选择R所导致的博弈结果为（2，3）（即子博弈$\Gamma(x_3)$的结果），所以参与人1的最优选择为L，这与$((L, R'', R''), (L', L'))$所给出的选择一致；又如，在决策结$x_3$上，参与人2的最优选择为$L'$，这与$((L, R'', R''), (L', L'))$所给出的选择也一致。

由于子博弈精炼Nash均衡在任一决策结上都能给出最优决策，这也使得子博弈精炼Nash均衡不仅在均衡路径（即均衡战略组合所对应的路径）上给出参与人的最优选择，而且在非均衡路径（即除均衡路径以外的其他路径）上也能给出参与人的最优选择。所以，子博弈精炼Nash均衡不会含有参与人在博弈进程中不合理的、不可置信的行动（或战略）。这就是子博弈精炼Nash均衡与Nash均衡的实质性区别。例如，在图5.6所示的“新产品开发博弈”中，(开发，(不开发，开发))为子博弈精炼Nash均衡，该均衡不仅在均衡路径$x_1 \to x_2 \to x_5$上而且在任一非均衡路径上，都能给出参与人的最优决策。Nash均衡（开发，(不开发，不开发)）虽然在均衡路径$x_1 \to x_2 \to x_5$上给出了参与人的最优决策，但却包含了参与人在非均衡路径上的不合理选择：当企业1选择“不开发”时，企业2也选择“不开发”。(不开发，(开发，开发))虽然为Nash均衡，但却包含了企业2不可置信的战略：无论企业1如何选择，企业2都将选择“开发”。事实上，当企业1选择“开发”时，理性的企业2只能选择“不开发”。像Nash均衡（不开发，(开发，开发))中，“企业2无论什么情况下都开发”这种不可置信的战略亦称为“不可置信的威胁”(incredible threat)。

作为求解子博弈精炼Nash均衡的方法，逆向归纳法可以将Nash均衡中的“不可置信的威胁”剔除掉。例如，对于图6.8所示的动态博弈，战略组合(A, D)和(B, C)都是Nash均衡（参见图6.8(b)）。但是，只有(A, D)为子博弈精炼Nash均衡，而(B, C)却不是，这是因为在(B, C)中，包含了参与人2不可置信的威胁：当参与人1在决策结x_1选择A时，参与人2在决策结x_2选择C。事实上，只要博弈到达决策结x_2，参与人2的理性选择就是D。又如，在图6.7中，$((L, L'', R''), (R', L'))$也是博弈的Nash均衡，但该均衡却包含了参与人1在子博弈$\Gamma(x_2)$中的不可置信的威胁：如果参与人2选择L'，则选择L''（此时参与人1理性的选择应为R''）。所以，$((L, L'', R''), (R', L'))$不是子博弈精炼Nash均衡。

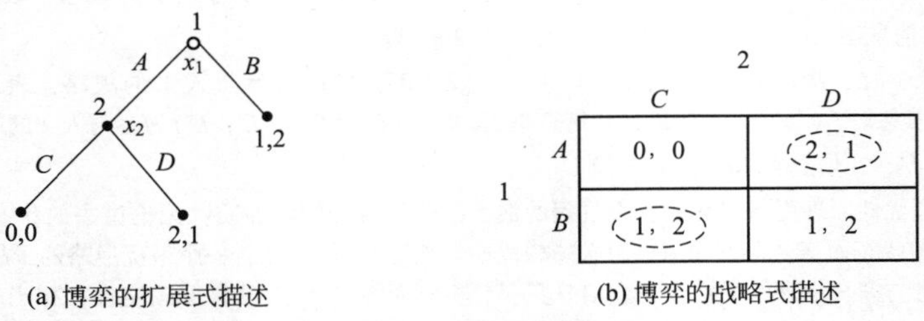

(a) 博弈的扩展式描述　　(b) 博弈的战略式描述

图6.8　逆向归纳法剔除“不可置信的威胁”

由于逆向归纳法可以将 Nash 均衡中不合理的、不可置信的行动（或威胁）剔除，因此逆向归纳法从本质上讲是一种重复剔除劣战略的过程。下面以用逆向归纳法求解图 6.7 中博弈为例，对这一问题进行分析。

用 $S_1=\{(x, y, z)\mid x\in\{L, R\}, y, z\in\{L'', R''\}\}$ 表示参与人 1 的战略集，其中 x、y 和 z 分别表示参与人 1 在决策结 x_1、x_4 和 x_5 上的行动；用 $S_2=\{(x, y)\mid x, y\in\{L', R'\}\}$ 表示参与人 2 的战略集，其中 x 和 y 分别表示参与人 2 在决策结 x_2 和 x_3 上的行动。图 6.9 给出的是图 6.7 中博弈的战略式描述。

1 \ 2	(L′, L′)	(L′, R′)	(R′, L′)	(R′, R′)
(L, L″, L″)	2, 1	2, 1	2, 3	2, 3
(L, L″, R″)	2, 1	2, 1	4, 1	4, 1
(L, R″, L″)	3, 2	3, 2	2, 3	2, 3
(L, R″, R″)	3, 2	3, 2	4, 1	4, 1
(R, L″, L″)	2, 3	5, 1	2, 3	5, 1
(R, L″, R″)	2, 3	5, 1	2, 3	5, 1
(R, R″, L″)	2, 3	5, 1	2, 3	5, 1
(R, R″, R″)	2, 3	5, 1	2, 3	5, 1

图 6.9　战略式描述

当使用逆向归纳法求解图 6.7 中博弈时，首先求解最底层的子博弈 $\Gamma(x_3)$、$\Gamma(x_4)$ 和 $\Gamma(x_5)$。由于在子博弈 $\Gamma(x_4)$ 中，参与人 1 的最优行动为 R''，因此参与人 1 在决策结 x_4 上选择 L'' 的战略必为参与人 1 的劣战略，即 $S_1'=\{(x, L'', z)\mid x\in\{L, R\}, z\in\{L'', R''\}\}$ 中的战略是参与人 1 的劣战略。基于同样的原因，通过求解子博弈 $\Gamma(x_5)$ 可知：$S_1''=\{(x, y, L'')\mid x\in\{L, R\}, y\in\{L'', R''\}\}$ 中的战略也是参与人 1 的劣战略。所以，当求解子博弈 $\Gamma(x_4)$ 和 $\Gamma(x_5)$ 时，实际上已将 S_1' 和 S_1'' 中战略剔除。此时，参与人 1 余下的战略集为 $S_1\setminus(S_1'\cup S_1'')=\{(x, R'', R'')\mid x\in\{L, R\}\}$。同理，通过求解子博弈 $\Gamma(x_3)$，可以将 $S_2'=\{(x, R')\mid x\in\{L', R'\}\}$ 中战略剔除。此时，参与人 2 余下的战略集为 $S_2\setminus S_2'=\{(x, L')\mid x\in\{L', R'\}\}$。图 6.10 给出的是图 6.7 中扩展式博弈剔除劣战略后的战略式描述。

求解子博弈 $\Gamma(x_2)$。参与人 2 在决策结 x_2 上的最优行动为 L'，因此参与人 2 在决策结 x_2 上选择 R' 的战略必为劣战略。所以，通过求解子博弈 $\Gamma(x_2)$，可以将 $S_1''=\{(R', y)\mid y\in\{L', R'\}\}$ 中战略剔除。此时，参与人 2 余下的战略集为 $S_2\setminus(S_2'\cup S_2'')=\{(L', L')\}$。图 6.11 给出的是：通过求解子博弈 $\Gamma(x_2)$、$\Gamma(x_3)$、$\Gamma(x_4)$ 和 $\Gamma(x_5)$，图 6.7 中扩展式博弈剔除劣战略后的战略式描述。

1 \ 2	(L′, L′)	(R′, L′)
(L, R″, R″)	3, 2	4, 1
(R, R″, R″)	2, 3	2, 3

图 6.10　战略式描述（一）

1 \ 2	(L′, L′)
(L, R″, R″)	3, 2
(R, R″, R″)	2, 3

图 6.11　战略式描述（二）

最后求解子博弈 $\Gamma(x_1)$，即原博弈。参与人1在决策结 x_1 上的最优行动为 L，因此参与人1在决策结 x_1 上选择 R 的战略必为劣战略。所以，通过求解子博弈 $\Gamma(x_1)$，可以将 $S_1'''=\{(R, y, z) \mid y, z\in\{L'', R''\}\}$ 中战略剔除。此时，参与人1余下的战略集为 $S_1\setminus(S_1'\cup S_1''\cup S_1''')=\{(L, R'', R'')\}$。

综上分析可以看到：当求解完所有的子博弈后，参与人1和参与2余下的战略集都只含有一个战略，它们所构成的战略组合就是博弈的子博弈精炼 Nash 均衡。

虽然逆向归纳法的本质是一种重复剔除劣战略的过程，但在某些情况下却不能直接应用重复剔除劣战略的思想来求解子博弈精炼 Nash 均衡。这是因为在重复剔除劣战略的过程中，如果各个劣战略剔除的顺序不同，得到的博弈均衡就有可能不同，除非每次剔除的都是严格劣战略。在图6.12中，图6.12(a)是博弈的扩展式描述，图6.12（b）是相应博弈的战略式描述。在图6.12(a)中，应用逆向归纳法可得博弈的唯一子博弈精炼 Nash 均衡——$((B, E), D)$。但是，在图6.12（b）中，如果先剔除参与人1的劣战略(A, E)，再剔除参与人2的弱劣战略 D，则所得到的 Nash 均衡中就没有博弈唯一的子博弈精炼 Nash 均衡 $((B, E), D)$。

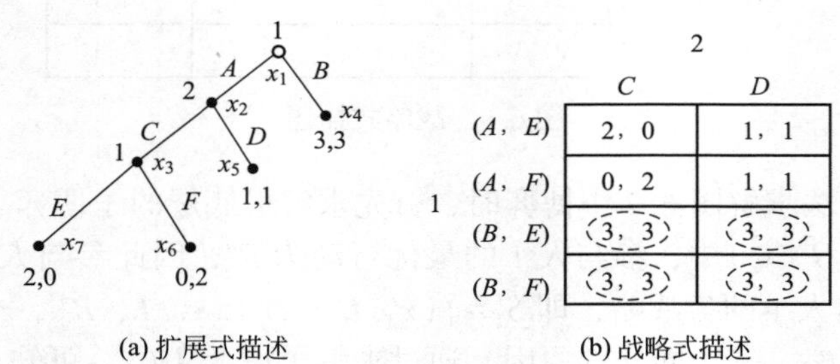

(a) 扩展式描述　　(b) 战略式描述

图6.12　重复剔除劣战略求解子博弈精炼 Nash 均衡

例6.3　考察“海盗分金”博弈问题[①]——有5个亡命之徒在海上抢到100枚金币，他们决定通过一种民主的方式来分配这笔财富。投票规则如下：5个海盗通过抽签决定每个人提出分配方案的顺序，由排序最靠前的海盗提出一个分配方案，如果有半数或半数以上的人赞成，那么就按照这个海盗提出的分配方案分配金币，否则提出这个方案的海盗就要被扔进海里；再由下一个海盗提出分配方案，如果有半数或半数以上的人赞成，那么就按照他提出的方案进行分配，否则他也会被扔进海里；以此类推。每一个海盗都非常聪明并且知道其他人的凶残。对于海盗而言，他们希望自己获得尽可能多的金币，但是被丢到海里就意味着喂鱼，因此他们都不愿意丢掉性命。试问在这种规则下最后的分配结果是什么？

从直觉上看，最先提出分配方案的海盗所处的位置最不利，因为其他的海盗可以通过将其扔进海里，减少分配金币的人数，从而使自己获得更多的金币。但是，如果将“海盗分金”问题当成一个完全信息的动态博弈来分析，所得的结论将会与直觉完全不同。

显然，“海盗分金”问题可以看成是一个有限的完美信息动态博弈[②]，所以可以采用逆向归纳法进行求解。不妨将第 $i(i=1, 2, \cdots, 5)$ 个提出分配方案的海盗称为海盗 i，用

① 该博弈源于《科学美国人》中的一道智力题，原名为“凶猛海盗的逻辑”，现在人们习惯上称它为“海盗分金”。

② 这里假设金币只能按整数进行分配。

$s_i=(x_i^1, x_i^2, x_i^3, x_i^4, x_i^5)$表示海盗 i 提出的分配方案，其中 $x_i^j(j=1, 2, \cdots, 5)$表示海盗 i 愿意付给海盗 j 的金币数量。显然，$\sum_{j=1}^{5} x_i^j = 100(i=1, 2, \cdots, 5)$。图 6.13 是“海盗分金”问题的示意图①。

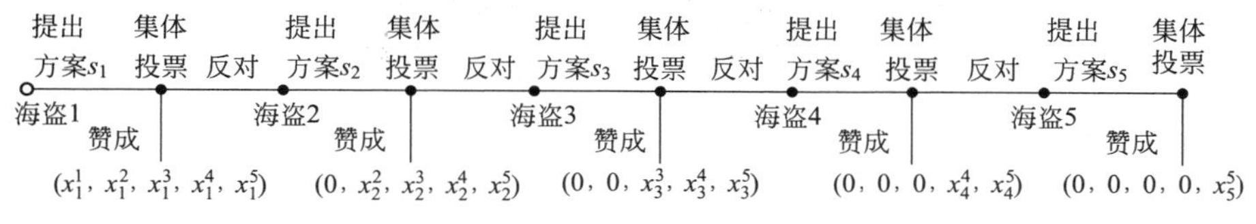

图 6.13 “海盗分金”博弈示意图

首先考察如果轮到海盗 5 提出分配方案时的情况。轮到海盗 5 提方案时，前 4 个海盗肯定已经被丢进大海喂鱼了，这个时候只有他自己留在船上，无论他提出怎样的分配方案，最后都会被实施。为了尽可能多地获得金币，海盗 5 会选择 $s_5^* = (x_5^1, x_5^2, x_5^3, x_5^4, x_5^5) = (0, 0, 0, 0, 100)$。

向前递推一步，当轮到海盗 4 提出方案时，前面 3 个海盗都已经被丢进大海喂鱼了，这个时候船上只留下海盗 4 和海盗 5。无论海盗 5 赞成与否，集体投票的赞成票数都至少达到半数，海盗 4 提出的分配方案最终将被实施。因此，海盗 4 会提出分配方案 $s_4^* = (x_4^1, x_4^2, x_4^3, x_4^4, x_4^5) = (0, 0, 0, 100, 0)$。

顺次向前推一步，如果轮到海盗 3 做决定，他会提出怎样的分配方案？当轮到海盗 3 提方案时，前 2 个海盗肯定已经被丢进大海喂鱼了，这个时候只有海盗 3、海盗 4 和海盗 5 留在船上。海盗 3 知道如果他的方案被否决，海盗 4 将提出分配方案 s_4^*，那么海盗 5 将什么也得不到（$x_4^5=0$）。现在只要他给海盗 5 一个单位的金币（$x_3^4=1>x_4^5=0$），海盗 5 将赞同该方案。这样一来，集体投票的赞成票数就会大于半数，因此海盗 3 就会选择分配方案 $s_3^* = (x_3^1, x_3^2, x_3^3, x_3^4, x_3^5) = (0, 0, 99, 0, 1)$。

继续向前递推，轮到海盗 2 做决定的时候，海盗 1 已经被丢进大海，留在船上的还有海盗 2、海盗 3、海盗 4 和海盗 5。海盗 2 知道如果自己的方案被反对，海盗 3 会提出方案 s_3^*，这时海盗 4 什么也得不到（$x_3^4=0$）。于是只要他提出的方案满足 $x_2^4>x_3^4$，海盗 4 就赞成该方案，这样一来集体投票的赞成票数就会达到半数，因此海盗 2 就会选择分配方案 $s_2^* = (x_2^1, x_2^2, x_2^3, x_2^4, x_2^5) = (0, 99, 0, 1, 0)$。

最后，考察分赃之初海盗 1 是如何做决定的。当轮到海盗 1 提出分配方案的时候，所有的海盗都在船上。他知道一旦他的方案被反对，海盗 2 将提出方案 s_2^*，那么海盗 3 和海盗 5 将什么也得不到（$x_2^3=0, x_2^5=0$），于是只要他提出的方案满足 $x_1^3>x_2^3$，$x_1^5>x_2^5$，海盗 3 和海盗 5 就会赞成该方案，那么集体投票的赞成票数就会超过半数。因此，海盗 1 就会选择分配方案 $s_1^* = (x_1^1, x_1^2, x_1^3, x_1^4, x_1^5) = (98, 0, 1, 0, 1)$。

综合以上分析，可以看到：海盗 1 提出分配方案 $s_1^* = (98, 0, 1, 0, 1)$，该方案即被多数人接受，博弈结束。

---

① 注意，图 6.13 仅是“海盗分金”问题的示意图，而不是博弈问题的扩展式描述即博弈树。

在“海盗分金”中，任何“分配者”想让自己的方案获得通过的关键是：事先考虑清楚“挑战者”的分配方案是什么，并用最小的代价获取最大收益，拉拢“挑战者”分配方案中最不得意的人。值得注意的是，本来海盗1看似最容易被丢进海里喂鱼，但是他牢牢把握住了先发制人的优势，结果不但没有丢掉性命，还获得了最多的金币；而海盗5貌似最安全，没有死亡的威胁，甚至还能通过向海盗1发出死亡威胁，坐收渔人之利，但却由于其威胁“不可置信”（not credible），而不得不看人脸色行事，结果只分得一杯残羹。

6.3 承诺行动与要挟诉讼

前面分析“新产品开发”博弈时提到，当市场需求小时，Nash 均衡（不开发，（开发，开发））由于含有不可置信的威胁（即企业1选择“开发”时，企业2仍选择“开发”）而不能成为博弈的解——子博弈精炼 Nash 均衡。但是，如果在博弈开始之前，企业2采取某种行动使自己的支付（或行动空间）发生改变，那么原来不可置信的威胁就可能变得可信。例如，在“新产品开发”博弈中，假设企业的2 000万元投入中，有1 000万元用来购买研发设备（即固定成本），另外1 000万元用来支付新产品开发中的人力、原材料等投入（即可变成本）。假设企业提前购买研发设备（即在决定是否开发之前就购买），可得到一定的优惠，只需900万元即可。但是如果企业购买了设备而决定“不开发”，那么所购买的研发设备就只能当“废品”处理，收回400万元。考察这样的博弈情形：企业1先选择是否开发，企业2观测到企业1的决策后选择是否开发，但在企业1决策之前，企业2可以决定是否提前购买研发设备（如图6.14所示①）。

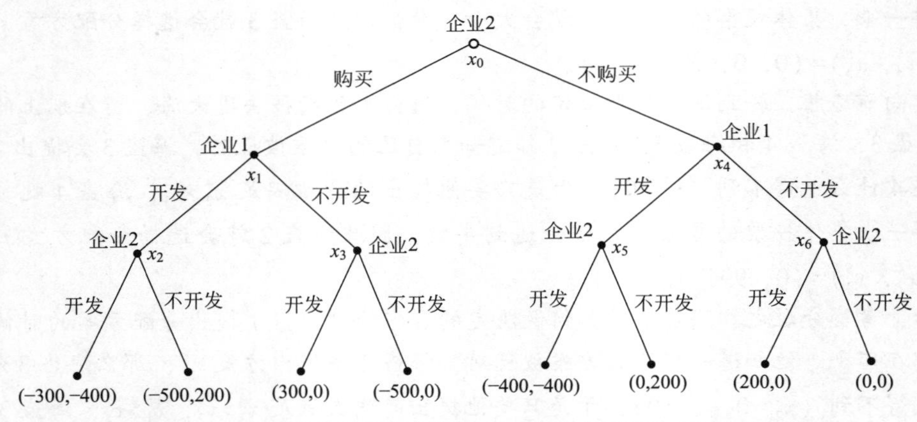

图6.14 企业2可提前购买研发设备的“新产品开发”博弈（需求小）

在图6.14所示博弈中，合理的博弈进程（即子博弈精炼 Nash 均衡所对应的均衡路径）显然是：企业2选择提前购买研发设备（即在决策结 x_0 选择“购买”），企业1观测到企业2提前购买研发设备后选择“不开发”（即在决策结 x_1 选择“不开发”），最后企业2选择“开

① 注意图6.14与图5.6中的支付不同。在图6.14中，支付向量中的第一个数字表示企业2的支付，第二个数字表示企业1的支付。如果企业2选择提前购买研发设备，其总的成本只有1 900万元，而不是2 000万元。

发”(即在决策结 x_3 选择“开发”)。博弈的结果是企业 2 获得 300 万元的利润。这里，企业 2 通过提前购买研发设备，使得自己在随后的博弈进程中无论如何都必须选择“开发”。此时，“企业 2 无论如何都会选择开发”这种战略，对企业 1 来讲就是可信的。

在上述博弈中，企业 2 通过提前购买研发设备，使自己原本不可置信的威胁（即无论如何都会选择“开发”)变得可信。像“企业 2 提前购买研发设备”这种行动在博弈论中称为“承诺行动”(commitment)。从本质上讲，承诺行动就是在博弈开始之前参与人采取的某种改变自己支付或行动空间的行动，该行动可使原本不可信的威胁变得可信。在许多情况下，承诺行动对参与人来讲是有利的，因为它能使博弈的精炼均衡发生有利于自己的改变。例如，在图 6.14 所示博弈中，企业 2 采取承诺行动——提前购买研发设备，可使博弈所到达的子博弈 $\Gamma(x_1)$ 的子博弈精炼 Nash 均衡为（不开发，(开发，开发))(即企业 1 选择“不开发”，企业 2 总是选择“开发”），企业 2 获得 300 万元的利润；反之，如果企业 2 不提前购买研发设备（即没有采取承诺行动)，博弈所到达的子博弈 $\Gamma(x_4)$ 的子博弈精炼 Nash 均衡就为（开发，(不开发，开发))，企业 2 利润为 0。

需要注意的是，参与人的承诺行动是有成本的，否则这种承诺就不可信。在上面的例子中，如果企业 2 提前购买研发设备但又选择“不开发”，那么企业 2 就必须承担由于“研发设备只能当废品处理”而带来的 500 万元损失。这里的 500 万元就是企业 2 采取承诺行动的成本。由于这个成本在企业 2 采取承诺行动之后是无法收回的，因此也称为“沉淀成本”(或“沉没成本”)。反之，假设企业 2 提前购买的研发设备可以原价退回，那么即使企业 2 提前购买研发设备而又选择“不开发”，企业 2 也不会有任何损失。此时，企业 2 提前购买研发设备的行动就不可能将自己不可信的威胁（即无论如何都会选择“开发”)变得可信，其行为也就不能构成真正意义上的承诺行动①。

在图 6.14 所示博弈中，参与人的承诺行动（即提前购买研发设备）使自己的支付发生改变，从而改变博弈的精炼均衡。在某些情况下，参与人的承诺行动也可以通过改变自己的行动空间来实现。例如，在“新产品开发”博弈中，如果企业 2 由于某种原因只有一种选择——“开发”（即企业 2 的行动空间由两种行动变为一种)②，那么博弈的精炼均衡就是企业 1 不开发、企业 2 开发。博弈的结果是企业 2 获得 200 万元的利润（如图 6.15 所示)。其原因就在于企业 2 保证不选择“不开发”，可以改变企业 1 的最优选择。

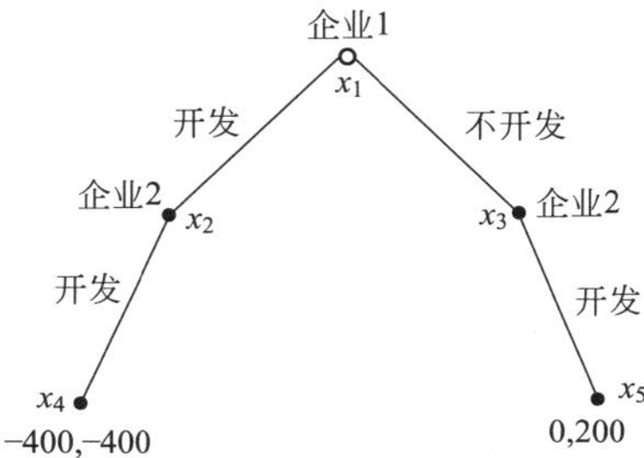

图 6.15　企业 2 只选择“开发”的“新产品开发”博弈

① 此时，企业 2 提前购买研发设备这种行为实际上是没有成本的。

② 比如，企业 2 对外做出具有法律约束的承诺：在“新产品开发”博弈中，只选择行动“开发”；否则将无偿向社会捐赠一定数目的资金（如 1.5 亿元)。

又如，图6.16所示的两个扩展式博弈的不同之处在于参与人2在决策结 x_2 的行动空间。在图6.16(a)所示博弈中，参与人2有三个行动——L'、M'和R'，而在图6.16(b)所示博弈中，参与人2只有两个行动——L'和R'。但是，在图6.16(a)所示博弈中，博弈的子博弈精炼Nash均衡为$(L,(M',R'))$，参与人2所得支付为3；而在图6.16(b)所示博弈中，博弈的子博弈精炼Nash均衡为$(R,(R',R'))$，参与人2所得支付为4。这里，参与人2的行动空间减少了，但获得的支付却增大了。

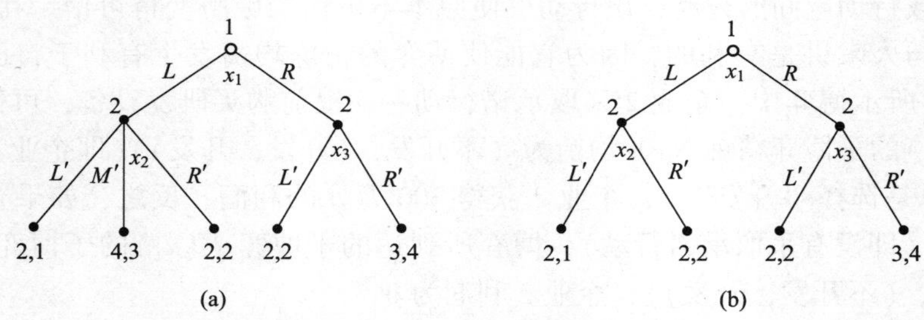

图6.16　参与人行动空间改变的博弈

承诺行动在现实生活中有许多应用，例如法律界的“要挟诉讼”(nuisance suits)。下面就以要挟诉讼为例，分析博弈中参与人如何通过承诺行动来改变博弈的精炼均衡。

所谓要挟诉讼，是指那种原告几乎不可能胜诉而其唯一的目的可能是希望通过私了得到一笔赔偿的诉讼。要挟诉讼描述了现实中这样的情形：虽然原告提出诉讼是有代价的，而且胜算很小，但因为辩护费同样非常昂贵，被告可能会支付一笔可观的补偿以求得私了。

下面给出要挟诉讼的模型描述（见图6.17）。

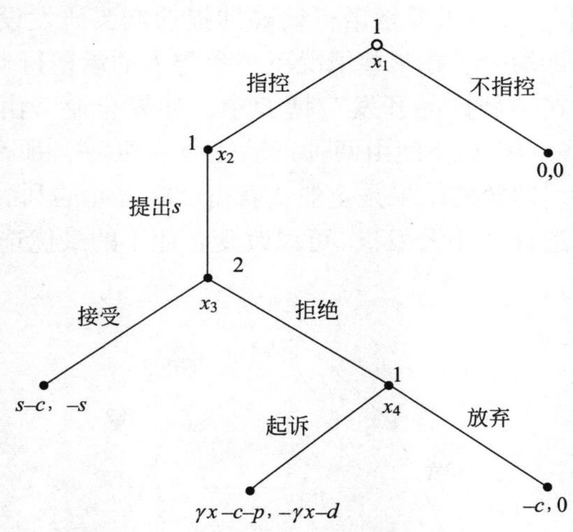

图6.17　要挟诉讼博弈的扩展式

(1) 参与人——原告（参与人1）和被告（参与人2）；

(2) 博弈进程如下。

① 原告决定是否指控被告，指控的成本是 c。

② 原告提出一个无协商余地的赔偿金额 $s>0$，以求私了。

③ 被告决定接受或拒绝原告的要求。

④ 如果被告拒绝原告的要求，原告将决定是放弃还是上法庭。如果上法庭，自己诉讼成本为 p，给被告带来的成本是 d。

⑤ 如果上法庭，原告以 γ 的概率胜诉而获得赔偿 x，否则什么也得不到。

（3）参与人的支付满足[①]：$\gamma x<p$，即原告的期望赔偿小于他的诉讼成本。

利用逆向归纳法可以很容易求出博弈的子博弈精炼 Nash 均衡为((不指控，要求赔偿 s，放弃)，拒绝)，即原告在决策结 x_1、x_2 和 x_4 分别选择“不指控”“要求赔偿 s”“放弃”，而被告在决策结 x_3 选择“拒绝”。博弈的结果为原告不指控。

博弈的结果似乎与人们观测到的现实并不相符，因为现实中人们常常看到各种“要挟”的发生。在上述模型中，“要挟”之所以没有成功，关键在于原告将会起诉的威胁并不可信[②]。原告如何使自己的威胁变得可信呢？当然是采取承诺行动。假设原告在指控被告的同时，甚至在指控之前就将诉讼费 p 支付给律师，无论以后是否上法庭，这笔费用都不退还。改变博弈支付后的要挟诉讼如图 6.18 所示。

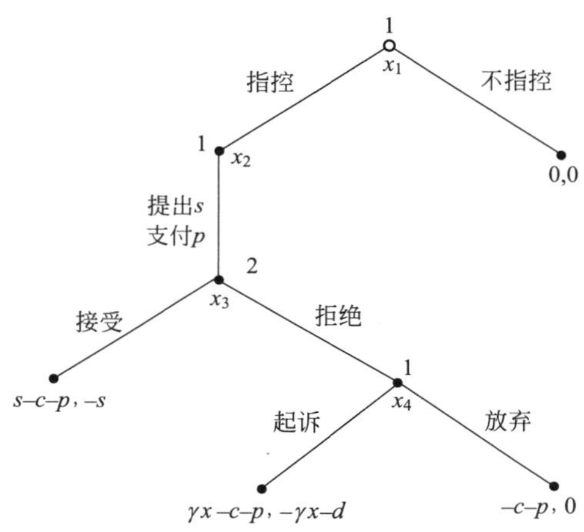

图 6.18　原告采取承诺行动的要挟诉讼博弈

在图 6.18 中，与原告放弃将获得 $-c-p$ 相比，上法庭将得到 $-c-p+\gamma x$，虽然也不能收回律师费，但有助于原告。当预支诉讼费后，只要 $\gamma x>0$，即只要原告有任何胜诉的可能性，他就会上法庭。这就意味着只有当 $s>\gamma x$ 时，原告才会愿意私了而不是上法庭。与此同时，当 $s<\gamma x+d$ 时，被告将愿意私了而不是上法庭，因此存在一个私了的区域 $[\gamma x, \gamma x+d]$，在这个区域内，双方都愿意私了，而具体的赔偿金额将取决于双方的讨价还价能力。假设允许原告做出一个无协商余地的赔偿要求，即在均衡时 $s=\gamma x+d$，此时如果 $\gamma x+d>p+c$，即使 $\gamma x<p+c$，要挟诉讼也会发生。从这里也可以看到：原告提出指控仅仅因为他可以勒索 d，这个数值就是被告的辩护成本。由于被告打官司的成本不仅包括上法庭的费用（如诉讼费、律师费等），还涉及官司给自己“声誉”造成的损失，因此被告越“大”(如大企业、大人物)，就越可能受到要挟，而且要挟越容易成功。从这里可以看到：在博弈中，规模大并不一定能够带来好处，有时还会成为攻击的对象。

需要注意的是，即使原告能够勒索一笔私了赔偿，他做这件事还是有成本的，因为在要

① 如果原告的期望赔偿大于他的起诉成本，原告只需直接起诉被告即可获得大于 0 的期望收益。

② 这也是“要挟诉讼”本身的性质所决定的。

挟成功的前提下，只有当$-p-c+\gamma x+d\geqslant 0$时，原告要挟对方才是值得的。如果此条件不成立，即使原告可以得到最大可能的赔偿$s=\gamma x+d$，他也不会这么做，因为在私了以前他必须付出$p+c$的沉淀成本。

同样，被告也可以采取自己的承诺行动来避免一些无端的指控，即在关于私了的协商尚未进行之前，甚至在原告决定指控被告之前就预先支付律师费，这笔费用即使被告没有受到任何指控也不能收回①。假设被告预先支付的律师费为f，那么要挟诉讼中私了的区域为$[\gamma x, \gamma x+d-f]$（见图 6. 19）。这里，沉淀成本f的存在使得私了的区域变小。这就意味着原告与被告进行讨价还价的区间减小，原告与被告进行讨价还价的难度增大。如果原告对指控给被告造成的“声誉”损失（即$d-f$）没有一个准确的评估，双方的“私了协议”就很难达成。

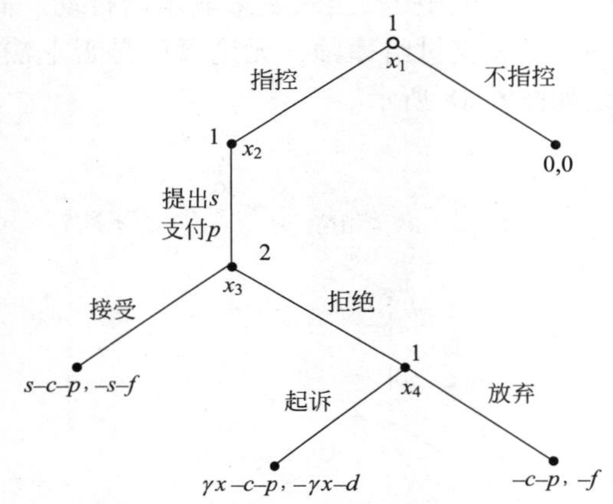

图 6. 19　原告和被告都采取承诺行动的要挟诉讼博弈

虽然采取承诺行动可以在一定程度上减少被告可能遇到的无端状况，但是被告在设置沉淀成本f（即选择支付律师费）时，还面临着两个问题②。首先，被告如何设定f的大小。f过大，对被告来讲可能得不偿失；f过小，又可能无法有效阻止各种无端指控的发生。其次，被告何时设置f。如果被告预先支付了f，但没有指控发生，则这笔钱就浪费了③。当然，被告可以通过购买法律保险（即预先付一笔不多的保费，就会在将来遇到指控时由保险公司支付辩护所需的所有费用）来避免这种情况的发生。但是，正如我们看到的，任何险种的保险都面临着信息不对称所产生的问题。在这里，存在“道德风险”问题，因为一旦被告投保之后，他避免受原告指控的激励就降低了。

6. 4　子博弈精炼 Nash 均衡的特性

下面从扩展式博弈解的两个方面——合理性和唯一性，对子博弈精炼 Nash 均衡的特性

---

① 这可能就是为什么许多大公司除了雇用按时计酬的外部律师外还雇用内部律师（即法律顾问）的原因。

② 关于这个问题的详尽分析参见文献［83］。

③ 由此可以看到要挟诉讼可能造成的社会损失，即使要挟诉讼从未发生，被告也要花费f。正如一些好战的国家引起的全球军费开支所造成的社会损失，即使这个国家从未发生过战争。

进行介绍和分析。

6.4.1　子博弈精炼 Nash 均衡的合理性

子博弈精炼 Nash 均衡是作为博弈的解而提出的，是对 Nash 均衡的精炼。作为博弈的解，子博弈精炼 Nash 均衡有其合理的一面，可以剔除 Nash 均衡中不合理的、不可置信的行动（或战略）。但是，子博弈精炼 Nash 均衡及其求解方法——逆向归纳法仍存在一些不足，其合理性受到人们的质疑。下面从两个方面对这一问题进行探讨。

1. 子博弈精炼 Nash 均衡与人们直觉的差异

首先，从博弈解的特性上看，子博弈精炼 Nash 均衡不仅要求在博弈到达的路径上参与人的选择最优，而且要求在博弈没有到达的路径上参与人的选择也要最优。关于这一点有些学者提出了疑义，认为与现实中人们的决策不太相符，因为现实中人们的理性最多能够确保在博弈到达的路径上人们的选择最优，而对于博弈没有到达的路径人们往往不会去考虑其决策是否达到最优。

其次，从博弈的结果来看，子博弈精炼 Nash 均衡所得到的预测在某些情况下也与人们的直觉或现实不符。关于这一点通过以下两个例子来说明。

例 6.4（考察连锁店博弈）　某著名品牌的连锁店（不妨称为参与人 A）在 K 个城市中有分店，城市标号为 1，…，K。在每个城市 k（$k=1$，…，K）有唯一一个潜在竞争者（称为参与人 k），该竞争者决定是否与参与人 A 竞争——进入（用 I 表示）和不进入（用 O 表示）。如果参与人 k 决定去竞争，那么参与人 A 可以抵制（用 F 表示）也可以不抵制（用 C 表示）。假设在任一给定城市连锁店遇到挑战，则它宁愿合作而不抵制，不过连锁店在没有竞争者进入的情况下获得最大支付。每个潜在竞争者不进入比进入且遭到抵制更好，但是当它进入且连锁店不抵制的时候获得最高支付。图 6.20 给出了在任一城市 k，连锁店与潜在竞争者之间博弈的扩展式描述。假设连锁店与潜在竞争者之间的博弈在 K 个时期进行。在每个时期，潜在竞争者中的一个决定是否与参与人 A 竞争；如果竞争者决定竞争，连锁店则必须对竞争者的决定做出反应。不失一般性，假设在时期 k（$k=1$，…，K）轮到参与人 k 进行选择。在每个时期 k，所有的参与人（即连锁店与竞争者 k）观测到前 $k-1$ 个时期的博弈结果。假设连锁店总的支付是它在 K 个城市的支付之和。

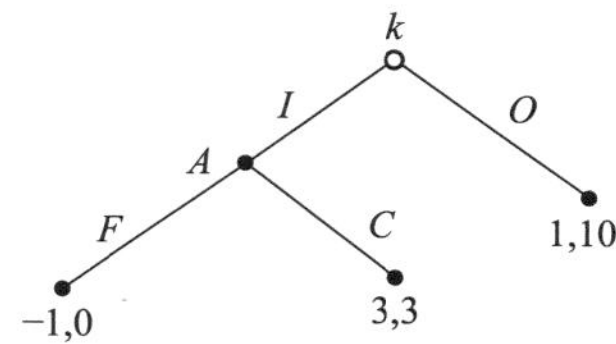

图 6.20　连锁店博弈中在城市 k 的博弈

该博弈有很多 Nash 均衡，例如竞争者在每个时期都选择“不进入”等。事实上，博弈的任一战略组合只要具有这样的性质就构成 Nash 均衡：在每一个时期，竞争者不进入或竞争者进入但没有遭到抵制①。但是，该博弈只有唯一子博弈精炼 Nash 均衡，在此均衡中每

① 在任一参与人 k 选择“不进入”的均衡中，连锁店的战略为：如果参与人 k 进入，它将抵制。

个竞争者选择“进入”和连锁店选择“不抵制”[①]。当 K 值较小时，作为博弈的解，子博弈精炼 Nash 均衡与人们的直觉是较为吻合的。但是，当 K 较大时，子博弈精炼 Nash 均衡作为博弈结果的预测就失去吸引力了，因为在这个均衡中，连锁店的战略决定了不管它以前的行动如何，它都会与每个进入者合作。这就意味着：虽然竞争者已经预测到连锁店会同很多进入者抗争，但仍相信连锁店会与它合作。虽然连锁店的唯一子博弈精炼 Nash 均衡战略确定了它会与每个竞争者合作，但是在实际中对一个已经观察到连锁店重复抗争的竞争者来说，认为它的进入将会遇到一个侵略性的反应似乎更为合理，特别是有很多城市有待竞争时。对于一个竞争者的进入，选择合作也许符合连锁店的眼前利益，但直觉却意味着为了阻止将来的进入，对侵略性行动建立一个威信更符合连锁店的长远利益。

例 6.5（考察蜈蚣博弈） 在一个 T 阶段博弈中，在每个阶段参与人 1 先选择是否终止博弈；如果参与人 1 选择博弈继续进行，则轮到参与人 2 选择是否终止博弈；如果参与人 2 选择继续进行，则博弈进入下一阶段。假设参与人的偏好满足：在任一阶段，参与人 1 认为自己终止博弈的结果优于参与人 2 终止博弈的结果，但不如博弈进入下一阶段；参与人 2 认为自己终止博弈的结果优于参与人 1 在下一阶段终止博弈的结果，但不如自己在下一阶段终止博弈。上述博弈称为蜈蚣博弈，图 6.21 给出了当 $T=100$ 时蜈蚣博弈的扩展式描述[②]。

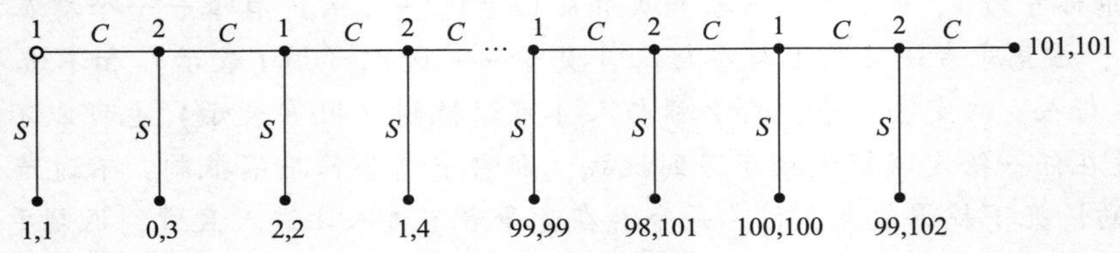

图 6.21 蜈蚣博弈的扩展式描述

蜈蚣博弈的唯一子博弈精炼 Nash 均衡是：在博弈的任一阶段，每个参与人都选择终止博弈。因此，博弈的结果是参与人 1 在第一阶段就终止博弈，每个参与人所得支付为 1。如果 T 较小，比如 $T=2$，子博弈精炼 Nash 均衡也许是博弈结果的合理预测。但是，如果 T 很大（比如像图 6.21 中 $T=100$），子博弈精炼 Nash 均衡所给出的博弈结果似乎就与人们的直觉不太吻合。因为如果每个参与人都一直选择 C(即都让博弈继续进行)，将会各得 101，远大于一开始就让博弈结束。

在实际的博弈中，也许很少有人会让蜈蚣博弈进行到最后一个阶段，但是可能更少的人会一开始就让博弈结束。曾有学者组织了有关蜈蚣博弈的试验，在试验中，没有人一开始就选择结束博弈，而是在博弈的前面几个阶段“大胆”地选择继续博弈，只是随着博弈的继续进行，人们的选择会变得更加谨慎。有数据表明：绝大多数试验人员一般会在 60~70 阶段结束博弈[③]。

---

① 连锁店博弈实际上就是 K 阶段的完美信息动态博弈，其子博弈精炼 Nash 均衡可用逆向归纳法求解。

② 该博弈来自 Rosenthsal，由于其博弈树形似蜈蚣，故称“蜈蚣博弈”。

③ 笔者在博弈论的教学过程中，也曾先后组织了 200 多人次的学生进行网上试验，试验的结果是学生一般在 30~60 阶段终止博弈。

2. 逆向归纳法对理性的要求

如同前面所定义的博弈的解一样，子博弈精炼 Nash 均衡不仅要求“参与人完全理性”，而且要求“参与人完全理性”为共同知识，否则就无法使用逆向归纳法求解子博弈精炼 Nash 均衡。例如，对于图 5.8 所示的扩展式博弈，要得到子博弈精炼 Nash 均衡（$(B, E), D$），就必须要求：参与人 1、参与人 2 理性；参与人 1 知道参与人 2 理性，参与人 2 知道参与人 1 理性；参与人 1 知道参与人 2 知道参与人 1 理性。而在图 6.21 所示的蜈蚣博弈中，逆向归纳法对参与人理性的要求更严。

逆向归纳法的逻辑推理令人信服，但逆向归纳法的应用却有局限性。考察图 6.22 所示扩展式博弈。根据逆向归纳法容易求出博弈的子博弈精炼 Nash 均衡为：每个参与人选择 C，同时每个参与人都获得支付 2。在图 6.22 中，如果 n 很小比如说 $n=2$，这个预测也许是正确的；但如果 n 很大，这个结果就值得怀疑了。例如，假设 $n=3$，对于参与人 1 来讲，要使自己获得支付 2，不仅要确信参与人 2 和参与人 3 都会选择 C，而且还要确信参与人 2 确信参与人 3 将会选择 C；否则就不如直接选择 S，以确保自己得到安全支付 1。这里，为了得到子博弈精炼 Nash 均衡，不仅要求每个参与人不会“犯错误”，而且还要求每个参与人都会预期到其他参与人不会“犯错误”，即参与人关于其他参与人行为的预期是一致的。假设每个参与人选择 C 的概率 $p<1$，所有 $n-1$ 个参与人选择 C 的概率为 p^{n-1}。当 n 很大时，即使 p 很大（即参与人“犯错误”的概率很小），p^{n-1} 也会很小①。例如，当 $n=20$，$p=0.9$ 时，$p^{n-1}<0.135\ 1$。

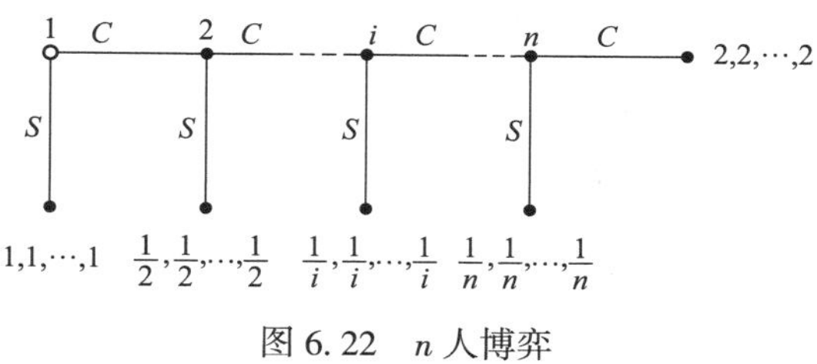

图 6.22　n 人博弈

此外，逆向归纳法也没有为当某些未预料到的事情发生时（即参与人“犯错误”时），参与人如何形成他们的预期提供解释，这使得逆向归纳法的逻辑受到怀疑。例如，在图 5.8 所示的扩展式博弈中，子博弈精炼 Nash 均衡要求参与人 1 选择 B，使博弈结束。但是，如果参与人 1 没有选择 B 而选择了 A，那么参与人 2 将会如何选择呢？根据逆向归纳法参与人 2 预测到参与人 1 将会选择 B，但参与人 1 却选择了 A。当这种未曾预料到的事情发生时，参与人 2 的最优选择将依赖于他如何预测参与人 1 未来的行为。如果参与人 2 认为参与人 1 “不理性”，那么他也许可以选择 C，而不是 D，从而让“不理性”的参与人 1 再选择 F，使自己的支付由 1 变为 2。但是，如果参与人 2 认为参与人 1 是“理性”的，而只是不知道参与人 2 是否理性，或者认为参与人 1 为了诱使自己选择 C 而在“装傻”，那么参与人 2 的最优选择就应该还是 D 而不是 C。所以，当参与人 2 关于参与人 1 将会如何行动的预期不同时，参与人 2 的最优选择也会不同。这里，逆向归纳法无法为参与人 2 形成关于参与人 1 未来行动的预期提供帮助和支持。又如，在蜈蚣博弈中，如果参与人 1 一开始就“装傻”，使博弈继续进行，那么参与人 2 又该如何预测参与人 1 未来的行动呢？如果参与人 2 认为参与

① 这也许是自己的行为引起的，也许是对其他参与人行为的预期引起的。

人1在下一阶段还会继续“装傻”，那么参与人2不妨也“装傻”，从而使自己（同时也使别人）获得更大的支付。

6.4.2 子博弈精炼 Nash 均衡的唯一性

人们提出子博弈精炼 Nash 均衡的主要目的是克服 Nash 均衡的多重性。但从前面的讨论中可以看到，许多情况下我们所讨论的博弈问题仍然可能存在多个子博弈精炼 Nash 均衡。例如，例5.1中所讨论的分配博弈及图6.5所示的扩展式博弈。由于子博弈精炼 Nash 均衡并不是在任何情况下都是唯一存在的，因此使用子博弈精炼 Nash 均衡仍可能面临解的多重性问题。下面通过一些例子对子博弈精炼 Nash 均衡的唯一性条件进行说明，并对存在多个子博弈精炼 Nash 均衡时，如何选择合理的精炼均衡进行非规范式的分析[①]。

容易证明：在完美信息扩展式博弈中，如果没有任何参与人对博弈的结果是无差异的，那么博弈存在唯一的子博弈精炼 Nash 均衡。例如，在图6.23(a)所示扩展式博弈中，博弈的4个结果对参与人1和参与人2来讲都是不同的，因此博弈存在唯一的子博弈精炼 Nash 均衡——$(A,(R,L))$；而在图6.23(b)所示扩展式博弈中，存在多个对参与人1或参与人2来讲是相同的博弈结果[②]，$(A,(R,L))$和$(B,(R,L))$都是该博弈的子博弈精炼 Nash 均衡。

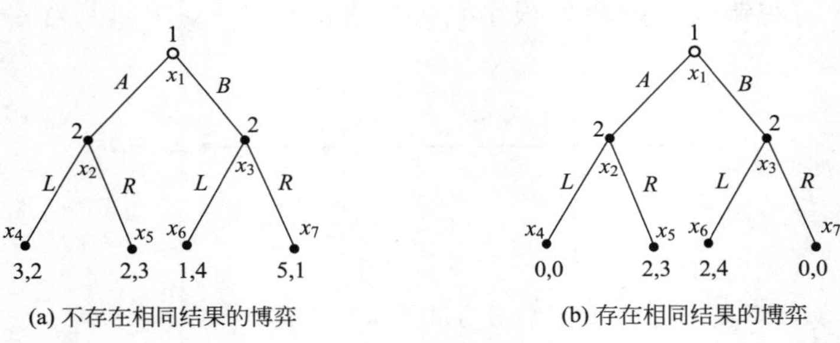

(a) 不存在相同结果的博弈　　(b) 存在相同结果的博弈

图6.23　完美信息扩展式博弈

但是，上述条件显然过于苛刻。例如，图6.7中参与人1在终点结x_6、x_8和x_{10}的结果是无差异的，但该博弈也只存在唯一的子博弈精炼 Nash 均衡。因此，上述条件可以放松为：在完美信息扩展式博弈中，如果不存在这样的参与人，该参与人在某一决策结上对自己的选择所导致的结果是无差异的，那么博弈存在唯一的子博弈精炼 Nash 均衡。例如，在图6.7中，虽然参与人1在终点结x_6、x_8和x_{10}的结果是无差异的，但参与人1在自己的每个决策结(即x_1、x_4和x_5）上的选择所导致的结果却是不同的，同时参与人2在自己的每个决策结（即x_2和x_3）上的选择所导致的结果也不同，因此该博弈只存在唯一的子博弈精炼 Nash 均衡。考察图6.24中扩展式博弈[③]。在图6.24中，参与人2在决策结x_2上选择L'所导致的结果为$(1,1)$，选择R'所导致的结果为$(4,1)$，所以参与人2在决策结x_2上的选择是无差异的。此时，博弈存在两个子博弈精炼 Nash 均衡——$((R,L'',R''),(L',L'))$和$((L,L'',$

---

① 有关子博弈精炼 Nash 均衡多重性的规范式分析即子博弈精炼 Nash 均衡的精炼，读者可参见第四部分。

② 例如，对参与人1来讲，博弈在终点结x_4和x_7及x_5和x_6的结果是无差异的；对参与人2来讲，博弈在终点结x_4和x_7的结果是无差异的。

③ 注意图6.24中博弈的支付与图6.7中博弈的支付的区别。

R'')，(R'，L'))。

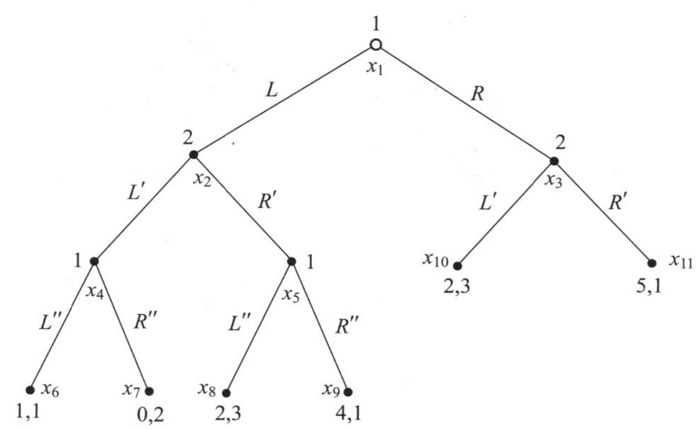

图 6.24　存在两个子博弈精炼 Nash 均衡的完美信息扩展式博弈

由以上分析可以看到：在完美信息扩展式博弈中，如果在某个决策结上参与人对自己的选择所导致结果是无差异的，那么博弈就会存在多个子博弈精炼 Nash 均衡。

上面所得到的结论只适用于完美信息的扩展式博弈，对信息完全但不完美的扩展式博弈并不一定适用。图 6.25 给出的是一个信息完全但不完美的扩展式博弈。在该博弈中，博弈的各个结果对参与人 1 和参与人 2 来讲都是不同的，参与人 1 在决策结 x_1 和参与人 2 在决策结 x_2 上的选择所导致的结果也不相同，但是从图 6.25(b)中可以看到：博弈存在三个 Nash 均衡——((L，F)，B)、((L，B)，B)和((R，F)，F)。根据子博弈精炼 Nash 均衡的定义，容易验证 ((L，B)，B)和((R，F)，F)为子博弈精炼 Nash 均衡。

在图 6.25 所示博弈中，虽然 ((L，B)，B)和((R，F)，F) 都是博弈的解——子博弈精炼 Nash 均衡，但是 ((R，F)，F) 似乎是关于博弈结果的更合理的预测。这可以从两个方面来看。首先，从图 6.25(b)中可以看到：((R，F)，F)是唯一的无法通过重复剔除劣战略而剔除掉的均衡；其次，((R，F)，F)所给出的参与人在各个决策结（或信息集）上的行动，与参与人关于其他参与人行动的预期相吻合。在博弈中，当参与人 2 不得不做决策时，他知道参与人 1 没有选择 L，而且他会预期到参与人 1 将会在随后的博弈中（即信息集 $I_1(\{x_3, x_4\})$上）选择 F①，因此参与人 2 在决策结 x_2 上将会选择 F。同样，参与人 1 预期到当他选择 R 时参与人 2 将会选择 F，所以参与人 1 在决策结 x_1 将会选择 R②。

考察一个更为复杂的博弈。对于图 6.26(a)所示的扩展式博弈，用 $S_1=\{(x, y, z) \mid x\in\{L, R\}, y, z\in\{F, B\}\}$ 表示参与人 1 的战略集，其中 x、y 和 z 分别表示参与人 1 在信息集 $I_1(\{x_1\})$、$I_1(\{x_4, x_5\})$和 $I_1(\{x_6, x_7\})$上的行动；用 $S_2=\{(x, y) \mid x, y\in\{F, B\}\}$ 表示参与人 2 的战略集，其中 x 和 y 分别表示参与人 2 在信息集 $I_2(\{x_2\})$和 $I_2(\{x_3\})$ 上的行动。博弈的战略式描述如图 6.26(b)所示。根据博弈的战略式描述，容易得到博弈的 8 个 Nash 均衡——((L，F，F)，(F，F))、((L，F，F)，(F，B))、((L，B，F)，(B，B))、((R，F，F)，(B，F))、((L，F，B)，(F，F))、((L，F，B)，(F，B))、((L，B，B)，(B，B))和((R，B，F)，(B，F))。当然，如果直接根据子博弈精炼 Nash 均衡的

① 如果参与人 1 在信息集 $I(\{x_3, x_4\})$ 上选择 B，其最大支付不会超过 2，还不如直接在决策结 x_1 上选择 L。

② 参与人 1 选择 L，所得支付为 3；而选择 R 时，所有的参与人将在随后的博弈中选择 F，从而使自己的支付为 4。

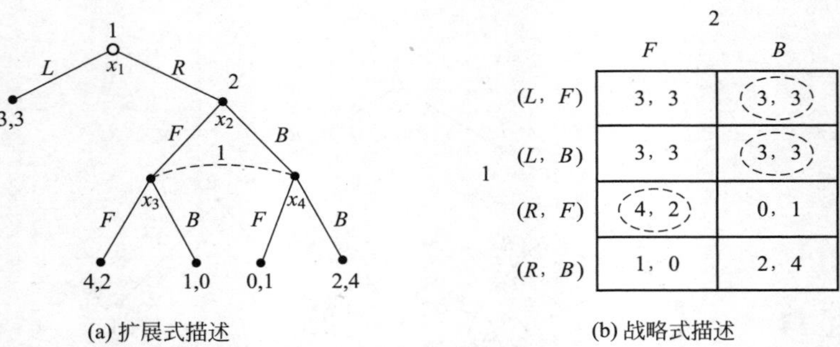

	F	B
(L，F)	3，3	3，3
(L，B)	3，3	3，3
(R，F)	4，2	0，1
(R，B)	1，0	2，4

(b) 战略式描述

图 6.25　信息完全但不完美的博弈

定义，也很容易从上述 8 个均衡中找出子博弈精炼 Nash 均衡。这里介绍一种通过比较子博弈的 Nash 均衡来求解子博弈精炼 Nash 均衡的方法。在图 6.26(a) 所示博弈中，除原博弈外存在两个子博弈 $\Gamma(x_2)$ 和 $\Gamma(x_3)$，而且 $\Gamma(x_2)$ 和 $\Gamma(x_3)$ 都存在两个 Nash 均衡——（F，F）和(B，B)[①]。考察参与人 1 在决策结 x_1 上的选择。假设参与人 1 在决策结 x_1 上选择 L，这意味着 $\Gamma(x_2)$ 的均衡结果对参与人 1 而言优于 $\Gamma(x_3)$ 的。如果 $\Gamma(x_2)$ 上的 Nash 均衡为（F，F），则 $\Gamma(x_3)$ 上的 Nash 均衡可为(F，F)和(B，B)，因此（(L，F，F)，(F，F)）和((L，F，B)，（F，B)）构成子博弈精炼 Nash 均衡；如果 $\Gamma(x_2)$ 上的 Nash 均衡为（B，B)，则 $\Gamma(x_3)$ 上的 Nash 均衡只能为(B，B)，因此((L，B，B)，（B，B)）构成子博弈精炼 Nash 均衡。假设参与人 1 在决策结 x_1 上选择 R，这意味着 $\Gamma(x_3)$ 的均衡结果对参与人 1 而言优于 $\Gamma(x_2)$。仿照前面的分析，可知（(R，B，F)，(B，F)）构成子博弈精炼 Nash 均衡。所以，图 6.26 中博弈存在 4 个子博弈精炼 Nash 均衡——（(L，F，F)，(F，F)）、((L，F，B)，(F，B)）、((L，B，B)，（B，B)）和((R，B，F)，（B，F)）。下面采用类似于前面的方法，寻找合理的子博弈精炼 Nash 均衡。

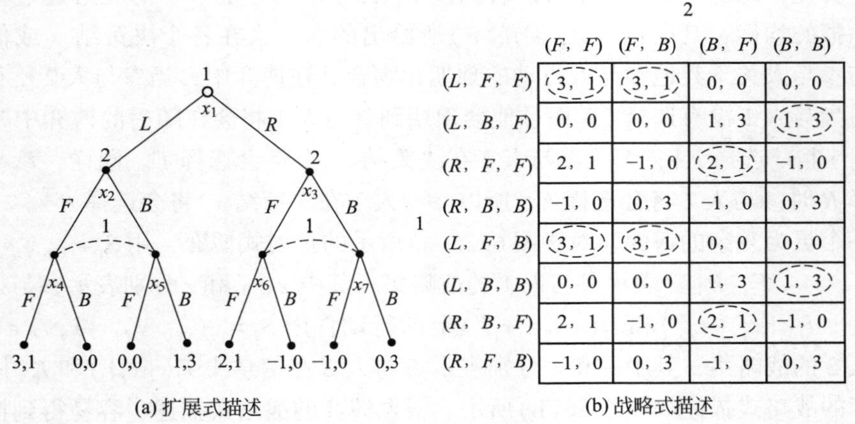

	(F，F)	(F，B)	(B，F)	(B，B)
(L，F，F)	3，1	3，1	0，0	0，0
(L，B，F)	0，0	0，0	1，3	1，3
(R，F，F)	2，1	−1，0	2，1	−1，0
(R，B，B)	−1，0	0，3	−1，0	0，3
(L，F，B)	3，1	3，1	0，0	0，0
(L，B，B)	0，0	0，0	1，3	1，3
(R，B，F)	2，1	−1，0	2，1	−1，0
(R，F，B)	−1，0	0，3	−1，0	0，3

(b) 战略式描述

图 6.26　信息完全但不完美的博弈

在图 6.26(b) 中，按如下顺序重复剔除劣战略：

(1) 剔除参与人 1 的劣战略(R，B，B)和(R，F，B)；

① 这里指纯战略 Nash 均衡。

（2）剔除参与人 2 的劣战略(B, B)和(F, B)；

（3）剔除参与人 1 的劣战略(L, B, F)和(L, B, B)；

（4）剔除参与人 2 的劣战略(B, F)；

（5）剔除参与人 1 的劣战略(R, F, F)和(R, B, F)。

剩余的战略组合为$((L, F, F), (F, F))$和$((L, F, B), (F, F))$，其中$((L, F, F), (F, F))$为子博弈精炼 Nash 均衡。所以，在图 6.26 所示博弈中合理的精炼均衡为$((L, F, F), (F, F))$。

上述重复剔除劣战略的过程可以用参与人关于未来行动的预期进行解释。首先，所有参与人都预期到如果参与人 1 选择 L，其期望支付不会小于$\frac{3}{4}$①。如果参与人 1 选择了 R，那么参与人 2 将预期到参与人 1 在随后的博弈中将会选择 F②，因此参与人 2 选择 F。所以，如果博弈达到子博弈 $\Gamma(x_3)$，则其均衡为 (F, F)，参与人 1 所得均衡支付为 2。这意味着参与人 1 将战略集 $S_1'=\{(R, y, B) \mid y\in\{F, B\}\}$中战略即$(R, F, B)$和$(R, B, B)$ 剔除，参与人 2 将战略集 $S_2'=\{(x, B) \mid x\in\{F, B\}\}$ 中战略即(B, B)和(F, B) 剔除。其次，由于所有的参与人都能够预期到参与人的以上预期，因此如果参与人 1 选择了 L，那么参与人 2 将预期到参与人 1 在随后的博弈中将会选择 F③，所以参与人 2 选择 F。所以，如果博弈到达子博弈 $\Gamma(x_2)$，则其均衡为(F, F)，参与人 1 所得均衡支付为 3。这意味着参与人 1 将战略集 $S_1''=\{(L, B, z) \mid z\in\{F, B\}\}$中战略即$(L, B, F)$和$(L, B, B)$ 剔除，参与人 2 将战略集 $S_2''=\{(B, y) \mid y\in\{F, B\}\}$中战略即 (B, F)和(B, B) 剔除。由于参与人 1 预期到在决策结 x_1 上选择 L 所得均衡支付为 3，选择 R 所得均衡支付为 2，所以参与人 1 在决策结 x_1 上选择 L。这意味着参与人 1 将战略集 $S_1'''=\{(R, y, z) \mid y, z\in\{F, B\}\}$中战略即$(R, F, F)$、$(R, F, B)$、$(R, B, F)$和$(R, B, B)$ 剔除。综上，合理的精炼均衡为$((L, F, F), (F, F))$。

需要指出的是，在参与人 1 的剩余战略集 $S_1\setminus(S_1'\cup S_1''\cup S_1''')$ 中，存在两个战略——(L, F, F)和(L, F, B)。虽然 (L, F, B) 与参与人 2 的剩余战略(F, F)构成 Nash 均衡，但并不构成子博弈精炼 Nash 均衡。

根据上面的分析，还可以给出一个有关信息完全但不完美的博弈存在唯一子博弈精炼 Nash 均衡的条件：如果博弈的每个子博弈都只存在唯一的 Nash 均衡，那么该博弈只有唯一的子博弈精炼 Nash 均衡。

---

① 参与人 1 选择 L 所到达的子博弈 $\Gamma(x_2)$存在两个纯战略 Nash 均衡——(F, F) 和 (B, B)，以及一个混合战略 Nash 均衡，参与人 1 在这 3 个均衡中的支付（或期望支付）分别为 3、1 和$\frac{3}{4}$。

② 如果选择 B，参与人 1 所得支付不会大于 0，还不如直接选择 L。

③ 如果选择 B，参与人 1 所得支付不会大于 1，还不如选择 R，得到 2 的均衡支付。

第7章 重复博弈

所谓重复博弈，就是一个多阶段的动态博弈，在博弈的每个阶段，重复同样的博弈。根据阶段博弈被重复的次数，可以将重复博弈分成有限重复博弈和无限重复博弈。本章将对重复博弈进行讨论，在讨论的过程中始终以将来行动的威胁或承诺能否影响到当前的行动这一议题为中心，主要涉及有限重复博弈、无限重复博弈和讨价还价博弈方面的内容。

7.1 有限重复博弈

考察图7.1中的战略式博弈。在图7.1(a)中，博弈存在唯一的Nash均衡——（U，L），而且该均衡是Pareto有效的。可以设想：如果图7.1(a)中博弈重复进行两次，那么在每一次博弈中，博弈的结果都将会是Pareto有效的（即博弈的Nash均衡为（U，L））。而在图7.1(b)中，虽然博弈也存在唯一的Nash均衡——(U，L)，但该均衡与博弈结果（D，R）相比却是Pareto无效的。也就是说，图7.1(b)中博弈是一个典型的“囚徒困境”。再设想一下，如果图7.1(b)中博弈重复进行两次，那么在某一次(或两次)博弈中，是否可能出现Pareto有效的结果(D，R)呢？比如说，在“囚徒困境”博弈中，如果两个小偷事先就知道他们将会两次被抓，那么在博弈中他们是否可能合作，即都选择“抵赖”呢？

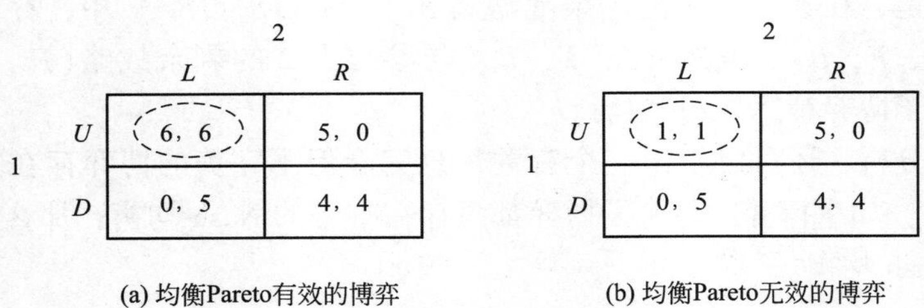

(a) 均衡Pareto有效的博弈

1 \ 2	L	R
U	6，6	5，0
D	0，5	4，4

(b) 均衡Pareto无效的博弈

1 \ 2	L	R
U	1，1	5，0
D	0，5	4，4

图7.1 两个战略式博弈

考察图7.1(b)中博弈重复进行两次的情形，即参与人先进行一次图7.1(b)中博弈（称为阶段博弈），在所有的参与人都看到第一次博弈的结果以后再进行一次图7.1(b)中博弈。图7.2给出了该重复博弈的扩展式描述①。

图7.2中博弈可以应用逆向归纳法来求解。首先求解阶段博弈第二次进行时（即博弈的第二阶段）参与人的选择。不难看出，无论第一阶段博弈的结果如何，第二阶段博弈（即子博弈$\Gamma(x_2)$、$\Gamma(x_3)$、$\Gamma(x_4)$和$\Gamma(x_5)$）的均衡都是原博弈的唯一的Nash均衡（U，L），双方的收益为（1，1）。再回到博弈的第一阶段，即第一次博弈。理性的参与人知道第二阶

① 在图7.2中，参与人的支付即为参与人在两次博弈中支付的简单相加。这里暂不考虑支付的贴现。

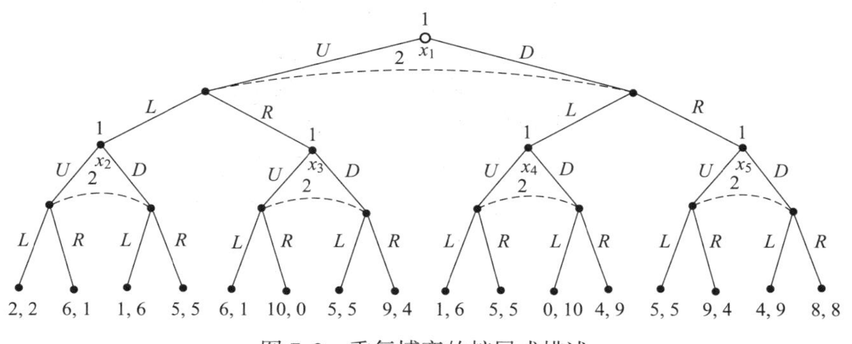

图 7.2　重复博弈的扩展式描述

段的结果必然是（U，L），双方的收益为（1，1）。因此不管第一阶段的博弈结果如何，双方在整个重复博弈中的最终收益都将是在第一阶段收益的基础上加上 1。因此，从博弈的第一阶段来看，与这个重复博弈完全等价的一次性博弈就是图 7.3 所示的战略式博弈，其中图 7.3 中博弈的支付是在图 7.1(b)中博弈支付的基础上加上 1 得到的。显然，图 7.3 中博弈的 Nash 均衡为(U，L)，参与人在第一阶段的选择结果为（U，L）。所以，上述两次重复博弈唯一的子博弈精炼 Nash 均衡就是：在每个阶段博弈中，博弈的结果都是阶段博弈的 Nash 均衡。这意味着图 7.1(b)中博弈即使重复进行两次，博弈在每一阶段的结果都与一次性博弈一样，两次重复博弈相当于一次性博弈的简单重复，Pareto 有效的博弈结果无法出现。因此，在“囚徒困境”博弈中，即使两个小偷被抓两次，他们在博弈中也无法形成合作（即都选择“抵赖”）。

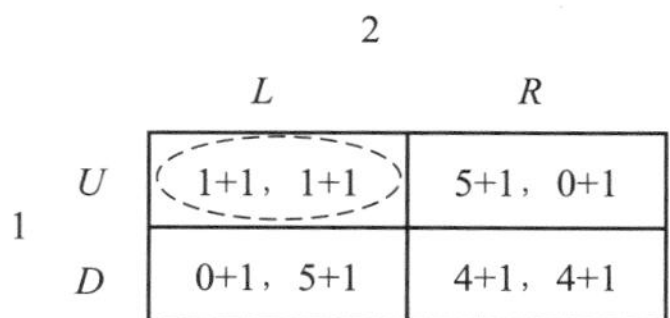

		2	
		L	R
1	U	1+1，1+1	5+1，0+1
	D	0+1，5+1	4+1，4+1

图 7.3　等价博弈的战略式描述

进一步，假设图 7.1(b)所示的阶段博弈重复三次，结果是否又会有所不同呢？应用逆向归纳法，在博弈的最后一个阶段即阶段博弈第三次进行时，博弈的结果仍是阶段博弈的 Nash 均衡，依次往前推，博弈在第二阶段乃至第一阶段的结果都是阶段博弈的 Nash 均衡。Pareto 有效的博弈结果在阶段博弈中无法出现，合作无法形成。更一般地，即使图 7.1(b)所示的阶段博弈重复 n 次（n 为一有限的正整数），在每一阶段中，参与人仍都采用阶段博弈唯一的 Nash 均衡，合作同样无法达到。

为了对重复博弈进行规范分析，在博弈论中，重复博弈有着严格的定义。下面给出的是有限重复博弈的定义。

定义 7.1　给定阶段博弈 G，G 重复进行 T 次的有限重复博弈（用 $G(T)$ 表示）是指

（1）G 重复进行 T 次，在每一次阶段博弈 G 开始前，所有以前博弈的进程都可被参与人观测到；

（2）参与人在 $G(T)$ 中的收益为 T 次阶段博弈收益的简单相加或 T 次阶段博弈收益的现值。

从上述定义可以看到，有限重复博弈具有以下特征。

(1) 在博弈的每一阶段，博弈的结构完全相同，也就是说，前一阶段的博弈不改变后一阶段博弈的结构。

(2) 参与人可以观测博弈的进程意味着：在开始下一次博弈时，博弈的历史对参与人来讲为共同知识。这意味着参与人可以使自己在某个阶段博弈的选择依赖于其观测到的博弈历史，即其他参与人过去行动的历史，因此参与人在重复博弈中的战略空间远远大于和复杂于阶段博弈中的战略空间。例如，以“囚徒困境”博弈为阶段博弈，当 $T=1$ 时，参与人的战略数为2；当 $T=2$ 时，参与人的战略数为 $2^{(1+4)}=32$；当 $T=3$ 时，参与人的战略数为 $2^{(1+4+16)}=2\,097\,152$；而当 $T=4$ 时，参与人的战略数为 $2^{(1+4+16+64)}>3.868\times10^{25}$，即数以亿亿亿计。

(3) 在有限重复博弈中，如果不考虑贴现，则参与人在 $G(T)$ 中的收益为 T 次阶段博弈收益的简单相加；如果考虑贴现，则参与人在 $G(T)$ 中的收益为 T 次阶段博弈收益的现值。

用 π_i^j 表示参与人 i 在 $G(T)$ 中第 $j(j=1, 2, \cdots, T)$ 阶段的支付，如果不考虑贴现，则参与人在 $G(T)$ 中的收益 $\pi_i(G(T))=\pi_i^1+\pi_i^2+\cdots+\pi_i^T=\sum_{j=1}^{T}\pi_i^j$。例如，在前面的讨论中，就没有考虑贴现，而只是将参与人第一阶段和第二阶段的支付简单相加（参见图7.3）；如果考虑贴现，不妨设贴现率为 δ，则参与人在 $G(T)$ 中的收益 $\pi_i(G(T))=\pi_i^1+\delta\pi_i^2+\cdots+\delta^{T-1}\pi_i^T=\sum_{j=1}^{T}\delta^{j-1}\pi_i^j$。

从前面的分析可知：图7.1(b)所示的阶段博弈重复有限次，在博弈的每个阶段中，博弈的结果都是阶段博弈的 Nash 均衡。这一结论可以推广到更一般的博弈中，即如果阶段博弈只有唯一的 Nash 均衡，则有限重复博弈的唯一子博弈精炼 Nash 均衡为参与人在每阶段中都采用阶段博弈的 Nash 均衡战略。

定理7.1 如果阶段博弈 G 有唯一的 Nash 均衡，则对任意有限的 T，重复博弈 $G(T)$ 有唯一的子博弈精炼 Nash 均衡，即阶段博弈 G 的 Nash 均衡结果在每一个阶段重复出现。

定理7.1表明，当阶段博弈只有唯一的 Nash 均衡时，有限重复博弈本质上只是阶段博弈的简单重复，重复博弈的子博弈精炼 Nash 均衡就是每次重复采用阶段博弈的 Nash 均衡。这个重复博弈并不能给参与人带来比一次性博弈更好的结果，合作不可能到达。但是，如果重复博弈的阶段博弈有多个 Nash 均衡，合作是不是还是不能达到呢？考察图7.4所表示的博弈。在这个博弈中，博弈存在两个纯战略 Nash 均衡——(L_1, L_2)和(R_1, R_2)，对应的支付分别为 (1, 1)和(3, 3)。但在这个博弈中，存在同时对(1, 1)和(3, 3) Pareto 占优的结果(4, 4)，其对应的战略组合(M_1, M_2)却不是 Nash 均衡。因此，一次性博弈的结果不可能是 Pareto 有效的。那么，两次重复这个博弈的情形又如何呢？

		2		
		L_2	M_2	R_2
1	L_1	(1, 1)	5, 0	0, 0
	M_1	0, 5	4, 4	0, 0
	R_1	0, 0	0, 0	(3, 3)

图7.4 含有多个 Nash 均衡的阶段博弈

可以肯定的是，在两次重复博弈中将会出现很多种可能的博弈结果。这是因为在 $G(2)$

（即两次重复图 7.4 所示博弈的重复博弈）中，参与人的战略数达 $3^{(1+9)}=59\ 049$，博弈的战略组合数为 $59\ 049\times 59\ 049=3\ 486\ 784\ 401$。在这些不同的战略组合中，能成为子博弈精炼 Nash 均衡的有很多，比如，第一阶段采用阶段博弈的一个纯战略（或混合战略）Nash 均衡①，第二阶段无论什么情况都采用同一（或不同）均衡的战略组合等。但重要的是，在两次重复博弈中确实存在第一阶段采用战略组合(M_1, M_2)的子博弈精炼 Nash 均衡。这意味着合作在两次重复博弈中可以达到。

在两次重复博弈中，在博弈的第一阶段，虽然参与人预测到第二阶段的结果将会是阶段博弈的一个 Nash 均衡，但由于阶段博弈有不止一个 Nash 均衡，因而参与人可能会预期：参与人根据第一阶段的不同结果，在第二阶段博弈中选择不同的 Nash 均衡。据此，构造如下参与人 1 和参与人 2 的战略 S_1' 和 S_2'：

参与人 1 的战略 S_1'——第一阶段选择 M_1；如果第一阶段结果为(M_1, M_2)，则下一阶段选 R_1；否则选择 L_1。

参与人 2 的战略 S_2'——第一阶段选择 M_2；如果第一阶段结果为(M_1, M_2)，则下一阶段选 R_2；否则选择 L_2。

参与人的上述战略具有这样的特点：首先试探合作，一旦发现对方不合作也采用不合作相报复，故上述战略亦称为触发战略（trigger strategy）。在触发战略组合下，两次重复博弈的结果为第一阶段(M_1, M_2)，第二阶段(R_1, R_2)，是一个子博弈精炼 Nash 均衡。这是因为：首先，第二阶段是阶段博弈的 Nash 均衡，因此不可能有哪一方愿意单独偏离；其次，第一阶段的(M_1, M_2)虽然不是阶段博弈的 Nash 均衡，一方单独偏离，采用 L_1 或 L_2 能增加 1 单位收益，但这样做的后果是第二阶段至少要损失 2 单位的收益，因为对方所采用的是有“报复机制”的战略。因此偏离(M_1, M_2)是得不偿失的，合理的选择是坚持(M_1, M_2)。

在上述两次重复博弈中，当参与人采用触发战略时，第二阶段的选择实际上是一种条件选择——当第一阶段结果为(M_1, M_2)时，第二阶段必为(R_1, R_2)，收益为(3，3)；而当第一阶段结果为其他时，第二阶段必为(L_1, L_2)，收益为(1，1)。如果把（3，3）加到第一阶段(M_1, M_2)的收益上，把(1，1)加到第一阶段其他战略组合收益上，就把原两次重复博弈转化成了一个等价的一次性博弈，如图 7.5 所示。在图 7.5 中，容易看出，战略组合(M_1, M_2)是一个 Nash 均衡，并且是 Pareto 有效的博弈结果。因此，在上述两次重复博弈中，双方的合作是可以达到的。

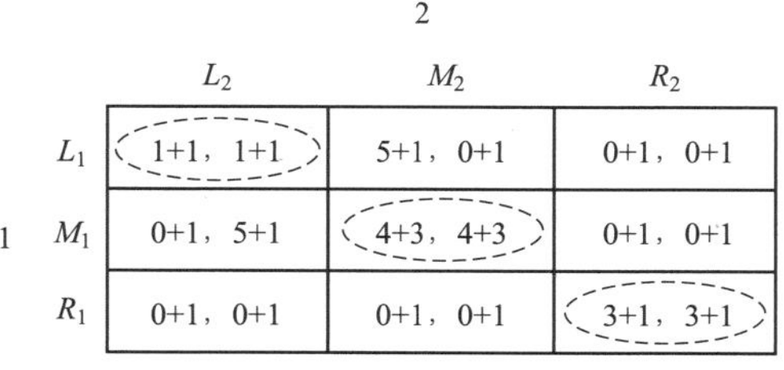

		2		
		L_2	M_2	R_2
	L_1	1+1，1+1	5+1，0+1	0+1，0+1
1	M_1	0+1，5+1	4+3，4+3	0+1，0+1
	R_1	0+1，0+1	0+1，0+1	3+1，3+1

图 7.5 等价博弈的战略式描述

在以图 7.4 中博弈为阶段博弈的两次重复博弈中，当参与人采用触发战略时，在博弈的第一阶段合作能够形成，这是因为在触发战略中实际上隐含了一种奖惩机制——如果对方在

① 注意，在图 7.4 所示阶段博弈中，除了两个纯战略 Nash 均衡外，还存在混合战略 Nash 均衡。

第一阶段合作，则在第二阶段选用好的均衡(R_1, R_2)奖励他；如果对方在第一阶段不合作，则在第二阶段选用差的均衡(L_1, L_2)惩罚他。也就是说，每个参与人的战略都会对对方未来的行动产生约束，这样参与人的战略中就含有了可信的威胁（即不合作就用差的均衡(L_1, L_2)惩罚他）与承诺（即合作就用好的均衡(R_1, R_2)奖励他）。而在以图7.1(b)中博弈为阶段博弈的两次重复博弈中，由于阶段博弈中只存在一个Nash均衡，每个参与人只要采用唯一的均衡战略就可确保自己在第二阶段的收益，因此对方在第一阶段的任何承诺与威胁都不可信。

如果图7.4中博弈重复的次数不是两次，而是三次或者更多，一般来说n次，结论也是相似的。仍然可以采用触发战略实现比较好的结果，即除了最后一个阶段以外，每次都采用(M_1, M_2)，最后阶段采用Nash均衡(R_1, R_2)。当重复的次数较多时，平均收益接近于一次性博弈中(M_1, M_2)的收益(4，4)。

定理7.2　如果阶段博弈G中存在多个Nash均衡，则$G(T)$中可能存在这样的子博弈精炼Nash均衡，在该均衡中，对每一$t<T$，t阶段的结果都不是G的Nash均衡。

通过上述例子已经知道，对将来行动所作的可信的威胁或承诺可以影响当前的行动。在以图7.4中博弈为阶段博弈的两次重复博弈中，如果博弈的结果是第一阶段为(M_1, M_2)，第二阶段为(R_1, R_2)，则符合双方的利益，当然不会存在问题。但如果第一阶段有一方偏离了均衡，另一方将在第二阶段采用报复性的行动L_1或L_2，这样偏离的一方也只有采用行动L_2或L_1，双方只能得到比较差的均衡支付。因此上述触发战略在报复偏离均衡的对方的同时，报复者自己也会受到损失。如果未偏离的一方认为过去的反正已经过去了，在余下的阶段博弈中选择对双方都有利的均衡(R_1, R_2)，对自己也是有利的，那么这必然引起上述威胁或承诺是否真正可信的问题。下面就这一问题做进一步的探讨。

如果参与人认为威胁或承诺不可信，即认为对方不可能真正采用触发战略，则意味着对于第一阶段的每个结果，第二阶段都是(R_1, R_2)，双方收益为(3，3)。这样两个参与人在第一阶段面临的局势就可以简化为在第一阶段的所有收益上加(3，3)后形成的一次性博弈，如图7.6所示。在图7.6中，(M_1, M_2)不是Nash均衡。这意味着任一参与人在第一阶段都会有偏离(M_1, M_2)的动机。

触发战略中威胁或承诺的可信性是一个很复杂的问题，除了上面所提到的参与人的相互预期外，还会受到阶段博弈本身的结构及阶段博弈的重复次数等因素的影响。考察以图7.7中博弈为阶段博弈的两次重复博弈。

1 \ 2	L_2	M_2	R_2
L_1	1+3，1+3	5+3，0+3	0+3，0+3
M_1	0+3，5+3	4+3，4+3	0+3，0+3
R_1	0+3，0+3	0+3，0+3	3+3，3+3

图7.6　等价博弈的战略式描述

1 \ 2	X_2	Y_2	Z_2	P_2	Q_2
X_1	1，1	5，0	0，0	0，0	0，0
Y_1	0，5	4，4	0，0	0，0	0，0
Z_1	0，0	0，0	3，3	0，0	0，0
P_1	0，0	0，0	0，0	4，1/2	0，0
Q_1	0，0	0，0	0，0	0，0	1/2，4

图7.7　含有多个Nash均衡的阶段博弈

在图7.7中，博弈存在四个纯战略Nash均衡——(X_1, X_2)、(Z_1, Z_2)、(P_1, P_2)和(Q_1, Q_2)，其收益分别是（1，1）、(3，3)、(4，1/2)和(1/2，4)，但Pareto有效的博弈结果（Y_1，Y_2）不是Nash均衡。正是由于比图7.4中的阶段博弈多了两个纯战略Nash均

衡，因此在重复博弈中采用触发战略的余地就增加了，更重要的是构成触发战略的威胁或承诺更加可信。在两次重复博弈中，构造参与人的如下触发战略 s_1'' 和 s_2''。

参与人 1 的战略 s_1''——第一阶段选择 Y_1。如果第一阶段出现（Y_1，Y_2），则第二阶段选择 Z_1；如果第一阶段出现（Y_1，w），其中 $w \neq Y_2$，则第二阶段选择 P_1；如果第一阶段出现（w，Y_2），其中 $w \neq Y_1$，则第二阶段选择 Q_1；如果第一阶段出现（w_1，w_2），其中（$w_1 \neq Y_1$，$w_2 \neq Y_2$），则第二阶段选择 Z_1。

参与人 2 的战略 s_2''——第一阶段选择 Y_2。如果第一阶段出现（Y_1，Y_2），则第二阶段选择 Z_2；如果第一阶段出现（w，Y_2），其中 $w \neq Y_1$，则第二阶段选择 Q_2；如果第一阶段出现（Y_1，w），其中 $w \neq Y_2$，则第二阶段选择 P_2；如果第一阶段出现（w_1，w_2），其中（$w_1 \neq Y_1$，$w_2 \neq Y_2$），则第二阶段选择 Z_2。

在上述触发战略下，参与者在第一阶段所面临的局势就可归为图 7.8 所示的一次性博弈。在图 7.8 中，参与人的战略组合（Y_1，Y_2）不仅为博弈的 Nash 均衡，而且还是 Pareto 有效的博弈结果。这意味着参与人的战略组合（s_1''，s_2''）构成两次重复博弈的子博弈精炼 Nash 均衡，而且在该均衡中，参与人在博弈的第一阶段形成合作（即图 7.7 所示博弈中的（Y_1，Y_2）出现）。

		2				
		X_2	Y_2	Z_2	P_2	Q_2
	X_1	1+3，1+3	5+1/2，0+4	0+3，0+3	0+3，0+3	0+3，0+3
	Y_1	0+4，5+1/2	4+3，4+3	0+4，0+1/2	0+4，0+1/2	0+4，0+1/2
1	Z_1	0+3，0+3	0+1/2，0+4	3+3，3+3	0+3，0+3	0+3，0+3
	P_1	0+3，0+3	0+1/2，0+4	0+3，0+3	4+3，1/2+3	0+3，0+3
	Q_1	0+3，0+3	0+1/2，0+4	0+3，0+3	0+3，0+3	1/2+3，4+3

图 7.8　等价博弈的战略式描述

将图 7.7 与图 7.4 相比，在图 7.4 所示博弈构成的两次重复博弈中，参与人在第一阶段偏离（M_1，M_2）之后，惩罚的唯一方法是（L_1，L_2），这是一个 Pareto 无效（相比于（R_1，R_2））的均衡，惩罚者在惩罚对方的同时自己也受到惩罚。但是在图 7.7 所示博弈构成的两次重复博弈中，有三个均衡位于 Pareto 边界之上，一个是（Z_1，Z_2），它可以奖励两个参与者在第一阶段的良好行为；另外两个是（P_1，P_2）和（Q_1，Q_2），它们用以惩罚单方面偏离者，而且在惩罚的同时还奖励惩罚者。从而一旦在第二阶段有必要实施惩罚，惩罚者就不会再考虑选择阶段博弈的其他均衡，而偏离者也不会对惩罚者的行为产生错误的预期。这样前面例子中遇到的触发战略中威胁或承诺不可信问题就没有出现。

事实上，上述重复博弈中的触发战略，只是参与人在阶段博弈存在多个纯战略 Nash 均衡的情况下的有效战略之一，而且这种战略也并不是普遍存在的。考察以图 7.9 所示博弈为阶段博弈的重复博弈。在图 7.9 中，博弈存在两个纯战略 Nash 均衡（A，B）和（B，A），收益分别为（2，8）和（8，2）。此外，该博弈还存在一个混合战略 Nash 均衡，即参与人 1 和参与人 2 都以相同的概率在 A 和 B 之间随机选择，双方期望收益都等于 4。如果两个参与人之间是严格不合作的，即不能相互商量并达成任何有约束力的协议，而且双方都希望选择战略 B 得到高收益，又担心都选择 B 战略而产生两败俱伤的风险，也不甘心自己选择 A 战略而另

一方一旦选择 B 战略使自己得到较少的收益，那么只有选择混合战略。虽然混合战略所实现的期望收益并不理想，但这也是一种无奈的选择。因为两个纯战略均衡的双方利益是不对称的，即使双方互相商量，也难以达成协议。因此在这个一次性博弈中，不仅总收益达到12、各得6的最佳结果(6，6)无法实现，而且参与人在次佳的 Nash 均衡(A，B）和(B，A)上达成共识也不容易，甚至可能出现博弈最差的结果(0，0)。

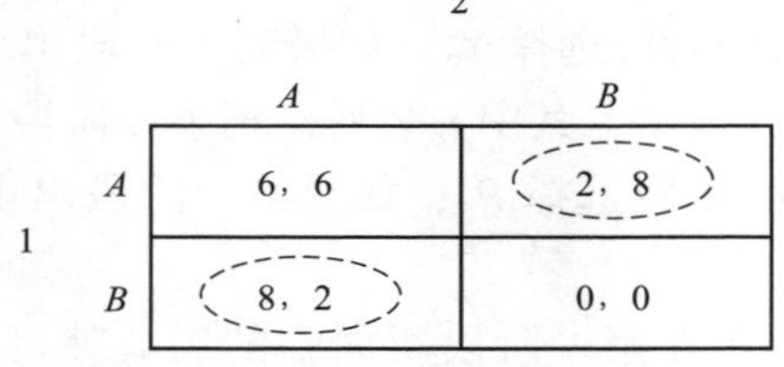

图 7.9　阶段博弈

那么，上述博弈的重复博弈又会怎样呢？先考虑两次重复博弈。首先，上述博弈的两次重复博弈有许多子博弈精炼 Nash 均衡解，比如说，第一阶段采用阶段博弈的一个纯战略（或混合战略）Nash 均衡，第二阶段无论什么情况都采用同一（或不同）均衡的战略组合等。但是，在所有的子博弈精炼 Nash 均衡中，参与人的战略都是无条件的，即后一次博弈的选择并不取决于第一次博弈的结果，并且不存在使（A，A）成为阶段博弈结果的子博弈精炼 Nash 均衡。这与上面的触发战略有明显的差别。

但是，如果上述博弈重复三次，情况就会发生改变。构造参与人如下触发战略 s'''_1 和 s'''_2。

参与人1的战略 s'''_1——第一阶段选择 A。如果第一阶段结果是（A，A），则第二阶段选择 A，第三阶段无条件选择 B；如果第一阶段结果不是（A，A），则第二、三阶段无条件选择混合均衡战略。

参与人2的战略 s'''_2——第一阶段选择 A。如果第一阶段结果是（A，A），则第二阶段选择 B，第三阶段无条件选择 A；如果第一阶段结果不是（A，A），则第二、三阶段无条件选择混合均衡战略。

容易证明：上述战略组合（s'''_1，s'''_2）构成三次重复博弈的子博弈精炼 Nash 均衡，并且在（s'''_1，s'''_2）下，博弈第一阶段的结果为（A，A），参与人的收益为（6，6）。当参与人采用触发战略 s'''_i 时，在博弈的第一阶段合作（即博弈结果为（A，A））之所以能够形成，是因为在触发战略 s'''_i 中也隐含了一种奖惩机制——如果对方在第一阶段合作，则在以后选用好的均衡（均衡支付为10）奖励他；如果对方在第一阶段不合作，则在以后选用差的均衡（期望均衡支付为8）惩罚他。但是，由于惩罚采用的是一个 Pareto 无效的均衡，惩罚者在惩罚对方的同时自己也受到了惩罚，这使得触发战略 s'''_i 同样存在威胁或承诺是否真正可信的问题。

7.2　无限重复博弈

上面通过对有限重复博弈问题的分析，可以知道，在有限重复博弈中，如果阶段博弈 G 只有一个 Nash 均衡，重复博弈 $G(T)$ 就只存在唯一的子博弈精炼 Nash 均衡，其中对任意 $t<$

T，阶段 t 的结果都是 G 的 Nash 均衡。也就是说，“囚徒困境”博弈重复再多次，只要次数有限，小偷之间都无法形成合作。这似乎与我们的直觉不太相符。因为在现实中常常看到一些“惯偷”（即多次偷窃的小偷）被抓之后，往往都会选择“抵赖”而不是“坦白”。关于这个问题，只有引入无限重复博弈才能给出合理的解释。

定义 7.2　给定一阶段博弈 G，G 重复进行无限次的无限重复博弈（用 $G(\infty, \delta)$ 表示）是指

（1）G 重复进行无限次，在每个 t 之前的 $t-1$ 次阶段博弈的结果在 t 阶段博弈进行前都可以被参与人观测到；

（2）参与人在 $G(\infty, \delta)$ 中的收益为参与人在无限次的阶段博弈中所得收益的贴现，其中 δ 为参与人的贴现率。

比较有限重复博弈与无限重复博弈的定义，可以看出两者的区别。

（1）在有限重复博弈 $G(T)$ 中，由第 $t+1$ 阶段开始的一个子博弈为 G 进行 $T-t$ 次的重复博弈，可表示为 $G(T-t)$。由第 $t+1$ 阶段开始有许多子博弈，到 t 阶段为止的每一可能的进行过程之后都是不同的子博弈；和有限重复博弈相似，博弈 $G(\infty, \delta)$ 到 t 阶段为止有多少不同的可能进行过程，就有多少从 $t+1$ 阶段开始的子博弈。但与有限重复博弈不同的是，在无限重复博弈 $G(\infty, \delta)$ 中，由 $t+1$ 阶段开始的每个子博弈都等同于初始博弈 $G(\infty, \delta)$。因此，对于无限重复博弈，参与人在博弈的每一时点，都不必考虑过去的得失，也就是说，在无限重复博弈中，参与人过去的得失并不重要，可以看成是沉没成本（或收入）。例如，图 7.1（b）所示的阶段博弈重复两次，其扩展式描述如图 7.2 所示。在图 7.2 中，博弈到达第二阶段的进程有 4 种，得到的子博弈也就有 4 个——$\Gamma(x_2)$、$\Gamma(x_3)$、$\Gamma(x_4)$ 和 $\Gamma(x_5)$。显然，这 4 个子博弈是不同的[①]。但是，如果图 7.1（b）所示的阶段博弈重复无限次，当博弈到达第二阶段时，博弈的进程同样有 4 种，得到的子博弈也是 4 个——$\Gamma(x_2)$、$\Gamma(x_3)$、$\Gamma(x_4)$ 和 $\Gamma(x_5)$（参见图 7.10），但这 4 个子博弈（即 $\Gamma(x_2)$、$\Gamma(x_3)$、$\Gamma(x_4)$ 和 $\Gamma(x_5)$）与初始博弈 $\Gamma(x_1)$ 是等同的。

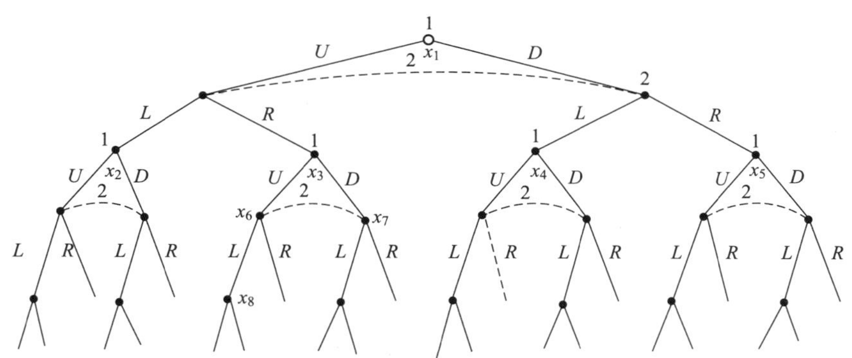

图 7.10　无限重复博弈的示意图

（2）在有限重复博弈中，参与人在 $G(T)$ 中的收益既可以是各阶段博弈收益的简单相加，也可以是各阶段博弈收益的贴现；但在无限重复博弈中，参与人在 $G(\infty, \delta)$ 中的收益只能是在无限次的阶段博弈中所得收益的贴现。

---

① 注意，这 4 个子博弈是因为博弈的结果（支付）不同而不同。

在无限重复博弈中，参与人在 $G(\infty, \delta)$ 中的收益可表示为

$$\pi_i(G(\infty, \delta))=\pi_i^1+\delta\pi_i^2+\cdots+\delta^{t-1}\pi_i^t+\cdots$$

其中，π_i^t 为参与人 i 在 $G(\infty, \delta)$ 中第 $t(t=1, 2, \cdots)$ 阶段的支付。

（3）在现实中参与人之间的博弈不可能是无限进行下去的，数学上所定义的无限重复可以看成是现实中参与人之间的一种长期博弈关系，而有限重复博弈则可理解为一种短期的博弈关系。在这里“短期”或“长期”也不要狭隘地理解为时间的长短或阶段数的多少。一般来讲，短期博弈（即有限重复博弈）是指那些参与人能够预测到博弈尽头（或终点），明确知道博弈什么时候将会结束的博弈情形；而长期博弈（即无限重复博弈）是指那些参与人无法预测到博弈尽头（或终点），不能预知博弈什么时候将会结束的博弈情形。

下面仍以图 7.1(b) 中博弈为阶段博弈，考察无限重复博弈的解。构造参与人的如下触发战略 $\hat{s}_1$ 和 $\hat{s}_2$。

参与人 1 的战略 $\hat{s}_1$——第一阶段选择 D；在第 $i(i>1)$ 阶段，如果上一阶段结果为 (D, R)，则选择 D；否则以后一直选择 U。

参与人 2 的战略 $\hat{s}_2$——第一阶段选择 R；在第 $i(i>1)$ 阶段，如果上一阶段结果为 (D, R)，则选择 R；否则以后一直选择 L。

从上述触发战略中可以看出，如果有人选择合作，合作将一直进行下去；一旦有人选择不合作，就会触发其后所有阶段都不再相互合作①。如果参与人双方都采取这种触发战略，则此无限重复博弈的结果就将是每一阶段选择 (D, R)。下面证明：只要参与人的贴现率 δ 足够接近 1，触发战略组合 $(\hat{s}_1, \hat{s}_2)$ 就可构成无限重复博弈 $G(\infty, \delta)$ 的子博弈精炼 Nash 均衡。

对于图 7.10 所示的无限重复博弈 $G(\infty, \delta)$，在战略组合 $(\hat{s}_1, \hat{s}_2)$ 下博弈存在以下两类子博弈。

（1）所有以前阶段的结果都为 (D, R) 的子博弈。例如，子博弈 $\Gamma(x_5)$。

（2）至少有一个前面阶段的结果不是 (D, R) 的子博弈。例如，子博弈 $\Gamma(x_2)$、$\Gamma(x_3)$ 和 $\Gamma(x_4)$。

要证明战略组合 $(\hat{s}_1, \hat{s}_2)$ 构成无限重复博弈 $G(\infty, \delta)$ 的子博弈精炼 Nash 均衡，需要证明 $(\hat{s}_1, \hat{s}_2)$ 对上述两类子博弈都构成 Nash 均衡。显然，$(\hat{s}_1, \hat{s}_2)$ 在第二类子博弈上构成 Nash 均衡②。同时，如果能够证明 $(\hat{s}_1, \hat{s}_2)$ 对初始博弈 $\Gamma(x_1)$ 构成 Nash 均衡，也就证明了 $(\hat{s}_1, \hat{s}_2)$ 对第一类子博弈也构成 Nash 均衡。

为证明 $(\hat{s}_1, \hat{s}_2)$ 对初始博弈 $\Gamma(x_1)$ 构成 Nash 均衡，只需证明：假定参与人 j 选择上述触发战略时，参与人 i 的最优战略也是上述触发战略即可。不妨设参与人 1 在博弈的第 $t(t\geqslant 1)$ 阶段首先偏离 (D, R)，选择 U，则他在该阶段得到 5 单位的收益而不是原来选择触发战略时的 4 单位收益。但是，他的这个机会主义行为将会使参与人 2 永远偏离 (D, R)，今后一直选择 L 的惩罚行为，因此参与人 1 在以后每个阶段的收益都是 1。所以，参与人 1 采取上述机会主义行为时收益的贴现（相对于第 t 阶段）为

① 从这一点来看，有人也将触发战略称为冷酷战略（frigid strategy）。

② 战略组合 $(\hat{s}_1, \hat{s}_2)$ 要求参与人在子博弈 $\Gamma(x_2)$、$\Gamma(x_3)$ 和 $\Gamma(x_4)$ 的每个阶段都选择阶段博弈的均衡战略。

$$5+\delta+\delta^2+\cdots=5+\frac{\delta}{1-\delta}$$

如果参与人1在博弈中不偏离触发战略，一直选择 D，在第 t 阶段的收益将为4，这样参与人2也永远不会偏离触发战略，一直选择 R，于是参与人1在以后每一阶段都可得到完全相同的收益4，这种情况下参与人1收益的贴现（相对于第 t 阶段）为

$$4+4\delta+4\delta^2+\cdots=\frac{4}{1-\delta}$$

因此，如果下列条件满足，给定参与人2没有选择 L，参与人1将不会选择 U

$$\frac{4}{1-\delta}\geqslant 5+\frac{\delta}{1-\delta}$$

求解上述不等式，可得 $\delta\geqslant 1/4$。所以，当 $\delta\geqslant 1/4$ 时，上述触发战略组合构成初始博弈 $\Gamma(x_1)$ 的 Nash 均衡。

通过以上分析可以看到，在一次性博弈和有限重复博弈中都无法实现的潜在合作，在无限重复博弈的情况下是可能实现的，或者可以理解为在有限重复博弈中只有在阶段博弈有多个 Nash 均衡的情况下才会存在的合作，在无限重复博弈的情况下即使阶段博弈只有一个 Nash 均衡也可能存在。这也就解释了为什么现实中的一些"惯偷"被抓之后，往往都会选择"抵赖"而不是"坦白"。当然，在无限重复博弈中，合作是有条件的，即贴现率 δ 必须足够的大。这里可以将贴现率理解为参与人对未来收益的重视程度（即参与人的时间偏好），也就是说，只有当参与人对未来有足够的重视或者一定程度地看重未来，合作才可能形成。一般来讲，贴现率 δ 越大，对未来收益的重视程度越高。

在以图7.1（b）中博弈为阶段博弈的无限重复博弈中，除触发战略可以构成博弈的子博弈精炼 Nash 均衡以外，还存在许多子博弈精炼 Nash 均衡，其中最典型的就是如下"两期"(two-phase)战略（亦称"胡萝卜加大棒"(carrot-and-stick)战略）$\tilde{s}_1$ 和 $\tilde{s}_2$。

参与人1的战略 $\tilde{s}_1$——第一阶段选择 D；在第 $i(i>1)$ 阶段，如果上一阶段结果为（D，R）或（U，L），则选择 D，其他情况下选择 U。

参与人2的战略 $\tilde{s}_2$——第一阶段选择 R；在第 $i(i>1)$ 阶段，如果上一阶段结果为（D，R）或（U，L），则选择 R，其他情况下选择 L。

两期战略为参与人提供了两种手段：其一是（单期的）惩罚，这时参与人选择均衡行动 U 或 L，其二是（潜在无限期的）合作，这时参与人选择合作的行动 D 或 R。如果任何一个参与人偏离了合作，则惩罚开始，如果任何一个参与人背离了惩罚，则会使博弈进入又一轮惩罚。如果两个参与人都不肯背离惩罚，则在下一阶段又回到合作①。下面证明：只要参与人的贴现率 δ 足够接近1，两期战略组合（$\tilde{s}_1$，$\tilde{s}_2$）构成 $G(\infty,\delta)$ 的子博弈精炼 Nash 均衡。

对于图7.10所示的无限重复博弈 $G(\infty,\delta)$，在战略组合($\tilde{s}_1$，$\tilde{s}_2$）下博弈存在以下两类子博弈。

（1）合作的子博弈，其上一阶段的结果为（D，R）或（U，L）。例如，子博弈 $\Gamma(x_2)$ 和 $\Gamma(x_5)$。

① 关于两期战略特性的进一步分析参见7.3节。

（2）惩罚的子博弈，其上一阶段的结果既不是（D，R）也不是（U，L）。例如，子博弈 $\Gamma(x_3)$ 和 $\Gamma(x_4)$。

当参与人采用两期战略时，如果能够证明（$\tilde{s}_1$，$\tilde{s}_2$）对初始博弈 $\Gamma(x_1)$ 构成 Nash 均衡，也就证明了（$\tilde{s}_1$，$\tilde{s}_2$）对合作的子博弈构成 Nash 均衡；同时，如果（$\tilde{s}_1$，$\tilde{s}_2$）对子博弈 $\Gamma(x_3)$ 构成 Nash 均衡，也就意味着（$\tilde{s}_1$，$\tilde{s}_2$）对惩罚的子博弈构成 Nash 均衡。所以，要证明：当参与人的贴现率 δ 足够接近 1 时，（$\tilde{s}_1$，$\tilde{s}_2$）构成 $G(\infty, \delta)$ 的子博弈精炼 Nash 均衡，只需证明（$\tilde{s}_1$，$\tilde{s}_2$）对初始博弈 $\Gamma(x_1)$ 和子博弈 $\Gamma(x_3)$ 构成 Nash 均衡即可。

在图 7.10 中，用 π_M^1、π_M^2 分别表示当参与人 2 保持两期战略不变时，参与人 1 在初始博弈 $\Gamma(x_1)$ 和子博弈 $\Gamma(x_3)$ 上所能得到的最大收益。在初始博弈 $\Gamma(x_1)$ 上，给定参与人 2 保持两期战略不变，当参与人 1 在决策结 x_1 上选择 U（即发生偏离）时，使博弈进入子博弈 $\Gamma(x_3)$（即惩罚的子博弈），因此参与人 1 选择 U 所能得到的最大收益为 $5+\delta \cdot \pi_M^2$；当参与人 1 在决策结 x_1 上选择 D（即保持两期战略不变）时，使博弈进入子博弈 $\Gamma(x_5)$（即合作的子博弈），因此参与人 1 选择 D 所能得到的最大收益为 $4+\delta \cdot \pi_M^1$，所以

$$\pi_M^1 = \max \{5+\delta \cdot \pi_M^2, 4+\delta \cdot \pi_M^1\} \tag{7.1}$$

在子博弈 $\Gamma(x_3)$ 上，给定参与人 2 保持两期战略不变，由于参与人 2 在信息集 $I_2(\{x_6, x_7\})$ 上采用阶段博弈的均衡行动 L，因此参与人 1 在决策结 x_3 上的最优选择为 U，并使博弈进入子博弈 $\Gamma(x_8)$（即合作的子博弈），因此参与人 1 在子博弈 $\Gamma(x_3)$ 上所能得到的最大收益为 $1+\pi_M^1 \cdot \delta$，所以

$$\pi_M^2 = 1+\delta \cdot \pi_M^1 \tag{7.2}$$

在初始博弈 $\Gamma(x_1)$ 上，给定参与人 2 保持两期战略不变，由式（7.1）可知：如果满足下列条件，则参与人 1 不会偏离两期战略

$$\begin{cases} \pi_M^1 = 4+\delta \cdot \pi_M^1 \\ 4+\delta \cdot \pi_M^1 \geqslant 5+\delta \cdot \pi_M^2 \end{cases} \tag{7.3}$$

联立求解式（7.2）和式（7.3），可得 $\delta \geqslant 1/3$。所以，当 $\delta \geqslant 1/3$ 时，两期战略组合（$\tilde{s}_1$，$\tilde{s}_2$）构成初始博弈 $\Gamma(x_1)$ 的 Nash 均衡。

当 $\delta \geqslant 1/3$ 时，由式（7.2）和式（7.3）可知：

$$\pi_M^2 = 1+\frac{4\delta}{1-\delta} \tag{7.4}$$

在子博弈 $\Gamma(x_3)$ 上，给定参与人 2 保持两期战略不变，由于参与人 1 选择两期战略所得支付为 $1+\frac{4\delta}{1-\delta}$，因此由式（7.4）可知：当 $\delta \geqslant 1/3$ 时，参与人 1 不会偏离两期战略。也就是说，当 $\delta \geqslant 1/3$ 时，两期战略组合（$\tilde{s}_1$，$\tilde{s}_2$）构成子博弈 $\Gamma(x_3)$ 的 Nash 均衡。

从上面的讨论可以看到：虽然触发战略和两期战略在无限重复博弈中都能构成子博弈精炼 Nash 均衡，但它们对贴现率 δ 的要求却是不同的。此外，在无限重复博弈中，参与人采用不同的精炼均衡战略所得到的收益也不同。下面就此问题做进一步的分析。

给定阶段博弈 $G=<\Gamma; S_1, \cdots, S_n; u_1, \cdots, u_n>$，称一组收益（$x_1$，$x_2$，…，$x_n$）为阶段博弈 G 的可行收益，如果它们是 G 的纯战略收益的凸组合（即纯战略收益的加权平均，权

重非负且和为 1)。例如，对于图 7.1(b)所示博弈，其纯战略收益分别为（1，1)，(0，5)，(4，4)和(5，0)，所以其可行收益（x_1，x_2）就是图 7.11 中的阴影区域的任一点。

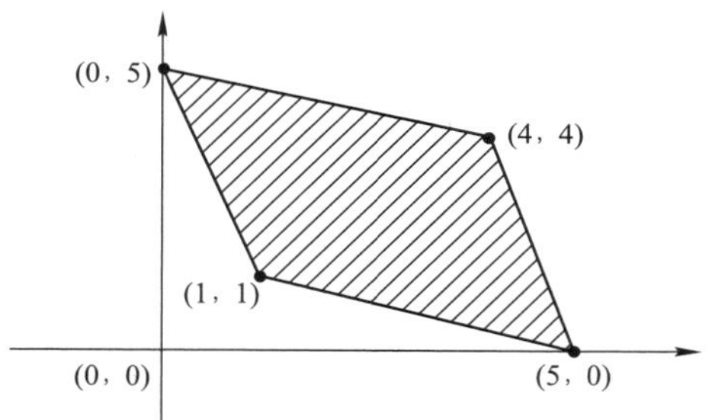

图 7.11　阶段博弈的可行收益示意图

在无限重复博弈 $G(\infty, \delta)$ 中，参与人 i 的收益除了定义为该参与人在无限个阶段博弈中收益的现值外，还可以用无限个收益值的平均收益（average payoff）来表示。所谓平均收益，是指为得到相等的收益现值而在每一阶段都应该得到的等额收益值 π。给定贴现率 δ，因为 $\pi_i(G(\infty, \delta)) = \sum_{t=1}^{\infty} \delta^{t-1}\pi_i^t = \sum_{t=1}^{\infty} \delta^{t-1}\pi$，所以 $\pi = (1-\delta)\sum_{t=1}^{\infty} \delta^{t-1}\pi_t$。和现值相比，使用平均收益的优点在于后者能够和阶段博弈的收益直接比较。例如，在以图 7.1(b)所示博弈为阶段博弈的无限重复博弈中，在触发战略组合($\hat{s}_1$，$\hat{s}_2$）和两期战略组合($\tilde{s}_1$，$\tilde{s}_2$）下，参与人在每一阶段都可得到 4 的收益，这样一个无限的收益序列的平均收益为 4，但现值为 $4/(1-\delta)$。不过，由于平均收益只是现值的另一种衡量，使平均收益最大化即等同于使现值最大化。

定理 7.3　给定 $G=\langle\Gamma; S_1, \cdots, S_n; u_1, \cdots, u_n\rangle$，用$(e_1, e_2, \cdots, e_n)$表示 G 的一个 Nash 均衡下的收益，$(x_1, x_2, \cdots, x_n)$ 表示 G 的其他任何可行收益。若 $\forall i \in \Gamma$，有 $x_i > e_i$，则存在足够接近 1 的贴现率 δ，使无限重复博弈 $G(\infty, \delta)$ 存在一个子博弈精炼 Nash 均衡，其平均收益可达到 $(x_1, x_2, \cdots, x_n)$。

定理 7.3 亦称无名氏定理（folk theorem），因为在 Friedman 给出该定理的规范式证明之前，定理的有关结论已为人们所熟知。无名氏定理表明：在无限重复博弈中，任何一个 Pareto 有效的可行收益都可通过一个特定的子博弈精炼 Nash 均衡得到。例如，在以图 7.1(b)所示博弈为阶段博弈的无限重复博弈中，子博弈精炼 Nash 均衡所能达到的平均收益区间如图 7.12 阴影部分所示。

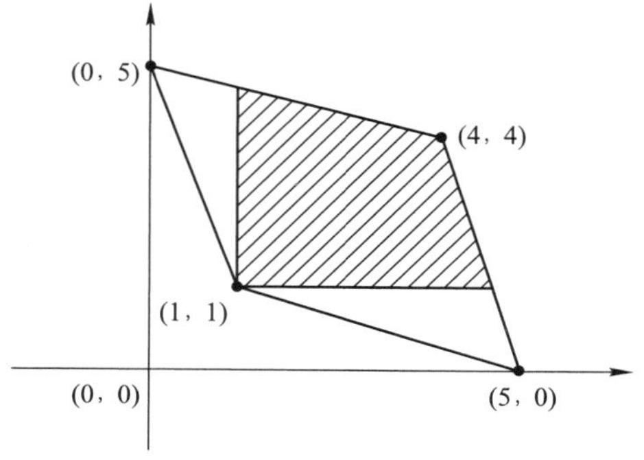

图 7.12　子博弈精炼 Nash 均衡所达到的可行收益

前面将贴现率δ看成是参与人关于时间偏好的变量。事实上，贴现率δ还可以看成是博弈在某个阶段能够继续进行的可能性。假设博弈在每个阶段继续进行的可能性为δ，则博弈能够达到t阶段的概率为δ^{t-1}，参与人能够在t阶段得到的期望收益为$\delta^{t-1}\pi_i^t$。所以，无名氏定理可以表述为：在一个随时可能结束的无限重复博弈中，如果博弈每次结束的可能性足够小，则参与人的任何 Pareto 有效的可行收益都能够由博弈的一个子博弈精炼 Nash 均衡得到。

下面以图 7.1(b)所示博弈为阶段博弈的无限重复博弈为例，对无名氏定理的证明进行说明，有关该定理的规范性证明感兴趣的读者可参阅相关文献。

设(x_1, x_2)为图 7.12 阴影部分中的任一可行收益，即$1<x_1<5$，$1<x_2<5$。首先，构造参与人1和参与人2的混合战略$\sigma_1'=(p_1, 1-p_1)$和$\sigma_2'=(p_2, 1-p_2)$，使参与人在混合战略组合(σ_1', σ_2')下的期望收益为(x_1, x_2)，即

$$\begin{cases}x_1=p_1p_2\cdot 1+p_1(1-p_2)\cdot 5+(1-p_1)p_2\cdot 0+(1-p_1)(1-p_2)\cdot 4\\x_2=p_1p_2\cdot 1+p_1(1-p_2)\cdot 0+(1-p_1)p_2\cdot 5+(1-p_1)(1-p_2)\cdot 4\end{cases}\tag{7.5}$$

由于(x_1, x_2)为可行收益，因此存在$k_i(i=1, 2, 3, 4)$，$0\leqslant k_i\leqslant 1$且$k_1+k_2+k_3+k_4=1$，使得

$$\begin{cases}x_1=k_1\cdot 1+k_2\cdot 5+k_3\cdot 0+k_4\cdot 4\\x_2=k_1\cdot 1+k_2\cdot 0+k_3\cdot 5+k_4\cdot 4\end{cases}\tag{7.6}$$

比较式(7.5)和式(7.6)，有$p_1p_2=k_1$，$p_1(1-p_2)=k_2$，$(1-p_1)p_2=k_3$和$(1-p_1)(1-p_2)=k_4$。联立求解可得$p_1=k_1+k_2$，$p_2=k_1+k_3$①。

其次，构造参与人在无限重复博弈中的触发战略$\hat{s}_1$和$\hat{s}_2$。

参与人1的战略$\hat{s}_1$——第一阶段选择σ_1'；在第$i(i>1)$阶段，如果上一阶段结果为(σ_1', σ_2')，则选择σ_1'；否则以后一直选择U。

参与人2的战略$\hat{s}_2$——第一阶段选择σ_2'；在第$i(i>1)$阶段，如果上一阶段结果为(σ_1', σ_2')，则选择σ_2'；否则以后一直选择L。

显然，在触发战略组合$(\hat{s}_1, \hat{s}_2)$下，参与人在每一阶段的期望收益都为(x_1, x_2)，即无限重复博弈的平均收益为(x_1, x_2)。下面证明：存在贴现率$\delta(0<\delta<1)$，使$(\hat{s}_1, \hat{s}_2)$构成无限重复博弈的子博弈精炼 Nash 均衡。

假设参与人j保持触发战略不变，参与人i偏离(σ_1', σ_2')。当参与人i在某一阶段偏离时，在该阶段所得到的最大收益为$5-4p_j$，以后各阶段所得收益都为1，所以参与人i偏离触发战略所得到的最大平均收益为$1+(4-4p_j)(1-\delta)$。因此，如果以下条件满足，则参与人i就不会偏离触发战略

$$x_i\geqslant 1+(4-4p_j)(1-\delta)$$

根据上述条件并结合前面的分析，可知：当$\delta\geqslant\delta^*$时，$(\hat{s}_1, \hat{s}_2)$构成无限重复博弈的子博弈精炼 Nash 均衡。其中，

$$\delta^*=\max\left\{\frac{1-k_1-k_2}{x_1-k_1-k_2}, \frac{1-k_1-k_3}{x_2-k_1-k_3}\right\}$$

① 注意，由于$k_i(i=1, 2, 3, 4)$不唯一，故参与人的混合战略组合(σ_1', σ_2')也不唯一。

当贴现率 δ 足够接近 1 时，无名氏定理给出了一个无限重复博弈的子博弈精炼 Nash 均衡所能达到的平均收益。但是在贴现率 δ 并不“足够接近于 1”时，子博弈精炼 Nash 均衡能达到什么样的平均收益呢？在下一节，我们将通过构建重复进行的 Cournot 模型，对这一问题进行较为系统的探讨和介绍。

7.3　重复进行的 Cournot 模型

在第 5 章对 Cournot 模型的讨论中，我们看到：进行产量竞争的两个企业面临典型的“囚徒困境”——如果联合起来垄断市场都可获得较高的垄断利润，但如果两个企业在市场上只相遇一次，那么企业只可能得到 Cournot 均衡利润。但是，如果两个企业在市场上不是仅仅相遇一次，而是长期竞争，进行无限重复博弈，那么企业间的某种形式的合作是否能够实现呢？如果能够进行合作，条件又是什么呢？下面对这一问题进行探讨。

在 Cournot 模型中，假设市场需求为 $P=a-(q_1+q_2)$，企业 $i(i=1,\ 2)$ 的生产成本为 $c_i(q_i)=cq_i$，则企业的 Cournot 均衡产量为 $q_C=(a-c)/3$，均衡利润 $\pi_C=(a-c)^2/9$；当两个企业联合起来垄断市场时，垄断产量为 $q_m=(a-c)/2$，垄断利润为 $\pi_m=(a-c)^2/4$。以 Cournot 寡头竞争作为无限重复博弈的阶段博弈，构造如下触发战略。

在第一阶段每个企业都生产垄断产量的一半 $q_m/2$。在第 $t(t>1)$ 阶段，如果第 $t-1$ 阶段两个企业的产量都为 $q_m/2$，则生产 $q_m/2$；否则，一直生产 Cournot 均衡产量 q_C。也就是说，从合作开始，如果中途有任何企业出现非合作行为，转入生产 Cournot 均衡产量。

由重复博弈的无名氏定理可知：对于满足适当条件的贴现率 δ，上述触发战略构成子博弈精炼 Nash 均衡。下面计算贴现率 δ 的值。

若企业 j 坚持触发战略，在任一阶段 t 生产 $q_m/2$，则企业 i 在 t 阶段最大化利润的产量满足如下优化问题的解

$$\max_{q_i}\ (a-q_m/2-q_i-c)\cdot q_i$$

求解上述优化问题，可得 $q_i=3(a-c)/8$，企业 i 的利润为 $\pi_d=9(a-c)^2/64$。要使两企业采取上述触发战略成为 Nash 均衡，则必须满足如下不等式

$$\frac{1}{1-\delta}\cdot\frac{1}{2}\pi_m\geqslant\pi_d+\frac{\delta}{1-\delta}\cdot\pi_C$$

代入 π_m、π_d和 π_C的值，即可得 $\delta\geqslant\frac{9}{17}$。

以上分析表明：当 $\delta\geqslant 9/17$ 时，上述触发战略构成子博弈精炼 Nash 均衡；当 $\delta<9/17$ 时，上述触发战略不是无限重复博弈的 Nash 均衡，更不是子博弈精炼 Nash 均衡。但这是不是意味着：当 $\delta<9/17$ 时，两企业就只有每阶段都采用 Cournot 均衡产量 q_C，实现每阶段结果都为阶段博弈的低效率的均衡收益呢？

事实上，当 $\delta<9/17$ 时，由于企业认为远期利益的重要性不足，即使无限次重复博弈也不能促使两企业把产量控制在垄断产量的一半，即 $q_m/2$ 的低水平上。但是，两企业还是有

可能把产量控制在比 Cournot 均衡产量 q_C 低，但比垄断产量的一半 $q_m/2$ 高的水平上，即 $q^* \in [q_m/2, q_C]$。为计算这一产量，考虑如下的触发战略。

在第一阶段每个企业都生产 q^*；在第 $t(t>1)$ 阶段，如果第 $t-1$ 阶段两个企业的产量都为 q^*，则生产 q^*；否则，一直生产 Cournot 均衡产量 q_C。

如果两个企业都采用该触发战略，生产 q^*，则每个企业的利润为 $(a-2q^*-c)q^*$，用 π^* 表示。假设企业 j 计划在某一阶段生产 q^*，则使企业 i 在该阶段收益（利润）最大化的产量为下式的解：

$$\max_{q_i} \ (a-q^*-c-q_i)q_i$$

上述优化问题的解为 $q_i=(a-q^*-c)/2$，相应的最大化利润为 $(a-q^*-c)^2/4$，仍用 π_d 表示。我们知道，要使两企业都采取上面给出的触发战略，则必须满足以下不等式

$$\frac{1}{1-\delta} \cdot \pi^* \geqslant \pi_d + \frac{\delta}{1-\delta} \cdot \pi_C$$

代入 π^*、π_d 和 π_C 的值，求解关于 q^* 的不等式，可得 $q^* \geqslant \frac{9-5\delta}{3(9-\delta)}(a-c)$。也就是说，对于一个给定的贴现率 δ，触发战略能够支持的具有稳定性的最低“合作”产量为

$$q^* = \frac{9-5\delta}{3(9-\delta)}(a-c)$$

在上式中，q^* 随贴现率 δ 单调递减，说明贴现率 δ 越大（即企业越看重未来利益），就能支持越低的子博弈精炼 Nash 均衡产量 q^*。当 $0<\delta<9/17$ 时，$q_m/2<q^*<q_C$。δ 越接近 9/17，q^* 越接近 $q_m/2$，当 δ 达到或超过 9/17 时，就能最大限度地支持垄断低产量 $q_m/2$；当 δ 接近于 0 时，企业看重的是眼前利益而不是未来利益，q^* 接近 Cournot 均衡产量 q_C。这说明只要企业重视未来（即 $\delta>0$），即使企业之间无法形成“完美”的合作（即双方都生产 $q_m/2$），但“一定”层次上的合作总是可以形成的。当然，由于企业对未来利益的认识不足（即 δ 不是足够的大），也妨碍了企业长期利益的实现。

上面分析了在贴现率 $\delta<9/17$ 时，使触发战略成为子博弈精炼 Nash 均衡的企业适宜生产的产量范围。但是，在上述触发战略中，当一方偏离合作产量 $q_m/2$ 时，另一方只能转向 Cournot 均衡产量来对他进行惩罚或威胁。于是就要问，这种惩罚或威胁是不是足以阻止参与人的偏离呢？或者说如果能够找到一种更加严厉的惩罚来对企业的“背叛”行为进行惩罚，那么在触发战略中无法实现的合作是否就有可能实现呢？

在触发战略中，其他参与人惩罚一个不合作者的办法是转向阶段博弈的 Nash 均衡，但在许多情况下 Nash 均衡支付并不一定是博弈中一个参与人会受到的最大惩罚。例如，在 Cournot 模型中，一个企业通过生产 Cournot 均衡产量，并不能保证它得到 Nash 均衡下的利润；而一个企业所能保证得到的利润为 0，这时它可以完全停工。在一个阶段博弈中，一个参与人 i 在博弈中会受到的最大惩罚取决于他的保留支付 r_i(reservation payoff)——无论其他参与人如何行动参与人 i 能够保证的最大收益，即

$$r_i = \min_{s_{-i} \in S_{-i}} \{ \max_{s_i \in S_i} u_i(s_i, s_{-i}) \}$$

也就是说，保留支付是当其他参与人试图（甚至是不计自身得失）给参与人 i 最大惩罚时，

参与人 i 能保证自己得到的最大支付。显然，参与人 i 的保留支付 r_i 不会大于 Nash 均衡支付 e_i（即 $r_i \leq e_i$）[①]。在图 7.1（b）所示的"囚徒困境"博弈中，任一参与人总可以保证自己得到 1，这里保留支付与均衡支付相等。但在 Cournot 模型中，$r_i=0$，小于 Cournot 均衡利润。

既然 Nash 均衡支付不是参与人 i 面临惩罚时所能确保的最小支付，那么可以设想：如果采用更加严厉的惩罚，使参与人不合作时所得到的支付甚至小于 Nash 均衡支付，那么参与人之间的合作是否就会更加容易形成呢？关于这个问题，Abreu 给出了这样的结论：在给定的贴现率下，触发战略并不是保证合作总能达到的最有效的战略，最有效战略是使用最严厉的可信惩罚的战略。这里，"可信惩罚"是指惩罚战略本身必须构成子博弈精炼 Nash 均衡；"最严厉"是指使不合作者只能得到最小的可能支付。下面仍以无限重复 Cournot 产量竞争模型为例，考察如何通过引入更加严厉的惩罚来实现企业间的合作。

构建如下两期战略[②]：在第一阶段生产垄断产量的一半，即 $q_m/2$；第 t 阶段，如果两个企业在第 $t-1$ 阶段都生产 $q_m/2$，则生产 $q_m/2$；如果第 $t-1$ 阶段的产量都是 x，则生产 $q_m/2$；其他情况下生产 x。其中，x 为比 Cournot 均衡产量 q_C 更严厉的惩罚产量。

在上述两期战略中，如果两企业之一偏离了合作产量 $q_m/2$，另一方就开始惩罚，两企业之一偏离惩罚也要受另一方采用 x 的惩罚，而如果两企业在某一阶段都受到惩罚，那么下一阶段将重新试图进行合作。也就是说，当一方采用该战略，若另一方与自己的选择不一致时，那么他将在下一阶段采用较高的 x 加以惩罚；若另一方与自己的选择一致时，那么他将在下一阶段采用合作的态度"奖励"对方。

图 7.13 给出的是在上述两期战略组合下，以 Cournot 产量竞争模型为阶段博弈的无限重复博弈的示意图。其中，q 表示企业选择 $q_m/2$，$\bar{q}$ 表示企业偏离 $q_m/2$；x 表示企业选择惩罚产量 x，$\bar{x}$ 表示企业偏离惩罚产量 x。显然，在图 7.13 中存在以下两类子博弈。

（1）合作的子博弈，其前面一个阶段的结果是（$q_m/2$，$q_m/2$）或（x，x）。例如，子博弈 $\Gamma(x_2)$ 和 $\Gamma(x_6)$。

（2）惩罚的子博弈，其前面一个阶段的结果既不是（$q_m/2$，$q_m/2$），也不是（x，x）。例如，子博弈 $\Gamma(x_3)$、$\Gamma(x_4)$ 和 $\Gamma(x_5)$。

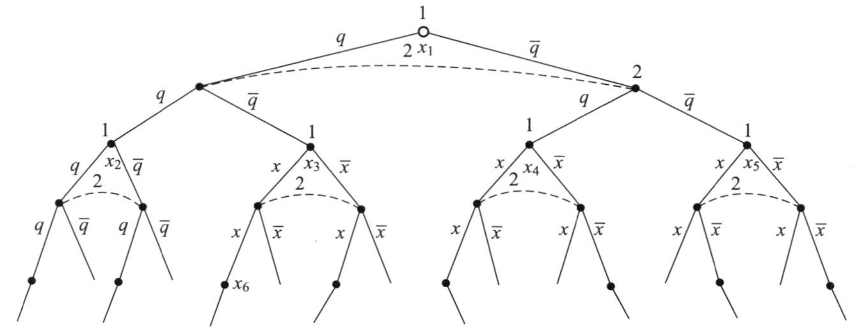

图 7.13　重复进行的 Cournot 模型示意图

根据上述两期战略，假设某一阶段两企业都生产 x，那么每个企业的利润为 $(a-2x-c)x$，

① 否则，参与人的均衡战略就不是参与人 i 的最优选择，与 Nash 均衡的定义矛盾。

② 注意此处定义的两期战略与前面定义的不同。

这里用 $\pi(x)$ 表示。下一阶段它们将进入合作状态，如果以后它们一直合作并不发生偏离，那么每阶段每一企业的利润都是垄断利润的一半，即 $\pi_m/2$。如果用 $V(x)$ 表示每个企业在该子博弈中利润的贴现，则

$$V(x)=\pi(x)+\frac{\delta}{1-\delta}\cdot\frac{1}{2}\pi_m$$

如果企业 j 在某一阶段计划生产 x，则使企业 i 在该阶段利润最大化的产出为下式的解

$$\max_{q_i}\ (a-q_i-x-c)q_i$$

其解为 $q_i=(a-x-c)/2$，相应的利润为 $\pi_{dp}(x)=(a-x-c)^2/4$，这里 dp 的含义是对惩罚的偏离。

如果企业 j 在某一阶段计划继续生产 $q_m/2$，则使企业 i 在该阶段利润最大化的产出为下式的解

$$\max_{q_i}\ (a-q_i-q_m/2-c)q_i$$

其解为 $q_i=3(a-c)/8$，相应的利润为 $\pi_d=9(a-c)^2/64$，这里 d 的含义是对合作的偏离。

现在我们来看，在什么条件下两期战略构成无限重复博弈的子博弈精炼 Nash 均衡。要使两期战略成为一个子博弈精炼 Nash 均衡，就必须使该战略对于图 7.13 中的两类子博弈（即合作的子博弈和惩罚的子博弈）构成 Nash 均衡。在合作的子博弈中，要使企业在第一阶段不会主动偏离两期战略，相当于每个企业宁愿一直接受每个阶段垄断收益的一半（即 $\pi_m/2$），而不愿意接受该阶段给它带来好处的短期利润 π_d，以及在下一阶段接受惩罚的利润 $V(x)$的贴现，即

$$\frac{1}{1-\delta}\cdot\frac{1}{2}\pi_m\geqslant\pi_d+\delta V(x)\tag{7.7}$$

在惩罚的子博弈中，要使企业在第一阶段不会主动偏离两期战略，就必须使每一企业宁愿在该阶段接受惩罚，而不愿意在该阶段偏离惩罚并在下一阶段再开始惩罚，即

$$V(x)\geqslant\pi_{dp}(x)+\delta V(x)\tag{7.8}$$

将 $V(x)$代入式(7.7)可得

$$\delta\left[\frac{1}{2}\pi_m-\pi(x)\right]\geqslant\pi_d-\frac{1}{2}\pi_m\tag{7.9}$$

在上式中，左边表示的是在下一阶段由于惩罚而招致的利润损失关于前一阶段的贴现，右边表示的是企业偏离合作所增加的利润。所以，式（7.9）表明：要使企业不偏离合作，必须使企业偏离合作所得不超过紧接着下一阶段遭受损失的贴现。类似地，将 $V(x)$ 代入式(7.8)可得

$$\delta\left[\frac{1}{2}\pi_m-\pi(x)\right]\geqslant\pi_{dp}(x)-\pi(x)\tag{7.10}$$

在上式中，左边表示的仍然是在下一阶段由于惩罚而招致的利润损失关于前一阶段的贴现，右边表示的是企业偏离惩罚所增加的利润。所以，式（7.10）表明：要使企业不偏离

惩罚，必须使企业偏离惩罚所得不超过紧接着下一阶段遭受损失的贴现。

将 π_m、π_d 和 $\pi(x)$ 代入式(7.9)，得

$$128\delta x^2-64\delta(a-c)x+(8\delta-1)(a-c)^2\geqslant 0$$

所以

$$x\leqslant\frac{(4\delta-\sqrt{2\delta})(a-c)}{16\delta}\text{或 } x\geqslant\frac{(4\delta+\sqrt{2\delta})(a-c)}{16\delta}$$

将 π_m、$\pi_{dp}(x)$ 和 $\pi(x)$ 代入式(7.10)，得

$$(18-16\delta)x^2-(12-8\delta)(a-c)x+(2-\delta)(a-c)^2\leqslant 0$$

所以

$$\frac{(6-4\delta-\sqrt{2\delta})(a-c)}{18-16\delta}\leqslant x\leqslant\frac{(6-4\delta+\sqrt{2\delta})(a-c)}{18-16\delta}$$

综上，使可达到垄断产出的两期战略成为子博弈精炼 Nash 均衡的条件是

$$\frac{(4\delta+\sqrt{2\delta})(a-c)}{16\delta}\leqslant x\leqslant\frac{(6-4\delta+\sqrt{2\delta})(a-c)}{18-16\delta}\tag{7.11}$$

下面就上述条件进行讨论。

（1）令 $\delta=1/2$(略小于 9/17)，由式(7.11)可知：当 $\frac{3}{8}(a-c)\leqslant x\leqslant\frac{1}{2}(a-c)$ 时，两期战略构成子博弈精炼 Nash 均衡。这意味着使用触发战略无法形成的合作（如 $\delta=1/2$ 时)，使用两期战略可以得到。

（2）由于 $\delta>0$，因此 $x\geqslant\frac{(4\delta+\sqrt{2\delta})(a-c)}{16\delta}>\frac{a-c}{3}=q_C$。这说明在两期战略中，严厉的惩罚必须是大于 Cournot 均衡产量 q_C 的产量。也就是说，在两期战略中，如果用 Cournot 均衡产量 q_C 作为惩罚，两期战略是无法构成子博弈精炼 Nash 均衡的①。

（3）在式（7.11）中，如果 $\delta<9/32$，则 $\frac{(4\delta+\sqrt{2\delta})(a-c)}{16\delta}>\frac{(6-4\delta+\sqrt{2\delta})(a-c)}{18-16\delta}$。此时，不存在使两期战略构成子博弈精炼 Nash 均衡的严厉惩罚。这说明即使在参与人的战略中引入“最严厉的惩罚”，如果参与人对未来不是足够重视，参与人之间的合作也无法形成。

7.4　讨价还价博弈

在上面的介绍中我们认识到参与人对未来收益的重视程度有可能影响参与人在当前阶段的行动，即参与人的行动有可能和参与人对未来收益的重视程度有关，有时候这种关系是如

① 除非 $\delta\geqslant 9/8$，而这与 $\delta\leqslant 1$ 相矛盾。

此的紧密以至于参与人的行动由参与人对未来收益的重视程度（即参与人未来收益的贴现率）直接决定。下面将要讨论的由 Rubinstein 在 1982 年提出的讨价还价博弈模型就是这种情形。这个模型描述了两个参与人轮流向对方出价的讨价还价程序，而这种出价和还价正是许多现实谈判中的核心内容。因此，通过博弈模型对讨价还价问题进行分析具有重要的现实指导意义。

假设参与人 1 和参与人 2 就 1 美元的分配进行谈判，他们轮流提出分配方案：首先参与人 1 提出一个分配建议，参与人 2 可以接受或拒绝；如果参与人 2 接受，那么这个讨价还价的过程结束，如果参与人 2 拒绝，那么就由参与人 2 提出分配建议，参与人 1 选择接受或拒绝；如果参与人 1 接受，那么这个讨价还价的过程结束，如果参与人 1 拒绝，那么就轮回到参与人 1 再提出分配建议，参与人 2 选择接受还是拒绝；如此一直进行下去①。

首先考察讨价还价过程只持续三阶段的情形（参见图 7.14）。

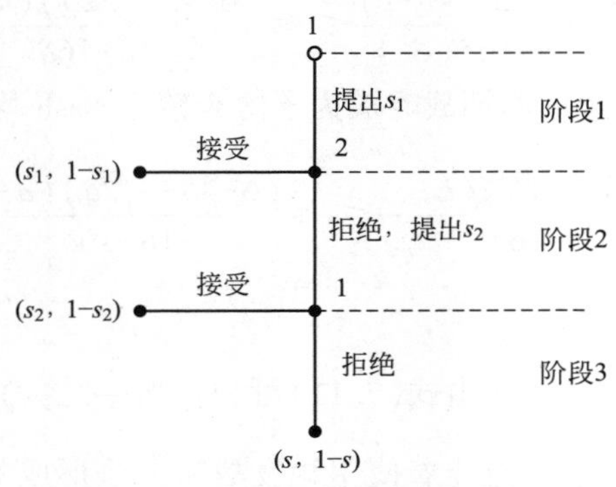

图 7.14　三阶段讨价还价博弈示意图

在阶段 1：参与人 1 建议他分走 1 美元的 s_1，留给参与人 2 的份额为 $1-s_1$；如果参与人 2 接受这一建议，则博弈结束，否则博弈进入阶段 2。

在阶段 2：参与人 2 建议参与人 1 分得 1 美元的 s_2，留给参与人 2 的份额为 $1-s_2$；如果参与人 1 接受这一建议，则博弈结束，否则博弈进入阶段 3。

在阶段 3：参与人 1 得到 1 美元的 s，参与人 2 得到 $1-s$，博弈结束，这里 $0<s<1$。

如果不考虑贴现，由逆向归纳法很容易求得均衡结果为（s，$1-s$）。博弈的结果就是外界强加的结果。

考察存在贴现的情形，并设贴现率为 δ。根据逆向归纳法，首先分析博弈到达阶段 3 的情形。在阶段 3，参与人 1 和参与人 2 的收益分别为 s 和 $1-s$。现在分析阶段 2 的情形。在阶段 2 中，参与人 2 知道，如果参与人 1 不接受自己的出价 s_2，一旦博弈进行到阶段 3，参与人 1 将获得 s。因此，考虑到贴现率，要使参与人 1 接受自己的出价 s_2，必须满足 $s_2 \geqslant \delta s$。而当 $s_2=\delta s$ 时，参与人 2 可得 $1-\delta s$。由于 $1-\delta s>\delta(1-s)$，因此参与人 2 在阶段 2 的最优出价为 $s_2^*=\delta s$，此时参与人 1 接受该出价，参与人 1 得 δs 而参与人 2 得 $1-\delta s$。最后分析阶段 1 的情形。在阶段 1，参与人 1 知道，如果参与人 2 不接受自己的出价 s_1，一旦博弈进入到阶段 2，参与人 2 将出价 $s_2=\delta s$，参与人 1 在阶段 2 得到 δs 而参与人 2 将得 $1-\delta s$。因此，考虑到贴现率，要想使参与人 2 接受自己的出价 s_1，必须满足 $1-s_1 \geqslant \delta(1-\delta s)$，即 $s_1 \leqslant 1-\delta(1-\delta s)$。而

① 需要注意的是，在博弈中，一个条件一旦被拒绝，它就不再具有任何约束力，并和博弈下面的进程不再相关。

当 $s_1=1-\delta(1-\delta s)$ 时，$s_1=1-\delta+\delta^2 s>\delta s_2=\delta^2 s$，这意味着：当 $s_1=1-\delta(1-\delta s)$ 时，参与人 1 的收益大于博弈进入阶段 2 的收益，且此时参与人 2 接受自己的出价。因此，参与人 1 在阶段 1 的最优的出价为 $s_1^*=1-\delta(1-\delta s)$。所以，博弈的均衡结果为：参与人 1 在阶段 1 出价 $s_1^*=1-\delta(1-\delta s)$，参与人 2 接受该出价，博弈结束。如下战略即为三阶段讨价还价博弈的子博弈精炼 Nash 均衡战略：

参与人 1 在阶段 1 出价 $s_1=s_1^*$，并且在阶段 2 当且仅当 $s_2\geqslant s_2^*$ 时接受参与人 2 的出价；

参与人 2 在阶段 2 出价 $s_2=s_2^*$，并且在阶段 1 当且仅当 $s_1\leqslant s_1^*$ 时接受参与人 1 的出价。

下面在三阶段讨价还价博弈的基础上进一步讨论只要参与人愿意，就可以一直讨价还价下去的无限重复讨价还价博弈。或许在现实生活中人们不可能遇到严格意义上的无限重复的讨价还价博弈，因为一般的讨价还价都有一个截止的时间，不可能让参与人无休止地讨价还价下去，但是这种假设仍然是合理的，因为有可能在讨价还价的任何一个阶段，参与人都不能预测到后续的讨价还价还会持续多少轮，他们认为在拒绝了对方当前的出价后，自己总还有出价的机会。图 7.15 是无限重复讨价还价博弈示意图，s_i 表示参与人拒绝上一阶段对方的出价后（阶段 1 除外）在阶段 i 开始时的出价。把在阶段 i 开始的子博弈记为 $\Gamma(x_i)$，x_i 为阶段 i 开始时参与人所在的决策结。所以，在无限重复讨价还价博弈中存在两类子博弈：参与人 1 首先出价的子博弈 $\Gamma(x_i)(i=1, 3, \cdots)$ 和为参与人 2 首先出价的子博弈 $\Gamma(x_i)$ $(i=2, 4, \cdots)$。

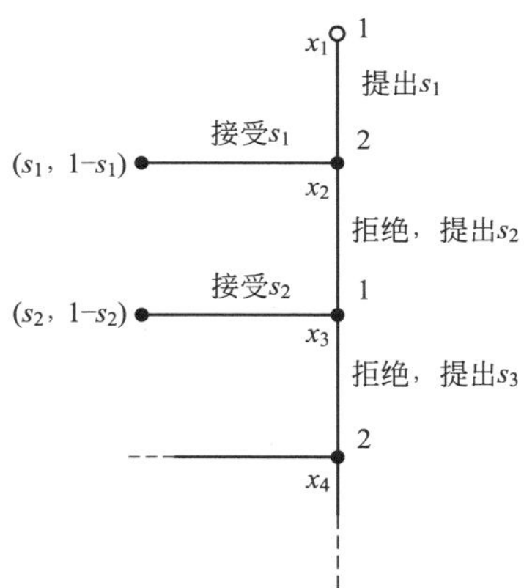

图 7.15　无限重复讨价还价博弈示意图

设在 $\Gamma(x_3)$ 的子博弈精炼 Nash 均衡中，参与人 1 获得的份额为 s_3，那么就可以把这个无限重复讨价还价博弈抽象成是一个参与人 1 在阶段 3 获得收益 s_3 的三阶段讨价还价博弈。根据上述三阶段讨价还价博弈得到的结果，参与人 2 在阶段 2 的出价就为 $s_2^*=\delta s_3$，相应地参与人 1 在阶段 1 的出价 $s_1^*=1-\delta(1-\delta s_3)$。由于阶段 1 开始的子博弈和阶段 3 开始的子博弈都是同一个子博弈，那么就有 $s_1^*=s_3$，代入 s_1^*、s_2^* 的表达式中可以得到 $s_1^*=1/(1+\delta)$，$s_2^*=\delta/(1+\delta)$。

根据三阶段讨价还价博弈的子博弈精炼 Nash 均衡战略，很容易得出如下战略构成无限重复讨价还价博弈的子博弈精炼 Nash 均衡①：

每次轮到参与人 1 出价时，参与人 1 的出价都为 s_1^*，并且当且仅当参与人 2 的出价 $s_2\geqslant$

① 这里，我们的分析隐含了这样的假设：无限重复讨价还价博弈的子博弈精炼 Nash 均衡是唯一的。关于这个假设 Rubinstein 已在 1982 年证明了其正确性。

s_2^* 时接受参与人2的出价；

每次轮到参与人2出价时，参与人2的出价都为 s_2^*，并且当且仅当参与人1的出价 $s_1 \leqslant s_1^*$ 时接受参与人1的出价。

上面讨论的是两个参与人的贴现率相同时的情形。如果在讨价还价博弈中参与人的贴现率不同，即当参与人1和参与人2的贴现率分别为 δ_1 和 δ_2 时，仿照前面的分析，可以得到 $s_1^* = \dfrac{1-\delta_2}{1-\delta_1\delta_2}$，$s_2^* = \dfrac{\delta_2(1-\delta_1)}{1-\delta_1\delta_2}$，博弈的均衡结果为 $\left(\dfrac{1-\delta_2}{1-\delta_1\delta_2}, \dfrac{\delta_2-\delta_1\delta_2}{1-\delta_1\delta_2}\right)$。

在无限重复博弈的讨论中，将贴现率 δ 理解为参与人对未来收益的重视程度，而在讨价还价博弈中，贴现率 δ 也可以看成是参与人在"讨价还价"中的耐心。从无限重复讨价还价博弈的均衡结果可以看到：每个参与人在博弈中的所得都随自己贴现率（即自己的耐心）的增大而增加，随对方贴现率（即对方的耐心）的增加而减少。这与现实生活中的"讨价还价"情形是一致的。

决定一个参与人贴现率大小的因素既可以是参与人自身的因素也可以是决策环境的因素。参与人自身的因素是参与人的耐心，参与人对未来的收益越没有耐心，那么他的贴现率就越小；环境的因素有可能是物品随着时间推移而折损的折损率（如冰激凌随着时间的流逝逐渐变小），也有可能是由通货膨胀而产生的货币的贬值率。用贴现因子来表示参与人的收益随着时间推移的"贬值率"，因此相对于贴现率，它是一个连续的概念。如果这种"贬值率"仅仅由环境因素决定，那么对所有的参与人而言，其贴现因子都是相同的。给定参与人 i 的贴现因子 r_i，参与人 i 在时刻 t_1 的1单位收益贴现到时刻 t_2 时就为 $\delta_i(t_1, t_2) = \mathrm{e}^{-r_i(t_2-t_1)}$ 单位收益。如果一个讨价还价周期的时间长度为 Δ，那么上述讨价还价中参与人 i 的贴现率就为 $\delta_i = \mathrm{e}^{-r_i\Delta}$。

参与人的贴现率无论是由何种因素决定的，都造成了效用的损失，这种损失是参与人在讨价还价过程中需要付出的成本。如果两个参与人的贴现率都为1，那么讨价还价过程就没有效用的损失，这种讨价还价叫做无摩擦的讨价还价，此时博弈的解是无法确定的。因为在这种情形下，只要参与人愿意，讨价还价的过程会一直继续下去，直到永远。

在讨价还价博弈中，参与人的贴现率反映了参与人的"讨价还价能力"。由于环境因素对每个参与人的影响相同，那么参与人的"讨价还价能力"的相对大小反映了参与人相对"耐心"的大小。从直观上来看，参与人的"讨价还价能力"随着自身议价成本的上升而减弱，随着对手议价成本的上升而增强。这说明在讨价还价博弈中，"耐心"越大的参与人在讨价还价中越强势。考察均衡结果的极端情形。给定 δ_2，当 $\delta_1 \to 1$ 时，$s_1^* = 1$，参与人1得到整个"蛋糕"（即1美元）；给定 δ_1，当 $\delta_2 \to 1$ 时，$s_1^* = 0$，参与人2得到整个"蛋糕"（即1美元）。由此可以看出，有绝对耐心的参与人总可以通过拖延时间使自己独吞整个"蛋糕"。这种"耐心优势"在一般情况下也成立。给定其他条件（如参与人的出价次序），越有耐心的参与人得到的份额越大。比如说，$\delta_1 = 0.5$，$\delta_2 = 0.9$，即假定参与人2比参与人1更有耐心，则均衡结果为：$s_1^* = 0.182$，$1-s_1^* = 0.818$。

令 $0<\delta_1=\delta_2=\delta<1$，则 $s_1^* = \dfrac{1}{1+\delta} > \dfrac{1}{2}$。因此，在讨价还价博弈中，存在所谓的"先动优势"。特别地，当 $\delta_1 = 0$ 且 $0<\delta_2<1$ 时，参与人2得不到整个蛋糕，除非 $\delta_2 = 1$。也就是说，没有任何耐心的参与人1总可以得到一点份额。这也是"先动优势"的一种体现。但是如果一个讨价还价的周期（即阶段的时间长度）极短，即针对一个参与人的出价，另一个参与

人能够立即进行还价，那么这种“先动优势”就会丧失。为了说明这一点，给定参与人 1 和参与人 2 的贴现因子 r_1、r_2，那么参与人 1 和参与人 2 的贴现率就分别为 $\delta_1=\mathrm{e}^{-r_1\Delta}$ 和 $\delta_2=\mathrm{e}^{-r_2\Delta}$，均衡时参与人的收益为 $\left(\frac{1-\mathrm{e}^{-r_2\Delta}}{1-\mathrm{e}^{-(r_1+r_2)\Delta}}, \frac{\mathrm{e}^{-r_2\Delta}-\mathrm{e}^{-(r_1+r_2)\Delta}}{1-\mathrm{e}^{-(r_1+r_2)\Delta}}\right)$。当 $\Delta\to0$，均衡结果趋近于（$r_2/(r_1+r_2)$，$r_1/(r_1+r_2)$）。此时，参与人的相对“讨价还价能力”决定了均衡时双方占有的份额，当两个人的相对“讨价还价能力”相等时，两个参与人也占有相等的份额。

实际上，如果讨价还价的周期十分短暂以至于可以忽略不计，那么上述的 Rubinstein 讨价还价解就等价于 Nash 讨价还价解。Nash 讨价还价解为 Nash 本人在 20 世纪 50 年代提出的除 Nash 均衡外的另一个重要概念，它假设两个参与人就一种境况进行讨价还价，以期达成一个对双方都有利的协议。如果参与人不能达成协议，那么参与人只能得到一个保留的效用对，Nash 把这个保留的效用对叫做“无协议点”，表示不能达成协议时参与人获得的效用。

回到上面介绍的两个参与人就如何分配 1 美元进行讨价还价的情形。可能达成的协议的集合为 $S=\{(s_1, s_2): 0\leqslant s_1\leqslant1, s_2=1-s_1\}$，其中 s_i 是参与人 i 获得的数额。对任一 $s_i\in[0, 1]$，$U_i(s_i)$ 是参与人从 s_i 中得到的效用，它是一个严格递增的凹或者拟凹函数。那么对于每一个协议（s_1，s_2），都存在一个效用对与它对应，这些效用对的集合记为 $\Omega=\{(u_1, u_2)\mid\exists(s_1, s_2)\in S$，使 $U_1(s_1)=u_1$，$U_2(s_2)=u_2\}$，参与人无法达成协议时的无协议点记为 $d=(d_1, d_2)$，那么以上描述的讨价还价境况的 Nash 讨价还价解，是以下最大化问题的唯一一对效用解

$$\max_{(u_1,u_2)\in\Omega}(u_1-d_1)^{\tau}(u_2-d_2)^{1-\tau} \tag{7.12}$$

由于 $U_i(s_i)$ 是关于 s_i 的递增函数，那么对于参与人 1 的任意一个效用 u_1，一定存在唯一的 $s_1\in[0, 1]$，满足 $U_1(s_1)=u_1$，因此

$$u_2=g(u_1)=U_2[1-U_1^{-1}(u_1)]$$

将上式代入式(7.12)，可得

$$\max_{(u_1,u_2)\in\Omega}(u_1-d_1)^{\tau}[g(u_1)-d_2]^{1-\tau}$$

由最优化一阶条件可得

$$-g'(u_1)=\frac{\tau}{1-\tau}\cdot\frac{g(u_1)-d_2}{(u_1-d_1)}$$

在上述问题中，假设参与人的效用函数为 $U_i(s_i)=s_i$（即参与人风险中性），并且如果讨价还价不成功参与人 1 和参与人 2 都将一无所获，可以求出 $u_1=\tau$，$u_2=1-\tau$，$s_1=\tau$，$s_2=1-\tau$。这里 τ 反映了讨价还价中参与人的“讨价还价能力”，相当于 Rubinstein 讨价还价境况中的 $r_2/(r_1+r_2)$。和 Rubinstein 讨价还价境况一样，达成协议时参与人获得的份额由参与人的“讨价还价能力”决定。特别地，当 $\tau=0.5$ 时，两个参与人的“讨价还价能力”相等，两个参与人平分 1 美元。

从上面的介绍可以看出，Nash 讨价还价解考虑问题的侧重点和 Rubinstein 讨价还价模型的侧重点不同：Rubinstein 讨价还价模型侧重于对讨价还价过程的分析，而 Nash 讨价还价解侧重于对讨价还价结果的预测。因此，它的求解过程相对于 Rubinstein 讨价还价过程要简单

得多。Rubinstein 讨价还价模型更多地把参与人之间的关系看成是一种非合作的关系，Nash 讨价还价解中参与人之间的关系更多地包含着合作的成分，涉及的更多是利益如何在参与人之间进行分配的情形，它为大量的讨价还价问题提供了一个“清晰的”数字预言。然而不管它们最开始考虑问题的初衷如何，在一定条件下——参与人能够对一个出价立刻进行还价时，无限重复的 Rubinstein 讨价还价模型的解和 Nash 讨价还价解相同，参与人获得的收益由他们的“讨价还价能力”决定的这个事实却是令人鼓舞的，它从侧面证明了两种理论是殊途同归的。

7.5 重复“囚徒困境”博弈实验

前面从理论上对“长期重复的相互往来中，参与人之间关于将来行动的威胁或承诺能否影响当前的行动”这一议题进行了探讨。下面将以著名的 Robert Axelrod 实验为例，从实践上进一步说明这一问题。

Robert Axelrod 实验最初源于 1965 年美国 *Science* 杂志上的一个“公开问题”（open problem）——在重复“囚徒困境”博弈中，参与人采用什么样的战略可以获得最大的收益[①]。为了回答这一问题，Axelrod 组织了一场由博弈论专家（或熟悉博弈论的其他方面的学者）参加的计算机竞赛。这个竞赛的思路非常简单：任何想参加这个计算机竞赛的人都扮演“囚徒困境”案例中一个囚犯的角色，他们把自己的战略编入计算机程序，然后他们的程序会被成双成对地融入不同的组合。在此基础上，参与者就开始玩“囚徒困境”的游戏。他们每个人都要在合作（即“抵赖”）与背叛（即“坦白”）之间做出选择，并且游戏重复多次。这就是著名的重复“囚徒困境”博弈实验（亦称 Robert Axelrod 实验）。通过实验，Axelord 对人们在长期重复的相互往来中的合作问题进行了探讨，并对这些问题给出了发人深省、独树一帜的回答或解释：第一，人为什么要合作？第二，人什么时候是合作的，什么时候又是不合作的？第三，如何使别人与你合作？

竞赛的第一个回合交上来的 14 个程序中包含了各种复杂的战略，除了前面介绍过的触发战略外，还有“总是背叛”战略、“合作与背叛交替”战略、“合作一定阶段突然背叛一次”战略等[②]，但令 Axelord 和其他人深为吃惊的是，竞赛的桂冠属于其中最简单的战略——“一报还一报”（tit for tat）战略。这是多伦多大学心理学家 Anatol Rapoport 提交上来的战略。所谓“一报还一报”，就是指参与人以合作开始，然后采用对方上一步的选择，并在对方每次不合作之后选择不合作一次。由于只有为数不多的程序参与了竞赛，“一报还一报”战略的胜利也许只是偶然。为了排除这种偶然性，Axelord 又举行了第二轮竞赛，特别邀请更多的、更广泛的学者和专家参与。第二轮竞赛有 62 个程序参加，结果是“一报还一报”战略又一次夺魁。

---

① Robert Axelord 是美国密执安大学著名的政治学和公共政策学教授，美国科学院院士，对重复博弈中的合作问题进行了长期研究，并取得了诸多成果，著有《合作的进化》一书。本节对 Robert Axelord 实验及其结论的介绍都摘自于该书及相关文献。

② 在竞赛中，除了上交的 14 个程序外，Axelord 还使用了随机战略，即由计算机随机选择“合作”与“背叛”的战略。

关于实验的结果，Axelord 根据“一报还一报”战略本身所具有的特点进行了分析。我们知道，“一报还一报”战略总是以合作开始，但从此以后就采取“以其人之道，还治其人之身”的策略，也就是说，它实行的是“胡萝卜加大棒”的原则。所以，Axelord 认为“一报还一报”战略具有这样的特点：第一，它永远不先背叛对方，从这个意义上来说它是“善意的”①；第二，它会在下一轮中对对手的前一次合作给予回报（哪怕以前这个对手曾经背叛过它），从这个意义上来说它是“宽容的”；第三，它会采取背叛的行动来惩罚对手前一次的背叛，从这个意义上来说它又是“强硬的”；第四，它的策略极为简单，对手从程序一看便知其用意何在，从这个意义来说它又是“简单明了的”。正是由于这样的特点，使得“一报还一报”战略能够脱颖而出，一举夺魁。同时，竞赛的结论也从一个侧面证明：好人，或更确切地说，具备这样特点的人——善意的、宽容的、强硬的和简单明了的，总会是赢家。

“一报还一报”战略在静态的群体中（即参与人只采用一种特定的战略）能使合作形成，具有优势，但在一个动态的进化的群体中（即参与人的战略可以改变），这种合作能否产生、发展、生存下去呢？群体是会向合作的方向进化，还是会向不合作的方向进化？如果大家开始都不合作，能否在进化过程中产生合作？为了回答这些疑问，Axelord 用生态学的原理分析了合作的进化过程。

假设由参与人组成的战略群体是一代一代进化下去的，进化的规则包括：第一，试错。人们在对待周围环境时，起初不知道该怎么做，于是就试试这个，试试那个，哪个结果好就照哪个去做。第二，遗传。一个人如果合作性好，他的后代的合作基因就多。第三，学习。比赛过程就是参与人相互学习的过程，“一报还一报”战略好，有的人就愿意学。按这样的思路，Axelord 设计了一个实验，假设 63 个参与人中，谁在第一轮中的得分越高，他在第二轮的群体中所占比例就越高，而且是他的得分的正函数。这样，群体的结构就会在进化过程中改变，由此可以看出群体是向什么方向进化的。实验结果很有趣。“一报还一报”战略原来在群体中占 1/63，经过 1 000 代的进化，结构稳定下来时，它占了 24%。其中有一个值得研究的战略，即原来前 15 名中唯一的那个“不善良的” Harrington 程序②一开始发展很快，但等到除了“一报还一报”之外的其他程序开始消失时，它就开始下降了。因此，以合作系数来测量，群体是越来越合作的。

进化实验揭示了一个哲理：一个战略的成功应该以对方的成功为基础。“一报还一报”战略在两个人博弈时，得分不可能超过对方，最多打个平手，但它的总分最高。它赖以生存的基础是很牢固的，因为它让对方得到了高分。而 Harrington 程序却不是这样，它得到高分时，对方必然得到低分。它的成功是建立在别人失败的基础上的，而失败者总是要被淘汰的，当失败者被淘汰之后，这个好占别人便宜的成功者也要被淘汰。

但是，在一个极端自私者所组成的不合作者的群体中，“一报还一报”战略也能生存吗？Axelord 发现，在参与人支付和贴现率一定的情况下，只要群体的 5%或更多成员是“一报还一报”的，这些合作者就能生存，而且只要他们的得分超过群体的总平均分，这个合作的群体就会越来越大，最后蔓延到整个群体。这说明社会向合作进化的棘轮是不可逆转的，群体的合作性越来越大。Axelord 正是以这样一个鼓舞人心的结论，突破了“囚徒困境”

---

① 在第一轮竞赛上交的 14 个程序中，有 8 个战略都具有“善意的”特点，而且这些“善意的”战略都轻易地赢了 6 个“非善意的”战略。

② 在该战略中，参与人的对策方案是：首先合作，当发现对方一直在合作，它就突然来个不合作，如果对方立刻报复它，它就恢复合作，如果对方仍然合作，它就继续背叛。

的研究困境。

在研究中 Axelord 发现，合作的必要条件是：第一，关系要持续，一次性的或有限次的博弈中，参与人是没有合作动机的；第二，对对方的行为要做出回报，一个永远不合作的参与人是不会有人跟他合作的。

此外，关于如何提高人们交往中的合作性，Axelord 也给出了明确的结论。第一，要建立持久的关系，即使是爱情也需要建立婚姻契约以维持双方的合作。第二，要增强识别对方行动的能力，如果不清楚对方是合作还是不合作，就没法回报他。第三，要维持声誉，说要报复就一定要做到，人家才知道你是不好欺负的，才不敢不与你合作。第四，能够分步完成的对局不要一次完成，以维持长久关系，比如贸易、谈判都要分步进行，以促使对方采取合作态度。第五，不要嫉妒别人的成功，“一报还一报”战略正是这样的典范。第六，不要首先背叛，以免担上罪魁祸首的道德压力。第七，不仅对背叛要回报，对合作也要给出回报。第八，不要耍小聪明，占人家便宜。

“一报还一报”战略的胜利对人类和其他生物的合作行为的形成所具有的深刻含义是显而易见的。Axelord 在《合作的进化》一书中指出，“一报还一报”战略能导致社会各个领域的合作，包括在最无指望的环境中的合作。他最喜欢举的例子就是第一次世界大战中自发产生的“自己活，也让他人活”的原则。当时前线战壕里的军队约束自己不开枪杀伤人，只要对方也这么做。这个原则能够实行的原因是，双方军队都已陷入困境数月，这给了他们相互适应的机会。

“一报还一报”战略的相互作用使得自然界即使没有智能的动物也能产生合作关系。这样的例子很多：真菌从地下的石头中汲取养分，为海藻提供了食物，而海藻反过来又为真菌提供了光合作用；金蚁合欢树为一种蚂蚁提供了食物，而这种蚂蚁反过来又保护了该树；无花果树的花是黄蜂的食物，而黄蜂反过来又为无花果树传授花粉，将树种撒向四处。更广泛地说，共同演化还会使“一报还一报”战略的合作风格在世界上蔚然成风。假设少数采取“一报还一报”战略的个人在这个世界上通过突变而产生了，那么只要这些个体能互相遇见，足够在今后的相逢中形成利害关系，他们就会开始形成小型的合作关系。一旦发生这种情况，他们就能远胜于他们周围的那些“背后藏刀”的类型，这样参与合作的人数就会增多。很快，“一报还一报式”的合作就会占上风。而一旦建立了这种机制，相互合作的个体就能生存下去。如果不太合作的类型想侵犯和利用他们的善意，“一报还一报”战略强硬的一面就会狠狠地惩罚他们，让他们无法扩散影响。

Axelord 通过数学化和计算机化的方法研究如何突破囚徒困境，达成合作，将这项研究带到了一个全新境界，他在数学上的证明无疑是十分雄辩和令人信服的，而且，他在计算机模拟中得出的一些结论是非常惊人的发现，比如，总分最高的人在每次博弈中都没有拿到最高分。

Axelord 所发现的“一报还一报”战略，从社会学的角度可以看作是一种“互惠式利他”，这种行为的动机是个人私利，但它的结果是双方获利，并通过“互惠式利他”有可能覆盖范围最广的社会生活，人们通过送礼及回报，形成了一种社会生活的秩序，这种秩序即使在多年隔绝、语言不通的人群之间也是最易理解的东西。比如，哥伦布登上美洲大陆时，与印第安人最初的交往就始于互赠礼物。有些看似纯粹的利他行为，比如无偿捐赠，也通过某些间接方式，比如社会声誉的获得，得到了回报。研究这种行为，将对我们理解社会生活有很重要的意义。

“囚徒困境”扩展为多人博弈时，就体现了一个更广泛的问题——“社会悖论”或“资源悖论”。人类共有的资源是有限的，当每个人都试图从有限的资源中多拿一点儿时，就产生了局部利益与整体利益的冲突。人口问题、资源危机、交通阻塞，都可以在社会悖论中得以解释，在这些问题中，关键是通过研究，制定游戏规则来控制每个人的行为。

Axelord 的一些结论在中国古典文化道德传统中可以很容易地找到对应，“投桃报李”“人不犯我，我不犯人”都体现了“tit for tat”的思想。但这些东西并不是最优的，因为“一报还一报”在充满了随机性的现实社会生活里是有缺陷的。

当然，Axelord 对参与人的一些假设和结论使其研究不可避免地与现实脱节。首先，实验中暗含着一个重要的假定——个体之间的博弈是完全无差异的。现实的博弈中，参与人之间绝对的平等是不可能达到的。一方面，参与人在实际的实力上有差异，双方互相背叛时，所得并不像“囚徒困境”那样是相等的，而是强者得的多，弱者得的少。这种情况下，弱者的报复就毫无意义。另一方面，即使博弈双方确实旗鼓相当，但某一方可能怀有赌徒心理，认定自己更强大，采取背叛的策略能占便宜。而正是这种赌徒心理恰恰在社会上大量引发了零和博弈。

其次，Axelord 认为合作不需预期和信任。这是他受到质疑颇多之处。决策者根据对方前面的战术来制定自己下面的战术，合作要求个体能够识别那些曾经相遇过的个体并且记得与其相互作用的历史，以便做出反应，这些都暗含着“预期”行为。在应付复杂的博弈环境时，信任可能是博弈双方达成合作的必不可少的环节。但是，预期与信任是无法在计算机程序中体现出来的。

最后，重复博弈在现实中是很难完全实现的。一次性博弈的大量存在，引发了很多不合作的行为，而且博弈的一方在遭到对方背叛之后，往往没有机会也没有还手之力去进行报复。比如，资本积累阶段的违约行为，国家之间的核威慑。在这些情况下，社会要使交易能够进行，并且防止不合作行为，必须通过法制手段，以法律的惩罚代替个人之间的“一报还一报”，规范社会行为。这是 Axelord 的研究对制度学派的一个重要启发。

第 8 章　子博弈精炼 Nash 均衡的应用

本章将介绍子博弈精炼 Nash 均衡应用的一些经典模型，通过这些例子可以进一步加深对子博弈精炼 Nash 均衡含义的理解[①]。

8.1　Stackelberg 模型

在第 4 章中，我们介绍过关于寡头垄断市场中企业进行产量竞争的 Cournot 模型。在 Cournot 模型里，生产同质无差异产品的企业同时选择自己的战略——产量，这是一个典型的完全信息静态博弈。现在如果假设在同样的两个企业的产量竞争模型中，企业行动的顺序不是同时的，而是外生给定的先后顺序，那么模型就变成著名的 Stackelberg（施塔克尔贝格）模型。该模型是一个典型的完全信息动态博弈。在 Stackelberg 模型中，模型的基本假设为：

（1）企业生产的产品是同质无差异的；

（2）企业进行的是产量竞争，也就是说，企业的决策变量为产量；

（3）企业的行动顺序是有先后的，且其先后顺序由外生给定，也就是说，模型为动态的。

对于属于完全信息静态博弈的 Cournot 模型，可以用 Nash 均衡来描述模型的解，而对于属于完全信息动态博弈的 Stackelberg 模型，必须用子博弈精炼 Nash 均衡来描述模型的解。如前所述，Stackelberg 模型的子博弈精炼 Nash 均衡可以用逆向归纳法来求解。

在 Stackelberg 模型中，假设企业 1 先选择自己的战略——产量 $q_1 \in Q_1 = [0, +\infty)$，因而企业 1 称为领头者（leader）；企业 2 在观测到企业 1 选择的产量 q_1 后，再选择自己的战略——产量 $q_2 \in Q_2 = [0, +\infty)$，因而企业 2 称为尾随者（follower）[②]。采用逆向归纳法的思想，企业 2 在行动的时候能够观测到企业 1 的产量 q_1，从而企业 2 会根据 q_1 来选择自己的产量以使自己的利润最大，因此企业 2 的战略应该是从 Q_1 到 Q_2 的函数，即 q_2：$Q_1 \to Q_2$。而企业 1 的战略就是简单地选择自己的产量 q_1，但企业 1 在选择 q_1 时知道企业 2 将根据自己的产量来进行选择，也即企业 1 在选择 q_1 时知道企业 2 的战略 $q_2(q_1)$，因此企业 1 即是选择 q_1 使得 $\pi_1(q_1, q_2(q_1))$ 最大。

为了了解具体的求解方法，与 Cournot 模型类似，仍然假设市场的需求函数为 $P = a - (q_1 + q_2)$，两个企业具有不变且相同的单位成本 c，则企业 $i(i=1, 2)$ 的利润函数为

$$\pi_i(q_i, q_j) = q_i(a - q_i - q_j - c)$$

---

① 需要说明的是，本章中所有的模型都摘自于国内外公开发表的文献及出版的教材。

② 注意，这个行动顺序是外生给定的。

其中 $i, j=1, 2 \quad i \neq j$。

采用逆向归纳法，给定 q_1，企业 2 的最优化问题为选择 q_2 使得 $\pi_2(q_1, q_2)$ 最大，即

$$\max_{q_2 \geqslant 0} \pi_2(q_1, q_2) = q_2(a-q_1-q_2-c)$$

由最优化一阶条件可得

$$q_2(q_1) = \frac{1}{2}(a-q_1-c) \tag{8.1}$$

为了保证最优内点解存在，这里假设 $q_1<a-c$。式（8.1）即为企业 2 的战略，即如果企业 1 选择 q_1，企业 2 将选择 $\frac{1}{2}(a-q_1-c)$。企业 1 在第一阶段选择 q_1 时预测到企业 2 将根据 $q_2(q_1)$ 行动，因而企业 1 的最优化问题为选择 q_1 使 $\pi_1(q_1, q_2(q_1))$ 最大，即

$$\max_{q_1 \geqslant 0} \pi_1(q_1, q_2(q_1)) = q_1[a-q_1-q_2(q_1)-c]$$

将式(8.1)代入上述优化问题，并由最优化一阶条件可得

$$q_1^* = \frac{1}{2}(a-c)$$

将上式代入式(8.1)，可得

$$q_2^* = \frac{1}{4}(a-c)$$

因此该博弈的子博弈精炼 Nash 均衡为（q_1^*，$q_2(q_1)$），而子博弈精炼 Nash 均衡结果① 为 $\left(\frac{1}{2}(a-c), \frac{1}{4}(a-c)\right)$。

在第 4 章我们得到了相同条件下（即市场需求函数和企业边际成本都相同）Cournot 模型的均衡产量为 $\left(\frac{1}{3}(a-c), \frac{1}{3}(a-c)\right)$，比较两个结果可以发现 Stackelberg 均衡总产量 $\frac{3}{4}(a-c)$ 大于 Cournot 均衡总产量 $\frac{2}{3}(a-c)$，但是企业 1 的 Stackelberg 均衡产量 $\frac{1}{2}(a-c)$ 大于 Cournot 均衡产量 $\frac{1}{3}(a-c)$，而企业 2 的 Stackelberg 均衡产量 $\frac{1}{4}(a-c)$ 小于 Cournot 均衡产量 $\frac{1}{3}(a-c)$。根据计算，可以进一步发现：先行动的企业 1（即领头者）的 Stackelberg 均衡利润 $\frac{1}{8}(a-c)^2$ 大于 Cournot 均衡利润 $\frac{1}{9}(a-c)^2$，而后行动的企业 2（即尾随者）的 Stackelberg 均衡利润 $\frac{1}{16}(a-c)^2$ 小于 Cournot 均衡利润 $\frac{1}{9}(a-c)^2$。这说明在 Stackelberg 模型中领头者具有“先动优势”。需要说明的是，在此模型中虽然尾随者具有信息优势（能够观测到领头者的产量），但这种信息优势却并没有给其带来利益，反而损害了其利益，这在传统的决策分析

① 注意均衡与均衡结果的区别。

中是不可能的，这也从一个方面体现了博弈论与传统决策理论的不同之处。另外，在一般模型中什么时候具有“先动优势”什么时候具有“后动优势”也不能一概而论，而是要具体模型具体分析。

在 Stackelberg 模型中领头者获得的均衡利润要大于 Cournot 均衡中的利润，说明了在一定情形下承诺的价值。在 Stackelberg 模型中领头者的产品一旦生产出来，就变成了一种沉淀成本，无法改变，因而尾随者不得不认为领头者的威胁是可置信的。如果领头者并没有实际生产而只是威胁宣称他将生产$\frac{1}{2}(a-c)$，尾随者是不会相信他的威胁的。因为如果尾随者相信领头者的威胁，选择产量$\frac{1}{4}(a-c)$，则领头者就会根据 Cournot 模型中的反应函数，选择$R_1(q_2)=\frac{1}{2}(a-q_2-c)=\frac{3}{8}(a-c)$产量。

从 Stackelberg 模型的子博弈精炼 Nash 均衡，我们也可以进一步地理解 Nash 均衡与子博弈精炼 Nash 均衡的区别。按 Nash 均衡的定义，上述 Stackelberg 模型还有其他的 Nash 均衡，如 Cournot 均衡$\left(\frac{1}{3}(a-c),\ \frac{1}{3}(a-c)\right)$也是一个 Nash 均衡。因为给定企业 1 选择$\frac{1}{3}(a-c)$，企业 2 的最优选择为$\frac{1}{3}(a-c)$；同理给定企业 2 选择$\frac{1}{3}(a-c)$，企业 1 的最优选择也为$\frac{1}{3}(a-c)$。但这个 Nash 均衡不是子博弈精炼均衡，因为 $q_2(q_1)=\frac{1}{3}(a-c)$ 并不在所有子博弈上构成 Nash 均衡。事实上 $q_2(q_1)=\frac{1}{3}(a-c)$是一个不可置信的威胁，如果企业 1 选择的产量不为$\frac{1}{3}(a-c)$，企业 2 也不会选择$\frac{1}{3}(a-c)$。

此外，在前面的讨论中，我们都没有考虑企业生产中的固定成本。企业的固定成本虽然对企业的产量决策（即如果生产，生产多少）不会产生直接影响，但却会影响企业的进入决策（即是否生产）。下面通过一个算例分析固定成本对企业决策及最终均衡的影响。

假设市场的需求函数仍然为 $P=a-(q_1+q_2)$，企业 $i(i=1,\ 2)$生产的固定成本为 K_i，平均单位变动成本为 c_i（这里假设 c_i为常数）。仿前面的计算，可以得到：企业 1 和企业 2 的 Stackelberg 均衡产量分别为$\frac{a-2c_1+c_2}{2}$和$\frac{a+2c_1-3c_2}{4}$，Stackelberg 均衡利润分别为$\frac{(a-2c_1+c_2)^2}{8}-K_1$和$\frac{(a+2c_1-3c_2)^2}{16}-K_2$。对于企业 2，如果生产的固定成本 K_2过大，比如 $K_2>\frac{(a+2c_1-3c_2)^2}{16}$，那么企业 2 生产就会亏本。因此，企业 2 就不会生产。当企业 2 不生产时，如果企业 1 按前面计算出的均衡产量$\frac{a-2c_1+c_2}{2}$生产，则其均衡利润为$\frac{(a-c_1)^2-(c_2-c_1)^2}{4}-K_1$。现在的问题是：企业 2 由于生产的固定成本过高而不生产，企业 1 是否可以将自己视为市场上唯一的生产者即垄断者进行决策呢？

如果企业 1 进行垄断决策，则选择垄断产量$\frac{a-c_1}{2}$，但企业 1 是否就可以得到垄断利润

$\frac{(a-c_1)^2}{4}-K_1$呢[①]？企业 1 是否能够得到垄断利润，还取决于企业 2 如何反应！当企业 1 选择垄断产量$\frac{a-c_1}{2}$时，如果企业 2 决定生产，则会根据反应函数

$$q_2(q_1)=\frac{1}{2}(a-c_2-q_1)$$

选择产量$\frac{a+c_1-2c_2}{4}$，得到利润$\frac{(a+c_1-2c_2)^2}{16}-K_2$。如果 $c_2>c_1$，则此时企业 2 的利润就会大于前面计算出的均衡利润$\frac{(a+2c_1-3c_2)^2}{16}-K_2$。同时，如果$\frac{(a+c_1-2c_2)^2}{16}-K_2>0$，那么企业 2 就会选择生产，并生产出$\frac{a+c_1-2c_2}{4}$的产品。

当企业 1 选择垄断产量$\frac{a-c_1}{2}$，并导致企业 2 生产$\frac{a+c_1-2c_2}{4}$时，企业 1 不仅得不到所谓的垄断利润$\frac{(a-c_1)^2}{4}-K_1$，而且实际得到的利润$\frac{(a-c_1)(a-3c_1+2c_2)}{8}-K_1$小于前面计算出的均衡利润$\frac{(a-2c_1+c_2)^2}{8}-K_1$[②]。因此，即使企业 2 因为固定成本过高而不生产，企业 2 也不能将自己视为市场上唯一的生产者而进行垄断决策。这里，企业 2 虽然不生产，但由于企业 2 可以随时择机进入，致使企业 1 不能独占市场，进行垄断生产。

8.2　Leontief 劳资谈判模型

在西方国家中，工人为了自身的利益会成立工会组织，工会在一个区域内垄断了劳动力的供应，企业如果想雇用劳动力只能和工会就工资和就业人数进行谈判。在 Leontief（1946）模型中，讨论了一个具有垄断性质的工会组织（即作为企业劳动力唯一供给者的工会组织）和一个企业之间就雇用劳动力进行的谈判。在这种谈判中，工会对工资水平说一不二，而企业虽然不能就工资水平与工会讨价还价，但是企业可以自由地决定雇用的人数。

在谈判中，双方行动的时序如下：

(1) 工会给出工资水平 w；

(2) 企业观测到（并接受）w，随后选择雇用人数 L。

当双方选择了 w 和 L 后，工会获得的效用水平为 $U(w, L)$，$U(w, L)$ 是 w 和 L 的增函数，凸向原点；企业的利润为 $\pi(w, L)=R(L)-wL$，其中 $R(L)$ 为企业雇用人数为 L 时的

---

① 注意，这里的垄断利润$\frac{(a-c_1)^2}{4}-K_1$大于企业 2 不生产时，企业 1 的均衡利润$\frac{(a-c_1)^2-(c_2-c_1)^2}{4}-K_1$。

② 注意，$(a-c_1)(a-3c_1+2c_2)=(a-c_1)[a-c_1+2(c_2-c_1)]<[a-c_1+(c_2-c_1)]^2$。

收入，它是递增的凹函数，即 $dR/dL>0$，$d^2R/dL^2<0$。工会的目标是给定企业行动的战略，选择 w 使得 $U(w, L)$ 取得最大值；而企业的目标则是给定工会选择的工资 w，选择 L 使得 $\pi(w, L)$ 取得最大值。

由于企业行动时，已经观察到了工会选择的工资水平 w，因此，根据逆向归纳法，首先考察企业的选择。给定工会在第一阶段选择的工资水平 w，企业在第二阶段选择最优的 L 以最大化自己的利润，即

$$\max_{L\geqslant 0} \pi(w, L)=R(L)-wL$$

由最优化一阶条件可得

$$dR/dL-w=0 \tag{8.2}$$

为保证式(8.2)有解，假定 dR/dL 在 $L=0$ 处为∞，在 $L=\infty$ 处为 0。令 $f(L)=dR/dL$，则根据式(8.2) 可以求得最优的就业人数 $L^*(w)=f^{-1}(w)$(由于 $f(L)$ 是减函数，因此 $L^*(w)$ 也是减函数)。它是 w 的函数，是企业针对工会提出的工资水平的反应函数，也是劳动力的需求函数。

同时，工会在决策时也预测到了如果它选择了工资水平 w，企业在第二阶段选择的劳动力水平将会是 $L^*(w)$，于是工会选择工资水平 w 将会得到效用水平 $U(w, L^*(w))$，它也是一个关于 w 的函数。因此，工会在第一阶段的决策问题就是确定最优工资水平 w，使 $U(w, L^*(w))$取得最大值，即

$$\max_{w\geqslant 0} U(w, L^*(w))$$

由最优化一阶条件可得

$$-\frac{\partial U/\partial w}{\partial U/\partial L}=\frac{dL^*}{dw}$$

等式左边是工会的工资和劳动力的边际替代率，右边是企业劳动力需求函数的斜率，它意味着工会选择的工资水平 w^* 使得自己在点 w^* 的无差异曲线（即等效用曲线）与企业的劳动需求曲线相切。如图 8.1 所示，工会的无差异曲线 U_1 与企业的劳动力需求曲线 $L^*(w)$ 相切，此时工会的效用达到最大。因此，模型的子博弈精炼 Nash 均衡为$(w^*, L^*(w))$。

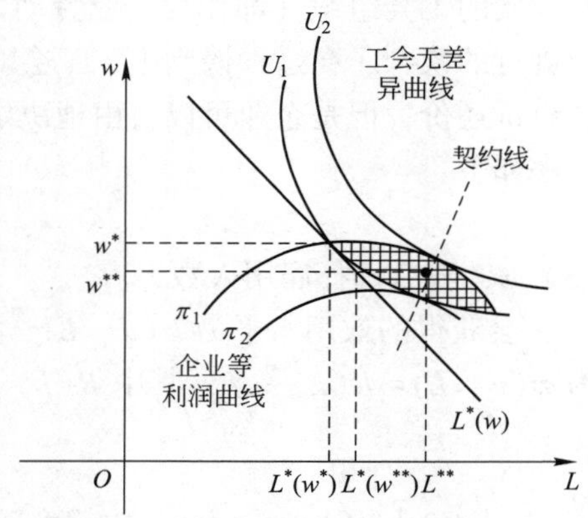

图 8.1　工会无差异曲线和企业等利润曲线图

在图 8.1 中，企业的等利润曲线和工会的无差异曲线是相交的，这表明这个结果并不是 Pareto 有效的。如果工会和企业选择的工资和劳动力组合为图 8.1 中阴影区域中的任一点（如(w^{**}, L^{**})），则企业和工会的效用都会增加（企业的等利润曲线越低，利润越高）。

如果在谈判开始之前，企业向工会承诺，如果工会选择的工资为 w^{**}，那么它将选择就业水平 L^{**}，这时双方的效用都会得到提升。然而，如果双方只进行一次博弈（即谈判），这种对双方来说都有利的结果不可能实现，因为企业的这种承诺是不可信的。考虑当工会选择了工资水平 w^{**} 时的情形，此时企业选择就业水平 $L^*(w^{**})$ 以使自己的利润最大化，因此，在企业的行为没有约束的情况下，企业不可能选择其事先承诺的就业水平 L^{**}；同时工会也预料到在它选择工资水平 w^{**} 时，企业不会选择就业水平 L^{**}。所以，工会只会选择工资水平 w^*，企业相应地也会选择就业水平 $L^*(w^*)$。

如上所述，虽然存在对双方都更有利的结果，但是在双方的行为没有受到约束的情况下，并且双方都只考虑一个阶段的收益时，这种好的结果不可能实现，因为它不是子博弈精炼 Nash 均衡，不满足动态一致性。如果双方想得到好的结果，可以在博弈开始之前签订有约束力的协议，规定双方选择的组合必须为(w^{**}, L^{**})，那么这个对双方都有利的结果就可以实现①。在某些情况下，即使双方不签订这种协议也有可能实现合作，比如说企业只能到工会雇用工人（事实上也确实如此），如果企业足够重视未来的收益并且工会也了解这一点，那么这种对双方都有利的结果就可能实现。

从图 8.1 中可以看出，Pareto 优于子博弈精炼 Nash 均衡结果的组合有很多，但是在这些组合中，只有企业的等利润曲线和工会的无差异曲线相切的那些点代表的组合才是 Pareto 有效的，这些点组成的曲线称为“契约线”。这条线上的所有 w 和 L 的组合都处在 Pareto 边界上。然而在这些 Pareto 有效的组合中，双方对这些组合的偏好正好相反，那么到底哪个 Pareto 有效的组合会出现呢？这取决于谈判中双方的讨价还价能力。一个好的办法是让双方进行协商，双方根据协商的结果选择工资水平和就业水平。一个比较公平的结果是对称的 Nash 讨价还价解（Nash 讨价还价解是 Pareto 有效的），如果谈判不成功双方再选择子博弈精炼 Nash 均衡的结果。设工会的保留效用为 $U_s=U(w^*, L^*(w^*))$，企业的保留利润为$\pi_s=R(L^*(w^*))-w^*L^*(w^*)$，即谈判的初始点为$(U_s, \pi_s)$，那么 Nash 讨价还价解就是下列问题的解②

$$\max_{L\geqslant 0, w\geqslant 0}(U(w, L)-U_s)(R(L)-wL-\pi_s)$$

由最优化一阶条件可得

$$\frac{\partial U}{\partial L}(R(L)-wL-\pi_s)-(U(w, L)-U_s)(\mathrm{d}R/\mathrm{d}L-w)=0$$

$$\frac{\partial U}{\partial w}(R(L)-wL-\pi_s)-L(U(w, L)-U_s)=0$$

整理可得

$$-\frac{\partial U/\partial L}{\partial U/\partial w}=\frac{\mathrm{d}R/\mathrm{d}L-w}{L}=-\frac{\partial\pi/\partial L}{\partial\pi/\partial w}$$

① 这种协议一般都会受到法律的保护，至少不被法律禁止，因而在现实中是可以实现的。

② 参见 8.4 节。

上式左边是工会的劳动力和工资的边际替代率，右边是企业劳动力和工资的边际替代率，它表明这种情况下的结果是 Pareto 有效的，人力资源得到了合理的使用。

8.3 关税与国际市场模型

关税与国际市场模型是博弈论在国际经济学中的一个应用。该模型考虑的是这样的博弈情形：在两个完全相同的国家，每个国家 $i(i=1, 2)$ 都有一个政府、一个企业和一群消费者。其中，政府负责确定关税税率，企业制造产品供给本国的消费者及出口，消费者在国内市场购买本国企业或外国企业生产的产品。

假设国家 i 中的企业(简称企业 i)为国内市场生产 q_i 的产品，并出口 e_i 的产品，则企业 i 的总产量为 q_i+e_i；假设企业 i 的边际成本为常数 c，并且没有固定成本，因此，企业 i 生产的总成本为 $c(q_i+e_i)$。假设在国家 i 的市场上，消费者的需求为线性需求，即

$$P_i(Q_i)=a-Q_i$$

其中，$P_i(Q_i)$ 为国家 i 的市场出清价格；Q_i 为国家 i 中消费者所消费的产品总量，包括本国企业生产的产量和进口的产量，即 $Q_i=q_i+e_j(i, j=1, 2 \text{ 且 } i \neq j)$。

假设国家 i 中政府(简称政府 i)制定的关税税率为 t_i，因此，企业 j 向国家 i 出口 e_j 的产品，必须支付关税 t_ie_j 给政府 i。假设博弈的时序如下：

（1）两个国家的政府同时选择关税税率 t_1 和 t_2；

（2）两个国家的企业观察到关税税率，并同时选择其提供国内的产量和出口的产量 (q_1, e_1)、(q_2, e_2)；

（3）企业 i 得到利润 π_i，其中

$$\pi_i(q_i, e_i, t_i, q_j, e_j, t_j)=[a-(q_i+e_j)]q_i+[a-(q_j+e_i)]e_i-c(q_i+e_i)-t_je_i$$

政府 i 的收益 g_i 为本国总的福利，包括本国消费者享受的消费者剩余①、企业 i 赚取的利润及从企业 j 收取的关税收入，即

$$g_i(t_i, q_i, e_i, t_j, q_j, e_j)=\frac{Q_i^2}{2}+\pi_i(q_i, e_i, t_i, q_j, e_j, t_j)+t_ie_j \tag{8.3}$$

考察博弈的子博弈精炼 Nash 均衡。采用逆向归纳法，首先考察企业的决策。假设两国政府已选定的税率分别为 t_1 和 t_2，用 $(q_1^*, e_1^*, q_2^*, e_2^*)$ 表示两个企业在观测到政府的选择后的博弈的 Nash 均衡，所以对于企业 i，(q_i^*, e_i^*) 必须满足

$$(q_i^*, e_i^*) \in \arg\max_{(q_i, e_i)} \pi_i(q_i, e_i, t_i, q_i, e_i, t_i)$$

由最优化一阶条件 $\frac{\partial \pi_i}{\partial q_i}=0$ 和 $\frac{\partial \pi_i}{\partial e_i}=0$，可得

① 所谓消费者剩余，是指如果消费者用 P 的价格购买一件他愿意出价为 v 的商品，则他享受到消费者剩余为 $v-P$。在给定需求函数 $P=a-Q$，以及市场销售的总量为 Q 的前提下，则总的消费者剩余可表示为 $\frac{Q^2}{2}$。

$$\begin{cases} q_i^* = \dfrac{1}{2}(a-e_j-c) \\ e_i^* = \dfrac{1}{2}(a-q_j-c-t_j) \end{cases} \tag{8.4}$$

式(8.4)就是企业 i 在给定关税下，关于企业 j 的选择的反应函数。联立求解式(8.4)，可得：

$$\begin{cases} q_i^* = \dfrac{a-c+t_i}{3} \\ e_i^* = \dfrac{a-c-2t_j}{3} \end{cases} \quad (i,\ j=1,\ 2,\ i\neq j) \tag{8.5}$$

在 4.1 节的 Cournot 模型中，两个企业选择的均衡产出都是 $(a-c)/3$，但这一结果是基于对称的边际成本而推出的。而式（8.5）的均衡结果与之不同的是，政府对关税的选择使企业的边际成本不再对称。例如，在市场 i，企业 i 的边际成本是 c，但企业 j 的边际成本则是 $c+t_i$。由于企业 j 的成本较高，它意愿的产出也相对较低。但如果企业 j 要降低产出，市场出清价格又会相应提高，于是企业 i 又倾向于提高产出，这种情况下，企业 j 的产量就又会降低。结果就是在均衡条件下，q_i^* 随 t_i 的提高而上升，e_j^* 随 t_i 的提高而（以更快的速度）下降。

由式（8.5）可得企业 i 的利润为

$$\pi_i = \frac{(a-c+t_i)^2}{9} + \frac{(a-c-2t_j)^2}{9} \quad (i,\ j=1,\ 2,\ i\neq j) \tag{8.6}$$

现在再来求解政府对关税的选择，用 $(t_1^*,\ t_2^*)$ 表示政府间博弈的 Nash 均衡。对于政府 $i(i=1,\ 2)$，由于预测到企业会根据式（8.5）进行选择，所以 t_i^* 必须满足：

$$\max_{t_i>0} g_i(t_i,\ t_j,\ q_i^*(t_i),\ e_i^*(t_j),\ q_j^*(t_j),\ e_j^*(t_i))$$

将式(8.5)和式(8.6)代入式(8.3)，有

$$g_i(t_i,\ t_j) = \frac{(2(a-c)-t_i)^2}{18} + \frac{(a-c+t_i)^2}{9} + \frac{(a-c-2t_j)^2}{9} + \frac{t_i(a-c-2t_i)}{3} \tag{8.7}$$

其中，$i,\ j=1,\ 2$ 且 $i\neq j$。

由最优化一阶条件 $\dfrac{\partial g_i}{\partial t_i}=0$，可得

$$t_i^* = \frac{a-c}{3} \quad (i=1,\ 2) \tag{8.8}$$

从式（8.8）可以看到：政府 i 对最优关税 t_i^* 的选择并不依赖于另一政府的关税 t_j^*。也就是说，在本模型中，选择 $\dfrac{a-c}{3}$ 的关税税率对每个政府都是占优战略。将式(8.8)代入式(8.5)，可得

$$\begin{cases} q_i^* = \dfrac{4(a-c)}{9} \\ e_i^* = \dfrac{a-c}{9} \end{cases} \tag{8.9}$$

所以，模型的子博弈精炼 Nash 均衡为$\left(t_1^* = t_2^* = \dfrac{a-c}{3},\ q_1^*(t_1),\ q_2^*(t_2),\ e_1^*(t_2),\ e_2^*(t_1)\right)$。下面将两个国家当作一个整体，考虑社会福利最大化。此时，整个社会面临的决策问题为：

$$\max_{t_1, t_2 \geqslant 0} G = g_1(t_1,\ t_2,\ q_1^*(t_1),\ e_1^*(t_2),\ q_2^*(t_2),\ e_2^*(t_1)) + g_2(t_1,\ t_2,\ q_1^*(t_1),\ e_1^*(t_2),\ q_2^*(t_2),\ e_2^*(t_1))$$

将式（8.9）代入上述优化问题，并由最优化一阶条件$\dfrac{\partial G}{\partial t_i} = 0(i=1,\ 2)$，可得$t_1 = t_2 = -(a-c) < 0$。但是，由于$t_1$和$t_2$为关税税率，因此$t_1$，$t_2 \geqslant 0$（即不存在进口补贴的情形）。而当$t_1$，$t_2 \geqslant 0$时，

$$\frac{\partial G}{\partial t_i} = -\frac{(a-c)+t_i}{9} < 0,\quad \frac{\partial G}{\partial t_j} = -\frac{(a-c)+t_j}{9} < 0$$

因此G是关于t_1和t_2的减函数，于是当$t_1 = t_2 = 0$时G达到最大。这意味着：如果两个国家的政府能够签订一个相互承诺零关税的协定（即自由贸易协定），就可使整个社会的福利最大化。下面对两种关税税率$\left(\text{即 } t_i^* = \dfrac{a-c}{3} \text{和 } t_i = 0\right)$下的社会福利进行比较。

① 当$t_i = \dfrac{a-c}{3}$时，在每个国家的市场上的总产量为$\dfrac{5(a-c)}{9}$，消费者剩余为$\dfrac{25(a-c)^2}{81}$；而当$t_i = 0$时，总产量为$\dfrac{2(a-c)}{3}$，消费者剩余为$\dfrac{4(a-c)^2}{9}$。所以，关税的存在使消费者剩余减少$\dfrac{11(a-c)^2}{81}$。

② 当$t_i = \dfrac{a-c}{3}$时，企业i的利润为$\dfrac{17(a-c)^2}{81}$；而当$t_i = 0$时，企业i的利润为$\dfrac{2(a-c)^2}{9}$。所以，关税的存在使企业的利润减少$\dfrac{(a-c)^2}{81}$。

③ 当$t_i = \dfrac{a-c}{3}$时，政府i获得的关税为$\dfrac{(a-c)^2}{27}$；而当$t_i = 0$时，政府i获得的关税为0。所以，关税的存在使政府获得额外收益$\dfrac{(a-c)^2}{27}$。

从上面的比较可以看到：关税的存在使政府的收益增加，但企业的收益和消费者剩余却减少，而且政府收益增加的总量$\left(\text{即}\dfrac{(a-c)^2}{27}\right)$，抵不上企业收益和消费者剩余减少的总量$\left(\text{即}\dfrac{4(a-c)^2}{27}\right)$。所以，非自由贸易会造成社会福利的损失。

8.4　工作竞赛模型

博弈论在现实中的具体应用既丰富了博弈理论本身，同时又为解决其他领域的问题提供了有力的工具，也促进了其他领域理论的发展。以下的工作竞赛模型由 Lazear 于 1981 年创立，它将前面介绍的逆向归纳法的思想应用于企业内部激励问题，为考察企业内的晋升激励提供了很好的分析框架。具体来讲，该模型解决了这样一类问题：当企业（或企业主）雇用两个（甚至可能为多个，这里只考虑两个）工人为其工作，且企业不能直接观察到工人的努力水平时，企业如何通过确定与工人产出水平相当的工资水平来诱使工人努力工作。由于企业主要通过在工人之间设置不同的工资水平来激励工人努力工作，设置不同的工资水平实质上就是让工人开展工作竞赛，竞赛获胜者得到高工资，因而称为工作竞赛模型。以下简单介绍该模型的主要思想。

以上所描述的问题可描述为企业与工人间的三人动态博弈问题：

① 企业首先决定工资水平；

② 两个工人在观测到工资水平后同时提高努力水平。

如前所述，企业为激励工人努力工作，在他们中间开展工作竞赛①。假设工作竞赛的优胜者（即产出水平较高的工人）获得的工资为 w_H，失败者（即产出水平较低的工人）获得的工资为 w_L。工人 $i(i=1,\ 2)$ 所提供的努力水平为 e_i，在此努力水平下产出为 $y_i=e_i+\varepsilon_i$，其中 ε_i 是随机扰动项，这是由于在很多情况下工人的产出并不是直接由其努力水平决定的，它还受到一些外生随机因素的影响。很显然，如果工人的产出能够直接由其努力水平决定，则企业便可以根据工人的产出而推知其努力水平，从而决定应该支付的工资。正是由于外生随机因素的影响，使得企业只能根据工人的产出水平来决定应付的工资，而工人的努力水平只影响得到不同产出水平的概率。

为了更具体地对以上模型进行分析，我们给出如下基本假设：

① 随机扰动项 ε_1 和 ε_2 相互独立，并且都服从期望为 0、密度函数为 $f(\cdot)$ 的概率分布②；

② 工人付出努力水平 e 给工人带来的负效用为 $g(e)$（即工人提供努力的成本），其中 $g(e)$ 为递增的凸函数（即 $g'(e)>0$ 且 $g''(e)>0$）。

在以上基本假设下工人付出努力程度 e 时的期望收益为 $u(w_H,\ w_L,\ e)=E[w]-g(e)$，其中 $E[w]$ 为由产出决定的期望工资；企业的期望收益为 $v(w_H,\ w_L,\ e)=E(y_1+y_2)-w_H-w_L$。

上述博弈实际上可以分为两个阶段，在第一阶段企业首先选择工资水平 w_H 与 w_L，在第二阶段两个工人观测到企业提供的工资水平 w_H 与 w_L 后，同时选择努力程度 e_1 和 e_2。下面采用逆向归纳法分析上述三人博弈的子博弈精炼 Nash 均衡。

在博弈的第二阶段，假设企业已经选定了工资水平 w_H 与 w_L，则面对给定的 w_H 与 w_L 每

① 这里为了使对这一应用的分析保持简洁，我们略去了几个技术细节。参见 E. Lazear 和 S. Rosen 首先建立的分析模型。

② 很显然 ε_i 具有密度函数表明其为连续型随机变量，当 ε_i 为离散型时也可进行类似的分析。

个工人 i 都将选择 e_i^* 使自己的期望效用最大，即如果努力水平组合（e_1^*，e_2^*）是第二阶段博弈的 Nash 均衡，则 e_i^* 必须满足：

$$e_i^* \in \arg\max_{e_i \geq 0} u_i(w_H, w_L, e_i, e_j^*)$$

这里

$$\begin{aligned} u_i(w_H, w_L, e_i, e_j^*) &= w_H P\{y_i(e_i) > y_j(e_j^*)\} + w_L P\{y_i(e_i) \leqslant y_j(e_j^*)\} - g(e_i) \\ &= (w_H - w_L) P\{y_i(e_i) > y_j(e_j^*)\} + w_L - g(e_i) \end{aligned} \tag{8.10}$$

其中，$P\{y_i(e_i) > y_j(e_j^*)\}$ 表示工人 i 的产出水平大于工人 j 的产出水平的概率①。

由式(8.10)的最优化一阶条件可得

$$(w_H - w_L)\frac{\partial P\{y_i(e_i) > y_j(e_j^*)\}}{\partial e_i} = g'(e_i) \tag{8.11}$$

式(8.11)实际上是一个边际收益等于边际成本的条件，其左边为增加努力的边际收益，即对优胜者的奖励工资与由于努力程度的提高而增加的获胜概率的乘积，而 $g'(e_i)$ 即为工人 i 努力的边际成本。

由于 ε_1 与 ε_2 独立同分布，所以$(\varepsilon_1, \varepsilon_2)$的联合密度函数为 $f(\varepsilon_1)\cdot f(\varepsilon_2)$，因此

$$\begin{aligned} P\{y_i(e_i) > y_j(e_j^*)\} &= P\{\varepsilon_i > \varepsilon_j + e_j^* - e_i\} \\ &= \iint_{\varepsilon_i > \varepsilon_j + e_j^* - e_i} f(\varepsilon_i) f(\varepsilon_j) \mathrm{d}\varepsilon_i \mathrm{d}\varepsilon_j \\ &= \int_{\varepsilon_j} \Big(\int_{\varepsilon_i > \varepsilon_j + e_j^* - e_i} f(\varepsilon_i) \mathrm{d}\varepsilon_i \Big) f(\varepsilon_j) \mathrm{d}\varepsilon_j \\ &= \int_{\varepsilon_j} [1 - F(\varepsilon_j + e_j^* - e_i)] f(\varepsilon_j) \mathrm{d}\varepsilon_j \end{aligned} \tag{8.12}$$

根据上式，可以将式(8.11)化为

$$(w_H - w_L)\int_{\varepsilon_j} f(\varepsilon_j + e_j^* - e_i) f(\varepsilon_j) \mathrm{d}\varepsilon_j = g'(e_i)$$

由于每个工人产出的随机扰动项独立同分布，且两个工人努力的成本函数相同，因此假定第二阶段的 Nash 均衡为对称的是合理的，即 $e_1^* = e_2^* = e^*$。此时，式(8.11)进一步变为

$$(w_H - w_L)\int_{\varepsilon_j} f^2(\varepsilon_j) \mathrm{d}\varepsilon_j = g'(e^*) \tag{8.13}$$

由于 $g(e)$ 是凸函数，即 $g'(e)$ 为增函数，由式（8.13）可以看出：在随机因素分布一定的情况下，若优胜者获得的奖励越大（即 $w_H - w_L$ 的值越大），就会激发越高的努力水平，这和我们的直觉是一致的。另外，在同样的奖励水平下，随机因素对产出的影响越大，产出与努力水平之间的关联越小，这时工作竞赛的最终结果在很大程度上就是决定于运气，因而越不值得努力工作。例如，当 ε 服从方差为 σ^2 的正态分布时，则有

① 在此假定随机扰动 ε_1 与 ε_2 的密度函数满足两个工人产出水平刚好相等的概率为 0，即密度函数 $f(\cdot)$ 没有奇点，从而在求得工人 i 期望效用时不必考虑这种情况。事实上，当两个工人产出相等时可以规定每个工人得到 $(w_H + w_L)/2$，这并不影响对模型的分析。

$$\int_{\varepsilon_j} f^2(\varepsilon_j)\,\mathrm{d}\varepsilon_j = \frac{1}{2\sigma\sqrt{\pi}}$$

它随 σ 的增加而下降，即 e^* 随 σ 的增加而降低。而当 ε 服从 $[-a,\ a]$ 上的均匀分布时，有

$$\int_{\varepsilon_j} f^2(\varepsilon_j)\,\mathrm{d}\varepsilon_j = \frac{1}{2a} = \frac{1}{2\sqrt{3\mathrm{Var}(\varepsilon)}}$$

它也随 ε 的方差的增加而下降。

给定博弈第二阶段对称的 Nash 均衡努力水平由式(8.13)确定，下面分析博弈的第一阶段。在求第二阶段博弈的 Nash 均衡时，假定了在第一阶段两个工人都愿意参加工作竞赛，而且由式(8.13)得到的对称的 Nash 均衡努力水平大于 0。所以，在求解企业的最优化问题时首先要使两个工人都愿意参加工作竞赛。假设每个工人不参加企业的工作竞赛而寻求其他就业机会得到的效用为 U_a（即保留效用）。由式(8.12)，在对称的 Nash 均衡处每个工人在竞赛中获胜的概率为

$$P\{y_i(e^*) > y_j(e^*)\} = \int_{\varepsilon_j}[1 - F(\varepsilon_j)]f(\varepsilon_j)\,\mathrm{d}\varepsilon_j = 1 - \int_{\varepsilon_j} F(\varepsilon_j)F'(\varepsilon_j)\,\mathrm{d}\varepsilon_j = \frac{1}{2}$$

企业要使工人都愿意参加工作竞赛必须使得工人参加工作竞赛的期望收益不小于 U_a，即

$$\frac{1}{2}w_H + \frac{1}{2}w_L - g(e^*) \geqslant U_a \tag{8.14}$$

因此企业的最优化问题便是在约束条件(8.14)下选择工资水平 w_H 与 w_L 使自己的期望收益 $2e^* - w_H - w_L$ 最大。由于企业的期望收益关于 w_H 与 w_L 递减，因此在最优化期望收益时企业必然会使式(8.14)为等式，即

$$\frac{1}{2}w_H + \frac{1}{2}w_L - g(e^*) = U_a \tag{8.15}$$

假设由式(8.13)决定的最优努力水平为 $e^*(w_H,\ w_L)$，此时企业的最优化问题即为

$$\max_{(w_H, w_L)}\ 2e^*(w_H,\ w_L) - w_H - w_L$$

$$\text{s.t.}\ \frac{1}{2}w_H + \frac{1}{2}w_L - g(e^*(w_H,\ w_L)) = U_a$$

求解上述最优化问题即可得出企业的最优工资水平 w_H 与 w_L，同时将其代入式(8.13)得到工人的最优努力水平。

以上工作竞赛模型的主要思想是通过报酬差距及与报酬相联系的竞争压力，激励那些行为不可观察的员工。在竞赛理论中，合理设置奖金的差距很重要(这由式(8.13)可以看出)。差距太小，难以形成足够的激励；差距太大，又可能产生对赢取奖励行为的过度激励，使得团队的合作行为被竞争行为取代。竞赛理论在现实中有着极为广泛的应用，更详细的内容参阅 Lazear 的相关论述。

思考题二

1. 扩展式博弈的基本构成要素是什么？如何将一个扩展式博弈转化为战略式博弈？

2. 博弈树的基本构成要素是什么？在博弈树中，轮到每个参与人决策时，其决策环境用什么来描述？

3. 什么是参与人的信息集？引入信息集的目的是什么？在博弈树中如何表示信息集？试举例说明。

4. 什么是完美记忆假设？该假设对动态博弈分析有何意义？试举例说明。

5. 什么是完美信息？完美信息和完全信息有什么区别？在博弈树中，完美信息意味着什么？

6. 什么是子博弈？子博弈和原博弈有何异同？试举例说明。

7. 动态博弈分析中为什么要引进子博弈精炼 Nash 均衡？它与 Nash 均衡之间是什么关系？试用一个例子说明子博弈精炼 Nash 均衡如何对 Nash 均衡进行精炼。

8. 有限扩展式博弈是否一定存在唯一的子博弈精炼 Nash 均衡？

9. 逆向归纳法是否仅适用于完美信息动态博弈？为什么？试举例说明。

10. 什么是承诺？什么是可信的承诺？试举例说明。

11. 你认为子博弈精炼 Nash 均衡能够解决 Nash 均衡的多重性问题吗？为什么？试举例说明。

12. 有限重复博弈和无限重复博弈的区别是什么？有限重复博弈的子博弈和无限重复博弈的子博弈的区别是什么？在无限重复博弈中，为什么一定要考虑参与人收益的贴现？

13. 在无限重复博弈中，参与人的任何可行收益是否一定能够通过触发战略在阶段博弈中得到？其条件是什么？

14. 在无限重复博弈中，在一定的贴现率下，触发战略在阶段博弈中无法得到的可行收益是否可以通过其他战略得到？试举例说明。

15. 在重复博弈中，使参与人达到合作的"最严厉的惩罚"是什么？试举例说明。

16. "一报还一报"有什么特点？Axelrod 实验结果是否意味着：在任何情况下，"一报还一报"战略都是参与人的最优战略？

17. 试比较 Cournot 模型和 Stackelberg 模型的异同。在 Stackelberg 模型中，如果企业进行价格决策，你认为模型的均衡会是什么？

18. 在 Leontief 劳资谈判模型中，Nash 讨价还价解是 Pareto 有效的。但对于 Leontief 劳资谈判模型所给定的博弈时序，Nash 讨价还价解可以得到吗？

19. 在 Lazear 工作竞赛模型中，如果工人的产出仅由其努力程度决定，工人的最优选择会有什么不同？

习题 2

习题 2 部分参考答案

第三部分　不完全信息静态博弈

第9章　贝叶斯博弈

从第三部分开始我们将讨论不完全信息博弈问题，建立不完全信息博弈问题的模型并对其进行求解。本章将给大家介绍博弈论中处理不完全信息博弈问题的标准方法——Harsanyi转换，给出不完全信息博弈问题的描述(建模)方式——贝叶斯博弈，并在此基础上介绍一种更一般的不完全信息博弈问题的描述(建模)方式——贝叶斯博弈扩展。

9.1　不完全信息静态博弈问题

前面两部分我们讨论了完全信息博弈问题，但在现实生活中遇到更多的可能是不完全信息博弈问题。比如说，当你在古玩市场上看中一件古董时，你并不知道卖家愿意出手的最低价；在“新产品开发”博弈中，企业对市场的需求可能并不清楚；在连锁店博弈中，潜在的进入者可能并不知道连锁店在市场上的盈利情况，等等。如前所述，在本书中我们将博弈开始时就存在事前不确定性的博弈问题看成是不完全信息博弈问题①。下面通过一个例子对不完全信息博弈问题进行介绍。

回忆第3章介绍的“斗鸡博弈”(参见图3.1)。在图3.1中，假设两位决斗者（即参与人）都同时一起看到了图3.1所示博弈的战略式，所以此时的博弈问题为完全信息博弈。但现实可能并不是这样！想象一下现实中的“斗鸡博弈”：当你与你的对手在玩“斗鸡博弈”时，你是决定“冲上去”还是“退下来”，可能考虑更多旳是“你的对手到底是个什么样的人”：是一个“胆小怕事、遇事希望息事宁人”的“懦夫”，还是一个“喜欢争强好胜、不达目的誓不罢休”的决斗者。如果你的对手在你眼中是一个所谓的“懦夫”，那你很可能就会大胆地“冲上去”了；但是，如果你的对手是一个不要命的决斗者，那你最好还是识趣点“退下来”吧！当然，在实际博弈中，你很可能并不知道你的对手到底是一个什么样的人。

现在考察这样的“斗鸡博弈”情形：假设参与决斗的参与人可能有这样的两种性格特征（类型）——“强硬”（用s表示）和“软弱”(用w表示)。所谓“强硬”的参与人，是指那些“喜欢争强好胜、不达目的誓不罢休”的决斗者，而“软弱”的参与人是指那些“胆小怕事、遇事希望息事宁人”的决斗者。显然，当具有不同性格特征的决斗者相遇时，所表现出来的博弈情形是不同的，因为对于同样的博弈结果（例如，一个人“冲上去”，另一个人“退下来”），不同性格特征的决斗者所给出的评价是不同的。图9.1给出了在各种博弈情形下决斗者的支付，从图9.1可以看到：

① 当两个“强硬”的决斗者相遇时，虽然双方都争强好胜，但都不愿意发生面对面的

---

① 参见第1章。

直接冲突(即(U, U))，而都指望在自己“冲上去”的同时对方“退下去”，如图9.1(a)所示。此时，博弈存在两个纯战略Nash均衡——(U, D)和(D, U)；

② 当“强硬”的决斗者与“软弱”的决斗者相遇时，由于“软弱”的决斗者胆小怕事、息事宁人，总是选择“退下去”，因此“强硬”的决斗者选择“冲上去”，如图9.1(b)和图9.1(c)所示。此时，博弈存在唯一的Nash均衡——“强硬”的决斗者“冲上去”，“软弱”的决斗者“退下去”；

③ 当两个“软弱”的决斗者相遇时，由于双方都息事宁人，希望和平共处，因此双方都选择“退下去”，如图9.1(d)所示。此时，博弈存在唯一的Nash均衡①——(D, D)。

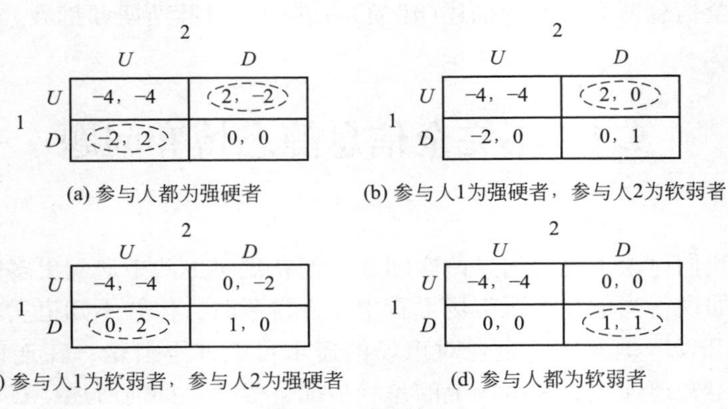

图9.1 不完全信息的“斗鸡博弈”

在“斗鸡博弈”中，虽然在博弈开始之前每位决斗者都了解（知道）自己的性格特征，但对对手的性格特征往往不甚了解或了解不全②，在这种情况下即使所有的决斗者都看到了（甚至是同时一起都看到了）图9.1，但对决斗者来讲，仍存在事前不确定性，即博弈开始之前就不知道的信息。例如，对于“强硬”的参与人1来讲，虽然他看到了图9.1，但因为他不知道对手是“强硬”的还是“软弱”的，所以博弈开始之前他无法确定博弈是根据图9.1(a)进行还是根据图9.1(b)进行。这意味着“强硬”的参与人1面临着事前无法确定的信息。同样，“软弱”的参与人1也会面临类似的问题③。此时，“斗鸡博弈”就是一个不完全信息博弈问题。

在现实中，博弈问题的不完全信息具有多种形式，如上述“斗鸡博弈”中参与人对对手性格特征的不确定性、不完全信息的“新产品开发”博弈中参与人对市场需求的不确定性等。总之，从技术上来讲，根据Harsanyi的说法，博弈中的不完全信息表现为参与人对博弈结构的了解不充分。例如，在战略式博弈中，参与人对构成博弈问题的三要素——参与人、参与人的战略及其支付有着不完全的了解。

---

① 显然，在图9.1中“软弱”的决斗者有占优战略D(即“退下去”)。

② 在实际中，有些参与人可能对自己的“性格特征”都不甚了解。

③ 同样的分析也适用于参与人2。

9.2　Harsanyi 转换与贝叶斯博弈

9.2.1　Harsanyi 转换

对于图 9.1 中的不完全信息博弈问题，我们是不可能应用前面介绍的方法进行求解的。这是因为给定参与人 1 为“强硬”的决斗者，如果对手是“软弱”的，那么博弈就只存在唯一的 Nash 均衡(U, D)(即参与人 1 选择“冲上去”，参与人 2 选择“退下来”)，参与人 1 有唯一的最优选择“冲上去”；如果对手是“强硬”的，则博弈就会出现两个 Nash 均衡(U, D)和(D, U)(即一个参与人选择“冲上去”，另一个参与人就必须选择“退下来”)，参与人 1 的最优选择取决于对手的选择。但由于参与人 1 不知道对手究竟是“强硬”的还是“软弱”的，因此此时的参与人 1 就觉得自己似乎是在与两个决斗者进行决斗，一个是“强硬”的，另一个是“软弱”的。也就是说，在博弈开始之前参与人 1 连自己的对手是谁都不清楚[①]。对于这样一类博弈问题，在 Harsanyi 提出 Harsanyi（海萨尼）转换之前，人们是无法分析的，因为当一个参与人并不知道在与谁博弈时，博弈的规则是没有定义的。下面以图 9.1 中的“斗鸡博弈”为例，对 Harsanyi 提出的处理不完全信息博弈问题的方法进行介绍。

为了便于理解，先将图 9.1 中的“斗鸡博弈”简化，假设参与人 1 是“强硬”的决斗者，参与人 2 可能是“强硬”的也可能是“软弱”的，参与人 1 不知道但参与人 2 自己清楚，而且这一假设为所有的参与人所知道[②]。对于简化后的“斗鸡博弈”，Harsanyi 是这样处理的：在原博弈（即简化后的“斗鸡博弈”）中引入一个“虚拟”参与人——“自然”(nature，用 N 表示)，构造一个参与人为两个决斗者和“自然”的三人博弈，如图 9.2 所示。在图 9.2 中，“自然”首先行动决定参与人 2 的性格特征（即选择参与人 2 是“强硬”的还是“软弱”的)，“自然”的选择参与人 1 不知道，但参与人 2 知道；在“自然”选择后，参与人 1 和参与人 2 再进行“斗鸡博弈”。在新构造的三人博弈中，“自然”的支付不必考虑（或者认为在各种博弈结果中“自然”的支付是相同的)，参与人 1 和参与人 2 的支付由“斗鸡博弈”决定，即如果“自然”选择参与人 2 的性格特征是“强硬”的，则意味着参与人 1 与“强硬”的参与人 2 进行决斗，其支付（即决策结 x_1 开始的后续博弈的支付）由图 9.1(a)决定；如果“自然”选择参与人 2 的性格特征是“软弱”的，则意味着参与人 1 与“软弱”的参与人 2 进行决斗，其支付（即决策结 x_2 开始的后续博弈的支付）由图 9.1(b)决定。

显然，在图 9.2 所示博弈中，参与人 1 和参与人 2 的信息结构与原博弈是一致的，因为在图 9.2 中参与人 1 不知道“自然”的选择，意味着他不知道参与人 2 的性格特征；参与人 2 知道“自然”的选择，意味着他知道自己的性格特征。进一步，假设图 9.2 所示博弈对参与人 1 和参与人 2 来讲为共同知识，则图 9.2 所示的完全但不完美信息博弈就与原博弈（即

---

① 在图 9.1 所示的“斗鸡博弈”中，参与人 2 也面临同样的问题。

② 严格来讲，这一假设为共同知识。

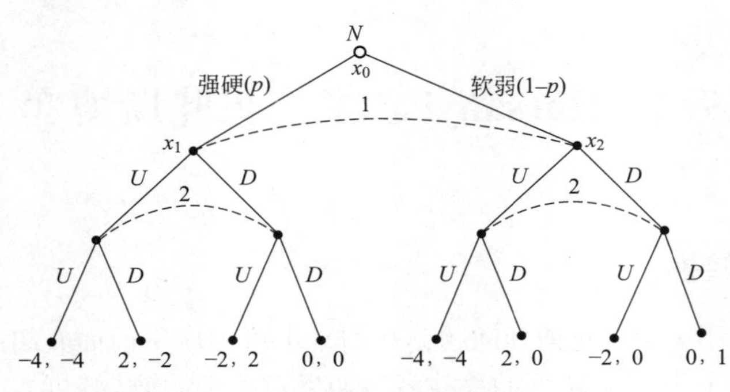

图 9.2 引入虚拟参与人后的“斗鸡博弈”

简化后的“斗鸡博弈”）完全一致。也就是说，决斗者可以将自己所面临的一个不完全信息博弈问题（即图 9.1(a)和图 9.1(b)所示博弈问题），看成是图 9.2 所示的完全但不完美信息博弈。在这里，Harsanyi 通过引入“虚拟”参与人，将博弈的起始点由 x_1（或 x_2）提前至 x_0，从而将原博弈中参与人的事前不确定性（即参与人 1 不知道博弈是根据图 9.1(a)还是图 9.1(b)进行），转变为博弈开始后的不确定性（即参与人 1 不知道“自然”的选择）。这种通过引入“虚拟”参与人来处理不完全信息博弈问题的方法亦称 Harsanyi 转换（Harsanyi transformation）。

虽然通过 Harsanyi 转换可以将不完全信息博弈转换为完全信息博弈，但是对于诸如图 9.2 所示的完全但不完美信息博弈问题，还是不能直接应用前面介绍过的完全信息博弈问题的处理方法进行求解。这是因为在图 9.2 中，“虚拟”参与人“自然”是没有支付的（或不用考虑的），其选择是随机的，这与前面遇到的完全但不完美信息博弈问题不同。

在前面所遇到的博弈问题中，参与人的选择一般情况下都是与对手的选择有关的，自己的选择往往会因对手的选择不同而不同。但是，在图 9.2 中，由于不考虑“虚拟”参与人“自然”的支付，因此参与人 1 也就无法通过判断“自然”的选择来决定自己的选择。对于这样一种决策情形，通常都是假设“虚拟”参与人“自然”的选择是随机的。由于假设“自然”随机选择参与人 2 的性格特征，因此参与人 1 在决定自己的选择时必须给出一个关于“虚拟”参与人行动的推断（亦称主观推断）。这种推断可以用一个概率分布来表示。

用 p_1 表示参与人 1 认为“自然”选择参与人 2 为“强硬”的概率，$v_1(U)$ 和 $v_1(D)$ 分别表示参与人 1 认为自己选择行动 U 和 D 时所能得到的期望收益；用 x 表示“强硬”的决斗者 2 选择行动 U 的概率①。首先考察参与人 1 的选择。由于

$$v_1(U)=p_1(-4x+2(1-x))+2(1-p_1)=2-6xp_1$$
$$v_1(D)=p_1(-2x+0\cdot(1-x))+0\cdot(1-p_1)=-2xp_1$$

因此，当 $v_1(U)\geqslant v_1(D)$，即 $x\leqslant\dfrac{1}{2p_1}$ 时，对参与人 1 来讲，其最优选择是 U（即“冲上去”）。由于 $x\leqslant 1$，所以当 $p_1\leqslant 1/2$，即参与人 1 认为参与人 2 是“强硬”决斗者的可能性不超过$\dfrac{1}{2}$时，就会选择“冲上去”。

① 注意，“软弱”的决斗者 2 总是选择行动 D。

考察参与人 2 的选择。虽然“软弱”决斗者 2 只会选择行动 D（即“退下去”），但对“强硬”决斗者 2 来讲，由于其最优选择与参与人 1 的选择有关，从而使得自己的最优选择不仅与参与人 1 关于“自然”选择的推断 p_1 有关（因为参与人 1 的选择与其关于“自然”选择的推断 p_1 有关），而且还与自己关于“参与人 1 关于‘自然’选择的推断 p_1”的推断有关（因为要判断参与人 1 的选择，参与人 2 就必须给出其关于“参与人 1 关于‘自然’选择的推断”的推断）。用 q_1 表示参与人 2 关于“参与人 1 关于‘自然’选择的推断”的推断，即 q_1 表示参与人 2 认为“参与人 1 认为参与人 2 是‘强硬’的”概率。仿前面的分析可知：如果 $q_1 \leqslant 1/2$，则参与人 2 认为“U（即‘冲上去’）是参与人 1 的最优选择”；与此同时，如果 $p_1 \leqslant 1/2$，则参与人 1 的最优选择与参与人 2 的预测一致。但是，如果 $p_1 \leqslant 1/2$ 而 $q_1 > 1/2$，则参与人 1 的最优选择就可能与参与人 2 的预测不一致。

更进一步，由于参与人 2 的选择会影响到参与人 1 的选择，这使得参与人 1 又必须对“参与人 2 关于‘参与人 1 关于“自然”选择的推断 p_1’的推断 q_1”给出一个推断 p_2；同时，参与人 2 也必须对“参与人 1 关于‘参与人 2 关于“参与人 1 关于‘自然’选择的推断 p_1”的推断 q_1’的推断 p_2”给出一个推断 q_2；如此等等。这样就形成了关于参与人推断的无穷序列。像这种从参与人的初始推断出发而形成的越来越高阶的推断之推断问题，Harsanyi 称之为“递阶期望”。为了解决上述思维怪圈，在 Harsanyi 转换中规定：参与人关于“自然”选择的推断为共同知识。在图 9.2 中，这种规定意味着：两个决斗者不仅同时一起看到了“自然”随机选择参与人 2 的性格特征，而且同时一起看到了“自然”以一定的概率分布 $[p, 1-p]$ 随机选择参与人 2 的性格特征，也就是说，参与人 1 关于“自然”选择的推断为 $[p, 1-p]$，参与人 2 关于参与人 1 关于“自然”选择的推断的推断为 $[p, 1-p]$，参与人 1 关于参与人 2 关于参与人 1 关于“自然”选择的推断的推断的推断为 $[p, 1-p]$，……

图 9.3 给出的是图 9.1 中不完全信息博弈经 Harsanyi 转换之后得到的完全但不完美信息博弈。在图 9.3 中，$(x, y)(x, y=s, w)$ 表示参与人 1 的性格特征为 $x(x=s, w)$，参与人 2 的性格特征为 $y(x=s, w)$，$p_{xy}(x, y=s, w)$ 表示“自然”选择 (x, y) 的概率，这里 p_{xy} 为共同知识。

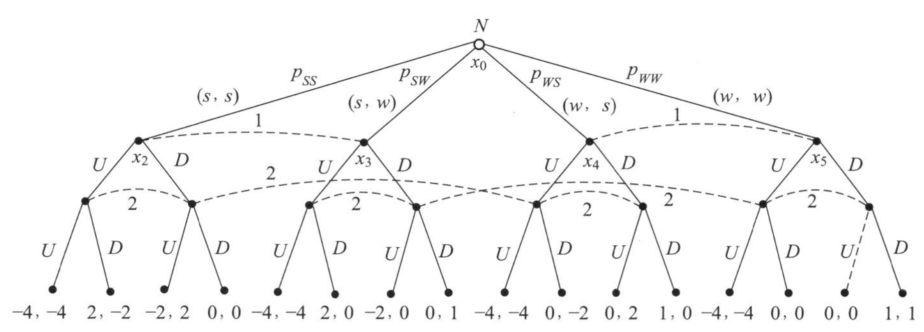

图 9.3 引入虚拟参与人后的“斗鸡博弈”

前面以“斗鸡博弈”为例，介绍了处理不完全信息博弈问题的标准方法——Harsanyi 转换。对于一般的不完全信息博弈问题，在应用 Harsanyi 转换时，需要注意以下问题。

①“自然”的选择。在不完全信息“斗鸡博弈”中，“自然”选择的是参与人的性格特征，而在一般的不完全信息博弈问题中，Harsanyi 转换规定“自然”选择的是参与人的类型

(type)。这里类型指的是一个参与人所拥有的所有的私人信息（private information)。例如，在“斗鸡博弈”中，决斗者知道自己的性格特征而对手不知道，所以参与人的类型就是决斗者的性格特征；在连锁店博弈中，如果潜在的进入者不知道连锁店在市场上的盈利情况，则连锁店的盈利(或成本)就可看成是连锁店的类型。因此，每个参与人的类型只有自己才能够观测到，其他的参与人观测不到。

除了根据参与人的支付来划分参与人的类型以外①，还可以根据参与人的行动空间来划分参与人的类型。例如，在“新产品开发”博弈中，假设两个企业都知道市场需求小，博弈的行动时序是：企业1先选择是否开发，企业2观测到企业1的选择后选择是否开发（参见图5.6)。假设企业2在决定是否开发之前也许能够“提前购买研发设备”，也许不能“提前购买研发设备”，是否能够采取这样的行动，企业2知道但企业1不知道。在这种情况下，可以根据企业2是否能够“提前购买研发设备”将企业2分为两种类型：能够（“提前购买研发设备”)和不能够(“提前购买研发设备”）。

根据参与人类型的定义，我们甚至可以根据参与人掌握信息的多少（或程度）来划分参与人的类型。例如，在简化后的“斗鸡博弈”中，参与人2不知道参与人1是否知道自己是“强硬”的还是“软弱”的，只知道参与人1有p的概率知道自己的性格特征，$1-p$的概率不知道自己的性格特征。在这种情况下，参与人1也有两种类型：知道（参与人2的性格特征)和不知道(参与人2的性格特征)。

此外，需要注意的是，参与人的类型必须是其个人特征的一个完备描述。例如，在图9.1所示的“斗鸡博弈”中，假设每个决斗者都有两种性格特征，而且都不知道对手知不知道自己的性格特征。在这种情况下，如果仅将决斗者的类型分为“强硬”与“软弱”两种，就不能对决斗者的个人特征进行完备的描述。此时，需将决斗者的类型分为四种——“强硬”且知道(对手的类型)、“软弱”且知道（对手的类型)、“强硬”且不知道（对手的类型)、“软弱”且不知道（对手的类型)。

总之，博弈中一切不是共同知识的东西（包括博弈的三个基本要素——参与人、参与人的战略和参与人的支付，以及参与人对博弈基本要素的了解程度等）都可以作为划分参与人类型的标准（或依据)。但在讨论的绝大多数博弈中，参与人的类型都可由其支付函数完全决定②，因此有时候我们将参与人的支付函数等同于他的类型。

在以后的讨论中，我们用t_i表示参与人i的一个特定的类型，T_i表示参与人i所有类型的集合（亦称类型空间，type space)，即$t_i \in T_i$，$t=(t_1, \cdots, t_n)$表示一个所有参与人的类型组合，$t_{-i}=(t_1, \cdots, t_{i-1}, t_{i+1}, \cdots, t_n)$表示除参与人$i$之外其他参与人的类型组合。所以，$t=(t_i, t_{-i})$。

② 参与人关于“自然”选择的推断。用$p(t_1, \cdots, t_n)$表示定义在参与人类型组合上的一个联合分布密度函数，Harsanyi转换假定：对于一个给定的不完全信息博弈问题，存在一个参与人关于“自然”选择的推断$p(t_1, \cdots, t_n)$，且$p(t_1, \cdots, t_n)$为共同知识。也就是说，Harsanyi转换假定所有参与人关于“自然”行动的信念（belief）是相同的，并且为共同知识。

---

① 在“斗鸡博弈”中，参与人的类型从本质上来讲就是根据决斗者的支付来划分的，因为决斗者的不确定性来源于他们无法区分图9.1中的四个支付表。

② 或者经过一定的技术处理，可以将参与人的类型看成是由其支付函数完全决定的。

用 $p_i(t_{-i} \mid t_i)$ 表示参与人 i 在知道自己类型为 t_i 的情况下，关于其他参与人类型的推断（即条件概率），则

$$p_i(t_{-i} \mid t_i) = \frac{p(t_{-i}, t_i)}{p(t_i)} = \frac{p(t_{-i}, t_i)}{\sum_{t_{-i} \in T_{-i}} p(t_{-i}, t_i)} \tag{9.1}$$

其中，$p(t_i)$ 为边缘密度函数。

在图9.3所示的“斗鸡博弈”中，假设 $p_{ss}=0.2$，$p_{sw}=0.3$，$p_{ws}=0.25$，$p_{ww}=0.25$。虽然决斗者1不知道决斗者2的类型，但由于决斗者1知道自己的类型，因此他可以根据贝叶斯公式（即式(9.1)）推知决斗者2的类型分布。例如，根据贝叶斯规则，“强硬”的决斗者1可以推知：决斗者2是“强硬”的概率为 $p_1(s \mid s)=\frac{0.2}{0.2+0.3}=0.4$，是“软弱”的概率为 $p_1(w \mid s)=\frac{0.3}{0.2+0.3}=0.6$；“软弱”的决斗者1可以推知：决斗者2是“强硬”的概率为 $p_1(s \mid w)=\frac{0.25}{0.25+0.25}=0.5$，是“软弱”的概率为 $p_1(w \mid w)=\frac{0.25}{0.25+0.25}=0.5$。这里不同类型的决斗者1所形成的关于“自然”选择的推断是不同的①，究其原因，Harsanyi 认为：虽然理性的参与人在掌握同样的信息时对同一事件会形成相同的概率推断，但参与人各自掌握的信息不同时对同一事件就会形成不同的概率推断。这说明在 Harsanyi 转换中，参与人对包括自己在内的所有参与人的类型的联合概率推断（分布）$p(t_1, \cdots, t_n)$ 都是一样的，但由于参与人掌握的私人信息不同，使得各自对其他参与人的类型的概率分布 $p_i(t_{-i} \mid t_i)$ 的推断不同。

9.2.2　贝叶斯博弈

贝叶斯博弈(the static Bayesian game)是关于不完全信息静态博弈的一种建模方式，也是不完全信息静态博弈的标准式描述。在定义贝叶斯博弈之前，先介绍一些与不完全信息博弈相关的基本要素——参与人在不完全信息静态博弈中的行动和支付函数。

在不完全信息静态博弈中，参与人 i 的行动空间可能依赖于他的类型 t_i，或者说行动空间是类型相依的。例如，在“新产品开发”博弈中，如果考虑企业的“承诺行动”，那么企业的行动就与企业的类型（能够采取“承诺行动”或不能采取“承诺行动”）相关。用 $A_i(t_i)$ 表示参与人 i 的类型相依的行动空间，即类型为 t_i 的参与人 i 的行动空间，$a_i(t_i) \in A_i(t_i)$，表示类型为 t_i 的参与人 i 的一个特定的行动；同样，参与人 i 的支付函数也是类型相依的，用 $u_i(a_1(t_1), a_2(t_2), \cdots, a_n(t_n); t_i)$ 表示类型为 t_i 的参与人 i 的支付函数。这里参与人的支付不仅与自己的类型和行动相关，而且与其他参与人的行动甚至类型相关②。例如，在图9.1所示的“斗鸡博弈”中，对于“强硬”的决斗者1，当他选择 U 时，若对手选择 U，其(即决斗者1)支付为-4；若对手选择 D，其(即决斗者1)支付为2；而对于“软弱”的决斗者1，当他选择行动 U 时，若对手选择 U，其(即决斗者1)支付为-4，若对手选择 D，其(即决斗者1)支付为0。

定义9.1　贝叶斯博弈包含以下五个要素：

---

① 决斗者2也可以根据同样的方法得到关于对手类型的概率分布。

② 在图9.1中，参与人的支付只与其他参与人的行动相关，而与其他参与人的类型无关。

（1）参与人集合 $\Gamma=\{1, 2, \cdots, n\}$；

（2）参与人的类型集 $T_1, \cdots, T_n$；

（3）参与人关于其他参与人类型的推断 $p_1(t_{-1} \mid t_1), \cdots, p_n(t_{-n} \mid t_n)$；

（4）参与人类型相依的行动集 $A_1(t_1), \cdots, A_n(t_n)$；

（5）参与人类型相依的支付函数 $u_1(a_1(t_1), a_2(t_2), \cdots, a_n(t_n); t_1), \cdots, u_n(a_1(t_1), a_2(t_2), \cdots, a_n(t_n); t_n)$。

在定义 9.1 中，如果对 $\forall i \in \Gamma$，$|T_i|=1$，也就是说，所有参与人的类型空间都只含有一个类型，那么不完全信息静态博弈就退化为完全信息静态博弈。所以，完全信息静态博弈可以理解为不完全信息静态博弈的一个特例。此外，如果参与人的类型是完全相关的，当任一参与人观测到自己的类型时也就知道了其他参与人的类型，博弈也就成了完全信息的。因此，一般假定参与人的类型相互独立。

在贝叶斯博弈中，如果参与人的推断是一致的（consistent），当且仅当存在类型组合集上的某个共同先验分布，使得每个参与人在给定类型下其推断恰好是通过贝叶斯公式（即式（9.1））从先验分布计算出的条件概率。前面已经提到，参与人的推断 $p_i(t_{-i} \mid t_i)$ 来源于一个共同的参与人关于“自然”选择的推断 $p(t_1, \cdots, t_n)$，且 $p(t_1, \cdots, t_n)$ 为共同知识。所以，贝叶斯博弈中参与人所具有的关于其他参与人的类型的推断是一致的。

对于一个贝叶斯博弈，如果 $|\Gamma|<\infty$ 且对 $\forall i \in \Gamma$，$|T_i|<\infty$，$|A_i(t_i)|<\infty$，则称该博弈为有限贝叶斯博弈。通常，用五元组 $G=<\Gamma; (T_i); (p_i); (A_i(t_i)); (u_i(a(t); t_i))>$来表示一个贝叶斯博弈。如同定义战略式博弈和扩展式博弈一样，对于一个给定的贝叶斯博弈，假定其博弈结构（即博弈的五个要素）为共同知识。

当应用 Harsanyi 转换对不完全信息博弈问题进行分析时，规定贝叶斯博弈的时间顺序如下：

（1）“自然”选择参与人的类型组合 $t=(t_1, \cdots, t_n)$，其中 $t_i \in T_i$；

（2）参与人 i 观测到“自然”关于自己类型 t_i 的选择；虽然参与人 i 观测不到“自然”关于其他参与人类型 t_{-i} 的选择，但参与人 i 具有关于其他参与人类型的推断 $p_i(t_{-i} \mid t_i)$；

（3）参与人同时选择行动，每个参与人 i 从行动集 $A_i(t_i)$ 中选择行动 $a_i(t_i)$；

（4）参与人 i 得到 $u_i(a_1(t_1), a_2(t_2), \cdots, a_n(t_n); t_i)$。

对于给定的上述时间顺序，参与人在贝叶斯博弈中的战略可按如下方式定义。

定义 9.2 在贝叶斯博弈 $G=<\Gamma; (T_i); (p_i); (A_i(t_i)); (u_i(a(t); t_i))>$中，参与人 $i(i \in \Gamma)$ 的一个战略是从参与人的类型集 T_i 到其行动集的一个函数 $s_i(t_i)$，即对 $\forall t_i \in T_i$，$s_i(t_i)$包含了自然赋予 i 的类型为 t_i 时，i 将从可行行动集 $A_i(t_i)$ 中选择的行动。

例 9.1 用贝叶斯博弈对图 9.1 所示的不完全信息“斗鸡博弈”进行建模。显然，在该博弈中，参与人为决斗者 1 和 2；用 s 表示决斗者是“强硬”的，w 表示决斗者是“软弱”的，所以 $T_1=T_2=\{s, w\}$；用 $p_{xy}(x, y=s, w)$ 表示“自然”选择类型组合（x, y）的概率，并假设 p_{xy} 为共同知识（参见图 9.3），则每位决斗者 $i(i=1, 2)$ 关于其对手类型的推断 $p_i(x \mid y)(x=s, w)$，可根据式（9.1）从 p_{xy} 得到；每位决斗者 $i(i=1, 2)$ 关于类型相依的行动空间 $A_i(x)=\{U, D\}(x=s, w)$；决斗者关于类型相依的支付函数见图 9.1。

对于根据图 9.1 中博弈所建立的贝叶斯博弈，参与人 $i(i=1, 2)$ 的战略可定义如下。

（1）战略 s_i^1——“强硬”的决斗者 i 选择行动 U，“软弱”的决斗者 i 选择行动 U，即

$s_i^1(s)=U$，$s_i^1(w)=U$（用（U，U）表示）。

（2）战略 s_i^2——“强硬”的决斗者 i 选择行动 U，“软弱”的决斗者 i 选择行动 D，即 $s_i^2(s)=U$，$s_i^2(w)=D$（用（U，D）表示）。

（3）战略 s_i^3——“强硬”的决斗者 i 选择行动 D，“软弱”的决斗者 i 选择行动 U，即 $s_i^3(s)=D$，$s_i^3(w)=U$（用（D，U）表示）。

（4）战略 s_i^4——“强硬”的决斗者 i 选择行动 D，“软弱”的决斗者 i 选择行动 D，即 $s_i^4(s)=D$，$s_i^4(w)=D$（用（D，D）表示）。

9.3 贝叶斯博弈扩展

在前面所讨论的不完全信息博弈(如“斗鸡博弈”)中，参与人面临的不确定性是：对其他参与人特征(即所谓的参与人类型)的不确定，不存在关于自身特征的不确定性，即参与人面临的所有不确定性全部来源于对其他参与人特征(类型)的不了解。但是，在有些不完全信息博弈中，参与人面临的不确定性源自对博弈所处“状态”的不清楚，而非对其他参与人特征(类型)的不了解。例如，在“新产品开发博弈”中(参见图9.4)，如果博弈开始前市场需求不知，即参与人不知道博弈是图9.4(a)还是图9.4(b)，则博弈为不完全信息博弈。此时，不确定性来源于市场需求(即状态)的不确定，而非对手特征的不确定。

企业1 \ 企业2	开发	不开发
开发	300，300	800，0
不开发	0，800	0，0

(a) 市场需求为高需求

企业1 \ 企业2	开发	不开发
开发	−400，−400	200，0
不开发	0，200	0，0

(b) 市场需求为低需求

图9.4　不完全信息的“新产品开发博弈”

对于上述不完全信息博弈问题，无法直接利用定义9.1所定义的贝叶斯博弈进行建模。下面介绍一种适用范围更广的描述不确定性博弈的模型——贝叶斯博弈扩展。该模型也可以对参与人面临自身不确定性的情形进行建模。

首先介绍几个符号和概念。给定一个不完全信息博弈问题，用“状态”ω 描述在某一博弈情形下所有的参与人的相关特征。例如在不完全信息的“新产品开发博弈”中，图9.4(a)就是一种博弈状态，描述的是“市场需求为高需求”这样一种博弈情形；同样，图9.4(b)也是一种博弈状态，描述的是“市场需求为低需求”这样一种博弈情形。又如在图9.1所示的不完全信息“斗鸡博弈”中，图9.1(a)~图9.1(d)也可以分别看成是四种不同的博弈状态。

用 Ω 表示所有可能状态的集合，即 $\omega\in\Omega$。对任一给定的博弈，我们认为总是存在某一状态是实现的（即总有一个状态会发生）。为了描述方便，不妨设 Ω 为有限集，并且假设：

对于给定的状态集 Ω，每个参与人 i 都有一个关于状态的估计 p_i，即先验概率。

为了对参与人关于状态的信息进行建模，定义参与人 i 的"信号函数" τ_i 为

$$\tau_i: \Omega \to H_i$$

表示：当状态为 ω 时，在参与人 i 选择行动前，他所观测的信号为 $\tau_i(\omega)$。其中，$H_i=\{t_i\}$ 表示 τ_i 的所有可能值（即信号）的集合，称为参与人 i 的信号集（或类型集）。假设对 $\forall t_i \in H_i$，有

$$p_i(\tau_i^{-1}(t_i))>0$$

即参与人 i 对 H_i 中的任一元素（即信号）的出现赋予正的先验概率，即每个信号都可能出现。这里，信号函数之所以能够对参与人关于状态的信息进行建模，是因为：当参与人 i 收到信号 $t_i \in H_i$ 时，可推断出状态在集合 $\tau_i^{-1}(t_i)$ 中。也就是说，当参与人 i 观测到信号 t_i 时，可以推知当前状态在集合 $\tau_i^{-1}(t_i)$ 中而不在集合 $\tau_i^{-1}(t_i)$ 外，但不知道是集合 $\tau_i^{-1}(t_i)$ 中的哪一个。所以，对 $\forall \omega' \in \tau_i^{-1}(t_i)$，参与人 i 关于已实现状态 ω'，赋予后验概率 $p_i(\omega')/p_i(\tau_i^{-1}(t_i))$；对 $\forall \omega' \notin_i^{-1}(t_i)$，赋予零概率。

例如，在"新产品开发博弈"中，当市场需求为高需求时，用状态 ω_1 表示；市场需求为低需求时，用状态 ω_2 表示。所以，$\Omega=\{\omega_1, \omega_2\}$。若对 $\forall \omega \in \Omega$，参与人 i 的信号函数为

$$\tau_i(\omega)=\omega$$

即 $\tau_i(\omega_1)=\omega_1$，$\tau_i(\omega_2)=\omega_2$，则意味着参与人 i 拥有关于状态的全部信息，也就是参与人 i 知道市场的需求。此时，$H_i=\Omega$。若对 $\forall \omega \in \Omega$，参与人 i 的信号函数为

$$\tau_i(\omega)=t_i'$$

即 $\tau_i(\omega_2)=\tau_i(\omega_2)=t_i'$，则意味着无论市场需求是高需求还是低需求，参与人 i 接收到的都是同一信号，说明参与人 i 在选择行动前，无法从接收到的信号（即信息）中分辨出市场的需求。此时，$H_i=\{t_i'\}$。

从以上介绍可以看到：信号函数实际上描述的是参与人对 Harsanyi 转换中"自然"选择的了解程度。例如，在图 9.1 所示的不完全信息"斗鸡博弈"中，如果用参与人的类型组合 $(x, y)(x, y=s, w)$ 表示一种状态，则状态集 $\Omega=\{(s, s), (s, w), (w, s), (w, w)\}$。如果参与人都不知道对手的特征（或类型），那么对于参与人 1，其信号集为 $H_1=\{s, w\}=T_1$，信号函数 τ_1 为 $\tau_1((s, s))=\tau_1((s, w))=s$（表示当参与人 1 为"强硬"类型时，收到信号 s，从而也就知道"自然"选择自己的类型为"强硬"），$\tau_1((w, s)=\tau_1((w, w))=w$（表示当参与人 1 为"软弱"类型时，收到信号 w，从而也就知道"自然"选择自己的类型为"软弱"）；对于参与人 2，其信号集为 $H_2=\{s, w\}=T_2$，信号函数 τ_2 为 $\tau_2((s, s))=\tau_2((w, s))=s$（表示当参与人 2 为"强硬"类型时，收到信号 s，从而也就知道"自然"选择自己的类型为"强硬"），$\tau_2((s, w)=\tau_2((w, w))=w$（表示当参与人 2 为"软弱"类型时，收到信号 w，从而也就知道"自然"选择自己的类型为"软弱"）。所以，文献里有时候也将参与人收到的"信号"称为"类型"，将其信号集 H_i 表示为类型集 T_i①。

在完全信息静态博弈如战略式博弈中，每个参与人关心的是其他参与人的行动组合。例

① 在后面的讨论中，有时候也会直接用参与人的类型集 T_i 来表示其信号集。

如，在图1.2（或图1.3）所示的战略式博弈中，参与人关心的是四个行动组合间的相互关系，也就是说，定义战略式博弈时，只要给出参与人在四个行动组合上的偏好关系即可。但在图9.4所示的不完全信息博弈中，如果参与人不知道市场需求（也就是分不清状态是ω_1还是ω_2），在给定自己所采取的行动的条件下，即使他知道其他参与人的行动组合，他也可能不能确定将要实现的博弈结果。例如，在图9.4所示的不完全信息博弈中，参与人1选择“开发”，也知道对手选择“开发”，但如果他不知道市场需求，也无法确定博弈结果是（300，300）还是（-400，-400）。所以，在不完全信息静态博弈中，博弈结果需要用二元组（a，ω）来描述，其中a为参与人的行动组合。因此，在对不完全信息静态博弈建模时，为了描述参与人对博弈结果即二元组（a，ω）的偏好，需要定义一个有关$A\times\Omega$中各元素的偏好关系

$$\succ_i(a,\ \omega)$$

或者定义在$A\times\Omega$上的效用函数

$$u_i(a,\ \omega)$$

这里，A为行动组合的集合。

定义9.3 贝叶斯博弈扩展包含以下要素：

（1）参与人集合$\Gamma=\{1,\ 2,\ \cdots,\ n\}$；

（2）状态集Ω;

（3）参与人的行动集A_i；

（4）参与人的信号集H_i和信号函数

$$\tau_i:\ \Omega\rightarrow H_i$$

（5）参与人关于状态集Ω的先验概率p_i，且对$\forall t_i\in H_i$，有

$$p_i(\tau_i^{-1}(t_i))>0$$

（6）参与人关于$A\times\Omega$上的偏好关系$\succ_i(a,\ \omega)$或$u_i(a,\ \omega)$。

需要注意的是，在上述模型中，允许所有参与人有不同的先验概率。这些概率可能是相关的，并与某个“客观的”测度一致。此外，对于定义9.1所定义的贝叶斯博弈，如果

① 令$\Omega=\prod\limits_{i\in\Gamma}T_i$，且对$\forall i\in\Gamma$，其先验概率$p_i$定义为参与人关于类型组合$\Omega$的联合概率分布；

② 参与人的信号是独立的，对$\forall i\in\Gamma$，$H_i=T_i$且对$\forall\omega\in\Omega$，若$\omega=(t_i,\ t_{-i})$，则信号函数满足：

$$\tau_i(\omega)=t_i$$

这样，就可以将定义9.1中的贝叶斯博弈转换为定义9.3中的贝叶斯博弈扩展①。

例9.2 用贝叶斯博弈扩展对图9.4所示的不完全信息的“新产品开发博弈”进行建模。假设参与人都不知道市场需求，则根据定义9.3得到的贝叶斯博弈扩展由以下要素构成：

① 将定义9.1中的贝叶斯博弈转换为定义9.3中的贝叶斯博弈扩展后，参与人收到的就是关于其类型的信号。此时，参与人的信号集H_i就是其类型集T_i。

（1）参与人集为 $\Gamma=\{1, 2\}$；

（2）状态集 $\Omega=\{\omega_1, \omega_2\}$；

（3）参与人的行动集 $A_i=\{a, b\}$（其中 a 表示“开发”，b 表示“不开发”）；

（4）参与人的信号集 $H_i=\{t\}$ 和信号函数

$$\tau_i(\omega_1)=\tau_i(\omega_2)=t$$

（5）参与人关于状态集 Ω 的先验概率 p_i，且对 $\forall t_i \in H_i$，有

$$p_i(\tau_i^{-1}(t_i))>0$$

（6）参与人关于 $A\times\Omega$ 上的偏好关系 $>_i(a, \omega)$ 或 $u_i(a, \omega)$。

假设参与人1不知道市场需求而参与人2知道，则根据定义9.3得到的贝叶斯博弈扩展中，参与人1的信号集为 $H_1=\{t_1\}$，信号函数为

$$\tau_1(\omega_1)=\tau_2(\omega_2)=t_1$$

参与人2的信号集为 $H_2=\{t_2^1, t_2^2\}$，信号函数为

$$\tau_2(\omega_1)=t_2^1,\ \tau_2(\omega_2)=t_2^2$$

假设参与人1和参与人2都知道市场需求（此时，博弈问题退化为完全信息博弈），则根据定义9.3得到的贝叶斯博弈扩展中，参与人1和参与人2的信号集分别为 $H_1=\{t_1^1, t_1^2\}$ 和 $H_2=\{t_2^1, t_2^2\}$，其信号函数分别为

$$\tau_1(\omega_1)=t_1^1,\ \tau_1(\omega_2)=t_1^2;\ \tau_2(\omega_1)=t_2^1,\ \tau_2(\omega_2)=t_2^2$$

在图9.4所示的不完全信息“新产品开发博弈”中，参与人关于 $A\times\Omega$ 上的偏好关系 $>_i(a, \omega)$ 就是定义在以下结果集

$$\{((a, a), \omega_1), ((a, b), \omega_1), ((b, a), \omega_1), ((b, b), \omega_1), ((a, a), \omega_2), ((a, b), \omega_2), ((b, a), \omega_2), ((b, b), \omega_2)\}$$

具体来讲，就是结果集

$$\{(300, 300), (0, 800), (800, 0), (0, 0), (-400, -400), (200, 0), (0, 200)\}$$

上的偏好关系。其中，对于企业1，其偏好 $>_1$ 为：

$$(800, 0)>_1(300, 300)>_1(200, 0)\sim_1(0, 200)\sim_1(0, 800)\sim_1(0, 0)>_1(-400, -400)$$

对于企业2，其偏好 $>_2$ 为：

$$(0, 800)>_2(300, 300)>_2(0, 200)\sim_2(200, 0)\sim_2(800, 0)\sim_2(0, 0)>_2(-400, -400)$$

假设企业1和企业2风险中立，则企业1定义在 $A\times\Omega$ 上的效用函数 u_1 可表示为：

$$u_1(800, 0)=800,\ u_1(300, 300)=300,\ u_1(200, 0)=200$$
$$u_1(0, 200)=u_1(0, 800)=u_1(0, 0)=0,\ u_1(-400, -400)=-400$$

企业2定义在 $A\times\Omega$ 上的效用函数 u_2 可表示为：

$$u_2(0, 800)=800,\ u_2(300, 300)=300,\ u_2(0, 200)=200$$
$$u_2(200, 0)=u_2(800, 0)=u_2(0, 0)=0,\ u_2(-400, -400)=-400$$

第 10 章　贝叶斯 Nash 均衡

在本章我们将介绍不完全信息博弈问题的解——贝叶斯 Nash 均衡，并对贝叶斯 Nash 均衡的性质、求解方法及存在的不足进行分析。

10.1　贝叶斯 Nash 均衡的定义

我们知道，通过 Harsanyi 转换，不完全信息的静态博弈问题可以转换为一个信息完全但不完美的动态博弈问题。例如，简化了的“斗鸡博弈”就可看成是一个如图 9.2 所示的信息完全但不完美的动态博弈问题。在图 9.2 中，Harsanyi 转换假定参与人对“自然”行动的概率分布具有一致的判断，在此假设下就可以使用 Nash 均衡的思想来求解图 9.2 中博弈。

在图 9.2 中，用 x 表示“强硬”的决斗者 2 选择行动 U 的概率，y 表示决斗者 1 选择行动 U 的概率。考察决斗者 1 的选择。决斗者 1 选择行动 U 和 D 的期望收益分别为 $v_1(U)=2-6xp$，$v_1(D)=-2xp$（这里 p 为“自然”选择决斗者 2 为“强硬”的概率），所以决斗者 1 的最优战略为：如果 $x<\dfrac{1}{2p}$，则选择 $y=1$(即选择行动 U)；如果 $x>\dfrac{1}{2p}$，则选择 $y=0$(即选择行动 D)；如果 $x=\dfrac{1}{2p}$，则选择 $y\in[0,\ 1]$(即选择任一混合战略)。考察“强硬”决斗者 2 的选择。“强硬”决斗者 2 选择行动 U 和 D 的期望收益分别为 $v_2(U)=2-6y$ 和 $v_2(D)=-2y$，所以“强硬”决斗者 2 的最优战略为：如果 $y<\dfrac{1}{2}$，则选择 $x=1$(即选择行动 U)；如果 $y>\dfrac{1}{2}$，则选择 $x=0$(即选择行动 D)；如果 $y=\dfrac{1}{2}$，则选择 $x\in[0,\ 1]$(即选择任一混合战略)。

由以上分析可以看到，图 9.2 中不完美信息博弈存在如下两个纯战略 Nash 均衡[①]：

(1) 决斗者 1 选择行动 U，“强硬”决斗者 2 选择行动 D，“软弱”决斗者 2 选择行动 D；

(2) 决斗者 1 选择行动 D，“强硬”决斗者 2 选择行动 U，“软弱”决斗者 2 选择行动 D。

此外，博弈还存在一个混合战略 Nash 均衡，即决斗者 1 以$\dfrac{1}{2}$的概率选择行动 U，“强硬”决斗者 2 以$\dfrac{1}{2p}$的概率选择行动 U，“软弱”决斗者 2 选择行动 D。

---

① 注意，这里 $p>1/2$。如果 $p\leqslant 1/2$，则博弈只存在唯一的 Nash 均衡，即决斗者 1 选择行动 U，“强硬”决斗者 2 选择行动 D，“软弱”决斗者 2 选择行动 D。

以上所求出的图 9.2 中不完美信息博弈的纯战略 Nash 均衡，就是所谓的纯战略贝叶斯 Nash 均衡。下面给出纯战略贝叶斯 Nash 均衡的定义。

用 $v_i(a_i,\ s_{-i};\ t_i)$ 表示给定其他参与人的战略 $s_{-i}=(s_1(\cdot),\ \cdots,\ s_{i-1}(\cdot),\ s_{i+1}(\cdot),\ \cdots,\ s_n(\cdot))$，类型为 t_i 的参与人 i 选择行动 a_i 时的期望效用，则

$$v_i(a_i,\ s_{-i};\ t_i)=\sum_{t_{-i}\in T_{-i}} p_i(t_{-i}\mid t_i)u_i(a_i,\ a_{-i}(t_{-i});\ t_i) \tag{10.1}$$

其中，对 $\forall t_{-i}\in T_{-i}$，$a_{-i}(t_{-i})$ 为给定 t_{-i} 时由 s_{-i} 所确定的其他参与人的行动组合 $s_{-i}(t_{-i})=(s_1(t_1),\ \cdots,\ s_{i-1}(t_{i-1}),\ s_{i+1}(t_{i+1}),\ \cdots,\ s_n(t_n))$。

例如，在图 9.3 所示的“斗鸡博弈”中，“强硬”的决斗者 1 关于对手类型的推断为

$$p_1(s\mid s)=\frac{p_{ss}}{p_{ss}+p_{sw}},\ p_1(w\mid s)=\frac{p_{sw}}{p_{ss}+p_{sw}}$$

所以，当决斗者 2 的战略为 s_2^1（即（U，U）），则“强硬”的决斗者 1 选择行动 U 和 D 时的期望效用分别为

$$v_1(U,\ s_2^1,\ s)=(-4)\cdot\frac{p_{ss}}{p_{ss}+p_{sw}}+(-4)\cdot\frac{p_{sw}}{p_{ss}+p_{sw}}=-4$$

$$v_1(D,\ s_2^1,\ s)=(-2)\cdot\frac{p_{ss}}{p_{ss}+p_{sw}}+(-2)\cdot\frac{p_{sw}}{p_{ss}+p_{sw}}=-2$$

当决斗者 2 的战略为 s_2^2（即（U，D）），则“强硬”的决斗者 1 选择行动 U 和 D 时的期望效用分别为

$$v_1(U,\ s_2^2,\ s)=(-4)\cdot\frac{p_{ss}}{p_{ss}+p_{sw}}+2\cdot\frac{p_{sw}}{p_{ss}+p_{sw}}=\frac{2p_{sw}-4p_{ss}}{p_{ss}+p_{sw}}$$

$$v_1(D,\ s_2^2,\ s)=(-2)\cdot\frac{p_{ss}}{p_{ss}+p_{sw}}+0\cdot\frac{p_{sw}}{p_{ss}+p_{sw}}=-\frac{2p_{ss}}{p_{ss}+p_{sw}}$$

在贝叶斯博弈中，对于一个理性的参与人 i，当他只知道自己的类型 t_i 而不知道其他参与人的类型时，给定其他参与人的战略 s_{-i}，他将选择使自己期望效用（支付）最大化的行动 $a_i^*(t_i)$，其中

$$a_i^*(t_i)\in\arg\max_{a_i\in A_i(t_i)} v_i(a_i,\ s_{-i};\ t_i)$$

定义 10.1 贝叶斯博弈 $G=<\Gamma;\ (T_i);\ (p_i);\ (A_i(t_i));\ (u_i(a(t);\ t_i))>$ 的纯战略贝叶斯 Nash 均衡是一个类型相依的行动组合 $(a_1^*(t_1),\ a_2^*(t_2),\ \cdots,\ a_n^*(t_n))$，其中每个参与人在给定自己的类型 t_i 和其他参与人的类型相依行动 $a_{-i}^*(t_{-i})$ 的情况下最大化自己的期望效用。也就是，行动组合 $(a_1^*(t_1),\ a_2^*(t_2),\ \cdots,\ a_n^*(t_n))$ 是一个纯战略贝叶斯 Nash 均衡，如果对 $\forall i\in\Gamma$，

$$a_i^*(t_i)\ \in\ \arg\max_{a_i\in A_i(t_i)}\sum_{t_{-i}\in T_{-i}} p_i(t_{-i}\mid t_i)u_i(a_i,\ a_{-i}^*(t_{-i});\ t_i)$$

如同 Nash 均衡一样，贝叶斯 Nash 均衡在本质上也是一个一致性预测，即每个参与人 i 都能准确预测到具有类型 t_j 的参与人 j 将会选择 $a_j^*(t_j)$。这里虽然参与人 i 不知道参与人 j 的类型，但他能够预测到具有类型 t_j 的参与人 j 的行动。

定理 10.1　一个有限的贝叶斯博弈一定存在贝叶斯 Nash 均衡①。

上述定理的证明过程与完全信息下有限博弈中混合战略 Nash 均衡存在性的证明基本一致，感兴趣的读者可参阅相关文献。

下面以“斗鸡博弈”为例，对其贝叶斯 Nash 均衡进行求解。首先考察简化了的“斗鸡博弈”(参见图 9.2)。用 p 表示决斗者 1 关于决斗者 2 的类型的推断，根据式（10.1）可计算出决斗者 1 在给定决斗者 2 战略时的期望支付。在图 10.1 中，每个方格中的数字组合 $(x, (y, z))$ 的含义是：x 表示当决斗者 2 选择该方格所对应的战略时，决斗者 1 选择该方格所对应的战略规定的行动所得到的期望支付；y 和 z 分别表示当决斗者 1 选择该方格所对应的战略时，“强硬”决斗者 2 和“软弱”决斗者 2 选择该方格所对应的战略规定的行动所得到的期望支付。例如，在战略组合 $(U, (U, D))$ 所对应的数字组合 $(2-6p, (-4, 0))$ 中，$2-6p$ 为决斗者 2 选择战略 (U, D) 时，决斗者 1 选择战略 U 所规定的行动 U 所得到的期望支付，-4 为决斗者 1 选择战略 U 时，“强硬”决斗者 2 选择战略 (U, D) 规定的行动 U 所得到的支付，0 为决斗者 1 选择战略 U 时，“软弱”决斗者 2 选择战略 (U, D) 规定的行动 D 所得到的支付。

1 \ 2	(U, U)	(U, D)	(D, U)	(D, D)
U	$-4,(-4,-4)$	$2-6p,(-4,0)$	$6p-4,(-2,-4)$	$2,(-2,0)$
D	$-2,(2,0)$	$-2p,(2,1)$	$2p-2,(0,0)$	$0,(0,1)$

图 10.1　贝叶斯 Nash 均衡求解示意图

在图 10.1 中，给定决斗者 1 选择战略 U，“软弱”决斗者 2 选择行动 D 的期望支付为 0，选择行动 U 的期望支付为 -4，行动 D 优于行动 U；给定决斗者 1 选择战略 D，“软弱”决斗者 2 选择行动 D 的期望支付为 1，选择行动 U 的期望支付为 0，所以行动 D 优于行动 U。这意味着战略 (U, U) 和 (D, U) 为决斗者 2 的劣战略。此时，可以根据图 10.2 求解博弈的贝叶斯 Nash 均衡。

下面根据 p 的大小，求解博弈的纯战略贝叶斯 Nash 均衡。

（1）假设 $p \leqslant 1/2$，从图 10.2 中可以看到：无论决斗者 2 是选择战略 (U, D) 还是 (D, D)，决斗者 1 的最优行动都是 U。给定决斗者 1 的选择 U，“强硬”决斗者 2 的最优行动为 D。所以，博弈存在唯一的纯战略贝叶斯 Nash 均衡——决斗者 1 选择行动 U，“强硬”决斗者 2 选择行动 D，“软弱”决斗者 2 选择行动 D。

1 \ 2	(U, D)	(D, D)
U	$2-6p,(-4,0)$	$2,(-2,0)$
D	$-2p,(2,1)$	$0,(0,1)$

图 10.2　贝叶斯 Nash 均衡求解示意图

① 这里的贝叶斯 Nash 均衡包括混合战略的贝叶斯 Nash 均衡，其定义可仿定义 10.1 得到。

（2）假设 $p>1/2$，从图10.2中可以看到，博弈存在如下两个纯战略贝叶斯Nash均衡：

① 决斗者1选择行动 U，"强硬"决斗者2选择行动 D，"软弱"决斗者2选择行动 D；

② 决斗者1选择行动 D，"强硬"决斗者2选择行动 U，"软弱"决斗者2选择行动 D。

例10.1 求解图9.3所示"斗鸡博弈"的纯战略贝叶斯Nash均衡。为了简化计算，假设

$$p_{ss}=0.2,\ p_{sw}=0.3,\ p_{ws}=0.2,\ p_{ww}=0.3$$

根据式(9.1)，可得"强硬"决斗者1关于决斗者2的类型推断

$$p_1(s\mid s)=0.4,\ p_1(w\mid s)=0.6$$

及"软弱"决斗者1关于决斗者2的类型推断

$$p_1(s\mid w)=0.4,\ p_1(w\mid w)=0.6$$

同样，根据式(9.1)，可得"强硬"决斗者2关于决斗者1的类型推断

$$p_2(s\mid s)=0.5,\ p_2(w\mid s)=0.5$$

及"软弱"决斗者2关于决斗者1的类型推断

$$p_2(s\mid w)=0.5,\ p_2(w\mid w)=0.5$$

根据式(10.1)可计算出决斗者 i 在给定决斗者 j 战略时的期望支付。在图10.3中，每个方格中的数字组合（$(x_1,\ x_2)$，$(y_1,\ y_2)$）的含义是：x_1 和 x_2 分别表示当决斗者2选择该方格所对应的战略时，"强硬"决斗者1和"软弱"决斗者1选择该方格所对应的战略规定的行动所得到的期望支付；y_1 和 y_2 分别表示当决斗者1选择该方格所对应的战略时，"强硬"决斗者2和"软弱"决斗者2选择该方格所对应的战略规定的行动所得到的期望支付。

1 \ 2	$(U,\ U)$	$(U,\ D)$	$(D,\ U)$	$(D,\ D)$
$(U,\ U)$	(−4,−4), (−4,−4)	(−0.4,−1.6), (−4,0)	(−1.6,−2.4), (−2,−4)	(2,0), (−2,0)
$(U,\ D)$	(−4,0), (−1,−2)	(−0.4,0.6), (−1,0.5)	(−1.6,0.4), (−1,−2)	(2,1), (−1,0.5)
$(D,\ U)$	(−2,−4), (−1,−2)	(−0.8,−1.6), (−1,0.5)	(−1.2,−2.4), (−1,−2)	(0,0), (−1,0.5)
$(D,\ D)$	(−2,0), (2,0)	(−0.8,0.6), (2,1)	(−1.2,0.4), (0,0)	(0,1), (0,1)

图10.3 贝叶斯Nash均衡求解示意图

在图10.3中，对于"软弱"决斗者1，无论决斗者2选择什么战略，其最优行动都是 D[①]。所以，战略（U，U）和（D，U）为决斗者1的劣战略。基于同样的原因，战略（U，U）和（D，U）为决斗者2的劣战略。此时，可以根据图10.4求解博弈的贝叶斯Nash均衡。

1 \ 2	$(U,\ D)$	$(D,\ D)$
$(U,\ D)$	(−0.4,0.6),(−1,0.5)	(2,1),(−1,0.5)
$(D,\ D)$	(−0.8,0.6),(2,1)	(0，1)，(0，1)

图10.4 贝叶斯Nash均衡求解示意图

---

① 例如，给定决斗者2选择战略（U，D），"软弱"决斗者1选择行动 D 的期望支付为0.6，选择行动 U 的期望支付为−1.6，所以行动 D 优于行动 U。

在图 10.4 中，对于“强硬”决斗者 1，无论决斗者 2 选择什么战略，其最优行动都是 U。所以，战略（D，D）为决斗者 1 的劣战略。给定决斗者 1 选择战略（U，D），对于决斗者 2，战略（U，D）和（D，D）是无差异的。所以，博弈存在如下两个纯战略 Nash 均衡：

①“强硬”的决斗者 1 和决斗者 2 选择行动 U，“软弱”的决斗者 1 和决斗者 2 选择行动 D；

②“强硬”的决斗者 1 选择行动 U，“软弱”的决斗者 1 选择行动 D；“强硬”的决斗者 2 和“软弱”的决斗者 2 选择行动 D。

在定义 10.1 中，将贝叶斯 Nash 均衡定义为参与人类型相依的一个行动组合。除此之外，还可以将贝叶斯 Nash 均衡定义为参与人的一个战略组合。

定义 10.2　在静态贝叶斯博弈 $G=\langle\Gamma;(T_i);(p_i);(A_i(t_i));(u_i(a(t);t_i))\rangle$中，战略组合 $s^*=(s_1^*,\cdots,s_n^*)$ 是一个纯战略贝叶斯 Nash 均衡，如果对 $\forall i\in\Gamma$ 及 $\forall t_i\in T_i$，$s_i^*(t_i)$ 满足

$$s_i^*(t_i)\in\arg\max_{a_i(t_i)\in A_i(t_i)}\sum_{t_{-i}\in T_{-i}}p_i(t_{-i}\mid t_i)u_i(a_i(t_i),a_{-i}^*(t_{-i});t_i)$$

即没有参与人愿意改变自己的战略，即使这种改变只涉及一种类型下的一个行动。

根据定义 10.2，简化的“斗鸡博弈”的纯战略贝叶斯 Nash 均衡为：如果 $p\leqslant 1/2$，博弈的纯战略贝叶斯 Nash 均衡为（U，（D，D））；如果 $p>1/2$，博弈的纯战略贝叶斯 Nash 均衡为(U，（D，D））和（D，（U，D））。而图 9.3 所示“斗鸡博弈”的纯战略贝叶斯 Nash 均衡为（（U，D），（U，D））和（（U，D），（D，D））。

此外，从以上两个算例可以看到，与前面定义的 Nash 均衡和子博弈精炼 Nash 均衡一样，贝叶斯 Nash 均衡同样存在均衡多重性问题。

10.2　贝叶斯博弈扩展的 Nash 均衡

上面给出了贝叶斯博弈的解——贝叶斯 Nash 均衡及其求解方法，对于不完全信息博弈的另一种建模方式——贝叶斯博弈扩展$\langle\Gamma,\Omega,(A_i),(H_i),(\tau_i),(p_i),(\geqslant_i)\rangle$的均衡，可以在构造一个战略式博弈 $G^*=\langle\Gamma^*,A^*,\geqslant^*_{(i,t_i)}\rangle$的基础上，通过求解 G^* 的 Nash 均衡得到。下面介绍战略式博弈 G^* 中各要素的构造方式。

（1）参与人集 Γ^* 按如下方式构造：对 $\forall i\in\Gamma$ 和 $\forall t_i\in H_i$，都存在一个收到信号 t_i 的参与人 i，简称参与人（i，t_i）。所以，

$$\Gamma^*=\{(i,t_i)\mid i\in\Gamma,t_i\in H_i\}$$

（2）参与人的行动组合集 A^* 按如下方式构造：每个参与人（i，t_i）的行动集为 A_i，则所有参与人的行动组合的集合为

$$A^*=\prod_{j\in\Gamma}\prod_{t_j\in T_j}A_j$$

（3）参与人(i, t_i)在行动组合集A^*上的偏好按如下方式构造：给定行动组合$a^*(a^* \in A^*)$，对于参与人(i, t_i)（即收到信号t_i的参与人i），其判断状态为$\omega \in \tau_i^{-1}(t_i)$；而在任一$\omega \in \tau_i^{-1}(t_i)$中，由$a^*$的定义可知参与人$(i, t_i)$面对$A \times \Omega$上的行动组合为：

$$((a^*(j, \tau_j(\omega)))_{j \in \Gamma}, \omega)$$

这里，$a^*(j, \tau_j(\omega))$是参与人$(j, \tau_j(\omega))$在行动组合a^*中的行动。所以，当参与人(i, t_i)面对行动组合$a^*(a^* \in A^*)$时，其面对的是：定义在$A \times \Omega$上的一个不确定事件$L_i(a^*, t_i)$。在$L_i(a^*, t_i)$中，对$\forall (a, \omega) \in A \times \Omega$，

① 若$\omega \in \tau_i^{-1}(t_i)$，参与人$(i, t_i)$认为$(a, \omega)$发生的概率为后验概率$p_i(\omega)/p_i(\tau_i^{-1}(t_i))$，参与人的行动组合$a$为$(a^*(j, \tau_j(\omega)))_{j \in \Gamma}$，即

$$a = (a^*(j, \tau_j(\omega)))_{j \in \Gamma}$$

② 若$\omega \notin \tau_i^{-1}(t_i)$，参与人$(i, t_i)$认为$(a, \omega)$发生的概率为零。

因此，对$\forall a^*$、$b^* \in A^*$，参与人(i, t_i)认为行动组合a^*优于b^*，当且仅当在贝叶斯博弈扩展$<\Gamma, \Omega, (A_i), (H_i), (\tau_i), (p_i), (\geqslant_i)>$中，参与人$i$认为不确定事件$L_i(a^*, t_i)$优于不确定事件$L_i(b^*, t_i)$，即

$$a^* \geqslant^*_{(i,t_i)} b^* \Leftrightarrow L_i(a^*, t_i) \geqslant_i L_i(b^*, t_i)$$

由于不确定事件$L_i(a^*, t_i)$本质上就是定义在$A \times \Omega$上的一个概率分布，也就是定义在$A \times \Omega$上的一张彩票①，因此给定参与人i在$A \times \Omega$上的偏好$\geqslant_i(a, \omega)$（或$u_i(a, \omega)$），就可确定参与人i关于不确定事件$L_i(a^*, t_i)$的偏好。

例 10.2 在不完全信息“新产品开发博弈”中，假设“企业1和企业2都不知道市场需求”。根据例9.3所得的贝叶斯博弈扩展②，可构造出$G^* = <\Gamma^*, A^*, \geqslant^*_{(i,t_i)}>$，其中

（1）参与人集$\Gamma^* = \{(1, t_1), (2, t_2)\}$；

（2）行动组合集$A^* = \{(a, a), (a, b), (b, a), (b, b)\}$；

（3）企业i面临的不确定事件为：

$$L_i((a, a), t_i) = (((a, a), \omega_1), p_i(\omega_1); ((a, a), \omega_2), p_i(\omega_2))$$
$$L_i((a, b), t_i) = (((a, b), \omega_1), p_i(\omega_1); ((a, b), \omega_2), p_i(\omega_2))$$
$$L_i((b, a), t_i) = (((b, a), \omega_1), p_i(\omega_1); ((b, a), \omega_2), p_i(\omega_2))$$
$$L_i((b, b), t_i) = (((b, b), \omega_1), p_i(\omega_1); ((b, b), \omega_2), p_i(\omega_2))$$

或者

$$L_i((a, a), t_i) = ((300, 300), p_i(\omega_1); (-400, -400), p_i(\omega_2))$$
$$L_i((a, b), t_i) = ((800, 0), p_i(\omega_1); (200, 0), p_i(\omega_2))$$
$$L_i((b, a), t_i) = ((0, 800), p_i(\omega_1); (0, 200), p_i(\omega_2));$$
$$L_i((b, b), t_i) = ((0, 0), p_i(\omega_1); (0, 0), p_i(\omega_2))$$

---

① 严格来讲，彩票就是定义在后果集上的一个概率分布。

② 参见例9.3。

假设 $p_i(\omega_1)=p_i(\omega_2)=0.5$，企业 1 和企业 2 风险中立，则企业 1 的效用为：

$$u_1((300,\ 300),\ p_i(\omega_1);\ (-400,\ -400),\ p_i(\omega_2))=-50$$
$$u_1((800,\ 0),\ p_i(\omega_1);\ (200,\ 0),\ p_i(\omega_2))=500$$
$$u_1((0,\ 800),\ p_i(\omega_1);\ (0,\ 200),\ p_i(\omega_2))=0$$
$$u_1((0,\ 0),\ p_i(\omega_1);\ (0,\ 0),\ p_i(\omega_2))=0$$

企业 2 的效用为：

$$u_2((300,\ 300),\ p_i\ (\omega_1);\ (-400,\ -400),\ p_i\ (\omega_2))=-50$$
$$u_2((800,\ 0),\ p_i\ (\omega_1);\ (200,\ 0),\ p_i\ (\omega_2))=0$$
$$u_2((0,\ 800),\ p_i\ (\omega_1);\ (0,\ 200),\ p_i\ (\omega_2))=500$$
$$u_2((0,\ 0),\ p_i\ (\omega_1);\ (0,\ 0),\ p_i\ (\omega_2))=0$$

因此，前面的不完全信息"新产品开发博弈"可表示为如下战略式博弈模型（见图 10.5）。

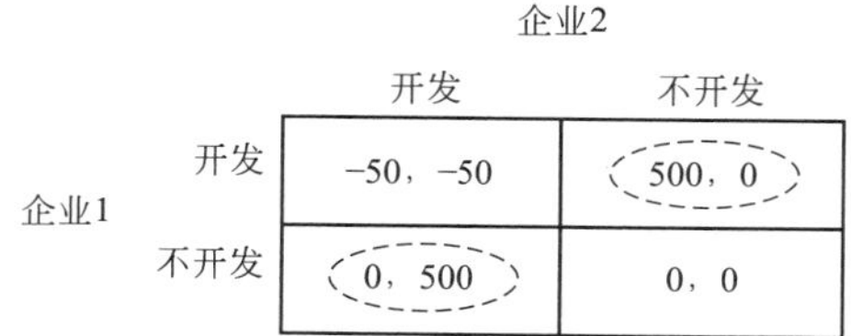

图 10.5　不完全信息"新产品开发博弈"的等价转换

所以，对于不完全信息"新产品开发博弈"，如果参与人都不知道市场需求，并且都认为市场为高需求的可能性为 50%，为低需求的可能性也为 50%，那么博弈存在以下两个纯战略均衡：

①（开发，不开发），即企业 1 选择"开发"，企业 2 选择"不开发"；

②（不开发，开发），即企业 1 选择"不开发"，企业 2 选择"开发"。

例 10.3　在不完全信息"新产品开发博弈"中，假设"企业 1 不知道市场需求，企业 2 知道"。此时，$H_1=\{t_1\}$，企业 1 的信号函数为：

$$\tau_1(\omega_1)=\tau_1(\omega_2)=t_1$$

企业 2 的信号集为 $H_2=\{t_2^1,\ t_2^2\}$，信号函数为

$$\tau_2(\omega_1)=t_2^1,\ \tau_2(\omega_2)=t_2^2$$

根据例 9.3 所得的贝叶斯博弈扩展①，可构造出 $G^*=<\Gamma^*,\ A^*,\ \geqslant^*_{(i,t_i)}>$，其中

（1）参与人集 $\Gamma^*=\{(1,\ t_1),\ (2,\ t_2^1),\ (2,\ t_2^2)\}$；

（2）行动组合集 $A^*=\{(x,\ (y,\ z))\mid x\in\{a,\ b\},\ y\in\{a,\ b\},\ z\in\{x,\ y\}\}$

（3）假设企业 1 认为市场为高需求的可能性为 p_1^1，为低需求的可能性为 p_1^2。此时，企业 1 面临的不确定事件为：

① 参见例 9.3。

$$L_1((a,\ (a,\ a)),\ t_1)=(((a,\ a),\ \omega_1),\ p_1^1;\ ((a,\ a),\ \omega_2),\ p_1^2)$$
$$L_1((a,\ (a,\ b)),\ t_1)=(((a,\ a),\ \omega_1),\ p_1^1;\ ((a,\ b),\ \omega_2),\ p_1^2)$$
$$L_1((a,\ (b,\ a)),\ t_1)=(((a,\ b),\ \omega_1),\ p_1^1;\ ((a,\ a),\ \omega_2),\ p_1^2)$$
$$L_1((a,\ (b,\ b)),\ t_1)=(((a,\ b),\ \omega_1),\ p_1^1;\ ((a,\ b),\ \omega_2),\ p_1^2)$$
$$L_1((b,\ (a,\ a)),\ t_1)=(((b,\ a),\ \omega_1),\ p_1^1;\ ((b,\ a),\ \omega_2),\ p_1^2)$$
$$L_1((b,\ (a,\ b)),\ t_1)=(((b,\ a),\ \omega_1),\ p_1^1;\ ((b,\ b),\ \omega_2),\ p_1^2)$$
$$L_1((b,\ (b,\ a)),\ t_1)=(((b,\ b),\ \omega_1),\ p_1^1;\ ((b,\ a),\ \omega_2),\ p_1^2)$$
$$L_1((b,\ (b,\ b)),\ t_1)=(((b,\ b),\ \omega_1),\ p_1^1;\ ((b,\ b),\ \omega_2),\ p_1^2)$$

或者

$$L_1((a,\ (a,\ a)),\ t_1)=((300,\ 300),\ p_1^1;\ (-400,\ -400),\ p_1^2)$$
$$L_1((a,\ (a,\ b)),\ t_1)=((300,\ 300),\ p_1^1;\ (200,\ 0),\ p_1^2)$$
$$L_1((a,\ (b,\ a)),\ t_1)=((800,\ 0),\ p_1^1;\ (-400,\ -400),\ p_1^2)$$
$$L_1((a,\ (b,\ b)),\ t_1)=((800,\ 0),\ p_1^1;\ (200,\ 0),\ p_1^2)$$
$$L_1((b,\ (a,\ a)),\ t_1)=((0,\ 800),\ p_1^1;\ (0,\ 200),\ p_1^2)$$
$$L_1((b,\ (a,\ b)),\ t_1)=((0,\ 800),\ p_1^1;\ (0,\ 0),\ p_1^2)$$
$$L_1((b,\ (b,\ a)),\ t_1)=((0,\ 0),\ p_1^1;\ (0,\ 200),\ p_1^2)$$
$$L_1((b,\ (b,\ b)),\ t_1)=((0,\ 0),\ p_1^1;\ (0,\ 0),\ p_1^2)$$

企业（2，t_2^1）面临的不确定事件为：

$$L_2((a,\ (a,\ a)),\ t_2^1)=(((a,\ a),\ \omega_1),\ 1;\ ((a,\ a),\ \omega_2),\ 0)$$
$$L_2((a,\ (a,\ b)),\ t_2^1)=(((a,\ a),\ \omega_1),\ 1;\ ((a,\ b),\ \omega_2),\ 0)$$
$$L_2((a,\ (b,\ a)),\ t_2^1)=(((a,\ b),\ \omega_1),\ 1;\ ((a,\ a),\ \omega_2),\ 0)$$
$$L_2((a,\ (b,\ b)),\ t_2^1)=(((a,\ b),\ \omega_1),\ 1;\ ((a,\ b),\ \omega_2),\ 0)$$
$$L_2((b,\ (a,\ a)),\ t_2^1)=(((b,\ a),\ \omega_1),\ 1;\ ((b,\ a),\ \omega_2),\ 0)$$
$$L_2((b,\ (a,\ b)),\ t_2^1)=(((b,\ a),\ \omega_1),\ 1;\ ((b,\ b),\ \omega_2),\ 0)$$
$$L_2((b,\ (b,\ a)),\ t_2^1)=(((b,\ b),\ \omega_1),\ 1;\ ((b,\ a),\ \omega_2),\ 0)$$
$$L_2((b,\ (b,\ b)),\ t_2^1)=(((b,\ b),\ \omega_1),\ 1;\ ((b,\ b),\ \omega_2),\ 0)$$

或者

$$L_2((a,\ (a,\ a)),\ t_2^1)=((300,\ 300))=300;\ L_2((a,\ (a,\ b)),\ t_2^1)=((300,\ 300)=300$$
$$L_2((a,\ (b,\ a)),\ t_2^1)=((800,\ 0))=0;\ L_2((a,\ (b,\ b)),\ t_2^1)=((800,\ 0))=0$$
$$L_2((b,\ (a,\ a)),\ t_2^1)=((0,\ 800))=800;\ L_2((b,\ (a,\ b)),\ t_2^1)=(((0,\ 800))=800$$
$$L_2((b,\ (b,\ a)),\ t_2^1)=((0,\ 0))=0;\ L_2((b,\ (b,\ b)),\ t_2^1)=((0,\ 0))=0$$

企业（2，t_2^2）面临的不确定事件为：

$$L_2((a,\ (a,\ a)),\ t_2^2)=(((a,\ a),\ \omega_1),\ 0;\ ((a,\ a),\ \omega_2),\ 1)$$
$$L_2((a,\ (a,\ b)),\ t_2^2)=(((a,\ a),\ \omega_1),\ 0;\ ((a,\ b),\ \omega_2),\ 1)$$
$$L_2((a,\ (b,\ a)),\ t_2^2)=(((a,\ b),\ \omega_1),\ 0;\ ((a,\ a),\ \omega_2),\ 1)$$

$$L_2((a,(b,b)),t_2^2)=(((a,b),\omega_1),0;((a,b),\omega_2),1)$$
$$L_2((b,(a,a)),t_2^2)=(((b,a),\omega_1),0;((b,a),\omega_2),1)$$
$$L_2((b,(a,b)),t_2^2)=(((b,a),\omega_1),0;((b,b),\omega_2),1)$$
$$L_2((b,(b,a)),t_2^2)=(((b,b),\omega_1),0;((b,a),\omega_2),1)$$
$$L_2((b,(b,b)),t_2^2)=(((b,b),\omega_1),0;((b,b),\omega_2),1)$$

或者

$$L_2((a,(a,a)),t_2^2)=((-400,-400))=-400;\ L_2((a,(a,b)),t_2^2)=((200,0)=0$$
$$L_2((a,(b,a)),t_2^2)=((-400,-400))=-400;\ L_2((a,(b,b)),t_2^2)=((200,0))=0$$
$$L_2((b,(a,a)),t_2^2)=((0,200))=200;\ L_2((b,(a,b)),t_2^2)=(((0,0))=0$$
$$L_2((b,(b,a)),t_2^2)=((0,200))=200;\ L_2((b,(b,b)),t_2^2)=((0,0))=0$$

假设 $p_1^1=p_1^2=0.5$，且企业1风险中立，则企业1的效用为：

$$L_1((a,(a,a)),t_1)=((300,300),p_1^1;(-400,-400),p_1^2)=-50$$
$$L_1((a,(a,b)),t_1)=((300,300),p_1^1;(200,0),p_1^2)=250$$
$$L_1((a,(b,a)),t_1)=((800,0),p_1^1;(-400,-400),p_1^2)=200$$
$$L_1((a,(b,b)),t_1)=((800,0),p_1^1;(200,0),p_1^2)=500$$
$$L_1((b,(a,a)),t_1)=((0,800),p_1^1;(0,200),p_1^2)=0$$
$$L_1((b,(a,b)),t_1)=((0,800),p_1^1;(0,0),p_1^2)=0$$
$$L_1((b,(b,a)),t_1)=((0,0),p_1^1;(0,200),p_1^2)=0$$
$$L_1((b,(b,b)),t_1)=((0,0),p_1^1;(0,0),p_1^2)=0$$

因此，前面的不完全信息“新产品开发博弈”可表示为如下战略式博弈模型（见图10.6）。

		企业2			
		(开发，开发)	(开发，不开发)	(不开发，开发)	(不开发，不开发)
企业1	开发	-50，(300，-400)	250，(300，0)	200，(0，-400)	500，(0，0)
	不开发	0，(800，200)	0，(800，0)	0，(0，200)	0，(0，0)

图10.6 不完全信息“新产品开发博弈”的等价转换①

所以，对于上述不完全信息“新产品开发博弈”，存在以下两个纯战略均衡：

①（开发，（开发，不开发）），即企业1选择“开发”，企业2的战略是：当市场需求为高需求时，选择“开发”；当市场需求为低需求时，选择“不开发”；

②（不开发，（开发，开发）），即企业1选择“不开发”，企业2的战略是：无论市场需求为高需求还是低需求，都选择“开发”。

例10.4 在图9.1所示的不完全信息“斗鸡博弈”中，状态集为

① 这里，企业2的战略 (x, y) 表示：当市场需求为高需求时，企业2选择行动 x（“开发”或“不开发”）；当市场需求为低需求时，企业2选择行动 y（“开发”或“不开发”）。

$$\Omega=\{\omega_1,\ \omega_2,\ \omega_3,\ \omega_4\}=\{(s,\ s),\ (s,\ w),\ (w,\ s),\ (w,\ w)\}$$

参与人 i （$i=1,\ 2$）关于状态的先验分布为 p_i^j （$j=1,\ 2,\ 3,\ 4$），即

$$p_1(\omega_1)=p_1^1,\ p_1(\omega_2)=p_1^2,\ p_1(\omega_3)=p_1^3,\ p_1(\omega_4)=p_1^4$$
$$p_2(\omega_1)=p_2^1,\ p_2(\omega_2)=p_2^2,\ p_2(\omega_3)=p_2^3,\ p_2(\omega_4)=p_2^4$$

参与人1的信号集为 $H_1=\{s,\ w\}=T_1$，信号函数 τ_1 为：

$$\tau_1((s,\ s))=\tau_1((s,\ w))=s,\ \tau_1((w,\ s)=\tau_1((w,\ w))=w$$

因此，当参与人1收到信号 s 时，推断状态为 ω_1（即 $(s,\ s)$）的概率为 $\frac{p_1^1}{p_1^1+p_1^2}$，状态为 ω_2（即 $(s,\ w)$）的概率为 $\frac{p_1^2}{p_1^1+p_1^2}$，状态为 ω_3（即 $(w,\ s)$）和 ω_4（即 $(w,\ w)$）的概率为0；当参与人1收到信号 w 时，推断状态为 ω_1（即 $(s,\ s)$）和 ω_2（即 $(s,\ w)$）的概率为0，状态为 ω_3（即 $(w,\ s)$）的概率为 $\frac{p_1^3}{p_1^3+p_1^4}$，状态为 ω_4（即 $(w,\ w)$）的概率为 $\frac{p_1^4}{p_1^3+p_1^4}$。

参与人2的信号集为 $H_2=\{s,\ w\}=T_2$，信号函数 τ_2 为

$$\tau_2((s,\ s))=\tau_2((w,\ s))=s,\ \tau_2((s,\ w)=\tau_2((w,\ w))=w$$

因此，当参与人2收到信号 s 时，推断状态为 ω_1（即 $(s,\ s)$）的概率为 $\frac{p_2^1}{p_2^1+p_2^3}$，状态为 ω_3（即 $(w,\ s)$）的概率为 $\frac{p_2^3}{p_2^1+p_2^3}$，状态为 ω_2（即 $(s,\ w)$）和 ω_4（即 $(w,\ w)$）的概率为0；当参与人2收到信号 w 时，推断状态为 ω_2（即 $(s,\ w)$）的概率为 $\frac{p_2^2}{p_2^2+p_2^4}$，状态为 ω_4（即 $(w,\ w)$）的概率为 $\frac{p_2^4}{p_2^2+p_2^4}$，状态为 ω_1（即 $(s,\ s)$）和 ω_3（即 $(w,\ s)$）的概率为0。

构造博弈 $G^*=<\Gamma^*,\ A^*,\ \geqslant^*_{(i,t_i)}>$，其中

（1）参与人集 $\Gamma^*=\{(1,\ s),\ (1,\ w),\ (2,\ s),\ (2,\ w)\}$；

（2）行动组合集为

$$A^*=\{((x,\ y),\ (z,\ v))\mid x\in\{U,\ D\},\ y\in\{U,\ D\},\ z\in\{U,\ D\},\ v\in\{U,\ D\}\}$$

（3）参与人 $(1,\ s)$ 面临的不确定事件为

$$L_1(((x,\ y),\ (z,\ v)),\ s)=\left(((x,\ z),\ \omega_1),\ \frac{p_1^1}{p_1^1+p_1^2};\ ((x,\ v),\ \omega_2),\ \frac{p_1^2}{p_1^1+p_1^2}\right) \tag{10.2}$$

其中，$x\in\{U,\ D\}$，$y\in\{U,\ D\}$，$z\in\{U,\ D\}$，$v\in\{U,\ D\}$。

参与人 $(1,\ w)$ 面临的不确定事件为

$$L_1(((x,\ y),\ (z,\ v)),\ w)=\left(((y,\ z),\ \omega_3),\ \frac{p_1^3}{p_1^3+p_1^4};\ ((y,\ v),\ \omega_4),\ \frac{p_1^4}{p_1^3+p_1^4}\right) \tag{10.3}$$

其中，$x\in\{U, D\}$，$y\in\{U, D\}$，$z\in\{U, D\}$，$v\in\{U, D\}$。

参与人 (2, s) 面临的不确定事件为

$$L_2(((x, y), (z, v)), s)=\left(((x, z), \omega_1), \frac{p_2^1}{p_2^1+p_2^3}; ((y, z), \omega_3), \frac{p_2^3}{p_2^1+p_2^3}\right) \quad (10.4)$$

其中，$x\in\{U, D\}$，$y\in\{U, D\}$，$z\in\{U, D\}$，$v\in\{U, D\}$。

参与人 (2, w) 面临的不确定事件为

$$L_2(((x, y), (z, v)), w)=\left(((x, v), \omega_2), \frac{p_2^2}{p_2^2+p_2^4}; ((y, v), \omega_4), \frac{p_2^4}{p_2^2+p_2^4}\right) \quad (10.5)$$

其中，$x\in\{U, D\}$，$y\in\{U, D\}$，$z\in\{U, D\}$，$v\in\{U, D\}$。

给定参与人关于状态的先验分布 p_i^j ($i=1, 2; j=1, 2, 3, 4$)，并根据图 9.1 所给定的参与人的支付，即可计算出 $L_i(((x, y), (z, v)), l)$ ($l=s, w$)，从而得到类似图 10.3 所示的均衡求解示意图，图中各战略组合$((x, y), (z, v))$的支付$((x_1, x_2), (y_1, y_2))$可分别由式(10.2)~式(10.5) 计算得到，即

$$x_1=L_1(((x, y), (z, v)), s) \quad (10.6)$$

$$x_2=L_1(((x, y), (z, v)), w) \quad (10.7)$$

$$y_1=L_2(((x, y), (z, v)), s) \quad (10.8)$$

$$y_2=L_2(((x, y), (z, v)), w) \quad (10.9)$$

例如，与上一节求解图 9.1 (或图 9.3) 中博弈的均衡一样，假设参与人关于状态的先验分布为

$$p_1^1=p_2^1=0.2,\ p_1^2=p_2^2=0.3,\ p_1^3=p_2^3=0.2,\ p_1^4=p_2^4=0.3$$

根据式(10.6)~式(10.9)，可得战略组合$((U, D), (U, D))$中的支付分别为

$$\begin{aligned}x_1=L_1(((U, D), (U, D)), s) &= \left(((U, U), \omega_1), \frac{p_1^1}{p_1^1+p_1^2}; ((U, D), \omega_2), \frac{p_1^2}{p_1^1+p_1^2}\right)\\ &=-4\times0.4+2\times0.6=-0.4\end{aligned}$$

$$\begin{aligned}x_2=L_1(((U, D), (U, D)), w) &= \left(((D, U), \omega_3), \frac{p_1^3}{p_1^3+p_1^4}; ((D, D), \omega_4), \frac{p_1^4}{p_1^3+p_1^4}\right)\\ &=0\times0.4+1\times0.6=0.6\end{aligned}$$

$$\begin{aligned}y_1=L_2(((U, D), (U, D)), s) &= \left(((U, U), \omega_1), \frac{p_2^1}{p_2^1+p_2^3}; ((D, U), \omega_3), \frac{p_2^3}{p_2^1+p_2^3}\right)\\ &=-4\times0.5+2\times0.5=-1\end{aligned}$$

$$\begin{aligned}y_2=L_2(((U, D), (U, D)), w) &= \left(((U, D), \omega_2), \frac{p_2^2}{p_2^2+p_2^4}; ((D, D), \omega_4), \frac{p_2^4}{p_2^2+p_2^4}\right)\\ &=0\times0.5+1\times0.5=0.5\end{aligned}$$

显然，上述结果与图 10.3 所示的均衡求解示意图中战略组合$((U, D), (U, D))$中的支付相同。

10.3 贝叶斯 Nash 均衡的敏感性

在博弈问题的求解中，常常会出现这样的现象：参与人支付的很小改变，都会改变博弈的均衡（包括排除或增加一些均衡）。同样，当支付以小的概率不同（即博弈发生扰动），也会出现同样的问题。也就是说，支付为共同知识的博弈均衡与任意扰动博弈的均衡会相差甚远。这就是所谓的均衡敏感性问题。

在图 10.7 所示的两个博弈中，参与人都是选取行动 A 或 B 中的某一个。在博弈 Ga 中，存在两个纯战略均衡——（A，A）和（B，B），以及一个混合战略均衡。显然，均衡（A，A）是对双方来讲收益都是最好的，是 Pareto 有效的。虽然对参与人 1 来讲，战略 A 是被弱占优的，但均衡（A，A）还是有可能因为 Pareto 有效而成为焦点均衡。在博弈 Gb 中，存在唯一的纯战略均衡——（B，B）。

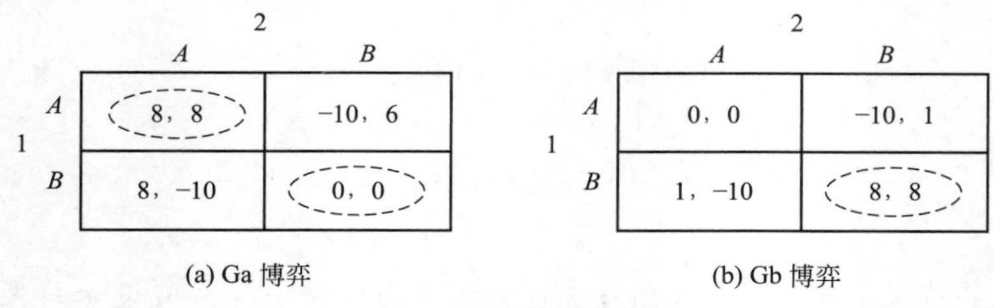

2
A B
1
A 8，8 −10，6
B 8，−10 0，0
(a) Ga 博弈
2
A B
1
A 0，0 −10，1
B 1，−10 8，8
(b) Gb 博弈

图 10.7 博弈示意图

考察博弈被扰动的情况。假设博弈以 $1-p$ 的概率处于状态 ω_1，其收益为博弈 Ga，以 p 的概率处于状态 ω_2，其收益为博弈 Gb。同时，假设参与人 1 不知道博弈处于哪一种状态，但参与人 2 知道。

对上述博弈情形可以用贝叶斯博弈扩展进行建模，其中 $\Omega=\{\omega_1, \omega_2\}$，参与人 1 的信号集为 $H_1=\{t_1\}$，信号函数为 $\tau_1(\omega_1)=\tau_1(\omega_2)=t_1$，参与人 2 的信号集为 $H_2=\{t_2^1, t_2^2\}$，信号函数为

$$\tau_2(\omega_1)=t_2^1,\ \tau_2(\omega_2)=t_2^2$$

仿例 10.2 的分析，可得如下战略式博弈模型（见图 10.8）。

1 \ 2	(A，A)	(A，B)	(B，A)	(B，B)
A	$8-5p$，(8，0)	$8-18p$，(8，1)	$10p-10$，(6，0)	−10，(6，1)
B	$8-7p$，(−10，−10)	8，(−10，8)	p，(0，−10)	$8p$，(0，8)

图 10.8 博弈的等价转换①

从图 10.8 可以看到：只要 $p>0$，即博弈存在扰动，则无论出现什么状态（也就是不管博弈是 Ga 还是 Gb），扰动博弈的均衡都是（B，B），不会再出现博弈 Ga 中均衡（A，A）。

① 这里，参与人 2 的战略（x，y）表示：观测到状态 ω_1（即博弈为 Ga）时，选择行动（"A"或"B"）；观测到状态 ω_2（即博弈为 Gb）时，选择行动（"A"或"B"）。

也就是说，即使博弈 Ga 出现的可能性非常大（即 p 非常小），扰动博弈中都不可能出现 Pareto 有效的均衡（A，A）。

进一步，考察如下情形：参与人 1 和参与人 2 都知道博弈为 Ga，但参与人 1 对参与人 2 相信博弈为 Gb 的情况赋予了正的概率。也就是说，在贝叶斯博弈中，“自然”对参与人 1 不完全知道“自然”的行动赋予正的概率。

假设参与人 1 总是知道真实博弈，参与人 2 可能知道也可能不知道，而且参与人 1 不知道参与人 2 是否知道。构建如下贝叶斯博弈扩展，其中存在 4 种可能的状态——ω_1，ω_2，ω_3 和 ω_4，其具体定义如下。

状态 ω_1——参与人 1 和参与人 2 都知道真实博弈为 Ga，但参与人 1 不知道参与人 2 是否知道；

状态 ω_2——参与人 1 知道真实博弈为 Ga 但参与人 2 不知道，同时参与人 1 不知道参与人 2 是否知道；

状态 ω_3——参与人 1 知道真实博弈为 Gb 但参与人 2 不知道，同时参与人 1 不知道参与人 2 是否知道；

状态 ω_4——参与人 1 和 2 都知道真实博弈为 Gb，但参与人 1 不知道参与人 2 是否知道。

对于上述四个状态，参与人 1 无法将状态 ω_1 和 ω_2 区分开来，也无法将状态 ω_3 和 ω_4 区分开来，所以其信号集可定义为 $H_1=\{t_1^1, t_1^2\}$，信号函数为：

$$\tau_1(\omega_1)=\tau_1(\omega_2)=t_1^1,\ \tau_1(\omega_3)=\tau_1(\omega_4)=t_1^2$$

参与人 2 能区分状态 ω_1 和 ω_4，但无法将状态 ω_2 和 ω_3 区分开来，所以其信号集可定义为 $H_2=\{t_2^1, t_2^2, t_2^3\}$，信号函数为

$$\tau_2(\omega_1)=t_2^1,\ \tau_2(\omega_2)=\tau_2(\omega_3)=t_2^2,\ \tau_2(\omega_4)=t_2^3$$

因此，上述扰动博弈也可用图 10.9 中的贝叶斯博弈来描述。

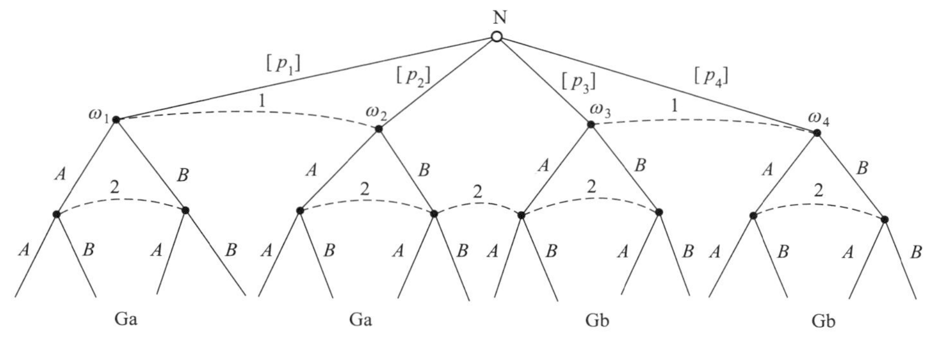

图 10.9　贝叶斯博弈

在上图中，p_i($i=1$，2，3，4）表示参与人认为各个状态 ω_i 发生的先验概率，可以证明：如果 $p_2<p_3$(也就是，当参与人 2 不知道博弈真实状态时，参与人 1 认为“参与人 2 认为博弈为 Ga 的可能性小于 Gb”)，那么博弈唯一的 Nash 均衡为((B，B)，(B，B，B))，即无论参与人观测到什么信号，都会选择 B。这也意味着：无论博弈的状态是什么，参与人都只选择 B。比如说，当博弈的状态为 ω_1 时，也就是参与人 1 和参与人 2 都知道真实博弈为 Ga 时，由于参与人 1 不知道参与人 2 是否知道真实博弈，博弈也只会出现无效率的均衡结果（B，B），得不到 Pareto 有效的均衡（A，A）。

第 11 章　贝叶斯 Nash 均衡的应用

在本章我们将介绍贝叶斯 Nash 均衡应用的一些经典模型，通过这些例子可以进一步加深对贝叶斯 Nash 均衡含义的理解①。

11.1　不完全信息 Cournot 寡头竞争模型

在第 4 章的 Cournot 模型中，每一个企业对其他企业的成本是已知的，对自己的成本当然也是已知的，因而信息是完全的。然而在实际中，企业往往很难知道其他企业的成本。当 Cournot 模型中至少有一个企业不知道其他企业的成本时所对应的模型即为不完全信息 Cournot 模型②。在这种情况下我们可以根据企业的成本函数将企业分为不同的类型。

为了与第 4 章中的完全信息 Cournot 模型相比，仍然假设市场的需求函数为 $P=a-(q_1+q_2)$，每个企业具有不变的单位成本。所不同的是，现在至少有一个企业对其他企业的单位成本是未知的。为简单起见，假设企业 1 的单位成本 c_1是共同知识，而企业 2 的单位成本只有企业 2 自己知道，企业 1 不知道。但企业 1 知道企业 2 的单位成本 c_2只有两种可能：为低成本 c_2^L，其概率为 μ；为高成本 c_2^H，其概率为 $1-\mu$。其中 $c_2^L<c_2^H$，μ 为共同知识。

先考察企业 2 的决策。由于企业 2 知道企业 1 的成本，因此企业 2 的利润函数为

$$\pi_2=q_2(P-c_2)=q_2(a-q_2-q_1-c_2) \tag{11.1}$$

其中，$c_2=c_2^L$（当企业 2 为低成本时）或 $c_2=c_2^H$（当企业 2 为高成本时）。

分别将 $c_2=c_2^L$和 $c_2=c_2^H$代入式（11.1），并由最优化一阶条件可得

$$q_2(c_2^L)=\frac{1}{2}(a-q_1-c_2^L) \tag{11.2}$$

$$q_2(c_2^H)=\frac{1}{2}(a-q_1-c_2^H) \tag{11.3}$$

其中，式(11.2)为低成本的企业 2 的反应函数，式(11.3)为高成本的企业 2 的反应函数。

再考察企业 1 的决策。由于企业 1 不知道企业 2 的真实成本，从而不知道企业 2 的反应函数究竟是式(11.2) 还是式(11.3)，但知道企业 2 的反应函数是式(11.2) 的概率为 μ，是式(11.3)的概率为 $1-\mu$。此时，企业 1 将选择 q_1以最大化自己的期望利润函数

$$E\pi_1=\mu q_1(a-c_1-q_1-q_2(c_2^L))+(1-\mu)q_1(a-c_1-q_1-q_2(c_2^H))$$

---

① 需要说明的是，本节中所有的模型都摘自国内外公开发表的文献及出版的教材。

② 除了“至少有一个企业不知道其他企业的成本”以外，不完全信息的 Cournot 模型所包含的基本假设与完全信息 Cournot 模型相同，即假设：企业生产的产品同质无差异；企业进行产量竞争；企业同时行动。

由最优化一阶条件可得

$$q_1=\frac{\mu(a-c_1-q_2(c_2^L))+(1-\mu)(a-c_1-q_2(c_2^H))}{2} \tag{11.4}$$

联立求解式(11.2)~式(11.4)，可得

$$q_2^*(c_2^L)=\frac{a-2c_2^L+c_1}{3}-\frac{1-\mu}{6}(c_2^H-c_2^L)$$

$$q_2^*(c_2^H)=\frac{a-2c_2^H+c_1}{3}+\frac{\mu}{6}(c_2^H-c_2^L)$$

及

$$q_1^*=\frac{1}{3}(a-2c_1+\mu c_2^L+(1-\mu)c_2^H)$$

所以，模型的贝叶斯 Nash 均衡为 $(q_1^*,\ q_2^*(c_2^L))$ 和 $(q_1^*,\ q_2^*(c_2^H))$，即企业 1 生产均衡产量 q_1^*，低成本的企业 2 生产均衡产量 $q_2^*(c_2^L)$，高成本的企业 2 生产 $q_2^*(c_2^H)$。

为了得到更具体的结果，现在进一步假设①：$c_1=c$，$c_2^L=\frac{3}{4}c$，$c_2^H=\frac{5}{4}c$，$\mu=\frac{1}{2}$。在此假设下：

$$q_1^*=\frac{1}{3}(a-c),\ q_2^*(c_2^L)=\frac{1}{3}\left(a-\frac{5}{8}c\right),\ q_2^*(c_2^H)=\frac{1}{3}\left(a-\frac{11}{8}c\right)$$

结合第 4 章中关于 Cournot 模型的介绍，下面将不完全信息下的贝叶斯 Nash 均衡和完全信息下的 Nash 均衡进行比较。首先考察企业在以下三种完全信息情形下的均衡产量。

① 当 $c_1=c$，$c_2=\frac{3}{4}c$ 时，企业 1 和企业 2 的均衡产量分别为 $q_1^{L*}=\frac{1}{3}\left(a-\frac{5}{4}c\right)$，$q_2^{L*}=\frac{1}{3}\left(a-\frac{1}{2}c\right)$；

② 当 $c_1=c$，$c_2=c$ 时，企业 1 和企业 2 的均衡产量分别为 $q_1^{c*}=\frac{1}{3}(a-c)$，$q_2^{c*}=\frac{1}{3}(a-c)$；

③ 当 $c_1=c$，$c_2=\frac{5}{4}c$，企业 1 和企业 2 的均衡产量分别为 $q_1^{H*}=\frac{1}{3}\left(a-\frac{3}{4}c\right)$，$q_2^{H*}=\frac{1}{3}\left(a-\frac{3}{2}c\right)$。

比较上述三种完全信息情形下的企业均衡产量，可以看到：$q_1^{L*}<q_1^{c*}<q_1^{H*}$ 且 $q_2^{L*}>q_2^{c*}>q_2^{H*}$。这意味着：当企业 1 的成本保持不变时，如果企业 2 的成本增加（企业 2 的成本分别为 $c_2=\frac{3}{4}c$、$c_2=c$ 及 $c_2=\frac{5}{4}c$），则企业 1 的产量增加，而企业 2 的产量减少。究其原因，就是因为在完全信息下企业的产量由成本决定，成本较低的企业产量会较高。

将不完全信息下企业的均衡产量与完全信息下企业的均衡产量相比，可以看到：

① 在这些假设下企业 2 的期望单位成本与企业 1 相同。

① 当企业 2 为低成本时，其在不完全信息下的均衡产量 $q_2^*(c_2^L)=\frac{1}{3}\left(a-\frac{5}{8}c\right)$，小于其在完全信息下的均衡产量 $q_2^{L*}=\frac{1}{3}\left(a-\frac{1}{2}c\right)$；与此同时，企业 1 在不完全信息下的均衡产量 $q_1^*=\frac{1}{3}(a-c)$，大于其在完全信息下的均衡产量 $q_1^{L*}=\frac{1}{3}\left(a-\frac{5}{4}c\right)$。这说明在不完全信息下低成本企业的成本优势不再明显。这是因为在不完全信息下企业 1 对企业 2 的预期单位成本（这里为 c）高于完全信息下企业 2 为低成本时的单位成本$\left(\text{这里为}\frac{3}{4}c\right)$，从而使得企业 1 的产量高于完全信息下面对低成本企业 2 时的产量（即 $q_1^*>q_1^{L*}$），企业 1 的这种产量提高迫使低成本的企业 2 降低自己的产量。这里企业 2 具有关于自己成本类型的私人信息而企业 1 没有，但企业 1 所生产的产量却高于他具有对方成本信息时的产量，这说明信息不完全给企业 1 带来了好处。

② 当企业 2 为高成本时，其在不完全信息下的均衡产量 $q_2^*(c_2^H)=\frac{1}{3}\left(a-\frac{11}{8}c\right)$，大于其在完全信息下的均衡产量 $q_2^{H*}=\frac{1}{3}\left(a-\frac{3}{2}c\right)$；与此同时，企业 1 在不完全信息下的均衡产量 $q_1^*=\frac{1}{3}(a-c)$，小于其在完全信息下的均衡产量 $q_1^{H*}=\frac{1}{3}\left(a-\frac{3}{4}c\right)$。这说明信息不完全可以给高成本企业带来好处。这是因为在不完全信息下企业 1 对企业 2 的预期单位成本（这里为 c）低于完全信息下企业 2 为高成本时的单位成本$\left(\text{这里为}\frac{5}{4}c\right)$，从而使得企业 1 的产量低于完全信息下面对高成本的企业 2 时的产量（即 $q_1^*<q_1^{H*}$），企业 1 的这种产量降低可使高成本的企业 2 提高自己的产量，从而获得好处。这里企业 2 具有关于自己成本类型的私人信息而企业 1 没有，而且企业 1 所生产的产量低于他具有对方成本信息时的产量，这说明信息不完全对企业 1 产生了不利的影响。

上述结论可以用来解释国际军事斗争中的许多现象。例如，在国际军事斗争中，军事大国（这里相当于低成本的企业）平时总是到处耀武扬威、显示实力，其目的就是威慑潜在的竞争对手，使其不要对它（指军事大国）的能力（即低成本）产生怀疑；反之，弱小的国家（这里相当于高成本的企业）则会尽可能隐藏自己的军事实力，使对手搞不清楚自己的真正实力，从而在斗争中获得好处。

不完全信息 Cournot 模型还可以进一步扩展至如下情形：企业 1 的单位成本 c_1 也有两种可能：为低成本 c_1^L，其概率为 μ；为高成本 c_1^H，其概率为 $1-\mu$。其中 $c_1^L<c_1^H$，μ 为共同知识。为了给出具体的计算结果，不妨设 $a=2$，$c_1^L=c_2^L=\frac{3}{4}$，$c_1^H=c_2^H=\frac{5}{4}$，$\mu=\frac{1}{2}$。

考察低成本企业 1（即 $c_1=c_1^L$）的决策，其利润函数为：

$$\begin{aligned}E\pi_1^L&=\mu\cdot q_1^L\cdot(a-c_1^L-q_1^L-q_2^L)+(1-\mu)\cdot q_1^L\cdot(a-c_1^L-q_1^L-q_2^H)\\&=\frac{1}{2}q_1^L\cdot\left(\frac{10}{4}-2q_1^L-q_2^L-q_2^H\right)\end{aligned}$$

令$\frac{dE\pi_1^L}{dq_1^L}=0$，即可得低成本企业 1 的反应函数

$$q_1^L=\frac{5}{8}-\frac{1}{4}q_2^L-\frac{1}{4}q_2^H \tag{11.5}$$

仿前面的分析，可得高成本企业 1 的反应函数

$$q_1^H=\frac{3}{8}-\frac{1}{4}q_2^l-\frac{1}{4}q_2^H \tag{11.6}$$

低成本企业 2 的反应函数

$$q_2^L=\frac{5}{8}-\frac{1}{4}q_1^L-\frac{1}{4}q_1^H \tag{11.7}$$

高成本企业 2 的反应函数

$$q_2^H=\frac{3}{8}-\frac{1}{4}q_1^L-\frac{1}{4}q_1^H \tag{11.8}$$

联立求解式(11.5)~式（11.8)，可得

$$q_1^L=q_2^L=\frac{11}{24},\ q_1^H=q_2^H=\frac{5}{24}$$

因此，博弈的均衡为：

① 当两个参与人都是低成本企业时，双方各生产$\frac{11}{24}$；

② 当两个参与人都是高成本企业时，双方各生产$\frac{5}{24}$；

③ 当一个参与人为低成本企业，另一个参与人为高成本企业时，低成本企业生产$\frac{11}{24}$，高成本企业生产$\frac{5}{24}$。

11.2　不完全信息的公共产品提供

公共产品是指具有非竞争性和非排他性的产品①。公共产品的这两大特性往往使公共产品的提供出现“搭便车”现象，从而造成公共产品的供给不足及公共资源的过度使用等问题。现实生活中，公共产品供给不足的例子比比皆是，比如公共资源被过度开发，肆意浪费，低效率使用；环境被严重污染，污染者逃避治理责任；公共需求被忽视；政府部门效率

① 所谓非竞争性，是指增加一个消费者，既不会影响原来消费者对该产品的消费数量，也不会影响消费质量，其边际成本为零；非排他性是指对公共产品来说，用价格机制或产权界定进行排他消费要么在技术上不可能，要么排他的成本大于排他后所带来的收益。

低下，服务意识差，缺乏创新和活力等。目前，分析公共产品供给问题的方法很多，下面以 Palfrey 和 Rosenthal 的模型为基础，分析不完全信息对公共产品的供给所产生的影响。

考察如下博弈模型：两个参与人（不妨称为参与人1和参与人2）同时决定是否提供公共产品，而且供给必须是0—1决策（即要么提供，要么不提供）。如果至少有一个人提供，每个参与人的效用是1，否则为0；参与人的供给成本是 c_i。参与人的收益如图11.1所示。假定公共产品带来的效用（双方各为1）是共同知识，但每一个参与人的供给成本是私人信息。双方都知道 $c_i(i=1,2)$ 服从 $[\underline{c},\ \overline{c}]$ 上的连续、严格递增的独立同分布 $P(\cdot)$，其中 $\underline{c}<1<\overline{c}$（从而 $P(\underline{c})=0$，$P(\overline{c})=1$）。这里参与人 i 的成本 c_i 就是他的类型。

		2	
		提供	不提供
1	提供	$1-c_1$，$1-c_2$	$1-c_1$，1
	不提供	1，$1-c_2$	0，0

图11.1　不完全信息下的两人公共产品提供博弈

在这个博弈中，参与人 $i(i=1,2)$ 的一个纯战略是从 $[\underline{c},\ \overline{c}]$ 到集合 $\{0,1\}$ 的一个函数 $s_i(c_i)$，这里1代表"提供"，0代表"不提供"。参与人 i 的收益是①

$$u_i(s_i,\ s_j,\ c_i)=\max\{s_1,\ s_2\}-c_is_i$$

贝叶斯均衡是指一个战略 $(s_1^*(\cdot),\ s_2^*(\cdot))$ 组合，使得对于每一个参与人 i 和 c_i 的每一个可能值，战略 $s_i^*(\cdot)$ 使得 $E_{c_j}u_i(s_i,\ s_j^*(c_j),\ c_i)$ 达到最大值。令 $z_j\equiv \text{Prob}(s_j^*(c_j)=1)$ 代表均衡时参与人 j 提供公共产品的概率。考察参与人 i 在均衡中的选择。在均衡中，为使期望收益最大化，参与人 i 仅当其提供成本 c_i 低于 $1\cdot(1-z_j)$ 时才会提供，这里 $1\cdot(1-z_j)$ 是参与人 i 提供公共产品的收益与参与人 j 不提供公共产品的概率的乘积。因此，如果 $c_i<1-z_j$，则 $s_i^*(c_i)=1$；反之，如果 $c_i>1-z_j$，则 $s_i^*(c_i)=0$。这表明供给公共产品的参与人类型属于 $[\underline{c},\ c_i^*]$，即参与人 i 仅当他的成本充分低时才会提供公共产品②。类似地，存在 c_j^*，当且仅当 $c_j\in[\underline{c},\ c_j^*]$ 时，参与人 j 才会提供公共产品。

因为 $z_j=\text{Prob}(\underline{c}\leqslant c_j\leqslant c_j^*)=P(c_j^*)$，所以均衡的临界值 c_i^* 必须满足 $c_i^*=1-P(c_j^*)$。因此，c_1^* 和 c_2^* 必须同时满足

$$c_i^*=1-P(1-P(c_i^*))\quad (i=1,\ 2)$$

如果上述方程存在唯一解，则必须有 $c_i^*=c^*=1-P(c^*)$。方程的解与分布函数 $P(\cdot)$ 的形式有关，为了给出一个具体的解，假设 $P(\cdot)$ 是 $[0,\ 2]$ 上的均匀分布，即 $P(c)=\dfrac{c}{2}$，则 c^* 唯一且等于 $\dfrac{2}{3}$。所得均衡表明：如果一个参与人的提供成本属于区间 $\left(\dfrac{2}{3},\ 1\right)$，那

① 注意，这里每个参与人 $i(i=1,2)$ 的收益与对方的成本 $c_j(j\neq i)$ 无关。

② 如果 $c_i^*<\underline{c}$，我们约定 $[\underline{c},\ c_i^*]$ 为空集。

么即使他的提供成本小于所带来的收益，并且对方也只有 $1-P(c^*)=\frac{2}{3}$ 的概率不提供公共产品，他也不会提供。

为了分析不完全信息对公共产品的供给产生的影响，我们将上述结果与完全信息下的结果进行比较。对于图 11.1 所示博弈，当参与人的成本为完全信息时，只要 $c_1 \leqslant 1$ 或 $c_2 \leqslant 1$，则博弈存在两个纯战略均衡——（提供，不提供）和（不提供，提供），而且在均衡中公共产品被人提供。但是，在不完全信息下，如果 $c_i > \frac{2}{3}(i=1, 2)$，就不会有人提供公共产品。在图 11.2 中，阴影部分表示在完全信息下有人提供公共产品而在不完全信息下没人提供公共产品的区域。进一步的分析可以发现：这个区域①随着每个参与人对对方成本的不确定性增大而减小。假设 $P(\cdot)$ 是 $[0, M](M \geqslant 1)$ 上的均匀分布，即 $P(c)=\frac{c}{M}$，则 $c^*=\frac{M}{M+1}$。显然，随着 M 增大，c^* 也增大并逐渐接近于 1，图 11.2 中的阴影部分也逐渐减小。这是因为在不完全信息下，每个参与人 i 提供公共产品的期望收益是随对方不提供公共产品的可能性（即 $1-z_j$）的增大而增大的，而当 M 越大时，参与人 i 越无法确定对方的成本，同时对方不提供公共产品的可能性也越大。在这种情况下，如果提供公共产品是有利可图②，参与人 i 也就趋于提供公共产品。

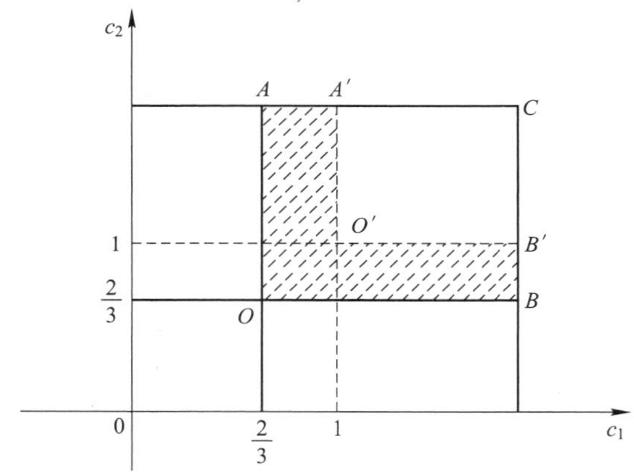

图 11.2　公共产品提供示意图

下面将 Palfrey 和 Rosenthal 的模型做进一步的推广。考察三个参与人同时决定是否提供公共产品的博弈情形，参与人的支付矩阵如图 11.3 所示。

仿上分析可知：如果 $c_i^*=c^*=(1-P(c^*))^2(i=1, 2, 3)$，则博弈存在对称的贝叶斯 Nash 均衡。假设 $P(\cdot)$ 是 $[0, 2]$ 上的均匀分布，即 $P(c)\equiv\frac{c}{2}$，则 $c^*=\frac{2}{2+\sqrt{3}}<\frac{2}{3}$。这说明随着参与人人数的增加，只有参与人提供公共产品的成本更低时，参与人才会提供公共产品。所以，在现实中经常看到参与人人数越多，观望的人就会越多，公共产品被提供的可能性反而越小。

---

① 指在完全信息下有人提供公共产品而在不完全信息下没人提供公共产品的区域。

② 这里指参与人 i 提供公共产品的成本小于公共产品的效用，即 $c_i \leqslant 1$。

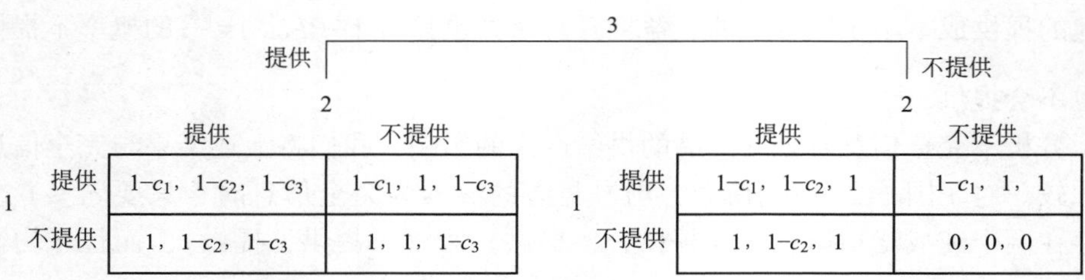

图 11.3　不完全信息下的三人公共产品提供博弈

11.3　一级价格密封拍卖

拍卖（auction）是具有一定适用范围及特殊规则的市场交易行为，它反映了市场经济价格均衡及资源配置的内在过程。随着我国社会主义市场经济的建立和发展，拍卖现象在经济活动中越来越频繁，大量的交易如房地产、艺术品、古董等都采用拍卖的形式进行。此外，政府也通过拍卖的方式出售国库券、外汇、采矿权等。目前拍卖理论已成为微观经济学，尤其是博弈论领域内备受关注的一个分支。

拍卖的方式有很多，从大的方面讲，有公开拍卖和价格密封拍卖；公开拍卖又有升价式拍卖（即叫价越来越高）和降价式拍卖（即叫价越来越低）；价格密封拍卖又因定价方式的不同，分为一级价格密封拍卖和二级价格密封拍卖。下面介绍一级价格密封拍卖。

一级价格密封拍卖（the first-price sealed auction）是许多拍卖方式中常用的一种，其拍卖过程可分为以下几个阶段：

（1）每个投标商（bidder，亦称竞标者）将自己对商品（即拍卖物）的报价密封在信封中，并将信封交给拍卖商（或中间人）；

（2）拍卖商（auctioneer）在收到所有投标商装有报价的信封以后，同时开启所有的密封信封，从中找出报价最高的投标价；

（3）报价最高的投标商以自己的报价支付价格，并得到拍卖物①。

在一级价格密封拍卖中，每个投标商都只有一次投标机会，而且投标前每个投标商都无法获知其他投标商对商品的估价。如果假设每个投标商知道其他投标商对商品估价的概率分布，并且每个投标商对商品估价的分布为共同知识，那么一级价格密封拍卖就可以看成是一个贝叶斯博弈$<\Gamma;(v_i);(b_i);(p_i);(u_i)>$。在该博弈中，$n$ 个投标商即为参与人，v_i是投标商 i 对商品的估价，相当于参与人 i 的类型；b_i是投标商 i 的报价，它依赖于投标商的估价；p_i是其他投标商对投标商 i 估价的判断；u_i为投标商 i 的收益。在投标商风险中性的情况下，当投标商中标（得到商品）时 u_i即为其估价与支付价格的差值，而当投标商不中标时假设 u_i为 0。

下面求解上述贝叶斯博弈的均衡。为计算简便，假设每一个投标商对商品的估价是独立同分布的，且其分布函数为 F。在该假设下我们可以考虑投标商对称的均衡报价战略，即每一个投标商的报价战略只与其类型相关而与其具体为哪一个投标商无关，也即每个投标商的

① 如果出现多个报价最高的投标商，则用抛硬币或者类似的随机方法决定谁得到拍卖物。

报价战略与其类型的函数关系是相同的。假设每个投标商的报价战略 $B_i(\cdot)=B_j(\cdot)=B(\cdot)$，其中 $B(\cdot)$ 为单调递增函数。如前所述，在一级价格密封拍卖中，如果投标商 i 的报价 $b_i=B(v_i)$，高于其他所有投标商的报价，则他以价格 b_i 赢得商品，因此投标商 i 获胜的条件是所有其他 $n-1$ 个投标商的报价满足

$$b_j=B(v_j)<b_i \quad j=1, 2, \cdots, n, j\neq i$$

即 $v_j<B^{-1}(b_i)$，其概率为 $[F(B^{-1}(b_i))]^{n-1}$，投标商 i 获胜的收益为 v_i-b_i。而如果投标商 i 的报价低于任何一个其他的投标商，则 i 得不到商品，其收益为 0。所以投标商 i 选择投标价 b_i 时的期望收益为①：

$$\begin{aligned}\Pi_i &= (v_i-b_i)\cdot\prod_{\substack{j=1\\ j\neq i}}^{n}\mathrm{Prob}(b_i>b_j)+0\cdot\left(1-\prod_{\substack{j=1\\ j\neq i}}^{n}\mathrm{Prob}(b_i>b_j)\right)\\ &=(v_i-b_i)[F(B^{-1}(b_i))]^{n-1}\end{aligned} \tag{11.9}$$

要使 Π_i 最大，必须有 $\partial\Pi_i/\partial b_i=0$。由于 Π_i 是 v_i 和 $b(v_i)$ 的函数，所以 Π_i 对 v_i 的全微分方程为：

$$\frac{\mathrm{d}\Pi_i}{\mathrm{d}v_i}=\frac{\partial\Pi_i}{\partial v_i}+\frac{\partial\Pi_i}{\partial b_i}\cdot\frac{\mathrm{d}b_i}{\mathrm{d}v_i} \tag{11.10}$$

将 $\partial\Pi_i/\partial b_i=0$ 代入式(11.10) 得

$$\frac{\mathrm{d}\Pi_i}{\mathrm{d}v_i}=\frac{\partial\Pi_i}{\partial v_i}+\frac{\partial\Pi_i}{\partial b_i}\cdot\frac{\mathrm{d}b_i}{\mathrm{d}v_i}=\frac{\partial\Pi_i}{\partial v_i} \tag{11.11}$$

由式(11.9)和式(11.11) 得最优投标价 b_i 满足：

$$\frac{\mathrm{d}\Pi_i}{\mathrm{d}v_i}=\frac{\partial\Pi_i}{\partial v_i}=[F(B^{-1}(b_i))]^{n-1} \tag{11.12}$$

在拍卖中，一般都存在一个最低保留价，即拍卖商的底价，当所有投标商的报价低于此最低保留价时商品将留在拍卖商手中。假设拍卖商的最低保留价为 v^*，显然在存在最低保留价时若投标商的估价不超过 v^*，则收益为零。在此假设下，对式（11.12）两边关于 v_i 积分，有

$$\Pi_i=\int_{v^*}^{v_i}[F(x)]^{n-1}\mathrm{d}x$$

同时由式(11.9)，可得

$$B(v_i)=v_i-\frac{\int_{v^*}^{v_i}[F(x)]^{n-1}\mathrm{d}x}{[F(v_i)]^{n-1}},\ i=1, 2, \cdots, n \tag{11.13}$$

上式给出了一级价格密封拍卖的均衡战略。当投标商估价的分布 F 给定时，式(11.13) 即可给出具体的投标商的报价与其类型的关系。

特别地，当分布函数 F 是 [0, 1] 上的均匀分布且最低保留价 $v^*=0$ 时，有：

① 当投标商的估价服从连续分布时，任意两个投标商的报价相等的概率为 0，因此在式（11.9）没有考虑投标商的报价相等的情形。

$$B(v) = v - \frac{\int_0^v F(x)^{n-1}\mathrm{d}x}{v^{n-1}} = v - \frac{1}{v^{n-1}}\left[\frac{x^n}{n}\Big|_0^v\right] = \frac{n-1}{n}v$$

因此在投标商的估价服从均匀分布的假设下，每个投标商均衡的报价是其估价的 $(n-1)/n$ 倍，显然，n 越大，$B(v)$ 越接近于 v，即投标商越多，每个投标商的报价越接近于其估价。但是，只要投标商的人数有限，投标商的报价总是低于其估价；当投标商的人数无限时，投标商的报价即等于其估价，此时所有的剩余都被拍卖商得到。

上述投标商的均衡报价战略与投标商的人数相关的结论与实际是相符的。更一般地，当投标商的估价分布为一般分布时，Holt(1979) 也得到了与上面类似的结论。

以上我们分析了投标商的均衡战略，下面来讨论获胜者的期望收益 u_w。显然，获胜者应该是估价最高者，即估价为 $v_{(1)}$ 的投标商，他的期望收益 u_w 为：

$$u_w = E(v_{(1)} - B(v_{(1)})) = E\left[\frac{\int_{v^*}^{v(1)}[F(x)]^{n-1}\mathrm{d}x}{[F(v_{(1)})]^{n-1}}\right]$$

其中，$v_{(1)}$ 为投标商的估价分布的最大次序统计量。

获胜者需要支付的价格，也就是拍卖商的期望价格 u_p 为：

$$u_p = E[B(v_{(1)})] = E\left[v_{(1)} - \frac{\int_{v^*}^{v(1)}[F(x)]^{n-1}\mathrm{d}x}{[F(v_{(1)})]^{n-1}}\right]$$

当所有投标商的估价都服从 $[0, 1]$ 上的均匀分布时，获胜者的期望收益 u_w 为 $1/(n+1)$，拍卖品的期望价格为 $(n-1)/(n+1)$。

在一级价格密封拍卖中，没有任何投标商泄露自己真实的估价信息，但是拍卖商可以通过投标战略 $B(\cdot)$ 的反函数推测出每位投标商的真实估价——包括获胜者的真实估价 $v_{(1)}$。也就是说，采用一级价格密封拍卖，在满足上述假设的情况下，拍卖商知道获胜者真正的收益是多少。

在价格密封拍卖中，除了一级价格密封拍卖外，还有一种用得比较多的拍卖方式——二级价格密封拍卖。在二级价格密封拍卖中，虽然仍是报价最高的投标商得到拍卖物，但其支付的价格并不是其最高报价，而是所有报价中的次高价。从表面上看，拍卖商采用二级价格密封拍卖所获得的收益似乎低于一级价格密封拍卖，但事实上，可以证明：在一定的假设条件下，拍卖商采用二级价格密封拍卖所获得的收益，与一级价格密封拍卖是一样的。更重要的是，在二级价格密封拍卖中，投标商会报出自己对拍卖物的真实估价①。

11.4 关于混合战略 Nash 均衡的一个解释

我们在讨论完全信息静态博弈解时，常常会遇到混合战略 Nash 均衡。对于混合战略

① 这是因为：在二级价格密封拍卖中，对每一个投标商而言，报自己的真实估价是一个弱占优战略。感兴趣的读者可参阅有关拍卖理论方面的文献。

Nash 均衡这个概念，目前还有一些争议，一些学者认为“人们在实际决策时不可能抛硬币”。但是，正如 Harsanyi（1973）指出的，完全信息博弈的混合战略 Nash 均衡可以被解释为不完全信息“微摄动博弈”的纯战略贝叶斯 Nash 均衡的极限。混合战略 Nash 均衡的本质特征不在于参与人 i 随机地选择行动，而在于其对手不能确定他将选择什么行动，这种不确定性可能来自其对手对参与人 i 的类型不了解。在贝叶斯博弈中已经看到，因为参与人的行动（战略）是类型相依的，他在选择自己的行动时，似乎面对的是选择混合战略的对手。下面将通过两个例子，对 Harsanyi 所做的分析和结论进行说明。

1. 不完全信息的“性别战”博弈

在“性别战”博弈中（参见图 3.3），博弈存在两个纯战略 Nash 均衡——(F, F) 和 (B, B)（即双方同时选择足球，或者同时选择芭蕾）及一个混合战略 Nash 均衡 $\left(\left(\frac{3}{4}, \frac{1}{4}\right), \left(\frac{1}{4}, \frac{3}{4}\right)\right)$。现在的问题是虽然夫妇两人已经相处很长时间，但双方仍然对对方的偏好不完全了解，均衡会怎样？Harsanyi 通过向支付中引入随机因素来形式化这种博弈的不确定性，将图 3.3 中博弈转化为图 11.4 中博弈。在图 11.4 中，当双方都选择 F（足球）的时候，丈夫的支付为 $3+t_h$，其中 t_h 究竟是多少只有丈夫知道，妻子不知道；当双方都选择 B（芭蕾）的时候，妻子的支付为 $3+t_w$，其中 t_w 究竟是多少只有妻子知道，丈夫不知道。这里 t_h 和 t_w 即为丈夫和妻子的类型。为了分析简便，假设它们相互独立且服从 $[0, x]$ 上的均匀分布，分布函数是共同知识。

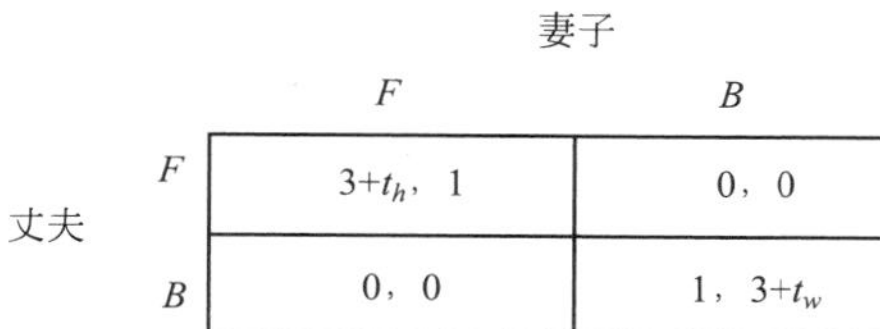

		妻子	
		F	B
丈夫	F	$3+t_h$，1	0，0
	B	0，0	1，$3+t_w$

图 11.4　不完全信息的“性别战”博弈

在上述不完全信息的“性别战”博弈中，存在许多贝叶斯 Nash 均衡，下面考虑一类特殊的纯战略贝叶斯 Nash 均衡。构造如下参与人的纯战略 $s_h'(t_h)$ 和 $s_w'(t_w)$。

丈夫的纯战略 $s_h'(t_h)$ ——如果 $t_h \geq t_h^*$，丈夫将选择 F（足球），即 $s_h'(t_h)=F$；如果 $t_h < t_h^*$，丈夫将选择 B（芭蕾），$s_h'(t_h)=B$。这里 $t_h^* \in [0, x]$。

妻子的纯战略 $s_w'(t_w)$ ——如果 $t_w \geq t_w^*$，妻子将选择 B（芭蕾），即 $s_w'(t_w)=B$；如果 $t_w < t_w^*$，妻子将选择 F（足球），即 $s_w'(t_w)=F$。这里 $t_w^* \in [0, x]$。

下面将证明：存在 t_h^*，$t_w^* \in [0, x]$，使 $(s_h'(t_h), s_w'(t_w))$ 为图 11.4 所描述的不完全信息“性别战”博弈的纯战略贝叶斯 Nash 均衡。在 $(s_h'(t_h), s_w'(t_w))$ 中，妻子以 $\frac{t_w^*}{x}$ 的概率选择 F（足球）、以 $1-\frac{t_w^*}{x}$ 的概率选择 B（芭蕾），所以丈夫选择 F（足球）和选择 B（芭蕾）的期望效用分别为

$$u_h^F = \frac{t_w^*}{x} \cdot (3+t_h) + \left(1-\frac{t_w^*}{x}\right) \cdot 0 = \frac{t_w^*}{x} \cdot (3+t_h)$$

$$u_h^B = \frac{t_w^*}{x} \cdot 0 + \left(1-\frac{t_w^*}{x}\right) \cdot 1 = 1-\frac{t_w^*}{x}$$

当且仅当$\frac{t_w^*}{x}\cdot(3+t_h)>1-\frac{t_w^*}{x}$时，丈夫选择 F（足球），即

$$t_h>\frac{x}{t_w^*}-4=t_h^* \tag{11.14}$$

在（$s_h'(t_h)$，$s_w'(t_w)$）中，丈夫以$\frac{t_h^*}{x}$的概率选择 B（芭蕾），以 $1-\frac{t_h^*}{x}$的概率选择 F（足球），所以妻子选择 F（足球）和选择 B（芭蕾）的期望效用分别为

$$u_w^F=\left(1-\frac{t_h^*}{x}\right)\cdot 1+\frac{t_h^*}{x}\cdot 0=1-\frac{t_h^*}{x}$$

与

$$u_w^B=\left(1-\frac{t_h^*}{x}\right)\cdot 0+\frac{t_h^*}{x}\cdot(3+t_w)=\frac{t_h^*}{x}\cdot(3+t_w)$$

当且仅当$\frac{t_h^*}{x}\cdot(3+t_w)>1-\frac{t_h^*}{x}$时，妻子选择 B(芭蕾)，即

$$t_w>\frac{x}{t_h^*}-4=t_w^* \tag{11.15}$$

联立求解式(11.14)和式(11.15) 可得 $t_w^*=t_h^*$，并且 $(t_w^*)^2+4t_w^*-x=0$，解此二次方程得到 $t_w^*=t_h^*=\sqrt{4+x}-2$。由于 $x\geqslant 0$，因此 $0\leqslant\sqrt{4+x}-2\leqslant x$。这说明战略组合（$s_h'(t_h)$，$s_w'(t_w)$）构成不完全信息的“性别战”博弈的贝叶斯 Nash 均衡，而且在均衡中，丈夫选择 F（足球）的概率和妻子选择 B（芭蕾）的概率相等，都等于 $1-\frac{\sqrt{4+x}-2}{x}$，即

$$1-\frac{t_h^*}{x}=1-\frac{t_w^*}{x}=1-\frac{\sqrt{4+x}-2}{x} \tag{11.16}$$

在上式中，当 x 趋于 0 时，式(11.16)描述的概率值将趋近于$\frac{3}{4}$。这表明：随着不完全信息的消失，参与人在不完全信息“性别战”博弈中的纯战略贝叶斯 Nash 均衡下的行动，趋于其在完全信息“性别战”博弈中的混合战略 Nash 均衡下的行动。

2. 不完全信息的“抓钱博弈”

考察如下“抓钱博弈”——桌子上放着 1 元的纸币，桌边坐着的两个参与人同时决定“抓钱”还是“不抓钱”。如果两人同时去抓钱，纸币会被撕破，每人将被罚款 1 元；如果只有一人去抓，抓的人得到 1 元；如果没有人去抓，两人什么都得不到。图 11.5 给出了“抓钱博弈”的战略式描述①。显然，“抓钱博弈”中存在两个纯战略 Nash 均衡（即一个人抓钱另一个人不抓）和一个混合战略 Nash 均衡$\left(\left(\frac{1}{2},\frac{1}{2}\right),\left(\frac{1}{2},\frac{1}{2}\right)\right)$。

① 事实上，前面介绍的“新产品开发博弈”（市场需求小时）及“斗鸡博弈”都可以看成是“抓钱博弈”的变形。

现在考察具有如下类型的不完全信息博弈——除了获胜时参与人 $i(i=1,\ 2)$ 的收益变为 $1+t_i$ 外，其他都不变，如图 11.6 所示战略式博弈。这里 t_i 为参与人的类型，服从 $[-\varepsilon,\ \varepsilon]$ 上的均匀分布。

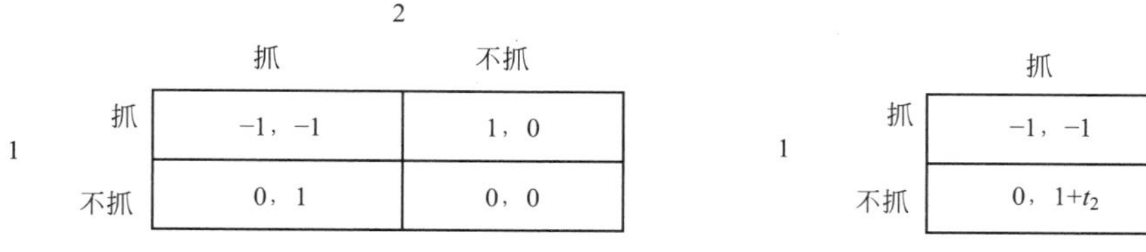

1 \ 2	抓	不抓
抓	−1，−1	1，0
不抓	0，1	0，0

图 11.5　“抓钱博弈”

1 \ 2	抓	不抓
抓	−1，−1	$1+t_1$，0
不抓	0，$1+t_2$	0，0

图 11.6　不完全信息的“抓钱博弈”

仿前面的分析，可知参与人的对称纯战略组合——“$s_i(t_i<t_i^*)$= 不抓，$s_i(t_i\geqslant t_i^*)$= 抓”构成一个贝叶斯 Nash 均衡。给定参与人 j 的战略，参与人 $i(i\neq j)$ 选择行动“抓”的期望利润为

$$v_i(\text{抓})=\left(1-\frac{t_j^*+\varepsilon}{2\varepsilon}\right)(-1)+\left(\frac{t_j^*+\varepsilon}{2\varepsilon}\right)(1+t_i)$$

其中，$(t_j^*+\varepsilon)/2\varepsilon$ 是参与人 j 选择行动“不抓”的概率，$1-(t_j^*+\varepsilon)/2\varepsilon$ 是参与人 j 选择行动“抓”的概率。由于参与人 i 选择行动“不抓”的期望利润 v_i（不抓）= 0，因此 t_i^* 满足如下条件

$$\left(1-\frac{t_j^*+\varepsilon}{2\varepsilon}\right)(-1)+\left(\frac{t_j^*+\varepsilon}{2\varepsilon}\right)(1+t_i^*)=0$$

由上式可得：

$$2t_j^*+t_j^*t_i^*+\varepsilon t_i^*=0$$

由于考虑的是对称均衡（即 $t_i^*=t_j^*$），因此上述条件意味着 $t_1^*=t_2^*=0$。也就是说，参与人 i 的均衡战略为：如果 $t_i\geqslant 0$，选择行动“抓”；如果 $t_i<0$，选择行动“不抓”。

因为 $t_i\geqslant 0$ 和 $t_i<0$ 的概率各为 1/2，所以每一个参与人在选择自己的行动时都认为对方选择“抓”和“不抓”的概率各为 1/2，似乎他面对的是一个选择混合战略的对手，尽管每个参与人实际上选择的都是纯战略。显然，当 $\varepsilon\to 0$ 时，上述纯战略贝叶斯 Nash 均衡就收敛为图 11.5 中完全信息博弈的混合战略 Nash 均衡。

上面两个例子中的结论还可以推广到更一般的情形。给定一个战略式博弈 $G=\langle\Gamma;\ A_1,\ \cdots,\ A_n;\ u_1,\ \cdots,\ u_n\rangle$，其摄动博弈 $G(\varepsilon)$（perturbed game）为如下贝叶斯博弈

$$G(\varepsilon)=\langle\Gamma;\ T_1,\ \cdots,\ T_n;\ p_1,\ \cdots,\ p_n;\ A_1,\ \cdots,\ A_n;\ \tilde{u}_1,\ \cdots,\ \tilde{u}_n\rangle$$

其中，$T_i=\{t_i\}$，t_i 为 $[-1,\ 1]$ 上的一个随机变量；$p_i(\cdot)$ 为 t_i 在 $[-1,\ 1]$ 上的连续可微的分布密度函数；$\tilde{u}_i$ 为博弈摄动后参与人 i 的支付函数，$\tilde{u}_i$ 依赖于参与人 i 的类型 t_i 和摄动因子 $\varepsilon(\varepsilon>0)$，即 $\tilde{u}_i(t_i)=u_i+\varepsilon t_i$。

Harsanyi 证明（1973）：给定一个战略式博弈 $G=\langle\Gamma;\ A_1,\ \cdots,\ A_n;\ u_1,\ \cdots,\ u_n\rangle$，其任何 Nash 均衡都是当 $\varepsilon\to 0$ 时其摄动博弈 $G(\varepsilon)$ 的纯战略均衡序列的一个极限。或者说，摄动博弈 $G(\varepsilon)$ 的纯战略均衡的均衡战略的概率分布收敛于原战略式博弈 G 的均衡战略的概率分布。这个结论表明：当支付中的随机扰动变小时，战略式博弈 G 的几乎任一混合战略均衡都接近于与之相联系的贝叶斯博弈（即摄动博弈 $G(\varepsilon)$）的纯策略均衡，反之亦然。

思考题三

1. 试举例说明不完全信息博弈与完全信息博弈的区别。

2. 为什么说 Harsanyi 转换是处理不完全信息博弈的标准方法？试举例说明。

3. 什么是参与人的类型？为什么在 Harsanyi 转换中每个参与人关于其他参与人类型的推断必须为共同知识？

4. 什么是静态贝叶斯博弈？其构成的基本要素是什么？什么是静态贝叶斯博弈中参与人的战略？

5. 在静态贝叶斯博弈中，为什么参与人的类型必须相互独立（或者不完全相关）？为什么完全信息静态博弈可以看成是静态贝叶斯博弈的特例？

6. 什么是机制设计？机制设计与本书前面两部分所遇到的博弈问题有什么不同？

7. 什么是显示原理？什么是直接机制？直接机制在拍卖规则设计中有什么意义？

8. 英国式拍卖和荷兰式拍卖有什么不同？这两种拍卖方式分别适用于什么样的拍卖情形？

9. 实施问题和传统的机制设计最大的不同在何处？

习题3

习题3部分参考答案

第四部分　不完全信息动态博弈

第 12 章　精炼贝叶斯 Nash 均衡

从本章开始我们将介绍不完全信息动态博弈的求解问题。对于不完全信息动态博弈，仍可以通过 Harsanyi 转换，将其转变为一个信息完全但不完美的扩展式博弈①。但如果仍然采用不完全信息静态博弈的解——贝叶斯 Nash 均衡进行求解，就会出现“均衡多重性问题”，而且这个问题有时会非常严重。因此，从本章开始将介绍一种新的、适用于不完全信息动态博弈的解的概念——精炼贝叶斯 Nash 均衡，并对博弈论中的不同均衡概念进行比较。

12.1　均衡的精炼与信念

前面介绍过，解决“均衡多重性问题”的方法（或思路）主要有两种：Schelling 的“焦点效应”和 Selten 的“均衡精炼”的思想。下文主要介绍如何将“均衡精炼”的思想进行扩展，以解决扩展式博弈中的“均衡多重性问题”。

考察图 12.1 中的完全信息扩展式博弈的子博弈精炼 Nash 均衡。假设 s^* 为一子博弈精炼 Nash 均衡，那么在参与人采用均衡战略 s^* 的情况下，不管博弈的进程如何或是否发生，每个参与人的战略对从任一决策结开始的子博弈（或在其后轮着他采取的行动）都是最优的。具体来讲就是，对于参与人 2，

① 如果博弈能够进行到决策结 x_2，那么对于以 x_2 为起始点的子博弈，均衡战略 s^* 构成参与人 2 的最优战略；

② 如果博弈能够进行到决策结 x_3，那么对于以 x_3 为起始点的子博弈，均衡战略 s^* 构成参与人 2 的最优战略。

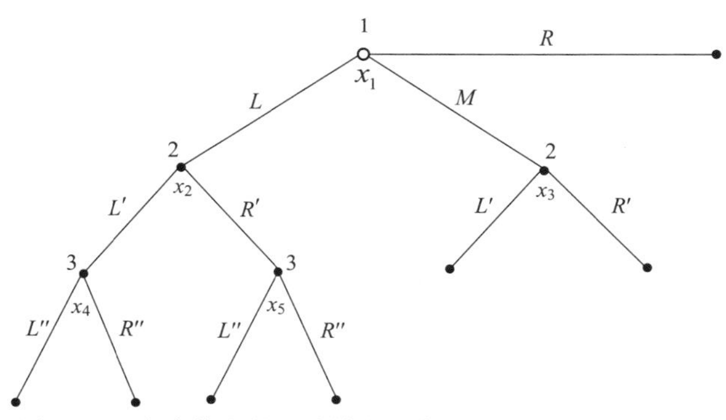

图 12.1　完全信息扩展式博弈（信息集只含有单决策结）

① 这样得到的博弈有时也简称为不完全信息扩展式博弈。

同样，对于参与人3，如果博弈能够进行到决策结 x_4 或 x_5，那么对于以 x_4 或 x_5 为起始点的子博弈，均衡战略 s^* 构成参与人3的最优战略。

子博弈精炼Nash均衡中的这种“均衡精炼”的思想，确保了参与人的选择在每一个子博弈开始时（也就是在每一个单决策结信息集上）是最优的。但在许多博弈（如图12.2所示的完全但不完美信息博弈）中，参与人在博弈中的选择并非都始于单决策结信息集，也可能始于多决策结信息集，如图12.2中参与人3的选择就始于多决策结信息集 $I_3(\{x_4, x_5\})$（或 $I_3(\{x_6, x_7\})$）。对于这种情形，子博弈精炼Nash均衡就不能确保参与人3的选择在决策时（即在信息集 $I_3(\{x_4, x_5\})$ 或 $I_3(\{x_6, x_7\})$）上是最优的。

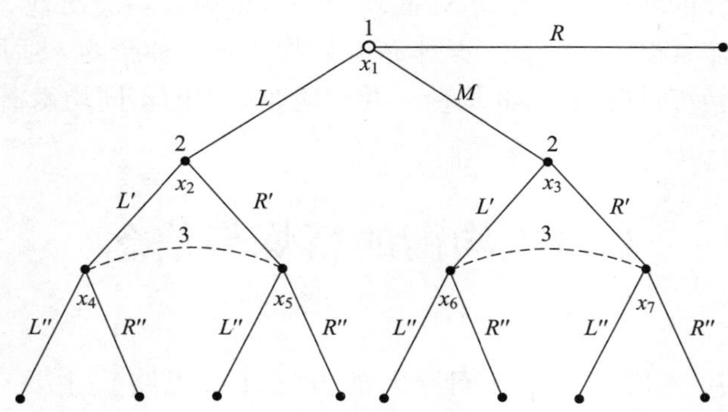

图12.2 完全信息扩展式博弈（信息集含有多决策结）

但是，稍做适当的处理，“均衡精炼”的思想仍可应用到完全但不完美信息博弈中。作为“均衡精炼”思想的应用扩展，要求每个参与人的均衡战略在其每个信息集上都为最优。例如在图12.2中，不仅要求参与人2的均衡战略在由单决策结构成的信息集 $I_2(\{x_2\})$ 和 $I_2(\{x_3\})$ 上最优，而且还要求参与人3的均衡战略在由多决策结构成的信息集 $I_3(\{x_4, x_5\})$ 和 $I_3(\{x_6, x_7\})$ 上最优。

但在图12.2中，对于位于由多决策结构成的信息集 $I_3(\{x_4, x_5\})$（或 $I_3(\{x_6, x_7\})$）上的参与人3，当轮到他行动时，由于对已发生的历史即参与人2是选择了 L' 还是 R' 并不清楚，因此也就不知道自己是位于决策结 x_4（或 x_6）上还是决策结 x_5（或 x_7）上，也就是说，参与人3做决策时面临不确定性。在这种情况下，参与人3对信息集 $I_3(\{x_4, x_5\})$（或 $I_3(\{x_6, x_7\})$）后的博弈进程就不清楚，因而对自己的选择所导致的博弈结果也就不清楚，从而使得参与人3无法确定自己的最优行动①。

虽然位于多决策结信息集上的参与人，对自己到底位于信息集中哪一个决策结上不能给出一个明确的判断，但一般情况下还是能够对自己位于哪一个决策结，给出一个“大概的估计”，即理性的参与人能够对自己面临的不确定性进行建模。就如同不确定情形下的决策，虽然决策人对自己所处的状态（或未来的状态）不清楚，但决策人还是可以用一个关于状态的概率分布，来对自己所面临的关于状态的不确定性进行描述。当位于多决策结信息集上的参与人能够用一个定义在该信息集上的概率分布来对自己位于哪一个决策结进行描述时，就称参与人在该信息集上具有了关于自己位于哪一个决策结的信念（或推断）。而当参

① 而在图12.1中，由于参与人3知道自己位于哪一个决策结上，因而也就清楚自己的选择所导致的博弈结果是什么。此时，参与人3就可根据博弈的结果来确定自己的最优选择。

与人具有了关于自己位于哪一个决策结的信念（或推断）时，就可借助这种信念（或推断）来指导自己的决策（或选择）。

考察图 12.3 中的完全但不完美信息动态博弈的解。在该博弈中，参与人 1 在 3 个行动中进行选择——L、M 及 R。如果参与人 1 选择 R，则博弈结束（参与人 2 没有行动）。如果参与人 1 选择了 L 或 M，则参与人 2 就会知道参与人 1 没有选择 R（但不清楚参与人 1 是选择了 L 还是 M），并在 L'和 R'两个行动中进行选择，博弈随之结束。

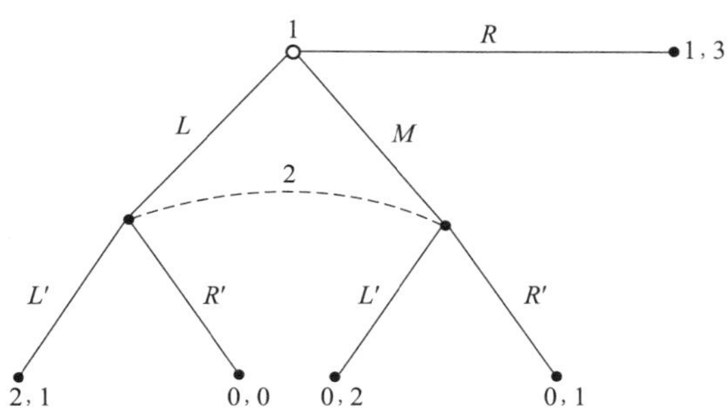

图 12.3　完全但不完美信息博弈（扩展式描述）

图 12.4 给出了上述完全但不完美信息动态博弈问题的战略式描述，从中可以发现：上述博弈问题存在两个纯战略 Nash 均衡——(L, L')和(R, R')。由于在图 12.3 所示的博弈中，只存在一个由初始决策结构成的单一信息集，因此，整个扩展式博弈中除原博弈外，不存在其他子博弈。所以，原博弈的两个纯战略 Nash 均衡——(L, L')和(R, R') 也都是子博弈精炼 Nash 均衡。

		参与人2	
		L'	R'
参与人1	L	2，1	0，0
	M	0，2	0，1
	R	1，3	1，3

图 12.4　完全但不完美信息博弈（战略式描述）

然而，在两个子博弈精炼 Nash 均衡中，均衡（R，R'）却又明显要依赖于一个不可信的威胁：参与人 2 会选择 R'。事实上，对于参与人 2，R'不仅是相对于 L'的弱劣战略，而且如果轮到参与人 2 行动，R'还严格劣于 L'（此时，参与人 1 已剔除了战略 R），因此，参与人 1 便不会由于参与人 2 威胁他将在其后的行动中选择 R'而去选择 R。所以，图 12.3 中的博弈只有一个合理的纯战略子博弈精炼 Nash 均衡——(L, L')。

显然，根据 Selten 所给出的子博弈精炼 Nash 均衡的定义，是无法将不合理的子博弈精炼 Nash 均衡（R，R'）排除掉的。但是，如果能像前面分析的那样，将子博弈精炼 Nash 均衡的思想推广到多决策结信息集，并在每个信息集上给出一个参与人关于自己位于该信息集中哪一个决策结的信念（或推断），就可以将某些不合理均衡剔除掉。例如，对于图 12.3 所示博弈，给定参与人 2 的一个推断（见图 12.5。图中，$[p]$ 表示参与人 2 位于左边决策结的概率为 p，$[1-p]$ 表示参与人 2 位于右边决策结的概率为 $1-p$），参与人 2 选择 L'的期望收益为：

$$E[L'] = p \cdot 1 + (1-p) \cdot 2 = 2-p$$

而参与人2选择R'的期望收益为：

$$E[R'] = p \cdot 0 + (1-p) \cdot 1 = 1-p$$

由于对任意的p，都有$2-p>1-p$，这就排除了参与人2选择R'的可能性。因此，在上述博弈中，简单要求参与人2持有一个推断，并且在此推断下选择最优行动，就足以排除不合理的均衡(R, R')。

具有上述均衡的博弈也许较少出现，一个更一般情形的博弈问题如图12.6所示。在该博弈中，战略组合(R, R')也是参与人2的信息集未能达到的一个子博弈精炼Nash均衡。参与人2的信息集一旦能够达到，参与人2的最优选择就依赖于他关于已发生历史的信念，即一旦博弈进入参与人2的信息集，参与人2关于自己位于哪一个决策结的推断。在图12.6中，参与人2选择L'与R'的期望收益分别为$2-p$和$1+p$，因此，如果$p>\frac{1}{2}$，则最优战略为R'；如果$p<\frac{1}{2}$，则最优战略为L'。

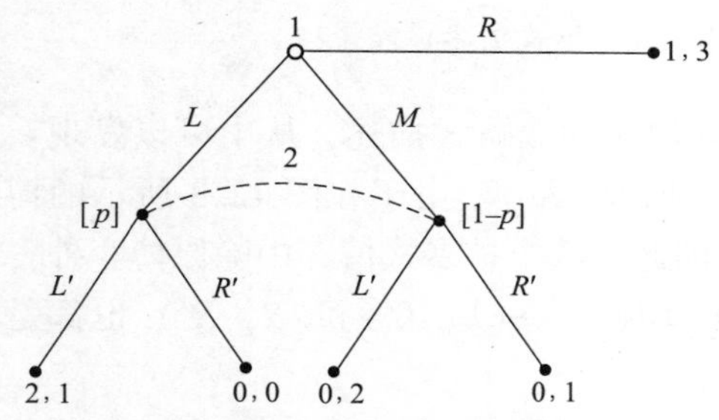

图12.5 完全但不完美信息扩展式博弈的信念表示

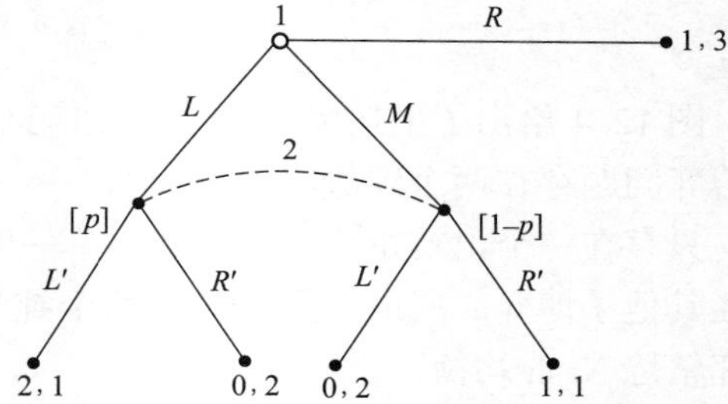

图12.6 完全但不完美信息扩展式博弈

从上面的讨论可以看到：要将子博弈精炼Nash均衡中“均衡精炼”的思想，应用到信息完全但不完美的扩展式博弈中，就必须做到：

① 对每个参与人i，在其信息集上给出关于自己位于该信息集中哪一个决策结的信念（或推断）；

② 对参与人i的每个信息集，在给定参与人i在该信息集上的信念（或推断）的情况下，参与人i的战略是对其他参与人战略的一个最优反应，即参与人i的选择必须满足序惯理性（sequential rationality）。这里，其他参与人战略亦称后续战略，是在到达给定的信息集之后，包括了其后可能发生的每一种情况的完整的行动计划。

序贯理性要求参与人的战略在每一个信息集（无论是单决策结信息集还是多决策结信息集）上都必须是最优的，不管该信息集在实际博弈中是否真正出现。

例12.1 考察图12.7中博弈。在博弈中，假设参与人1的战略为(E, J)（即在信息集$I_1(\{x_1\})$上选择E，在信息集$I_1(\{x_4\})$上选择J），参与人2在其信息集$I_2(\{x_2, x_3\})$的信念为$\left[\frac{2}{3}, \frac{1}{3}\right]$。

序贯理性要求：给定参与人1的战略(E, J)，即使参与人2的信息集$I_2(\{x_2, x_3\})$在博弈中不会出现，但参与人2在信息集$I_2(\{x_2, x_3\})$上的战略也必须是最优的。也就是

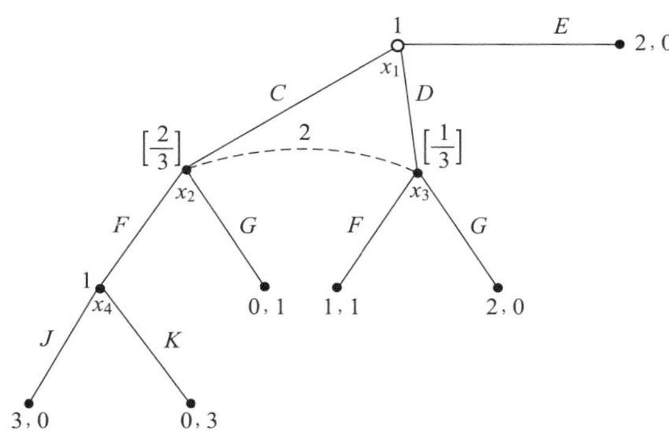

图 12.7　完全但不完美信息扩展式博弈

说，如果参与人 2 的信念为$\left[\dfrac{2}{3}, \dfrac{1}{3}\right]$，则参与人 2 选择 F 的期望支付为$\dfrac{2}{3}\cdot 0+\dfrac{1}{3}\cdot 1=\dfrac{1}{3}$，选择 G 的期望支付为$\dfrac{2}{3}\cdot 1+\dfrac{1}{3}\cdot 0=\dfrac{2}{3}$，因此，序贯理性要求参与人 2 选择 G。同时，给定参与人 2 在信息集 $I_2(\{x_2, x_3\})$ 的信念$\left[\dfrac{2}{3}, \dfrac{1}{3}\right]$和战略 G，序贯理性要求参与人 1 在其每个信息集（即 $I_1(\{x_1\})$ 和 $I_1(\{x_4\})$）上的选择是最优的。参与人 1 在信息集 $I_1(\{x_4\})$ 上的最优选择为 J；如果参与人 2 的战略为 G，则参与人 1 在信息集 $I_1(\{x_1\})$ 上的最优选择为 E（或 D）。所以，参与人 1 的最优战略为 (E, J)（或 (D, J)）。

例 12.2　考察图 12.8 中博弈。在博弈中，假设参与人 2 在其信息集 $I_2(\{x_2, x_3\})$ 上的信念为$\left[\dfrac{1}{3}, \dfrac{2}{3}\right]$，参与人 3 在其两个信息集 $I_3(\{x_4, x_5\})$ 和 $I_3(\{x_6, x_7\})$ 上的信念都为$\left[\dfrac{1}{2}, \dfrac{1}{2}\right]$。

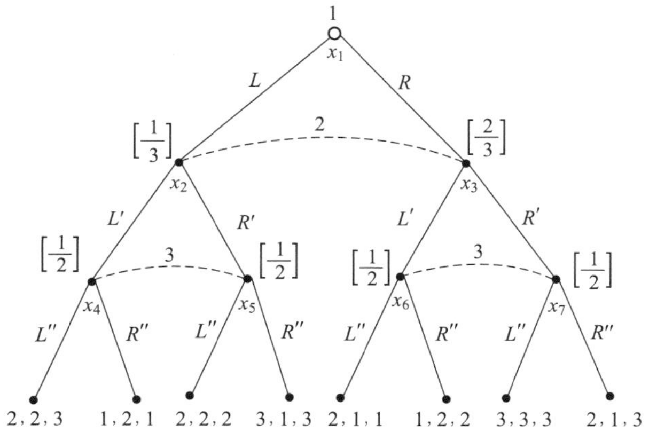

图 12.8　完全但不完美信息扩展式博弈

依照序贯理性，则参与人的选择必须满足：

① 给定参与人 3 在其两个信息集 $I_3(\{x_4, x_5\})$ 和 $I_3(\{x_6, x_7\})$ 上的信念$\left[\dfrac{1}{2}, \dfrac{1}{2}\right]$，则

参与人3在信息集$I_3(\{x_4, x_5\})$上的选择为L''，在信息集$I_3(\{x_6, x_7\})$上的选择为R''，即参与人3的战略为（L''，R''）；

② 给定参与人3在其信息集上的信念及战略（L''，R''），对于参与人2，当其在信息集$I_2(\{x_2, x_3\})$上的信念为$\left[\frac{1}{3}, \frac{2}{3}\right]$时，参与人2选择$L'$的期望支付为$\frac{1}{3}\cdot 2+\frac{2}{3}\cdot 2=2$，选择$R'$的期望支付为$\frac{1}{3}\cdot 2+\frac{2}{3}\cdot 1=\frac{4}{3}$，因此，参与人2在其信息集$I_2(\{x_2, x_3\})$上选择$L'$；

③ 给定参与人3在其信息集上的信念及战略（L''，R''），以及参与人2在其信息集上的信念及战略L'，参与人1选择的L支付为2，选择R的支付为1，因此，参与人1在其信息集$I_1(\{x_1\})$上选择L。

12.2 信念设定

至此，在我们所讨论过的所有形式的博弈问题中（包括战略式博弈、扩展式博弈及贝叶斯博弈），博弈的解都只有唯一的成分——战略组合。在后面的讨论中，我们将给出博弈问题的一种新的解——精炼贝叶斯 Nash 均衡，它既包含了一个战略组合又包含一个信念系统，这里信念系统对每个信息集都确定了位于该信息集上的参与人所持有的信念。这种信念是信念持有人对已发生历史的一个推断，也可理解为他对自己位于信息集上哪一个决策结的“一种估计”。

像上节所讨论的那样，通过给定参与人在信息集上的信念，来对不完全信息扩展式博弈的均衡进行精炼，是 Selten 子博弈精炼 Nash 均衡中“均衡精炼”的思想在不完全信息扩展式博弈中的自然应用。但在前面的讨论中，对各个信息集上参与人的信念如何设定，并未施加任何限制。一般来讲，参与人在信息集上的信念与所要“精炼”的参与人的均衡战略相关。给定参与人的均衡战略，参与人的信念必须满足：与战略的一致性（consistency with strategies）原则 、结构一致性（structural consistency）原则、共同信念（common beliefs）原则。在上述三条原则中，第一条用来指导不完全信息扩展式博弈中处于均衡路径之上信息集的信念设定，第二条应用于处于均衡路径之外信息集的信念设定，第三条是博弈问题解的特性所决定的对博弈问题的结构要求。

定义 12.1 对于一个不完全信息扩展式博弈中给定的均衡，如果博弈根据均衡战略进行时将以正的概率达到某信息集，则称此信息集处于均衡路径之上（on the equilibrium path）。反之，如果博弈根据均衡战略进行时，肯定不会达到某信息集，则称为处于均衡路径之外的信息集（off the equilibrium path），简称非均衡路径信息集①。

下面结合实际例子，分析如何根据上述原则来设定参与人在各信息集上的信念。

所谓与战略的一致性，是指对于任一与参与人的战略相一致的信息集，即处于均衡路径

① 这里所说的“均衡”可以是前三部分所定义的 Nash 均衡、子博弈精炼 Nash 均衡、贝叶斯 Nash 均衡及后面所要讨论的精炼贝叶斯 Nash 均衡。

之上的信息集，参与人关于已发生历史的信念即博弈如何到达该信息集的信念，应该由贝叶斯法则及参与人的均衡战略共同确定。

考察图 12.9 中的不完全信息扩展式博弈。在图 12.9 中，参与人 1 有 3 种类型 t_1，t_2和t_3，参与人 1 观测到自然 N 的选择（即知道自己的类型）；参与人 2 观测不到自然 N 的选择但能观测到参与人 1 的选择。因此，博弈中存在三个参与人 1 的由单决策结构成的信息集，以及两个参与人 2 的由多决策结构成的信息集 $I_2(\{x_1, x_3, x_5\})$ 和 $I_2(\{x_2, x_4, x_6\})$。对单决策结构成的信息集，可直接设定信念 $p=1$。因此，下面主要讨论由多决策结构成的信息集上的信念设定。

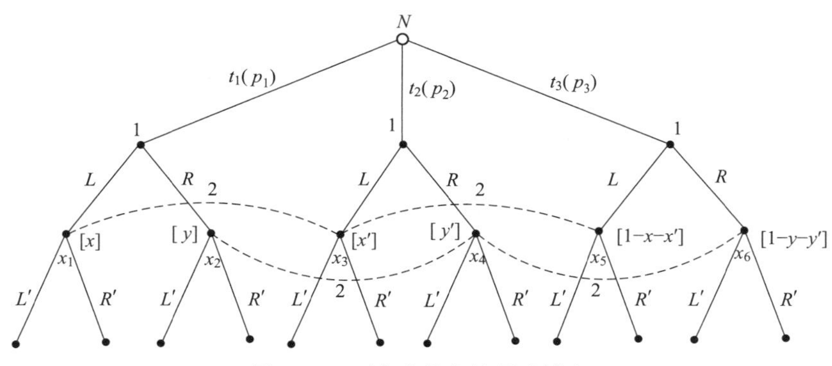

图 12.9　不完全信息扩展式博弈

假设在所涉及的均衡中，参与人 1 的均衡战略为（L，L，L），也就是说，无论是什么类型的参与人 1，他的选择都为 L。因此，参与人 2 位于均衡路径上的信息集为 $I_2(\{x_1, x_3, x_5\})$。在给定参与人 1 的均衡战略为（L，L，L）的前提下，参与人 2 位于信息集 $I_2(\{x_1, x_3, x_5\})$中任一决策结的可能性都存在，所以 $x>0$，$x'>0$ 且 $1-x-x'>0$。至于 x，x'及 $1-x-x'$ 的具体值，则需根据贝叶斯法则来确定。

用 $p(t_i|L)(i=1, 2, 3)$表示当参与人 2 观测到参与人 1 的选择为 L 时，参与人 1 为类型 t_i的概率，因此 $p(t_1|L)=x$，$p(t_2|L)=x'$，$p(t_3|L)=1-x-x'$。根据贝叶斯法则，有

$$p(t_i|L)=\frac{p(L|t_i)p(t_i)}{p(L)} \tag{12.1}$$

其中，$p(t_i)$为参与人 1 类型的先验分布，$p(L|t_i)$表示类型为 t_i的参与人 1 选择行动 L 的条件概率；$p(L)$为参与人 1 选择行动 L 的概率，也就是博弈到达信息集 $I_2(\{x_1, x_3, x_5\})$ 的概率。由全概率公式可得

$$p(L)=\sum_{t_j\in T}p(L|t_j)p(t_j) \tag{12.2}$$

其中，$T=\{t_1, t_2, t_3\}$为参与人 1 的类型集。

将式(12.2)代入式(12.1)，有

$$p(t_i|L)=\frac{p(L|t_i)p(t_i)}{\sum_{t_j\in T}p(L|t_j)p(t_j)} \tag{12.3}$$

在图 12.9 中，$p(t_1)=p_1$，$p(t_2)=p_2$，$p(t_3)=p_3$；而当参与人 1 的均衡战略为（L，L，

L）时，任一类型的参与人1都选择了L，因此对$\forall t_i \in T$，有

$$p(L|t_i)=1 \tag{12.4}$$

根据式(12.3)与式(12.4)，即可求得参与人2在信息集$I_2(\{x_1,\ x_3,\ x_5\})$上的信念为：

$$x=p(t_1|L)=\frac{1\cdot p_1}{1\cdot p_1+1\cdot p_2+1\cdot p_3}=\frac{p_1}{p_1+p_2+p_3}$$

$$x'=p(t_2|L)=\frac{1\cdot p_2}{1\cdot p_1+1\cdot p_2+1\cdot p_3}=\frac{p_2}{p_1+p_2+p_3}$$

$$1-x-x'=p(t_3|L)=\frac{1\cdot p_3}{1\cdot p_1+1\cdot p_2+1\cdot p_3}=\frac{p_3}{p_1+p_2+p_3}$$

对于图12.9所示博弈，进一步假设参与人1的均衡战略为（L，L，R）(而不是（L，L，L）)，也就是说，对于类型为t_1和t_2的参与人1，其选择都为L；而对于类型为t_3的参与人1，其选择为R。因此，参与人2的两个信息集$I_2(\{x_1,\ x_3,\ x_5\})$和$I_2(\{x_2,\ x_4,\ x_6\})$都位于均衡路径上。

给定参与人1的均衡战略（L，L，R），有$p(L|t_1)=p(L|t_2)=p(R|t_3)=1$，所以，$p(R|t_1)=p(R|t_2)=p(L|t_3)=0$。因此，根据式(12.3)可得参与人2在信息集$I_2(\{x_1,\ x_3,\ x_5\})$上的信念为：

$$x=p(t_1|L)=\frac{1\cdot p_2}{1\cdot p_1+1\cdot p_2+0\cdot p_3}=\frac{p_1}{p_1+p_2}$$

$$x'=p(t_2|L)=\frac{1\cdot p_2}{1\cdot p_1+1\cdot p_2+0\cdot p_3}=\frac{p_2}{p_1+p_2}$$

$$1-x-x'=p(t_3|L)=\frac{0\cdot p_3}{1\cdot p_1+1\cdot p_2+0\cdot p_3}=0$$

参与人2在信息集$I_2(\{x_2,\ x_4,\ x_6\})$上的信念为：

$$y=p(t_1|R)=\frac{0\cdot p_1}{0\cdot p_1+0\cdot p_2+1\cdot p_3}=0$$

$$y'=p(t_2|R)=\frac{0\cdot p_2}{0\cdot p_1+0\cdot p_2+1\cdot p_3}=0$$

$$1-y-y'=p(t_3|R)=\frac{1\cdot p_3}{0\cdot p_1+0\cdot p_2+1\cdot p_3}=1$$

所谓结构一致性，是指对于给定均衡战略下未能达到的信息集，即处于非均衡路径之上的信息集，参与人在该信息集上的信念由贝叶斯法则及参与人某个可能选择使用的均衡战略共同确定。

从式(12.1)可以看到：应用贝叶斯法则确定信息集上信念的前提是式（12.1）的分母不能等于0，也就是博弈能够到达信息集的概率必须大于0。但是，对于处于均衡路径之外

的信息集，博弈能够到达的概率都等于 0。例如，在图 12.9 中，当参与人 1 的均衡战略为（L，L，L）时，$I_2(\{x_2, x_4, x_6\})$ 为参与人 2 处于均衡路径之外的信息集，此时博弈能够到达的概率为 $p(R)$（因为只有参与人 1 选择行动 R，博弈才可能到达信息集 $I_2(\{x_2, x_4, x_6\})$）。由全概率公式可得

$$p(R)=p(R|t_1)\cdot p_1+p(R|t_2)\cdot p_2+p(R|t_3)\cdot p_3$$

由于参与人 1 的均衡战略为（L，L，L），因此 $p(R|t_1)=p(R|t_2)=p(R|t_3)=0$，所以 $p(R)=0$。

由于博弈能够到达非均衡路径上信息集的概率为 0，因此无法直接应用贝叶斯公式［即式（12.1）］来确定非均衡路径上信息集的信念。在实际计算中，可先任意确定一信念，但该信念必须与参与人“某个可能选择使用的均衡战略”相吻合。例如，在图 12.6 中，当参与人 1 选择均衡战略 R 时，参与人 2 的信息集为非均衡路径上的信息集。此时，对于参与人 2，信念 $p>\frac{1}{2}$ 与均衡战略 R' 相吻合；虽然信念 $p<\frac{1}{2}$ 与均衡战略 L' 相吻合，但与参与人 1 的均衡战略 R 不匹配①。

所谓共同信念，是指所有参与人在任一信息集（包括给定战略下能够到达的信息集与未能到达的信息集）上的信念相同。

该原则是基于博弈问题解的特性而施加的。在传统的博弈分析中，博弈问题解的概念要求将所有的不对称性放在博弈问题的描述之中（即博弈模型之中），而每个参与人被假设为采用相同的方法分析博弈情形。例如，在子博弈精炼 Nash 均衡中，隐含了这样的假设：如果一个没预测到的事件发生，即博弈到达非均衡路径的子博弈上，那么所有参与人关于任一参与人 i 的行动计划的信念是一样的。而对于目前所讨论的问题，就必然要求：所有参与人具有相同的关于任一未预测到事件的信念，也就是所有参与人关于博弈到达任一非均衡路径上多决策结信息集的信念相同。

为了更好地理解上述三条原则在参与人信念设定中的作用，考察图 12.10 中的不完全信息扩展式博弈。在图 12.10 中，参与人 2 有三个由多决策结构成的信息集：$I_2(\{x_1, x_4\})$、$I_2(\{x_2, x_5\})$ 和 $I_2(\{x_3, x_6\})$（分别对应参与人 1 的行动 L、M 和 R）。假设参与人 1 的均衡战略为（L，M），即对于类型为 t_1 的参与人 1，其选择为 L；而对于类型为 t_2 的参与人 1，其选择为 M。

给定参与人 1 的均衡战略（L，M），此时，有

$$p(L|t_1)=p(M|t_2)=1$$

$$p(M|t_1)=p(L|t_2)=p(R|t_1)=p(R|t_2)=0$$

因此，由全概率公式可知：博弈能够到达信息集 $I_2(\{x_1, x_4\})$、$I_2(\{x_2, x_5\})$ 和 $I_2(\{x_3, x_6\})$ 的概率分别为

$$p(L)=p(L|t_1)\cdot p_1+p(L|t_2)\cdot p_2=1\cdot p_1+0\cdot p_2=p_1$$

---

① 因为根据序贯理性的要求，给定参与人 2 的信念 $p<\frac{1}{2}$ 与均衡战略 L'，参与人 1 的均衡战略为 L，而不是 R。

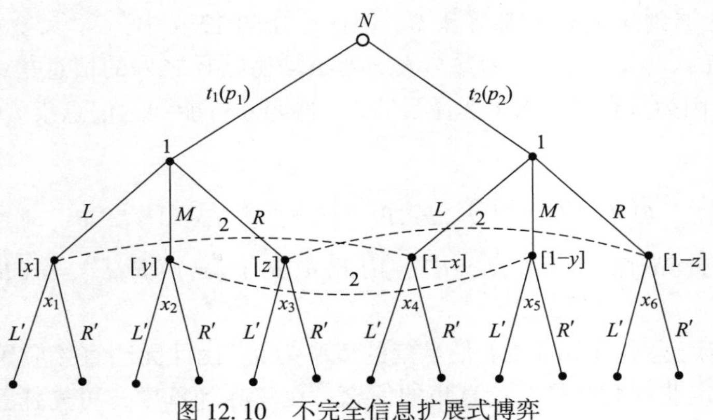

图 12.10　不完全信息扩展式博弈

$$p(M)=p(M|t_1)\cdot p_1+p(M|t_2)\cdot p_2=0\cdot p_1+1\cdot p_2=p_2$$

$$p(R)=p(R|t_1)\cdot p_1+p(R|t_2)\cdot p_2=0\cdot p_1+0\cdot p_2=0$$

所以，参与人 2 的信息集 $I_2(\{x_1,\ x_4\})$ 和 $I_2(\{x_2,\ x_5\})$ 位于均衡路径上，而信息集 $I_2(\{x_3,\ x_6\})$ 位于非均衡路径上。

根据贝叶斯公式可知，参与人 2 在均衡路径信息集 $I_2(\{x_1,\ x_4\})$ 上的信念为

$$x=p(t_1|L)=\frac{p(L|t_1)p_1}{\sum_{t_j\in T}p(L|t_j)p_j}=1,\ 1-x=p(t_2|L)=\frac{p(L|t_2)p_2}{\sum_{t_j\in T}p(L|t_j)p_j}=0$$

参与人 2 在均衡路径信息集 $I_2(\{x_2,\ x_5\})$ 上的信念为

$$y=p(t_1|M)=\frac{p(M|t_1)p_1}{\sum_{t_j\in T}p(M|t_j)p_j}=0,\ 1-y=p(t_2|M)=\frac{p(M|t_2)p_2}{\sum_{t_j\in T}p(M|t_j)p_j}=1$$

对于非均衡路径信息集 $I_2(\{x_3,\ x_6\})$ 上信念的设定，需考虑参与人 1 的均衡战略及参与人 2 在非均衡路径信息集上可能选择的均衡战略。为了分析非均衡路径信息集 $I_2(\{x_3,\ x_6\})$ 上的信念与均衡战略之间的关系，图 12.11 给出了图 12.10 中博弈的部分支付①。

设参与人 2 在信息集 $I_2(\{x_3,\ x_6\})$ 上的信念为 $[z,\ 1-z]$，则参与人 2 在信息集 $I_2(\{x_3,\ x_6\})$ 上的最优选择取决于其信念 $[z,\ 1-z]$。由图 12.11 中参与人的支付可知：

① 当 $z<\frac{1}{2}$ 时，参与人 2 的最优选择为 L'，类型为 t_1 的参与人 1 所得支付为 3，类型为 t_2 的参与人 1 所得支付为 2；

② 当 $z>\frac{1}{2}$ 时，参与人 2 的最优选择为 R'，类型为 t_1 的参与人 1 所得支付为 1，类型为 t_2 的参与人 1 所得支付为 1；

③ 当参与人 1 的均衡战略为（L，M）时，$x=p(t_1|L)=1$，参与人 2 在信息集 $I_2(\{x_1,$

---

① 图 12.11 及后面的图 12.12、图 12.13 中的不完全信息扩展式博弈与图 12.10 中的完全相同。为了突出所讨论问题的重点及作图方便，在这些图中我们仅给出了部分支付。

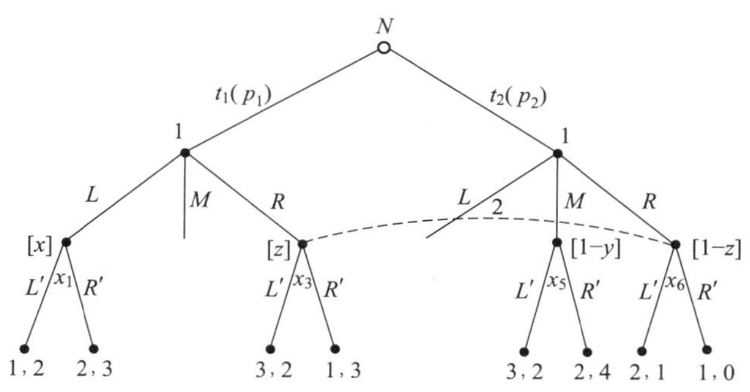

图 12.11 不完全信息扩展式博弈（含部分支付）

$x_4\}$）上的最优选择为 R'，类型为 t_1的参与人 1 所得支付为 2；

④ 当参与人 1 的均衡战略为（L，M）时，$1-y=p(t_2|M)=1$，参与人 2 在信息集 I_2（$\{x_2$，$x_5\}$）上的最优选择为 R'，类型为 t_2的参与人 1 所得支付为 2。

由于类型为 t_1的参与人 1 的最优选择为 L，因此类型为 t_1的参与人 1 选择 L 的支付大于选择 R 的支付。由前面的分析①和③可知：当类型为 t_1的参与人 1 选择 R 时，若 $z<\frac{1}{2}$，则其支付为 3，大于他选择 L 的支付。显然，这与 L 为参与人 1 的最优选择相矛盾。因此，参与人 2 在信息集 $I_2(\{x_3, x_6\})$上的信念$[z, 1-z]$必须满足 $z>\frac{1}{2}$。而这与前面的分析②和③也是相吻合的。

参与人 2 在信息集 $I_2(\{x_3, x_6\})$上的信念 $[z, 1-z]$，除了必须与类型为 t_1的参与人 1 的最优选择 L 相一致外，还必须与类型为 t_2的参与人 1 的最优选择 M 相一致。根据前面的分析②和④，容易验证：当 $z>\frac{1}{2}$时，参与人 2 在信息集 $I_2(\{x_3, x_6\})$上的信念 $[z, 1-z]$，与类型为 t_2的参与人 1 的最优选择 M 相一致。从以上分析可知，参与人在非均衡路径信息集上信念的设定，除了要与自己的最优选择相一致外，更多的是必须与其他参与人的均衡战略相吻合。为了加深对这一点的理解，考察图 12.12 中博弈。图 12.12 中博弈与图 12.11 中博弈的不同之处仅为：当类型为 t_2的参与人 1 选择 R，而参与人 2 选择 R'时，参与人 1 的支付由 1 变成 3。

仍假定参与人 1 的均衡战略为（L，M），则参与人 2 在均衡路径信息集 $I_2(\{x_1, x_4\})$ 和 $I_2(\{x_2, x_5\})$ 上信念的设定与图 12.11 中情形相同。下面主要分析如何设定参与人 2 在非均衡路径信息集 $I_2(\{x_3, x_6\})$ 上的信念。

设参与人 2 在信息集 $I_2(\{x_3, x_6\})$ 上的信念为 $[z, 1-z]$，由前面的计算可知：只有当 $z>\frac{1}{2}$时，参与人 2 在信息集 $I_2(\{x_3, x_6\})$ 上的信念 $[z, 1-z]$ 才能与类型为 t_1的参与人 1 的最优选择 L 相一致。同时，前面的计算还表明：当 $z>\frac{1}{2}$时，参与人 2 在信息集 $I_2(\{x_3, x_6\})$ 上的最优选择为 R'，类型为 t_2的参与人 1 所得支付为 3，大于其选择均衡战略 M 时的支付（见前面的分析④）。因此，当 $z>\frac{1}{2}$时，参与人 2 在信息集 $I_2(\{x_3, x_6\})$上的信念 $[z$，

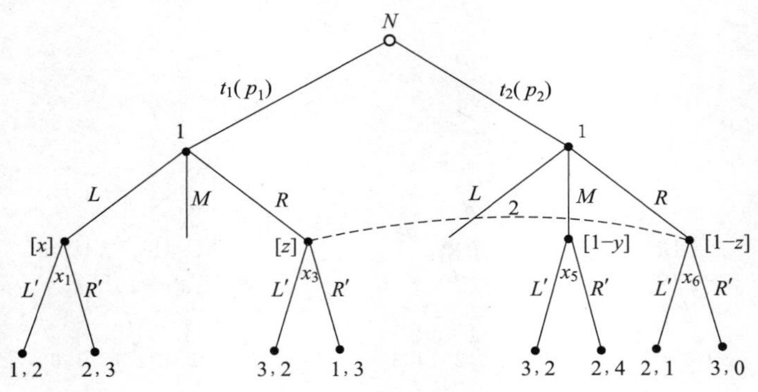

图 12.12　不完全信息扩展式博弈（含部分支付）

$1-z$］与类型为 t_2 的参与人 1 的均衡战略 M 相矛盾。所以，对于图 12.12 中的博弈，不存在参与人 2 在信息集 $I_2(\{x_3, x_6\})$ 上的信念［z，$1-z$］，该信念与参与人 1 的均衡战略（L, M）相吻合。

上述信念无法设定情形的出现，原因在于我们前面假设：（L, M）为参与人 1 的均衡战略。考察更一般的情形。在图 12.13 中，博弈的支付与图 12.11 中博弈的不同之处仅为：当类型为 t_1 的参与人 1 选择 R，而参与人 2 选择 R' 时，参与人 2 的支付由 3 变成 1。

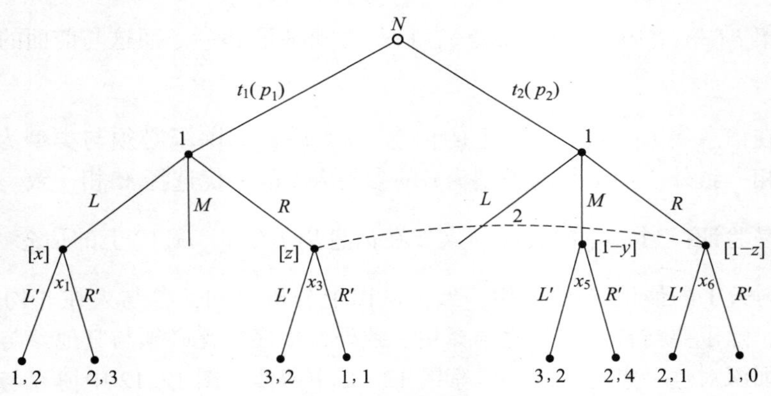

图 12.13　不完全信息扩展式博弈（含部分支付）

在图 12.13 中，对于位于信息集 $I_2(\{x_3, x_6\})$ 上的参与人 2，其战略 R' 严格劣于战略 L'，因此，无论参与人 2 在信息集 $I_2(\{x_3, x_6\})$ 上的信念［z，$1-z$］如何设定，参与人 2 的最优战略都是 L'。所以，当类型为 t_1 的参与人 1 选择 R 时，其支付为 3，大于其选择 L 所得的任何支付。这意味着：（L, M）不可能是参与人 1 的均衡战略。

12.3　精炼贝叶斯 Nash 均衡的定义

精炼贝叶斯 Nash 均衡是 Selten 子博弈精炼 Nash 均衡的“均衡精炼”的思想在不完全信息扩展式博弈中的自然推广。引入精炼贝叶斯均衡的目的是进一步强化（或精炼）贝叶斯 Nash 均衡，这和子博弈精炼 Nash 均衡强化（或精炼）了 Nash 均衡是相同的。正如我们在完全信息动态博弈中加上了子博弈精炼的条件，是因为 Nash 均衡无法“使其所包含的威胁和承诺都可信”；我们在对不完全信息动态博弈的分析中将集中于精炼贝叶斯 Nash 均衡，是因为贝叶斯 Nash 均衡也存在同样的不足。下面给出精炼贝叶斯 Nash 均衡的正式定义。

定义 12.2 一个精炼贝叶斯 Nash 均衡由满足以下条件的战略与信念构成：

（1）对于每一个信息集，在该信息集采取行动的参与人关于博弈到达信息集中的哪一个结必须有一个信念。对于多决策结构成的信息集，信念是信息集中各个结上的概率分布。对于单决策结信息集，信念则置概率 1 于单决策结上；

（2）在给定的信念下，参与人的战略必须是序贯理性的。也就是说，在每一个信息集，具有行动的参与人所采取的行动（以及参与人往后的行动），在给定该参与人在该信息集上的信念与其他参与人以后的战略的情况下必须是最优的；

（3）参与人在均衡路径信息集上的信念设定应满足战略一致性原则，即通过贝叶斯法则与参与人的均衡战略来确定；

（4）参与人在非均衡路径信息集上的信念设定应满足结构一致性原则，即通过贝叶斯法则和参与人可能的均衡战略来确定。

上述定义是精炼贝叶斯 Nash 均衡的一个标准定义。不同的学者使用过不同的精炼贝叶斯均衡定义，几乎所有的定义都要求满足条件(1)~(3)，绝大多数同时包含了条件(4)，还有的引入了更进一步的要求，这主要是针对非均衡路径信息集上的信念而施加的。关于这方面的工作我们将在第 14 章介绍。下面主要通过几个例子分析如何利用定义 12.2，验证一个战略组合与信念是否为精炼贝叶斯 Nash 均衡。

例 12.3 考察图 12.5 中博弈的精炼贝叶斯 Nash 均衡。在图 12.5 中，$((L, L'), p=1)$（即战略组合(L, L')与信念（推断）$p=1$ 的组合）满足定义 12.2 中条件（1）~（3），而对于战略组合(L, L')，不存在处于均衡路径之外的信息集，因此定义 12.2 中条件（4）自然得到满足，所以 $((L, L'), p=1)$ 为精炼贝叶斯 Nash 均衡。

而在图 12.5 中，$((R, R'), p)$ $(0 \leqslant p \leqslant 1)$ 不满足定义 12.2 中条件（2）（因为在参与人 2 的信息集上，战略 R' 并不是其最优战略），所以 $((R, R'), p)(0 \leqslant p \leqslant 1)$ 不是精炼贝叶斯 Nash 均衡。

例 12.4 考察图 12.6 中博弈的精炼贝叶斯 Nash 均衡。在图 12.6 中，容易验证：$\left((R, R'), p \geqslant \frac{1}{2}\right)$满足定义 12.2 中条件(1)~(4)，所以$\left((R, R'), p \geqslant \frac{1}{2}\right)$为精炼贝叶斯 Nash 均衡，而且是唯一的纯战略精炼贝叶斯 Nash 均衡，这是因为：

① $\left((R, R'), p<\frac{1}{2}\right)$不满足定义 12.2 中条件（2），因为给定参与人 2 在其信息集上的信念 p $\left(p<\frac{1}{2}\right)$，战略 R' 不是其最优战略（此时，参与人 2 的信息集位于非均衡路径上）；

② $\left((R, L'), p<\frac{1}{2}\right)$不满足定义 12.2 中条件（2），因为给定参与人 2 在其信息集上的

信念 $p\left(p<\frac{1}{2}\right)$ 和战略 L'，参与人 1 在其信息集上的最优战略是 L，不是 R（此时，参与人 2 的信息集位于非均衡路径上）；

③ $\left((R,\ L'),\ p\geq\frac{1}{2}\right)$ 不满足定义 12.2 中条件（2），因为给定参与人 2 在其信息集上的信念 p（$p\geq\frac{1}{2}$），战略 L' 不是其最优战略；同时，给定参与人 2 的战略 L'，参与人 1 在其信息集上的最优战略是 L，不是 R（此时，参与人 2 的信息集位于非均衡路径上）；

④ 若均衡战略组合为（L，L'），则 $p=1$；此时，对于参与人 2，战略 L' 不是其在信息集上的最优战略，故（（L，L'），$p=1$）不满足定义 12.2 中条件（2）（此时，所有参与人的信息集都位于均衡路径上）；

⑤ 若均衡战略组合为（L，R'），则 $p=1$；此时，对于参与人 1，给定参与人 2 的战略 R'，战略 L 不是其在信息集上的最优战略，故（（L，R'），$p=1$）不满足定义 12.2 中条件（2）（此时，所有参与人的信息集都位于均衡路径上）；

⑥ 若均衡战略组合为（M，L'），则 $p=0$；此时，对于参与人 1，给定参与人 2 的战略 L'，战略 M 不是其在信息集上的最优战略，故（（M，L'），$p=0$）不满足定义 12.2 中条件（2）（此时，所有参与人的信息集都位于均衡路径上）；

⑦ 若均衡战略组合为（M，R'），则 $p=0$；此时，对于参与人 2，战略 R' 不是其在信息集上的最优战略，故（（M，R'），$p=0$）不满足定义 12.2 中条件（2）（此时，所有参与人的信息集都位于均衡路径上）。

下面考察一个更一般情形下博弈的精炼贝叶斯 Nash 均衡。

例 12.5 考察图 12.14 中博弈的精炼贝叶斯 Nash 均衡。在图 12.14 中，原博弈有一个子博弈：它始于参与人 2 的单结信息集。这一子博弈（参与人 2 和 3 之间的）唯一的 Nash 均衡为（L，R'），于是整个博弈唯一的子博弈精炼 Nash 均衡为（D，L，R'）。这一组战略和参与人 3 的推断 $p=1$ 满足了定义 12.2 中条件（1）~（3），同时由于没有处于这一均衡路径之外的信息集，因此也满足了定义 12.2 中的条件（4），于是（（D，L，R'），$p=1$）构成了一个精炼贝叶斯 Nash 均衡。

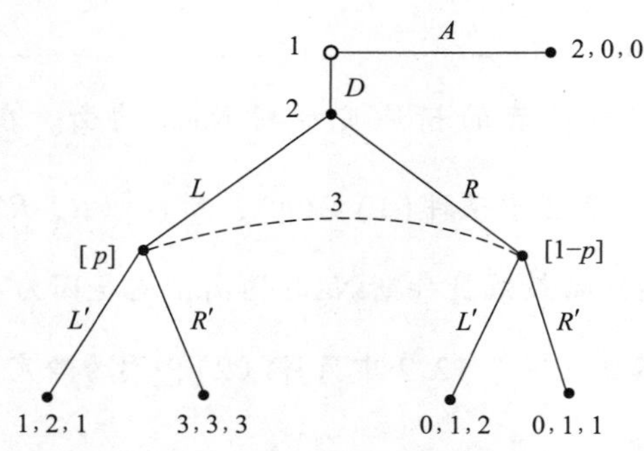

图 12.14 完全但不完美信息博弈（扩展式描述）

图 12.14 中博弈是否还存在其他纯战略精炼贝叶斯 Nash 均衡呢？图 12.15 给出了图

12.14 中博弈的战略式描述。从图 12.15 可以看到：原博弈问题中除了 (D, L, R') 为 Nash 均衡外，还存在其他 3 个纯战略 Nash 均衡——(A, L, L')，(A, R, L') 和 (A, R, R')。下面分析这 3 个 Nash 均衡与某个信念一起能否构成精炼贝叶斯 Nash 均衡。

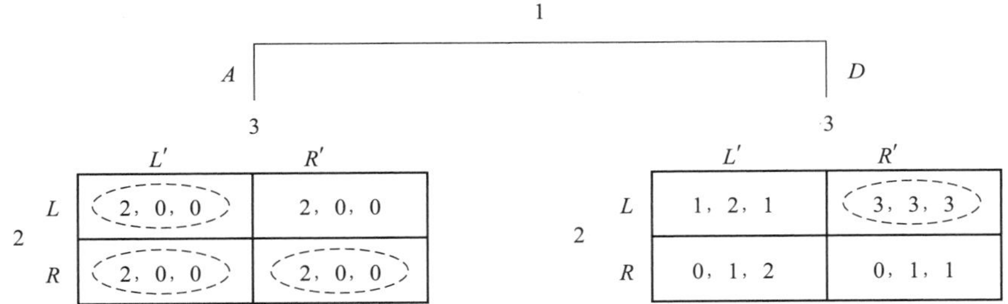

图 12.15　完全但不完美信息博弈（战略式描述）

考察战略 (A, L, L') 及相应的推断 $p=0$。在这一组战略及推断中，参与人 3 有一个推断并根据它选择最优行动，因此 $((A, L, L'), p=0)$ 满足定义 12.2 中条件（1）~（3）。但是，定义 12.2 中条件（4）要求参与人 3 的推断决定于参与人 2 的战略，即如果参与人 2 的战略为 L，则参与人 3 的推断必须为 $p=1$，如果参与人 2 的战略为 R，则参与人 3 的推断必须为 $p=0$。与此同时，如果参与人 3 的推断为 $p=1$，则定义 12.2 中条件（2）又要求参与人 3 的战略为 R'，因此 $((A, L, L'), p=0)$ 不能满足定义 12.2 中条件（4）。

事实上，容易验证：$((A, L, L'), p)(0 \leqslant p \leqslant 1)$（即战略 (A, L, L') 与任一推断 p）都不能同时满足定义 12.2 中条件（2）和（4）。

从上面的分析可以看到：虽然 $((A, L, L'), p=0)$ 满足定义 12.2 中条件（1）~（3），但战略组合 (A, L, L') 却不是子博弈精炼的，因为原博弈唯一子博弈仅有的 Nash 均衡为 (L, R')。这也说明定义 12.2 中条件（1）~（3）并不能保证参与人的战略是子博弈精炼 Nash 均衡。

考察战略 (A, R, L') 及相应的推断 $p=0$。给定参与人 2 的战略 R，参与人 3 的最优战略为 L'，相应的推断为 $p=0$。但是，当到达参与人 2 的信息集时，相对于战略 L，战略 R 是参与人 2 的严格劣战略，因此参与人 3 的推断必定为 $p=1$；而给定推断 $p=1$，则又要求参与人 2 的战略为 L，所以 $((A, R, L'), p=0)$ 不能同时满足定义 12.2 中条件（2）和（4）。同样，可以验证：$((A, R, L'), p)(0 \leqslant p \leqslant 1)$（即战略 (A, R, L') 与任一推断 p）都不能同时满足定义 12.2 中条件（2）和（4）。

基于同样的理由，$((A, R, R'), p)(0 \leqslant p \leqslant 1)$（即战略 (A, R, R') 与任一推断 p）也都不能同时满足定义 12.2 中条件（2）和（4）。同时，还可以证明：图 12.14 中的其他 4 个纯战略组合 (A, L, R')、(D, L, L')、(D, R, L') 和 (D, R, R')，与参与人 3 的任一信念 $[p, 1-p]$ 也都不构成精炼贝叶斯 Nash 均衡。

为进一步理解定义 12.2 中条件（4），将图 12.14 稍做改变，使参与人 2 多出了第三种可能的行动 A'。如果参与人 2 选择行动 A'，则博弈结束（为使表示简化，这一博弈略去了收益情况，见图 12.16）。和前例相同，如果参与人 1 的均衡战略为 A，则参与人 3 的信息集就处于均衡路径之外，但现在根据定义 12.2 中条件（4），就不能总是直接从参与人 2 的战略中决定参与人 3 的推断。如果参与人 2 的战略为 L（或 R），则定义 12.2 中条件（4）就将参与人 3 的推断设定为 $p=1$（或 $p=0$）。但是，如果参与人 2 的战略为 A'，则定义 12.2 中条件

（4）就对参与人3的推断没有任何限制。如果参与人2的战略为以 q_1 的概率选择 L、q_2 的概率选择 R、$1-q_1-q_2$ 的概率选择 A'，其中 $q_1+q_2\neq 0$，则定义12.2中条件（4）就限定了参与人3的推断为 $p=\frac{q_1}{q_1+q_2}$。

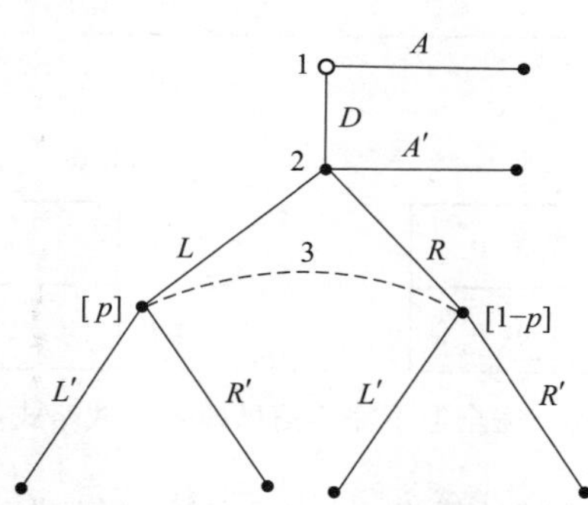

图12.16 完全但不完美信息博弈（扩展式描述）

正如前面所阐述的，精炼贝叶斯Nash均衡这一概念的优点之一，就是它使得参与人的推断明确化。由于精炼贝叶斯Nash均衡排除了参与人 i 选择任何始于非均衡路径上信息集的严格劣战略的可能性，要令参与人 j 相信参与人 i 选择这样一个战略当然也是不合情理的。值得注意的是，正是由于精炼贝叶斯Nash均衡使得参与人的推断明确化，才使得这种均衡的求解往往不能像我们求解子博弈精炼Nash均衡时那样，沿博弈树通过逆向推导而构建出来。定义12.2中条件（2）决定了参与人在一个给定信息集的行动部分依赖于参与人在该信息集的推断，如果在这一信息集还要同时满足条件（3）或者条件（4），则参与人的推断又由其他参与人在博弈树更上端的行动所决定。但是根据条件（2），这些在博弈树更上端的行动又部分依赖于参与人随后的战略，包括在当初信息集的行动。这一循环推论意味着沿博弈树从后向前逆向推导（一般情况下）将不足以计算出精炼贝叶斯Nash均衡。例如，对例12.2中的博弈（参见图12.8），给定参与人2和参与人3在其信息集上的推断（即参与人2在其信息集 $I_2(\{x_2, x_3\})$ 上的信念 $\left[\frac{1}{3}, \frac{2}{3}\right]$，以及参与人3在其两个信息集 $I_3(\{x_4, x_5\})$ 和 $I_3(\{x_6, x_7\})$ 上的信念 $\left[\frac{1}{2}, \frac{1}{2}\right]$），通过逆向推导可以得到：参与人3的最优战略为 (L'', R'')，参与人2的最优战略为 L'，以及参与人1的最优战略为 L。但是，参与人的战略组合 $(L, L', (L'', R''))$ 和给定的参与人信念，并没有构成一个精炼贝叶斯Nash均衡。这是因为给定参与人1的最优战略 L，参与人2在其信息集 $I_2(\{x_2, x_3\})$ 上的信念应为 $[1, 0]$，而不是 $\left[\frac{1}{3}, \frac{2}{3}\right]$。

12.4 均衡概念的比较

前面给出了博弈问题的一种新的解概念——精炼贝叶斯Nash均衡，从而在本书中就有了 4 个关于博弈问题解的概念：完全信息静态博弈中的 Nash 均衡、完全信息动态博弈中的子博弈精炼 Nash 均衡、不完全信息静态博弈中的贝叶斯 Nash 均衡及不完全信息动态博弈中的精炼贝叶斯 Nash 均衡。从表面上看，我们好像对所研究的每一类博弈问题都给出了一种新的解的概念，但事实上这些概念又是密切相关的。下面将对上述均衡概念做一简单比较。

① 在 Nash 均衡中，每一参与人的战略必须是其他参与人战略的一个最优反应，于是没有参与人会选择严格劣战略。在精炼贝叶斯 Nash 均衡中，定义 12.2 中条件（1）和（2）事实上就是要保证没有参与人的战略是始于任何一个信息集的劣战略①。Nash 均衡及贝叶斯 Nash 均衡对处于均衡路径之外的信息集则没有这方面的要求，即使是子博弈精炼 Nash 均衡对某些处于均衡路径之外的信息集也没有这方面的要求，比如对那些不包含在任何子博弈内的信息集（如图 12.5 中参与人 2 的信息集）②。精炼贝叶斯 Nash 均衡弥补了这一缺陷：参与人不可以威胁使用始于任何信息集的严格劣战略，即使该信息集处于均衡路径之外。

② 随着所讨论博弈问题复杂性的增加，对均衡概念也逐渐强化，从而有可能排除复杂博弈中不合理或没有意义的均衡，而如果运用适用于简单博弈的均衡概念就很可能无法区分。这一点可以从下面的分析中清楚看到。

考察图 12.17 中完全信息动态博弈问题。从原博弈问题的战略式描述（如图 12.17（b）所示）可知：博弈存在 3 个纯战略 Nash 均衡——$(a,\ (b',\ a'))$、$(a,\ (b',\ b'))$ 和 $(b,\ (a',\ a'))$。从第二部分的分析可知，原博弈问题唯一合理的解应是均衡 $(a,\ (b',\ a'))$，即博弈的结果为：参与人 1 采取行动 a，参与人 2 采取行动 b'。但是，如果仅采用 Nash 均衡作为博弈问题的解，就无法剔除不合理的解 $(a,\ (b',\ b'))$ 和 $(b,\ (a',\ a'))$；而如果采用子博弈精炼 Nash 均衡作为博弈的解，则可直接得到合理的解 $(a,\ (b',\ a'))$。

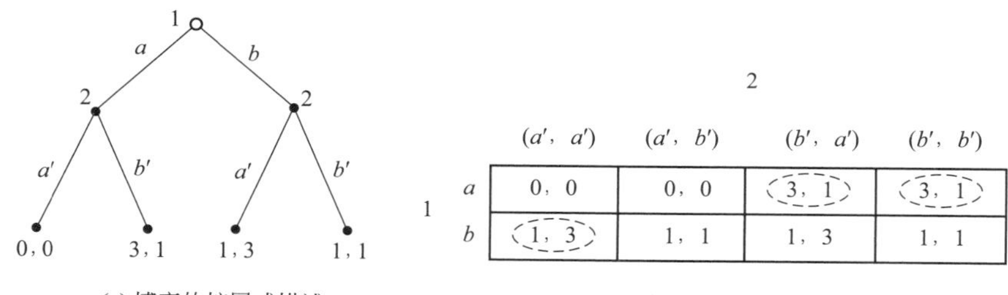

	$(a',\ a')$	$(a',\ b')$	$(b',\ a')$	$(b',\ b')$
a	0，0	0，0	3，1	3，1
b	1，3	1，1	1，3	1，1

(a) 博弈的扩展式描述　　(b) 博弈的战略式描述

图 12.17　完全信息动态博弈

进一步考察图 12.18 中完全但不完美信息扩展式博弈问题。从原博弈问题的战略式描述（如图 12.18（b）所示）可知：博弈存在 3 个纯战略 Nash 均衡——$((R,\ a),\ b')$、$((R,\ b),\ b')$ 和 $((L,\ a),\ a')$，而原博弈问题唯一合理的解应是均衡 $((L,\ a),\ a')$，即博弈的结果为：参与人 1 在决策结 x_1 采取行动 L，在决策结 x_2 采取行动 a，参与人 2 在信息集 I_2 $(\{x_3,\ x_4\})$ 采取行动 a'③。显然，如果采用 Nash 均衡作为博弈问题的解，就无法剔除不合理的解 $((R,\ a),\ b')$ 和 $((R,\ b),\ b')$；即使采用子博弈精炼 Nash 均衡作为博弈的解，也只能将不合理的解 $((R,\ a),\ b')$ 剔除掉。但是，如果采用精炼贝叶斯 Nash 均衡作为博弈

① 参见第 14 章给出的始于一个信息集的劣战略的正式定义。

② 这里所说的子博弈不包含原博弈。

③ 详细分析参见第 6 章。

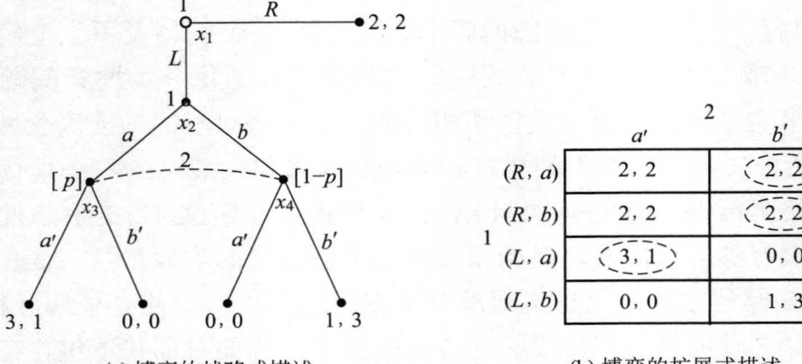

(a) 博弈的战略式描述　　(b) 博弈的扩展式描述

图 12.18　完全但不完美信息动态博弈

的解，就可直接得到合理的解（$((L,\ a),\ a')$）。这是因为图 12.18 中博弈仅存在一个纯战略的精炼贝叶斯 Nash 均衡[①]——（$((L,\ a),\ a'),\ p=1$）。

③ 较强的均衡概念只在应用于复杂的博弈时才不同于较弱的均衡概念，而对简单的博弈并没有区别。例如，对于一个由战略式博弈描述的完全信息静态博弈问题（如图 12.4 中博弈），子博弈精炼 Nash 均衡与 Nash 均衡两者并无本质区别；又如，对于一个由扩展式博弈描述的完全信息动态博弈问题（如图 12.17 中博弈），虽然子博弈精炼 Nash 均衡可以对 Nash 均衡进行精炼，但它与精炼贝叶斯 Nash 均衡之间也无本质区别；再如，对于一个由扩展式博弈描述的完全但不完美信息动态博弈问题（如图 12.18 中博弈），精炼贝叶斯 Nash 均衡不仅可以对 Nash 均衡进行精炼，而且还可以对子博弈精炼 Nash 均衡进行精炼，从而表现出与其他均衡概念的不同。

---

① 注意，在图 12.18(b) 中，$(L,\ b)$ 为严格劣战略。

第 13 章　信号博弈及其应用

在本章我们将介绍一类特殊的不完全信息动态博弈——信号博弈，给出其精炼贝叶斯 Nash 均衡的定义，并介绍几个信号博弈的经典应用。

13.1　信号博弈

信号博弈（signaling games）是一类比较简单而应用相当广泛的不完全信息动态博弈，其基本特征是博弈参与人分为信号发送者（sender，用 S 表示）和信号接收者（receiver，用 R 表示）两类，信号发送者先行动，发送一个关于自己类型的信号，信号接收者根据所接收到的信号选择自己的行动，其具体博弈时序如下：

① 自然根据特定的概率分布 $p(t_i)$，从可行的类型集 $T=\{t_1, \cdots, t_n\}$ 中选择发送者类型 t_i，这里，对 $\forall i \in \{1, 2, \cdots, n\}$，$p(t_i)>0$ 且 $p(t_1)+\cdots+p(t_n)=1$；

② 发送者观测到 t_i，然后从可行的信号集 $M=\{m_1, \cdots, m_J\}$ 中选择一个发送信号 m_j；

③ 接收者不能观测到 t_i，但能观测到 m_j，他从可行的行动集 $A=\{a_1, \cdots, a_K\}$ 中选择一个行动 a_k；

④ 双方分别得到收益 $u_S(t_i, m_j, a_k)$ 和 $u_R(t_i, m_j, a_k)$。

在许多应用中，发送者的类型集 T、信号集 M 及接收者的行动集 A 可以为无限集，如实数轴上的某个区间，而不仅仅是上面所给出的有限集。

在信号博弈中，发送者发出的信号依赖于自然赋予的类型，因此先行动的信号发送者的行动，对后行动的信号接收者来说，具有传递信息的作用。同时，这又使得接收者的行动依赖于发送者选择的信号。

信号博弈模型已被十分广泛应用于经济学领域。例如，Spence（1973）的劳动力市场模型、Tirole（1988）的产品定价模型，以及 Ross（1977）的企业资本结构模型等。关于这些模型读者可参见相关的参考文献或本书后面的介绍，这里先讨论信号博弈的解——精炼贝叶斯 Nash 均衡。

图 13.1 给出了信号博弈的一种简单情况的扩展式描述（暂不考虑支付），其中 $T=\{t_1, t_2\}$，$M=\{m_1, m_2\}$，$A=\{a_1, a_2\}$，自然选择发送者为类型 t_1 的概率为 p，为类型 t_2 的概率为 $1-p$。

图 13.2 给出的是图 13.1 中博弈的另一种扩展式描述（不考虑支付），这种形式就是前面所熟悉的博弈的扩展式描述。

在图 13.1（或图 13.2）中，发送者的信息集为 $I_S(\{x_1\})$ 和 $I_S(\{x_2\})$，分别对应于观测到自然的选择为 t_1 和 t_2，行动为 m_1 和 m_2，因此发送者的战略 s 为：

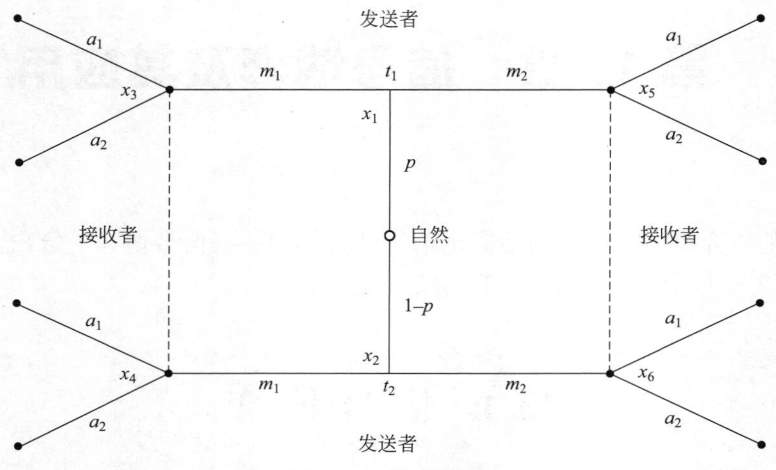

图 13.1　信号博弈

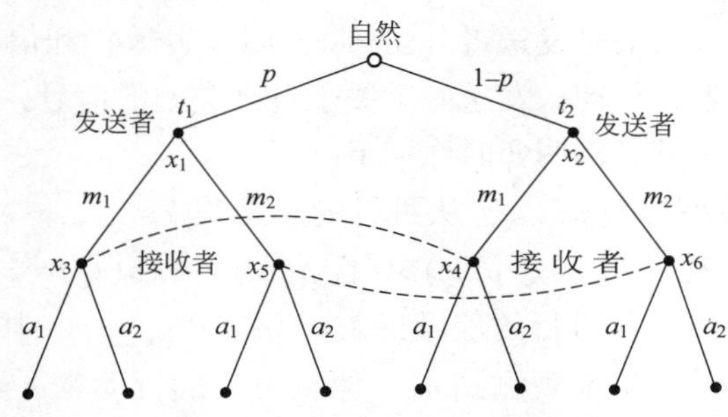

图 13.2　信号博弈的另一种描述方式

$$s: H_S \to M$$

其中，H_S为发送者的信息集集合，即 $H_S=\{I_S(\{x_1\}), I_S(\{x_2\})\}$。

由上述定义可知，发送者有以下 4 个纯战略：

① 战略（m_1，m_1）——如果自然选择 t_1，则发送者发送信号 m_1，即 $s(t_1)=m_1$；如果自然选择 t_2，则发送者发送信号 m_1，即 $s(t_2)=m_1$；

② 战略（m_1，m_2）——如果自然选择 t_1，则发送者发送信号 m_1，即 $s(t_1)=m_1$；如果自然选择 t_2，则发送者发送信号 m_2，即 $s(t_2)=m_2$；

③ 战略（m_2，m_1）——如果自然选择 t_1，则发送者发送信号 m_2，即 $s(t_1)=m_2$；如果自然选择 t_2，则发送者发送信号 m_1，即 $s(t_2)=m_1$；

④ 战略（m_2，m_2）——如果自然选择 t_1，则发送者发送信号 m_2，即 $s(t_1)=m_2$；如果自然选择 t_2，则发送者发送信号 m_2，即 $s(t_2)=m_2$。

对于接收者，其信息集为 $I_R(\{x_3, x_4\})$ 和 $I_R(\{x_5, x_6\})$，分别对应于观测到信号 m_1和 m_2，行动为 a_1和 a_2，因此接收者的战略 s 为：

$$s: H_R \to A$$

其中，H_R为接收者的信息集集合，即 $H_R=\{I_R(\{x_3, x_4\}), I_R(\{x_5, x_6\})\}$。

由上述定义可知，接收者有以下 4 个纯战略：

① 战略（a_1，a_1）——如果接收者观测到信号 m_1，则选择行动 a_1，即 $s(m_1)=a_1$；如果接收者观测到信号 m_2，则选择行动 a_1，即 $s(m_2)=a_1$；

② 战略（a_1，a_2）——如果接收者观测到信号 m_1，则选择行动 a_1，即 $s(m_1)=a_1$；如果接收者观测到信号 m_2，则选择行动 a_2，即 $s(m_2)=a_2$；

③ 战略（a_2，a_1）——如果接收者观测到信号 m_1，则选择行动 a_2，即 $s(m_1)=a_2$；如果接收者观测到信号 m_2，则选择行动 a_1，即 $s(m_2)=a_1$；

④ 战略（a_2，a_2）——如果接收者观测到信号 m_1，则选择行动 a_2，即 $s(m_1)=a_2$；如果接收者观测到信号 m_2，则选择行动 a_2，即 $s(m_2)=a_2$。

在发送者的 4 个战略中，根据发送者的类型与发送信号之间的相互关系，可将发送者的战略分为两类——混同战略和分离战略。

对于第 1 个战略和第 4 个战略，由于在不同类型时发送者都发出相同的信号，因此称其为混同（pooling）战略。在多于两种类型的模型中，还存在部分混同（partially pooling）战略，其中所有属于给定类型集的类型都发送同样的信号，但不同的类型集发送不同的信号。例如，假设 $T=\{t_1, t_2, t_3, t_4\}$，如果自然选择发送者类型 t_1 和 t_2，发送者选择 m_1；而如果自然选择发送者类型 t_3 和 t_4，发送者选择 m_2。此时，发送者的战略就是所谓的部分混同战略。

对于第 2 个战略和第 3 个战略，由于在不同类型时发送者发出不同的信号，因此称其为分离（separating）战略，分离战略意味着不同类型的发送者发出不同的信号。与混同战略相似，在多于两种类型的模型中，还存在准分离（semi-separating）战略，其定义与部分混同战略相同。

此外，在信号博弈中还存在与混合战略相类似的战略，称为杂合战略（hybrid strategy）。例如，在图 13.1 的两类型信号博弈中，类型 t_1 选择 m_1，但类型 t_2 却随机选择 m_1 或 m_2。

13.2　信号博弈的精炼贝叶斯 Nash 均衡

为了求解信号博弈的精炼贝叶斯 Nash 均衡，需将定义 12.2 中的条件（1）~（4）分别施加到信号博弈之上。下面分析如何将定义 12.2 中各条件转化为对信号博弈的精炼贝叶斯 Nash 均衡的正式约束。

① 由于发送者知道自己的类型，其选择发生于单决策结信息集，因此定义 12.2 中的条件（1）在应用于发送者时就无须附加任何条件；相反，接收者在不知道发送者类型的条件下观测到发送者的信号，并选择行动，也就是说接收者的选择处于一个非单决策结的信息集上，因此需将定义 12.2 中的条件（1）应用于接收者的信息集。当定义 12.2 中的条件（1）应用于信号博弈接收者的信息集时，可得如下信号条件（1）。

信号条件(1)　在观测到 M 中的任何信号 m_j 之后，接收者必须对哪些类型可能会发送 m_j 持有一个推断。这一推断用概率分布 $p(t_i|m_j)$ 表示，其中对 $\forall t_i \in T$，$p(t_i|m_j)\geqslant 0$ 且 $\sum_{t_i \in T} p(t_i|m_j)=1$。

② 给定发送者的信号和接收者的推断，定义 12.2 中的条件（2）要求接收者选择最优

行动，因此需将定义12.2中的条件（2）施加于接收者的行动。此时，可得到如下信号条件（2R）。

信号条件(2R) 对M中的每一m_j，并在给定对$p(t_i|m_j)$的推断的条件下，接收者的行动$a^*(m_j)$必须使接收者的期望效用最大化，即

$$a^*(m_j) \in \arg\max_{a_k \in A} U_R(m_j, a_k)$$

其中，$U_R(m_j, a_k)$表示在给定接收者对$p(t_i|m_j)$（$i=1, \cdots, n$）的推断的情况下，接收者选择行动a_k所得到的期望效用，即

$$U_R(m_j, a_k) = \sum_{t_i \in T} p(t_i|m_j) \cdot u_R(t_i, m_j, a_k)$$

定义12.2中的条件（2）同样需施加于发送者的选择，但由于发送者的选择发生于单决策结信息集上，发送者拥有完全信息，并且发送者只在博弈的开始时行动，因此定义12.2中的条件（2）施加于发送者的选择时，必须满足如下信号条件（2S）。

信号条件(2S) 对T中的每一t_i，在给定接收者战略$a^*(m_j)$的条件下，发送者发送的信号$m^*(t_i)$必须使发送者的效用最大化，即

$$m^*(t_i) \in \arg\max_{m_j \in M} u_s(t_i, m_j, a^*(m_j))$$

③ 给定发送者的战略$m^*(t_i)$，用T_j表示选择发送信号m_j的类型t_i的集合，即$T_j = \{t_i | m^*(t_i) = m_j\}$。如果$T_j$不是空集，则对应于信号$m_j$的信息集就处于均衡路径之上；否则，若任何类型都不选择m_j，则其对应的信息集处于均衡路径之外。

对处于均衡路径上的信号，将定义12.2中的条件（3）运用于接收者的推断，可以得到如下信号条件（3）。

信号条件(3) 对M中每一m_j，如果在T中存在t_i使得$m^*(t_i) = m_j$，则接收者在对应于m_j的信息集中所持有的推断必须决定于贝叶斯法则和发送者的战略：

$$p(t_i|m_j) = \frac{p(m_j|t_i) \cdot p(t_i)}{\sum_{t_k \in T_j} p(m_j|t_k) \cdot p(t_k)}$$

由于对$\forall t_i \in T_j$，$p(m_j|t_i) = 1$，因此上式可表示为

$$p(t_i|m_j) = \frac{p(t_i)}{\sum_{t_k \in T_j} p(t_k)}$$

④ 对处于均衡路径之外的信号，将定义12.2中的条件（4）运用于接收者的推断，可以得到如下信号条件(4)。

信号条件(4) 对M中某一m_j，如果在T中不存在t_i使得$m^*(t_i) = m_j$，即$T_j = \varnothing$，则接收者在对应于m_j的信息集中所持有的推断必须决定于贝叶斯法则和可能情况下发送者的均衡战略。

定义13.1 信号博弈中一个纯战略精炼贝叶斯Nash均衡是满足信号条件（1）、（2R）、（2S）、（3）及（4）的战略组合$(m^*(t_i), a^*(m_j))$及推断$p(t_i|m_j)$。

在定义13.1中，如果发送者的战略是混同的或分离的，就称均衡为混同的或分离的精

炼贝叶斯 Nash 均衡。

例 13.1 图 13.3 给出的是一个两类型、两信号的信号博弈，在该博弈中，发送者有 4 个纯战略，因此可能存在的纯战略精炼贝叶斯 Nash 均衡有：

(1) 混同于行动 L 的精炼贝叶斯 Nash 均衡——无论发送者的类型是 t_1 还是 t_2，发送者都选择行动 L，即发送者的战略为 (L, L)；

(2) 混同于行动 R 的精炼贝叶斯 Nash 均衡——无论发送者的类型是 t_1 还是 t_2，发送者都选择行动 R，即发送者的战略为 (R, R)；

(3) 分离均衡——类型为 t_1 的发送者选择 L，类型为 t_2 发送者选择 R，即发送者的战略为 (L, R)；

(4) 分离均衡——类型为 t_1 的发送者选择 R，类型为 t_2 发送者选择 L，即发送者的战略为 (R, L)。

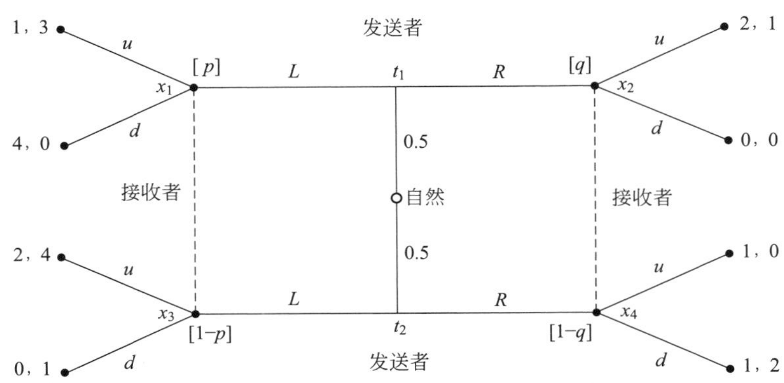

图 13.3　两类型、两信号的信号博弈

下面依次分析以上四种均衡存在的可能性。

(1) 假设存在一个混同于行动 L 的精炼贝叶斯 Nash 均衡，发送者的战略为 (L, L)，则接收者对应于 L 的信息集 $I_R(\{x_1, x_3\})$ 处于均衡路径之上，于是接收者在这一信息集上的推断 $[p, 1-p]$ 决定于贝叶斯法则和发送者的战略，即

$$p=p(t_1|L)=\frac{p(L|t_1)\cdot p(t_1)}{\sum_{i=1}^{2}p(L|t_i)\cdot p(t_i)}$$

由于 $p(L|t_1)=p(L|t_2)=1$，$p(t_1)=p(t_2)=0.5$，因此 $p=1-p=0.5$，与先验分布相同。

给定这样的推断，接收者在观测到信号 L 之后，根据行动 u 和 d 的期望收益，决定自己的选择。接收者选择 u 的期望收益为：

$$E(u)=p\cdot 3+(1-p)\cdot 4=4-p=3.5$$

而接收者选择 d 的期望收益为：

$$E(d)=p\cdot 0+(1-p)\cdot 1=1-p=0.5$$

因此，接收者在观测到信号L之后的最优反应①为选择u。此时，类型为t_1和t_2的发送者分别可得到的收益为1和2。

为了使两种类型的发送者都愿意选择L，即发送者的最优战略为（L，L），需要确保：如果发送者选择信号R，接收者的反应（选择）给两种类型的发送者所带来的收益小于它们选择信号L时的收益。由于

① 如果接收者对R的反应为u，则类型为t_1的发送者选择R的收益为2，高于自己选择L的收益1。此时，类型为t_1的发送者不会选择L；

② 如果接收者对R的反应为d，则通过选择R，类型为t_1和t_2的发送者的收益将分别为0和1，而他们选择L却可分别获得1和2。此时，类型为t_1和t_2的发送者都会选择L。

因此，如果存在一个前面所假设的混同均衡，其中发送者的战略为（L，L），则接收者对R的反应必须为d，于是接收者的战略必须为（u，d）。

此外，还需要考虑接收者在对应于R的信息集$I_R(\{x_2, x_4\})$中的推断$[q, 1-q]$，以及给定这一推断时选择d时是否最优。在信息集$I_S(\{x_2, x_4\})$上，接收者选择u的期望收益为：

$$E(u)=q \cdot 1+(1-q) \cdot 0=q$$

而接收者选择d的期望收益为：

$$E(d)=q \cdot 0+(1-q) \cdot 2=2-2q$$

由于接收者在信息集$I_S(\{x_2, x_4\})$上的最优反应为d，因此$E(d) \geqslant E(u)$，所以

$$q \leqslant \frac{2}{3}$$

此时，得到图13.3中博弈的混同精炼贝叶斯Nash均衡为（((L，L)，（u，d）)，$p=0.5$，$q \leqslant \frac{2}{3}$）。

（2）假设存在一个混同于行动R的精炼贝叶斯Nash均衡，发送者的战略为（R，R），则$q=0.5$。此时，接收者选择行动u和d的期望收益分别为0.5和1，所以接收者对R的最优反应为d。同时，类型为t_1和t_2的发送者分别得到的收益为0和1。但是，如果类型为t_1的发送者选择L，则由上面的分析可知，无论接收者在信息集$I_R(\{x_1, x_3\})$上的推断如何，接收者对L的最优反应都是u，这意味着类型为t_1的发送者只要选择L，就可确保得到收益1，大于选择R的收益0。因此，图13.3中博弈不存在发送者战略为（R，R）的混同精炼贝叶斯Nash均衡。

（3）假设存在发送者的战略为（L，R）的分离均衡，则接收者的两个信息集$I_R(\{x_1, x_3\})$和$I_R(\{x_2, x_4\})$都处于均衡路径之上，于是两个推断都决定于贝叶斯法则和发送者的战略：$p=1$，$q=0$。接收者在此推断下的最优反应分别为u和d，所以两种类型的发送者获得的收益都是1。此外，还需检验对给定的接收者战略（u，d），发送者的战略是否是最优的。结果是否定的。事实上，如果类型为t_2的发送者选择L，而不选择R，则接收者反应为

① 事实上，不仅接收者的推断为$p=0.5$时，接收者的最优反应为u，从接收者期望收益的表达式可以看出，在其他任何推断下，接收者的最优反应都为u。

u，自己可获得的收益为2，超过其选择 R 时的收益1。所以，图13.3博弈中不存在发送者战略为（L，R）的分离的精炼贝叶斯Nash均衡。

（4）假设存在发送者的战略为（R，L）的分离均衡，则接收者的推断必须为 $p=0$，$q=1$，于是接收者的最优反应为（u，u），此时，两种类型的发送者都可得到2的收益。此外，还需检验对给定的接收者战略（u，u），发送者不会偏离战略（R，L）。事实上，如果类型为 t_1 的发送者想偏离这一战略而选择 L，则接收者的反应将会为 u，则 t_1 的收益将减为1，于是 t_1 没有任何动机偏离 R；类似的，如果类型为 t_2 的发送者想偏离这一战略而选择 R，则接收者的反应将为 d，t_2 的收益将减为1，于是 t_2 也没有任何动机偏离 L。所以，(((R，L)，(u，u))，$p=0$，$q=1$）为图13.3中博弈的分离精炼贝叶斯Nash均衡。

例13.2　图13.4是一个发送者为三类型的信号博弈。在图中，自然的行动并没有在博弈树上表示出来，假设自然以同样的概率赋予发送者三种类型中的一种。求解该博弈的纯战略精炼贝叶斯Nash均衡。

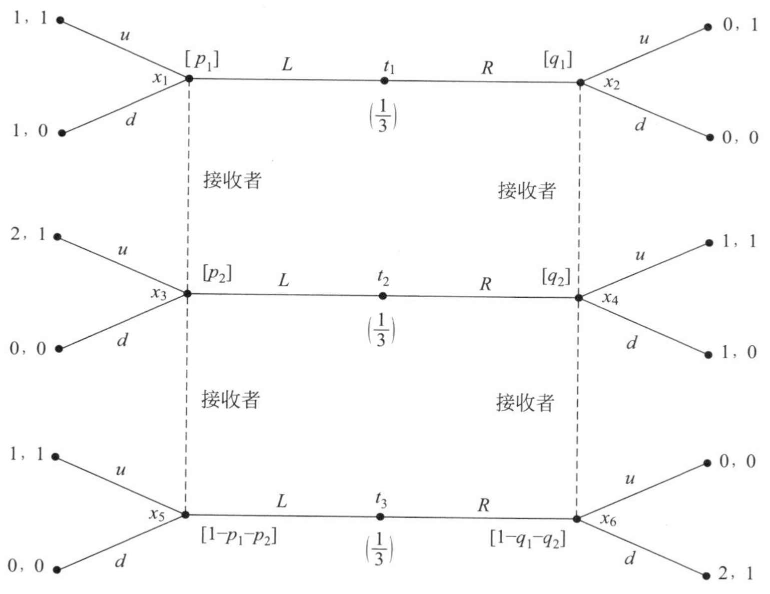

图13.4　三类型的信号博弈

在上述博弈中，发送者有8个纯战略，由于存在三种类型的发送者，而每种类型的发送者可选择的信号只有两种，因此不存在分离战略，也没有分离均衡存在。所以，该博弈的纯战略精炼贝叶斯Nash均衡为混同或部分混同均衡。

首先，考察混同均衡。假设存在一个混同于行动 L 的精炼贝叶斯Nash均衡，发送者的战略为(L，L，L)，则接收者在对应于 L 的信息集 $I_R(\{x_1, x_3, x_5\})$ 中的推断为 $p_1=p_2=1-p_1-p_2=\frac{1}{3}$，于是接收者的最优反应①为 u。此时，类型为 t_1、t_2 和 t_3 的发送者分别可得到的收益为1、2和1。

① 事实上，在其他任何推断下，接收者的最优反应也都为 u。

为了使三种类型的发送者都愿意选择 L，我们需要确保：如果发送者选择信号 R，接收者的反应（选择）给三种类型的发送者所带来的收益，小于他们选择信号 L 时的收益。由于

① 如果接收者对 R 的反应为 d，则类型为 t_3 的发送者选择 R 的收益为 2，高于自己选择 L 的收益 1。此时，类型为 t_3 的发送者不会选择 L；

② 如果接收者对 R 的反应为 u，则每种类型的发送者选择 R 得到的收益都将小于他们选择 L 时的收益。此时，所有类型的发送者都会选择 L。

因此，如果存在一个前面所假设的混同均衡，其中发送者的战略为（L，L，L），则接收者对 R 的反应必须为 u，于是接收者的战略必须为（u，u）。

此外，还需要考虑接收者在对应于 R 的信息集 $I_R(\{x_2, x_4, x_6\})$ 中的推断，以及给定这一推断时选择 u 是否最优。为了使接收者在对应于 R 的信息集 $I_R(\{x_2, x_4, x_6\})$ 上选择 u 为最优，则接收者在该信息集上的推断必须满足 $q_1+q_2 \geqslant \frac{1}{2}$。所以，图 13.4 中博弈的混同精炼贝叶斯 Nash 均衡为 $(((L, L, L), (u, u)), p_1=p_2=\frac{1}{3}, q_1+q_2 \geqslant \frac{1}{2})$。

由图 13.4 可以看到：对于类型为 t_1 的发送者，信号 R 严格劣于 L，因此不存在混同 R 的精炼贝叶斯 Nash 均衡，即任一精炼贝叶斯 Nash 均衡中发送者的战略不可能为（R，x，y）（其中 $x, y \in \{R, L\}$）。因此，在后面对部分混同均衡的分析中，也都假设类型为 t_1 的发送者选择信号 L。

假设存在发送者的战略为（L，L，R）的部分混同均衡，则接收者的两个信息集 $I_R(\{x_1, x_3, x_5\})$ 和 $I_R(\{x_2, x_4, x_6\})$ 都处于均衡路径之上，于是两个推断都决定于贝叶斯法则和发送者的战略：$p_1=p_2=\frac{1}{2}$，$q_1=q_2=0$。接收者在此推断下的最优反应分别为 u 和 d，类型为 t_1、t_2 和 t_3 的发送者得到的收益分别为 1、2 和 2。此外，容易证明：给定接收者的战略（u，d），发送者的战略（L，L，R）是最优的。因此，$(((L, L, R), (u, d)), p_1=p_2=\frac{1}{2}, q_1=q_2=0)$ 为图 13.4 中博弈的部分混同精炼贝叶斯 Nash 均衡。

假设存在发送者的战略为（L，R，L）的部分混同均衡，则接收者的两个推断为：$p_1=\frac{1}{2}$，$p_2=0$，$q_1=0$，$q_2=1$。接收者在此推断下的最优反应都为 u，类型为 t_1、t_2 和 t_3 的发送者得到的收益都为 1。但是，给定接收者战略（u，u），类型为 t_2 的发送者选择信号 L 时的收益大于选择信号 R 时的收益，因此给定接收者战略为（u，u）时，（L，R，L）并不是发送者的最优战略。所以，图 13.4 中博弈中不存在战略为（L，R，L）的部分混同精炼贝叶斯 Nash 均衡。

假设存在发送者的战略为（L，R，R）的部分混同均衡，则接收者的两个推断为：$p_1=1$，$p_2=0$，$q_1=0$，$q_2=\frac{1}{2}$。在此推断下，接收者接收到信号 L 时，其最优反应为 u，而接收到信号 R 时，认为行动 u 和 d 无差异。假设接收到信号 R 时，接收者选择 u。但是，给定接收者的战略（u，u），类型为 t_2 的发送者选择信号 L 时的收益大于选择信号 R 时的收益，所以（L，R，R）不是发送者的最优战略；假设接收到信号 R 时，接收者选择 d。但是，给定接收者的战略（u，d），类型为 t_2 的发送者选择信号 L 时的收益大于选择信号 R 时的收益，

所以 (L, R, R) 不是发送者的最优战略。因此，图 13.4 中博弈中不存在战略为 (L, R, R) 的部分混同精炼贝叶斯 Nash 均衡。

例 13.3　求解图 13.5 中博弈的精炼贝叶斯 Nash 均衡。

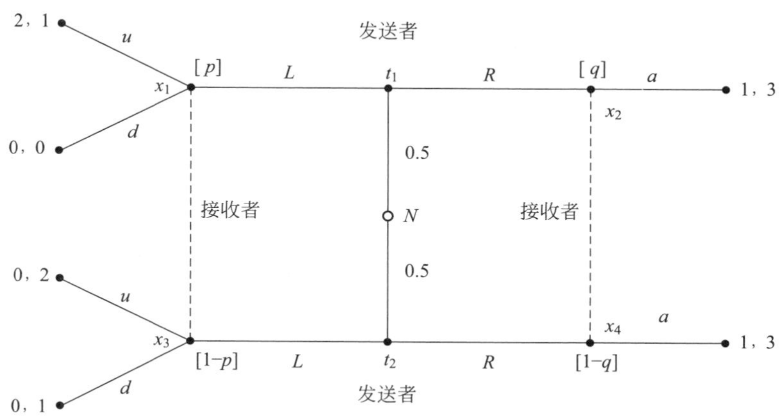

图 13.5　信号博弈

与前面所讨论的信号博弈不同，在图 13.5 中，当发送者选择信号 R 时，接收者只有一种选择 a，并且博弈结束。

在上述博弈中，接收者在信息集 $I_R(\{x_1, x_3\})$ 上有占优战略 u，因此，类型为 t_1 和 t_2 的发送者选择信号 L 的收益分别为 2 和 0，而选择信号 R 的收益都为 1。所以，类型为 t_1 的发送者只会选择信号 L，而类型为 t_2 的发送者也只会选择信号 R，因此，图 13.5 中博弈只存在唯一的纯战略精炼贝叶斯 Nash 均衡 $(((L, R), (u, a)), p=1, q=0)$。

事实上，图 13.5 中的信号博弈与图 12.3 所示的完全但不完美信息的动态博弈相似。这是因为图 13.5 中的类型 t_1 和 t_2 可以看成图 12.3 中参与人 1 的行动 L 和 M；如果信号博弈中的发送者选择了 R，则事实上博弈已经结束，与图 12.3 中参与人 1 选择 R 的情况类似。

下面通过求解图 13.4 和图 13.5 中博弈的贝叶斯 Nash 均衡来说明如何应用精炼贝叶斯 Nash 均衡对博弈的均衡进行精炼。

例 13.4　考察图 13.4 中博弈。在该博弈中，发送者有 8 个纯战略，即 (L, L, L)、(L, L, R)、(L, R, L)、(L, R, R)、(R, L, L)、(R, L, R)、(R, R, L) 和 (R, R, R)；接收者有 4 个纯战略，即 (u, u)、(u, d)、(d, u) 和 (d, d)。图 13.6 给出了图 13.4 中博弈的战略式描述。

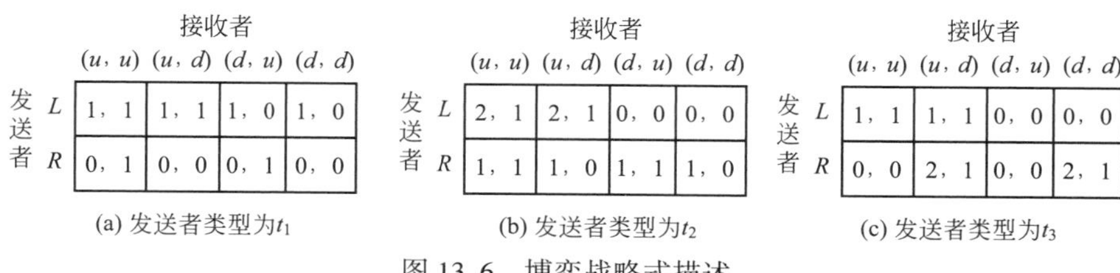

(a) 发送者类型为 t_1

发送者 \ 接收者	(u, u)	(u, d)	(d, u)	(d, d)
L	1，1	1，1	1，0	1，0
R	0，1	0，0	0，1	0，0

(b) 发送者类型为 t_2

发送者 \ 接收者	(u, u)	(u, d)	(d, u)	(d, d)
L	2，1	2，1	0，0	0，0
R	1，1	1，0	1，1	1，0

(c) 发送者类型为 t_3

发送者 \ 接收者	(u, u)	(u, d)	(d, u)	(d, d)
L	1，1	1，1	0，0	0，0
R	0，0	2，1	0，0	2，1

图 13.6　博弈战略式描述

由图 13.6 可得如下贝叶斯 Nash 均衡求解示意图（见图 13.7）。

接收者

发送者	(u, u)	(u, d)	(d, u)	(d, d)
(L, L, L)	(1，2，1)，1	(1，2，1)，1	(1，0，0)，0	(1，0，0)，0
(L, L, R)	(1，2，0)，2/3	(1，2，2)，1	(1，0，0)，0	(1，0，2)，1/3
(L, R, L)	(1，1，1)，1	(1，1，1)，2/3	(1，1，0)，1/3	(1，1，0)，0
(L, R, R)	(1，1，0)，2/3	(1，1，2)，2/3	(1，1，0)，1/3	(1，1，2)，1/3
(R, L, L)	(0，2，1)，1	(0，2，1)，2/3	(0，0，0)，1/3	(0，0，0)，0
(R, L, R)	(0，2，0)，2/3	(0，2，2)，2/3	(0，0，0)，1/3	(0，0，2)，1/3
(R, R, L)	(0，1，1)，1	(0，1，1)，1/3	(0，1，0)，2/3	(0，1，0)，0
(R, R, R)	(0，1，0)，2/3	(0，1，2)，1/3	(0，1，0)，2/3	(0，1，2)，1/3

图 13.7　贝叶斯 Nash 均衡求解示意图

从图 13.7 可以看到：对类型为 t_1 的发送者，信号 L 严格优于 R，这是因为：在图 13.7 中，给定接收者的战略，类型为 t_1 的发送者选择 L 的支付严格大于选择 R 的支付。例如，给定接收者的战略 (u, u)，当发送者战略为 (L, L, L) 时（此时类型为 t_1 的发送者选择 L），类型为 t_1 的发送者的支付为 1，而当发送者战略为 (R, L, L) 时（此时类型为 t_1 的发送者选择 R），类型为 t_1 的发送者的支付为 0。所以，接收者的战略 (R, L, L)、(R, L, R)、(R, R, L) 和 (R, R, R) 为严格劣战略（这与前面的结论一致）。因此，图 13.7 可以简化为图 13.8。

接收者

发送者	(u, u)	(u, d)	(d, u)	(d, d)
(L, L, L)	(1，2，1)，1	(1，2，1)，1	(1，0，0)，0	(1，0，0)，0
(L, L, R)	(1，2，0)，2/3	(1，2，2)，1	(1，0，0)，0	(1，0，2)，1/3
(L, R, L)	(1，1，1)，1	(1，1，1)，2/3	(1，1，0)，1/3	(1，1，0)，0
(L, R, R)	(1，1，0)，2/3	(1，1，2)，2/3	(1，1，0)，1/3	(1，1，2)，1/3

图 13.8　贝叶斯 Nash 均衡求解示意图

从图 13.8 可以看到：对于接收者，战略 (u, u) 严格优于 (d, u)，战略 (u, d) 严格优于 (d, d)，即 (d, u) 和 (d, d) 为严格劣战略（也就是说，当接收者观测到信号 L 时，行动 u 严格优于行动 d。这一点也可以从图 13.4 中清楚看到）。在剔除接收者的劣战略 (d, u) 和 (d, d) 的基础上，从图 13.8 还可以看到：对于发送者，战略 (L, L, L) 严格优于 (L, R, L)，战略 (L, L, R) 严格优于 (L, R, R)。因此，图 13.8 又可以简化为图 13.9。

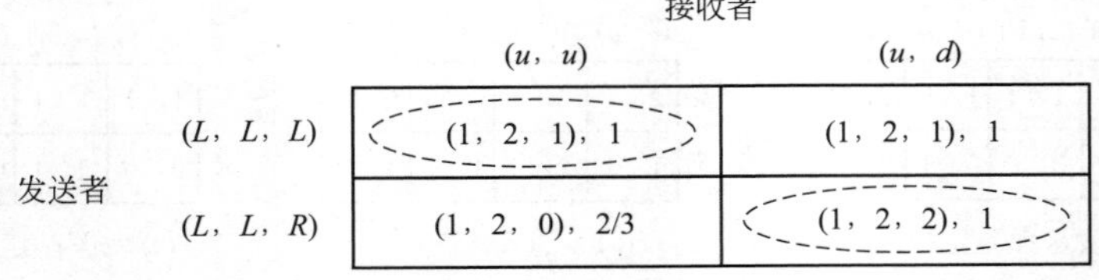

接收者

发送者	(u, u)	(u, d)
(L, L, L)	(1，2，1)，1	(1，2，1)，1
(L, L, R)	(1，2，0)，2/3	(1，2，2)，1

图 13.9　贝叶斯 Nash 均衡求解示意图

从图 13.9 可以看到：博弈存在两个纯战略贝叶斯均衡 $((L, L, L), (u, u))$ 和 $((L, L, R), (u, d))$。这与前面得到的两个纯战略精炼贝叶斯 Nash 均衡 $(((L, L, L), (u, u)), p_1=p_2=\frac{1}{3}, q_1+q_2\geqslant\frac{1}{2})$ 和 $(((L, L, R), (u, d)), p_1=p_2=\frac{1}{2}, q_1=q_2=0)$ 一致，说明对于图 13.4 中博弈，采用精炼贝叶斯 Nash 均衡也无法对博弈的解做进一步的“精炼”。

例 13.5　考察图 13.5 中博弈。在该博弈中发送者有 4 个战略，即 (L, L)、(L, R)、(R, L)和(R, R)；接收者有 2 个战略：

① (u, a)——如果发送者选择 L，则接收者选择 u，即 $s(L)=u$；如果发送者选择 R，则接收者选择 a，即 $s(R)=a$；

② (d, a)——如果发送者选择 L，则接收者选择 d，即 $s(L)=d$；如果发送者选择 R，则接收者选择 a，即 $s(R)=a$。

图 13.10 给出了图 13.5 中博弈的战略式描述。

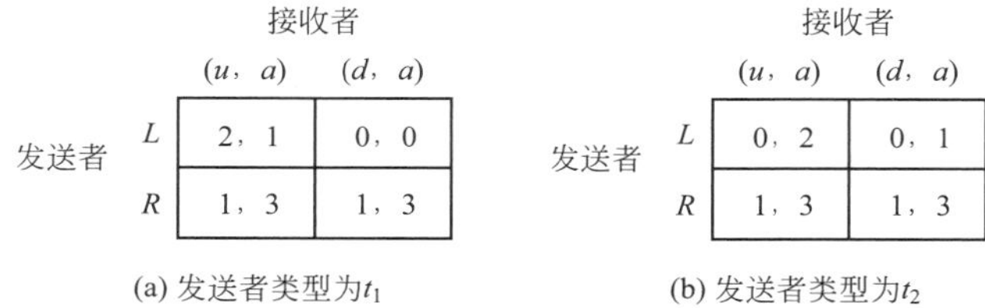

(a) 发送者类型为 t_1

发送者 \ 接收者	(u, a)	(d, a)
L	2，1	0，0
R	1，3	1，3

(b) 发送者类型为 t_2

发送者 \ 接收者	(u, a)	(d, a)
L	0，2	0，1
R	1，3	1，3

图 13.10　博弈战略式描述

由图 13.10 可得如下贝叶斯 Nash 均衡求解示意图（见图 13.11）。

发送者 \ 接收者	(u, a)	(d, a)
(L, L)	(2，0)，3/2	(0，0)，1/2
(L, R)	(2，1)，2	(0，1)，3/2
(R, L)	(1，0)，5/2	(1，0)，2
(R, R)	(1，1)，3	(1，1)，3

图 13.11　贝叶斯 Nash 均衡求解示意图

由图 13.11 可得博弈的两个贝叶斯 Nash 均衡：$((L, R), (u, a))$和$((R, R), (d, a))$。这里，均衡$((R, R), (d, a))$是一个不合理的博弈解，因为它包含了接收者的一个不可信的威胁，即当他观测到信号 L 时，威胁选择 d。事实上，这种威胁是不可信的，因为当接收者接收到信号 L 时，d 是一个严格劣战略。

结合前面的分析，可知：如果用精炼贝叶斯 Nash 均衡作为图 13.5 中博弈的解，就可直接剔除不合理的博弈解$((R, R), (d, a))$；但如果用贝叶斯 Nash 均衡作为博弈的解，则无法避免博弈解的“多重性问题”。

13.3　信号博弈的应用

信号博弈模型已被十分广泛地应用于经济领域及其他领域，本节将介绍3个经典的信号博弈模型：Spence 的劳动力市场模型、Tirole 的定价模型及 Ross 的企业资本结构模型。

13.3.1　劳动力市场模型

对信号博弈模型的系统研究始于 Spence（1973）的劳动力市场模型，该模型不仅开创了广泛运用扩展式博弈描述经济问题的先河，还较早给出了如精炼贝叶斯 Nash 均衡等的定义。Spence 的模型探讨了在劳动力市场上，当需要雇用劳动力的企业（或雇主）对出卖劳动力的工人的能力不清楚时，工人如何通过选择自己接收教育的程度向企业传递有关自己能力的信息。

在 Spence 的模型中，信号发送者为工人，信号接收者为企业，工人根据自己的能力（即类型）选择接收教育的程度（即信号），企业根据工人的教育程度决定工人的工资。Spence 的模型的时间顺序如下：

① 自然决定一个工人的生产能力 t，它可能为高（t_H）也可能为低（t_L），即 $T=\{t_H, t_L\}$。不妨设工人为高能力的概率为 $p(t_H)=q$，则 $p(t_L)=1-q$；

② 工人认识到自己的能力，并随后选择一个教育水平 $e\geqslant 0$；

③ 企业观测到工人的教育水平 e（而不是工人的能力），并根据工人的教育水平向工人提供一个工资水平 w；

④ 工人的收益为 $w-c(t, e)$，其中 $c(t, e)$ 是能力为 t 的工人得到教育 e 所花费的成本；企业的收益为 $r(t, e)-w$，其中 $r(t, e)$ 表示能力为 t 并且教育水平为 e 的工人的产出；没有雇到工人的企业收益为0。

关于上述模型，在下面的讨论中，假设：

（1）工人选择的信号——教育水平 e，可以解释为工人在学校读书时间的长短或者作为学生在学校里表现的差异等，这里可用某个实数区间的实数来表示；

（2）高能力的工人有高的生产率，即对任一教育水平 e，假设

$$r(t_H, e)>r(t_L, e)$$

并且教育不会使生产率降低，即对所有的 t 和所有的 e，有

$$\frac{\partial r(t, e)}{\partial e}\geqslant 0$$

其中，$\frac{\partial r(t, e)}{\partial e}$为能力为 t 且教育水平为 e 的工人接收进一步教育的边际生产率；

（3）较低能力的工人发出同样的信号即选择同样的教育水平，要比较高能力工人花费的成本高，也就是说，较低能力工人接收教育的边际成本要高于较高能力工人，即对所有 e

$$\frac{\partial c(t_L, e)}{\partial e}>\frac{\partial c(t_H, e)}{\partial e}$$

其中，$\frac{\partial c(t,\ e)}{\partial e}$表示能力为 t 且教育水平为 e 的工人接收进一步教育的边际成本。

关于这一假设，可以用图 13.12 进行说明。考察一个教育水平为 e_1的工人，其工资水平为 w_1（如图中点 A 所示），计算这一工人的教育水平要从 e_1提高到 e_2，需要相应提高多少工资才能够得到补偿。在图 13.12 中，I_L表示低能力工人过点（e_1，w_1）关于（e，w）的无差异曲线，I_H表示高能力工人过点（e_1，w_1）关于（e，w）的无差异曲线。由于低能力工人在点（e_1，w_1）接收进一步教育的边际成本大于高能力工人的，因此 I_L 比 I_H更为陡峭。所以，低能力的工人要将教育水平从 e_1提高到 e_2，需要相应地将工资从 w_1提高到 w_L（如图中点 C 所示），才能够得到补偿；而高能力的工人只需将工资从 w_1提高到 w_H即可（如图中点 B 所示）。显然，$w_L>w_H$。这在某种意义上与我们的直觉是相吻合的——低能力的工人要取得更高的教育水平较为困难，于是就需要工资增加得更高些，才足以补偿他的努力。

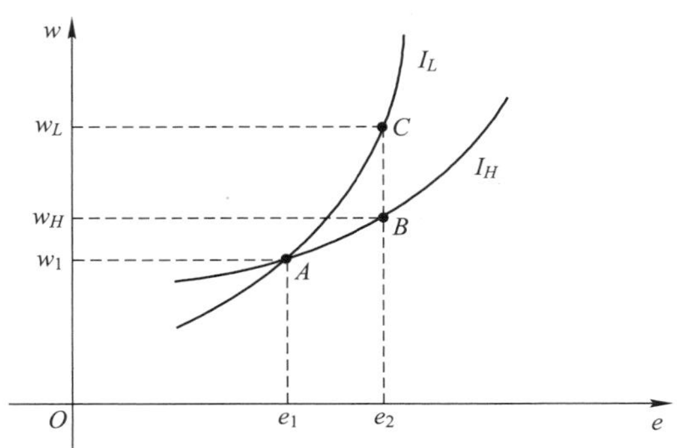

图 13.12　工人的教育-工资无差异曲线

（4）假设市场上企业之间的竞争使企业的期望利润趋于零①，因此对给定的市场，在观测到工人的教育水平 e 之后，企业提供给工人的工资将等于教育水平为 e 的工人的期望产出，即

$$w(e)=p(t_H|e)\cdot r(t_H,\ e)+(1-p(t_H|e))\cdot r(t_L,\ e) \tag{13.1}$$

其中，$p(t_H|e)$ 表示企业在观测到工人的教育水平 e 之后，推断工人能力为高的概率②。

在分析上述信号博弈的精炼贝叶斯 Nash 均衡之前，我们先考虑和它对应的完全信息博弈。也就是说，我们暂时假定工人的能力在所有参与人之间是共同知识，而不只是工人的私人信息。在这种情况下，两企业之间的竞争意味着能力为 t、教育水平为 e 的工人可得到的工资为：

$$w(e)=r(t,\ e)$$

因此，对于能力为 t 的工人，其选择的最优教育水平 $e^*(t)$ 满足：

$$\max_e r(t,\ e)-c(t,\ e)$$

① 正是基于这样的假设，在 Spence 的模型中，才可以用单一的信号接收者（企业）来代替市场上的两个或多个企业。

② 为了保证企业将永远给出等于工人期望产出的工资，我们还需要加上另一假定：观测到工人的教育水平 e 之后，所有企业所持有的关于工人能力的推断是相同的。

令 $w^*(t)=r(t, e^*(t))$，在图 13.13 中，点 A（即低能力工人的产出曲线 $r(t_L, e)$ 与低能力工人的无差异曲线 I_L的相切点）表示低能力的工人面临上述优化问题所得到的最优解，点 B（即高能力工人的产出曲线 $r(t_H, e)$ 与高能力工人的无差异曲线 I_H的相切点）表示高能力的工人面临上述优化问题所得到的最优解。

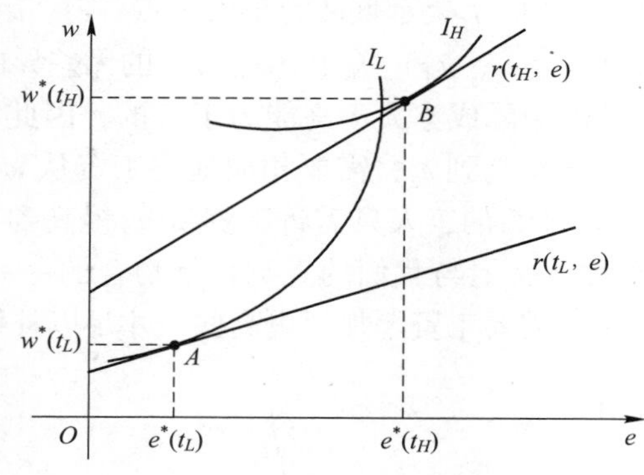

图 13.13 完全信息下的均衡

Spence（1973，1974）在相关文献中对不完全信息劳动力市场模型的解——精炼贝叶斯 Nash 均衡进行了详尽分析，下面将对已有的结论进行介绍，并在此基础上对各类精炼贝叶斯 Nash 均衡的存在性条件及多重性问题进行探讨。

与一般的信号博弈模型相同，Spence 的信号博弈模型也可以存在 3 类精炼贝叶斯 Nash 均衡：混同均衡、分离均衡及杂合均衡，而且每一类均衡的存在都十分广泛，下面分情况进行讨论。

1. 混同均衡讨论

假设两种类型的工人都选择单一的教育水平 e_p，根据信号博弈精炼贝叶斯 Nash 均衡的信号条件(3)，企业在观测到 e_p之后的推断必须等于其先验分布，即 $p(t_H|e_p)=q$。根据信号条件(2R)，在该推断下，企业必须选择使其期望收益最大的工资。由于假设市场上企业间的竞争使企业的期望收益为 0，因此在观测到 e_p之后，企业给出的工资由式(13.1) 决定，即

$$w_P=q\cdot r(t_H, e_p)+(1-q)\cdot r(t_L, e_p) \tag{13.2}$$

为完成对上述混同精炼贝叶斯 Nash 均衡的描述，还必须满足：

信号条件(2S)——证明两种类型的工人对企业战略 w_P的最优反应都是选择 $e=e_p$；

信号条件(4)——对不属于均衡教育选择的 $e\neq e_p$，明确企业的推断 $p(t_H|e)$ 及其战略。

由于信号博弈精炼贝叶斯 Nash 均衡中的信号条件(1)~(4)，对接收者在非均衡路径上的推断未加任何限制，因此不妨设企业推断为

$$p(t_H|e)=\begin{cases}0, & e\neq e_p\\ q, & e=e_p\end{cases} \tag{13.3}$$

也就是企业推断任何不等于 e_p的教育水平都意味着工人是低能力的。因此，由式（13.2）可知，企业的战略为

$$w(e)=\begin{cases}r(t_L,\ e),\ e\neq e_p\\ w_P,\ e=e_p\end{cases} \tag{13.4}$$

此时，能力为 t 的工人将选择满足下式的 e

$$\max_e w(e)-c(t,\ e) \tag{13.5}$$

在图 13.14 中，I_H表示与产出曲线 $r(t_L,\ e)$ 相切于点 $(e^*(t_H),\ w^*(t_H))$ 的高能力工人的无差异曲线，I_L表示与产出曲线 $r(t_L,\ e)$ 相切于点 $(e^*(t_L),\ w^*(t_L))$ 的低能力工人的无差异曲线，因此点 $(e^*(t_H),\ w^*(t_H))$ 和 $(e^*(t_L),\ w^*(t_L))$ 分别是当 $e\neq e_p$时优化问题（13.5）对应于 t_H和 t_L的最优解。I'_H和 I'_L分别为高能力工人和低能力工人通过点 $(e_p,\ w_p)$ 的无差异曲线，e'、e''分别为无差异曲线 I_H和 I_L与期望工资函数 $w(e)=q\cdot r(t_H,\ e)+(1-q)\cdot r(t_L,\ e)$ 交点处的教育水平，e'''为高能力工人通过点 $(e_p,\ w_p)$ 的无差异曲线 I'_H与期望工资函数 $w(e)=q\cdot r(t_H,\ e)+(1-q)\cdot r(t_L,\ e)$ 的交点所对应的教育水平。

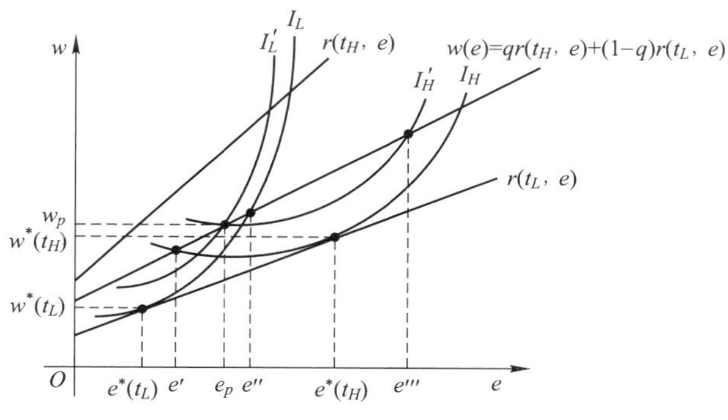

图 13.14 混同均衡示意图

对于图 13.14 中给定的生产函数（即产出曲线）和无差异曲线，以及式（13.4）所确定的企业的战略，低能力的工人选择其他任何 $e\neq e_p$时的无差异曲线都不会在 I_L的上方，而选择教育水平 e_p时的无差异曲线 I'_L却是位于 I_L上方的，因此选择教育水平 e_p为低能力工人在优化问题(13.5)中的最优选择；高能力的工人选择其他任何 $e\neq e_p$时的无差异曲线都不会在 I_H的上方，而选择教育水平 e_p时的无差异曲线 I'_H又是位于 I_H上方的，因此选择教育水平 e_p为高能力工人在优化问题(13.5)中的最优选择。

综上分析，可知：对于图 13.14 给定的参与人的无差异曲线、生产函数及图中 e_p的值，工人的战略 $(e(t_L)=e_p,\ e(t_H)=e_p)$ 及由式(13.3)和式(13.4)所确定的企业推断 $p(t_H|e)$ 和战略 $w(e)$ 共同构成博弈的混同精炼贝叶斯 Nash 均衡。

在图 13.14 所示的例子中，同样的无差异曲线和生产函数，还存在许多其他的混同精炼贝叶斯均衡。例如，工人选择区间 $[e',\ e'']$ 上的任一教育水平 $\hat{e}(\hat{e}\neq e_p)$，同时在式(13.2)～式(13.4)中用 $\hat{e}$ 替换 e_p，则得到的企业的推断和战略与工人的战略 $(e(t_L)=\hat{e},\ e(t_H)=\hat{e})$ 构成了另外一个混同精炼贝叶斯 Nash 均衡。

除了通过改变工人在均衡路径中选择的教育水平外，重新设定企业在均衡路径之外的推断，也可得到新的混同精炼贝叶斯 Nash 均衡。例如，假设企业的推断满足式（13.3），只不过教育水平高于 e'''时，企业推断工人的类型根据其先验概率随机分布，即

$$p(t_H|e)=\begin{cases}0, & e\leqslant e''' \quad (\text{但 } e\neq e_p)\\ q, & e=e_p\\ q, & e>e'''\end{cases}$$

则企业的战略为：

$$w(e)=\begin{cases}r(t_L, e), & e\leqslant e''' \quad (\text{但 } e\neq e_p)\\ w_p, & e=e_p\\ w_p, & e>e'''\end{cases}$$

上述企业的推断和战略及工人的战略（$e(t_L)=e_p$，$e(t_H)=e_p$）同样构成博弈的混同精炼贝叶斯 Nash 均衡。

在 Spence 的信号博弈模型中，混同均衡是否存在与工人具体的无差异曲线和生产函数有关，在图 13.14 中，存在许多混同精炼贝叶斯 Nash 均衡，但对于图 13.15 中给定的工人的无差异曲线和生产函数，不存在教育水平 e_p，使工人的战略（$e(t_L)=e_p$，$e(t_H)=e_p$）及由式(13.3)和式(13.4)所确定的企业推断 $p(t_H|e)$ 和战略 $w(e)$ 共同构成博弈的混同精炼贝叶斯 Nash 均衡。

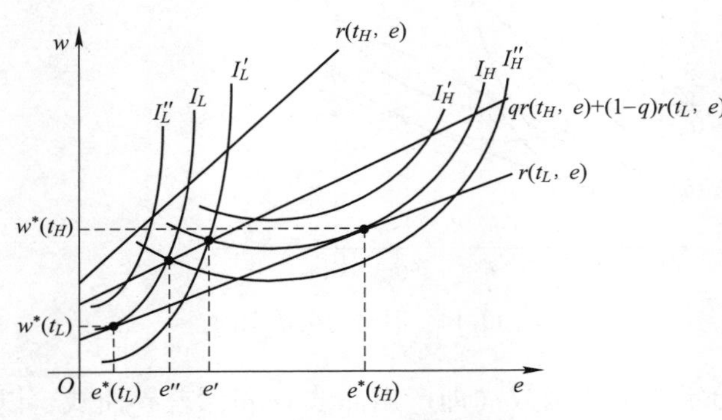

图 13.15　不存在混同均衡的情形

2. 分离均衡的讨论

在 Spence 的信号博弈模型中，是否存在分离的精炼贝叶斯 Nash 均衡及均衡的形式如何，与工人的无差异曲线和生产函数的形式有关。

对于图 13.16 所给定的工人的无差异曲线和生产函数，假设工人的战略为：

$$e(t)=\begin{cases}e^*(t_L), & t=t_L\\ e^*(t_H), & t=t_H\end{cases} \tag{13.6}$$

则企业在观测到两个教育水平中任何一个后的推断为 $p(t_H|e^*(t_H))=1$，$p(t_H|e^*(t_L))=0$，企业相应的战略为 $w(e^*(t_L))=w^*(t_L)$，$w(e^*(t_H))=w^*(t_H)$。

与对混同均衡的讨论相似，要完成对这一分离精炼贝叶斯 Nash 均衡的描述，还需要：明确非均衡的教育水平被选中时企业的推断 $p(t_H|e)$ 及其战略 $w(e)$；证明能力为 t 的工人对企业战略 $w(e)$ 的最优反应就是选择 $e=e^*(t)$。

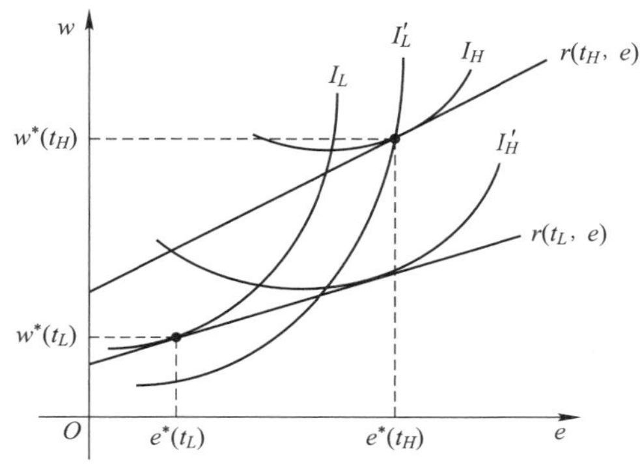

图 13.16　分离均衡示意图

不妨设企业对非均衡的教育水平的推断为：

$$p(t_H|e)=\begin{cases}0, & e<e^*(t_H)\\ 1, & e\geqslant e^*(t_H)\end{cases} \tag{13.7}$$

于是，企业相应的战略为：

$$w(e)=\begin{cases}r(t_L, e), & e<e^*(t_H)\\ r(t_H, e), & e\geqslant e^*(t_H)\end{cases} \tag{13.8}$$

给定企业的上述推断及其战略，由于

（1）高能力工人选择任一 $e>e^*(t_H)$ 时的无差异曲线都位于过点（$e^*(t_H)$，$w^*(t_H)$）的无差异曲线 I_H 的下方，同时选择任一 $e<e^*(t_H)$ 时的无差异曲线都不会位于与生产函数 $r(t_L, e)$ 相切的无差异曲线 I'_H 的上方；

（2）低能力工人选择任一 $e<e^*(t_H)(e\neq e^*(t_L))$ 时的无差异曲线都位于过点（$e^*(t_L)$，$w^*(t_L)$）的无差异曲线 I_L 的下方，同时选择任一 $e\geqslant e^*(t_H)$ 时的无差异曲线都不会位于过点（$e^*(t_H)$，$w^*(t_H)$）的无差异曲线 I'_L 的上方。

因此，式(13.6)所确定的工人的战略是对企业战略 $w(e)$ 的最优反应。

综上分析，可知：对于图 13.16 给定的参与人的无差异曲线与生产函数，工人的战略（$e(t_L)=e^*(t_L)$，$e(t_H)=e^*(t_H)$）及由式(13.7)和式(13.8) 所确定的企业推断 $p(t_H|e)$ 和战略 $w(e)$ 共同构成博弈的分离精炼贝叶斯 Nash 均衡。

在图 13.17 中，I_H 和 I_L 分别为高能力工人通过点（$e^*(t_H)$，$w^*(t_H)$）和低能力工人通过点（$e^*(t_L)$，$w^*(t_L)$）的无差异曲线，I'_L 为低能力工人通过点（$e^*(t_H)$，$w^*(t_H)$）的无差异曲线，e'_S 为无差异曲线 I_L 与生产函数 $r(t_H, e)$ 的交点所对应的教育水平，I'_H 为高能力工人通过点（e'_S，$r(t_H, e'_S)$）的无差异曲线，I''_H 为高能力工人与生产函数 $r(t_L, e)$ 相切的无差异曲线，e''_S 为无差异曲线 I''_H 与生产函数 $r(t_H, e)$ 的交点所对应的教育水平。

对于图 13.17 所给定的无差异曲线和生产函数，前面所讨论的分离均衡是不存在的。这是因为给定由式(13.8)所确定的企业战略 $w(e)$，低能力工人的最优反应不是 $e^*(t_L)$ 而是 $e^*(t_H)$（因为无差异曲线 I'_L 位于 I_L 的上方），也就是说，在这种情况下低能力工人会冒充高能力工人。

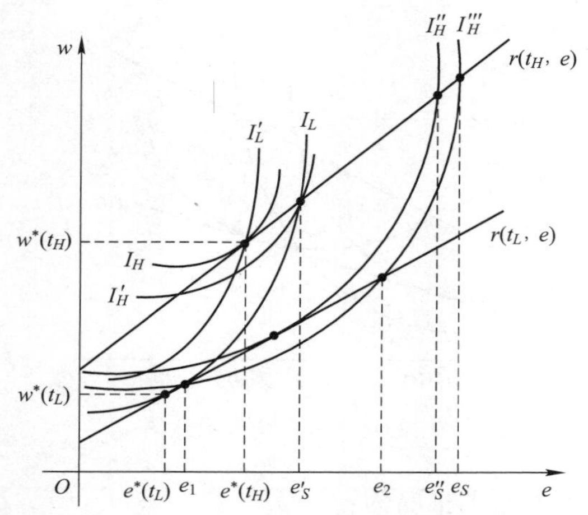

图 13.17　高能力工人选择更高教育水平的分离均衡

为了使低能力工人不冒充高能力工人，高能力工人必须选择更高的教育水平，例如选择$e=e'_S$。可以证明：在式(13.6)~式(13.8)中用e'_S替换$e^*(t_H)$，得到的工人的战略与企业的推断及战略构成博弈的一个分离精炼贝叶斯 Nash 均衡。

高能力工人选择一个更高的教育水平，以使自己与低能力工人分离开，但这种选择也是有限度的。在图 13.17 中，当高能力工人选择一个高于e''_S的教育水平（如e_S）时，其无差异曲线I'''_H位于I''_H的下方；但是，若他（指高能力工人）选择e_1和e_2之间的某一教育水平，即使企业认为他是低能力的，其无差异曲线都会位于I'''_H的上方，也就是说，高能力工人宁愿自己被认为是低能力的，也不会选择高于e''_S的教育水平。

进一步还可以证明：高能力工人选择区间$[e'_S, e''_S]$中的任一教育水平e_S，并在式(13.6)~式(13.8)中用e_S替换$e^*(t_H)$，都可得到一个分离精炼贝叶斯 Nash 均衡。

在图 13.17 中，高能力工人为了使自己与低能力工人分离开，会选择一个高于完全信息下的均衡教育水平，但得到的却是低于完全信息下的效用水平。这意味着：在 Spence 的模型中，不完全信息不仅有可能使教育过度消费，而且还使社会（参与人）的福利下降。

3. 杂合均衡讨论

在杂合均衡中，一种类型的工人肯定选择某一教育水平，而另一种类型随机选择是与前一种类型混同（通过选择前一类型的教育水平），还是与前一类型分离（通过选择不同的教育水平）。下面假设低能力工人选择教育水平e_h，但高能力工人随机选择e_h（以π的概率）或e_H（以$1-\pi$的概率）。

根据贝叶斯法则，企业在观测到e_h或e_H后的推断为：

$$p(t_H|e)=\begin{cases}1, & e=e_H\\ \dfrac{q\pi}{q\pi+(1-q)}, & e=e_h\end{cases} \tag{13.9}$$

关于上式，可从以下三方面理解：

① 由于低能力工人总是选择e_h，但高能力工人只以π的概率选择e_h，因此观测到e_h，就说明工人为高能力的概率要更低一些，即$p(t_H|e_h)<q$；

② 当π趋于0时，高能力工人几乎不会和低能力工人混同．于是$p(t_H|e_h)$趋于0；

③ 当 π 趋于 1 时，高能力工人几乎总是和低能力工人混同，于是 $p(t_H|e_h)$ 趋于先验推断 q。

当企业观测到 e_H时，高能力工人可与低能力工人相分离，推断 $p(t_H|e_H)=1$ 意味着工资函数为：

$$w(e_H)=r(t_H,\ e_H)$$

当企业观测到 e_h时，由式（13.1）与式（13.9）可知，企业所给出的工资函数 w_h为：

$$w_h=\frac{q\pi}{q\pi+(1-q)}\cdot r(t_H,\ e_h)+\frac{(1-q)}{q\pi+(1-q)}\cdot r(t_L,\ e_h) \tag{13.10}$$

令 $v=\frac{q\pi}{q\pi+(1-q)}$，由于$\frac{q\pi}{q\pi+(1-q)}<q$，因此，在图 13.18 中，工资函数 w_h位于生产函数 $r(t_H,\ e)$ 和 $r(t_L,\ e)$ 之间，且位于工资函数 $w(e)=q\cdot r(t_H,\ e)+(1-q)\cdot r(t_L,\ e)$ 的下方。

由于高能力工人愿意随机选择分离结果 e_H或混同结果 e_h，因此，企业的工资函数必须使得工人在两者间的选择是无差异的，也就是说，对高能力工人来讲，分离结果 e_H和混同结果 e_h必须位于同一无差异曲线上。利用这一性质，可在图 13.18 中构造我们所希望的杂合均衡。

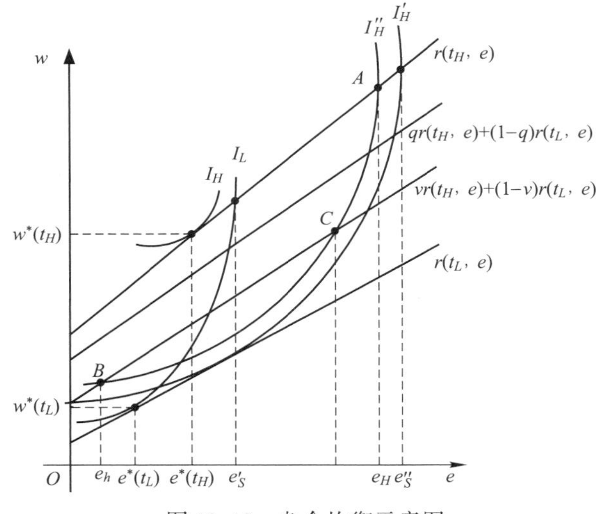

图 13.18　杂合均衡示意图

由前面的分析可知：对于图 13.18 所给定的参与人无差异曲线和生产函数，高能力工人选择区间 $[e'_S,\ e''_S]$ 中任一教育水平，可使自己与低能力工人分离。令 e_H为区间 $[e'_S,\ e''_S]$ 中满足如下条件的某一教育水平：

① 高能力工人过点（e_H，$r(t_H,\ e_H)$）（即 A 点）的无差异曲线 I''_H位于生产函数 $r(t_L,\ e)$ 的上方；

② I''_H与工资函数 $w_h=v\cdot r(t_H,\ e)+(1-v)\cdot r(t_L,\ e)$ 相交，交点为 B 与 C，其中 B 位于 I_L的上方。

因此，在图 13.18 中，A 点即为我们所寻找的分离结果 e_H，B 点为混同结果 e_h，而 B 点所对应的教育水平即为 e_h。给定 B 点，即可得到所对应的工资 w_h，并根据式（13.10）即可

求出概率 v，在此基础上，可得：

$$\pi=\frac{(1-q)v}{q(1-v)} \tag{13.11}$$

为完成对图 13.18 中杂合精炼贝叶斯 Nash 均衡的描述，不妨设企业的推断为：

$$p(t_H|e)=\begin{cases}0, & e<e_H\ (\text{但 } e\neq e_h)\\ \dfrac{q\pi}{q\pi+(1-q)}, & e=e_h\\ 1, & e\geqslant e_H\end{cases}$$

于是，企业的战略为：

$$w(e)=\begin{cases}r(t_L,\ e), & e<e_H\ (\text{但 } e\neq e_h)\\ w_h, & e=e_h\\ r(t_H,\ e), & e\geqslant e_H\end{cases}$$

要完成上述杂合均衡的构造，还需证明：工人的战略（即 $e(t_L)=e_h$，$e(t_H)$ 为以 π 的概率为 e_h，以 $1-\pi$ 的概率为 e_H）是企业战略的最优反应。下面给出证明。

在图 13.18 中，由于 e_h所对应的 B 点位于 I_L的上方，因此低能力工人选择 e_h时的无差异曲线也就位于 I_L的上方；而对于给定的企业战略，低能力工人选择任何 $e\neq e_h$时的无差异曲线都不可能位于 I_L的上方，因此低能力工人选择 e_h是企业战略的最优反应。

在图 13.18 中，给定企业的战略，高能力工人选择任意 $e>e_H$时的无差异曲线都位于 I''_H的下方，同时，由于 I''_H位于生产函数 $r(t_L,\ e)$ 的上方，因此高能力工人选择任意 $e<e_H$（$e\neq e_h$）时的无差异曲线也都位于 I''_H的下方，所以高能力工人选择 e_H是企业战略的最优反应。同样可以证明：高能力工人选择 e_h是企业战略的最优反应。

对所构造的杂合均衡做进一步的分析，可以发现：

① 从对分离均衡的讨论中可以看到：存在工人战略为（$e(t_L)=e^*(t_L)$，$e(t_H)=e_H$）的分离均衡。与该分离均衡相比，在杂合均衡中，虽然高能力工人的效用水平没有发生改变，但低能力工人的效用却提高了，因此杂合均衡是对分离均衡效率的改进。从这个意义上讲，杂合均衡虽然形式复杂且难以理解，但仍具有存在的现实性和发生的可能性。

② 从上述杂合均衡的构造过程可以看到，杂合均衡能否构造出来及具体形式如何，取决于所给定的参与人的无差异曲线和生产函数。

③ 由式（13.11）可知：当 $v\to 0$ 时，$\pi\to 0$，$w_h\to r(t_L,\ e)$ 且 $e_h\to e^*(t_L)$，因此图 13.17 所描述的分离均衡就是所构造的杂合均衡的极限情况；而当 $v\to q$ 时，$\pi\to 1$，因此图 13.14 所描述的混同均衡就是所构造的杂合均衡的极限情况。

13.3.2 产品定价模型

Tirole 的产品定价模型考察的是，生产某种产品的垄断厂商如何通过对产品的定价，向消费者传递有关自己产品的质量信息。

在产品市场上，厂商知道自己产品的质量，但消费者不知道。假设消费者认为，产品的质量要么好（G）要么差（B），而好的概率为 q。如果质量为 G，消费者得到的剩余为 X，

而质量 B 给消费者的剩余为零。因此，消费者购买产品的效用为：

$$u(p,\ t)=\begin{cases}X-p, & t=G\\ -p, & t=B\end{cases}$$

其中，p 为产品的价格。对于生产者，如果产品的质量为 G，则它的单位生产成本为 c^G，其他情况下成本为 c^B，其中 $c^G>c^B$。

假设存在两个时期，消费者在每个时期可以购买一个单位的产品。如果一个消费者在 $t=1$ 时期购买了该产品，他便知道了产品的质量，于是他在 $t=2$ 时期购买时就具备了对称信息。为了简化，假设如果消费者在 $t=1$ 时没有购买，则他在 $t=2$ 时也不购买。

由于假设厂商是一个垄断者，因此容易知道厂商在 $t=2$ 时期的最优策略。因为在 $t=2$ 时期消费者知道了质量，如果质量为 G，他们就愿意支付任何的 $p_2\leqslant X$，而如果质量为 B，则他们就不会购买。因此对于 G，价格将是 $p_2=X$，而对于 B，则没有市场。消费者在 $t=2$ 时期的支付恰好等于该产品所值。

Tirole 在相关文献中对上述垄断厂商定价问题进行了研究，下面将应用标准的信号博弈模型对该问题进行建模，并对其解进行探讨。

上述厂商定价问题可以看成是两阶段的动态博弈问题，其中在 $t=1$ 时期，厂商和消费者所面临的是一个不完全信息下的动态博弈问题；而在 $t=2$ 时期，消费者知道产品的质量，具有完全信息，厂商和消费者所面临的是一个完全信息下的动态博弈问题。因此，只需应用信号博弈模型对 $t=1$ 时期进行建模。在所建立的模型中，博弈的时间顺序如下：

① 自然决定厂商产品的质量 t，它可能为好（G）也可能为差（B），即 $T=\{G,\ B\}$，其中 $p(G)=q$，则 $p(B)=1-q$；

② 厂商观测到自己产品的质量，并随后选择产品价格 $p\geqslant 0$；

③ 消费者观测到产品的价格（而不是产品的质量），并根据产品的价格决定自己的行动 a——购买或不购买；

④ 厂商的收益为 $u_S(p,\ t,\ a)$，消费者的收益为 $u_R(p,\ t,\ a)$。

在求解上述信号博弈模型之前，需对模型做如下说明：

① 由于产品给消费者带来的剩余不超过 X，因此产品的价格 $p\leqslant X$；

② 消费者面临是一个 0-1 决策问题，即购买（$a=1$）或不购买（$a=0$）；

③ 虽然模型描述的是厂商和消费者在 $t=1$ 时期的决策，但由于可以直接求出厂商和消费者在 $t=2$ 时期的决策，因此在构建厂商和消费者的收益函数时，出于求解问题方便的需要，使其不仅含有 $t=1$ 时期的收益，而且还含有 $t=2$ 时期的收益。具体来讲就是，厂商生产时的收益函数 $u_S(p,\ t,\ a)$ 为：

$$u_S(p,\ t,\ a)=\begin{cases}a\cdot[(p-c^G)+\delta\cdot(X-c^G)], & t=G\\ a\cdot(p-c^B), & t=B\end{cases}$$

其中，$\delta\in(0,\ 1)$ 是未来收入的贴现率。消费者的收益函数 $u_R(p,\ t,\ a)$ 为：

$$u_R(p,\ t,\ a)=\begin{cases}a\cdot(X-p), & t=G\\ -a\cdot p, & t=B\end{cases}$$

下面分情况对模型的解——精炼贝叶斯 Nash 均衡进行讨论。

1. 混同均衡

假设两类质量的产品都定价为 p_E，在观测到产品价格 p_E 后，消费者对产品质量的推断为 $p(G|p_E)=q$，$p(B|p_E)=1-q$，消费者的战略为：

$$a\ (p_E)\ =\begin{cases}1，qX\geqslant p_E\\0，qX<p_E\end{cases}$$

不妨设消费者在观测到其他价格后的推断为：

$$p(G|p)=\begin{cases}0，p\neq p_E\\q，p=p_E\end{cases}$$

于是，其战略为：

$$a(p)=\begin{cases}1，&p=p_E\text{且}\ qX\geqslant p_E\\0，&p=p_E\text{且}\ qX<p_E\\0，&p\neq p_E\end{cases}$$

对于上述消费者的推断和战略，容易证明：厂商的最优反应为 $p_E=qX$。因此，市场上存在混同价格为 $p_E=qX$ 的均衡。但是，需要说明的是，这种均衡的存在是有条件的，如果 $qX<c^B$（或 $(qX-c^G)+\delta\cdot(X-c^G)<0$），质量为 B（或 G）的厂商生产时将会亏损，因此厂商不会生产。此时，不存在上面所讲的混同均衡。

2. 分离均衡

假设质量为 G 的产品定价为 p_G，质量为 B 的产品定价为 p_B，在分离均衡中，无论消费者的推断如何，如果 $p_B\leqslant c^B$，质量为 B 的厂商生产都将亏损，因此如果 $p_G<c^B$，质量为 G 的厂商就可使自己与质量为 B 的厂商分离。假设 $p_G<c^B$，则质量为 B 的厂商不生产，此时消费者的推断为：

$$u(G|p)=\begin{cases}0，p\geqslant c^B\\1，p<c^B\end{cases}$$

于是，其战略为：

$$a(p)=\begin{cases}0，p\geqslant c^B\\1，p<c^B\end{cases}$$

对于上述消费者的推断和战略，容易证明：$p_G<c^B$是质量为 G 的厂商的最优反应。因此，市场上存在分离均衡——质量为 B 的厂商不生产，质量为 G 的厂商定价为 $p_G(p_G<c^B)$。在该均衡中，质量为 G 的厂商通过在 $t=1$ 时期的低价，向消费者传递了自己的质量为 G 的信息，从而确保获得 $t=2$ 时期的收益。在现实生活中，这一均衡可以被用来解释为什么有些产品最初的售价是较低的，而只有在消费者知道了产品的质量后才会提价。例如，当某食品首次出现在市场上时，常常是以低价出售的。

同样，上述分离均衡的存在也是有条件的。在分离均衡中，质量为 G 的厂商可能获得的最大收益不会超过 $(c^B-c^G)+\delta(X-c^G)$，如果 $\delta(X-c^G)<c^G-c^B$，也就是厂商在 $t=2$ 时期收益的现值不能弥补厂商在 $t=1$ 时期的亏损时，质量为 G 的厂商也不会生产，上述分离均衡也

就不存在。与此同时，如果还有 $qX<c^B$，则混同均衡也不存在。这种均衡不存在的情形可以用来解释：某些厂商生产的产品虽然质量很高，但如果存在造假（即生产低质量的产品）的可能性，这种产品就可能生产不出来，尤其是当高质量产品的成本与造假的成本相距较大（即 c^G-c^B 较大），并且造假容易发生时（即 q 很小）。

13.3.3　企业资本结构模型

传统的金融理论认为：企业的价值与企业的资本结构无关。然而，这一结论在不对称信息下却不一定正确。Ross（1977）发现：当企业（或企业经理）与投资者之间存在信息不对称时，企业可以通过对资本结构的选择来传递企业的内部信息，进而对企业的市场价值产生影响。下面对 Ross 这一结论进行分析。

在 Ross 的模型中，假设：

① 企业经理知道真实的企业收入分布函数，但投资者并不知道；

② 企业经理的效用函数与企业市场价值（如股票价值）有关，并且是关于企业市场价值的增函数，但如果企业破产，企业经理将受到惩罚（如名誉损失等）；

③ 投资者可以观测到企业的负债水平，企业通过选择负债水平，来向投资者传递有关企业收入方面的信息。

以上三个假设，前面两个容易理解，第三个可以这样解释：一个企业破产的概率与企业质量（如收入）负相关，但与企业的负债水平正相关，低质量的企业不敢过度举债（即选择过高的负债水平），但高质量的企业却敢。因此，企业对负债水平的选择可以传递有关企业质量方面的信息。

假设在 $t=1$ 时期企业的收入 x 在区间 $[0, k]$ 内均匀分布，企业经理知道 k，但投资者不知道具体的 k，只知道 k 在某个区间的分布；企业经理选择负债水平 D，使企业在 $t=0$ 时期的市场价值和在 $t=1$ 时期的期望价值的加权和最大化，即

$$u(D, k)=(1-\gamma)V_0(D)+\gamma V_1(D, k)$$

其中，$V_0(D)$、$V_1(D, k)$ 分别为给定负债水平 D 时，企业在 $t=0$ 时期的股票价值（即市场价值）和在 $t=1$ 时期的期望价值；γ 为权重系数。

当企业经理选择负债水平 D 时，他预测到投资者将从 D 推断 k，从而决定 $V_0(D)$。如果企业经理选择 D 时投资者认为企业收入 k 的期望值是 $\hat{k}(D)$，则企业的股票价值（即市场价值）为：

$$V_0(D)=\frac{\hat{k}(D)}{2}$$

企业在 $t=1$ 时期的期望价值包括两部分：企业收入 x 的期望价值 $\frac{k}{2}$ 和企业破产时企业经理所面临的惩罚。用 L 表示企业破产时，企业经理必须支付的罚金。当企业经理选择负债水平 D 时，企业破产的概率为 $\frac{D}{k}$，因此企业经理所面临的惩罚为 $\frac{D}{k}\cdot L$。所以，企业在 $t=1$ 时期的期望价值为：

$$V_1(D,\ k)=\frac{k}{2}-\frac{D}{k}\cdot L$$

综上，可将企业经理的目标函数表示为：

$$u(D,\ k)=(1-\gamma)\frac{\hat{k}(D)}{2}+\gamma\left(\frac{k}{2}-\frac{D}{k}\cdot L\right) \tag{13.12}$$

为了分析简便，不失一般性，假设 k 服从两点分布，即 k 要么为高值 k^G（表示企业为高质量类型），要么为低值 k^B（表示企业为低质量类型）（$k^G>k^B$），且 $p(k^G)=q$，$p(k^B)=1-q$。在完全信息下，投资者知道 k 的取值，因此无论企业类型如何，企业都会选择 $D=0$，以使自己的目标函数最大化。

如果投资者不具备有关 k 的信息，而且如果他观察到的是对称信息下最优的负债水平 $D=0$，那么他就不知道企业是好的类型还是差的类型，由此可知，对于一个 k 值高的企业，$V_0(D)$ 的值$\left(\text{即}\frac{\hat{k}(D)}{2}\right)$①将小于企业的真正价值$\left(\text{即}\frac{k^G}{2}\right)$。此时，好企业就希望能够以某种方式去传递他们类型的信号。

对于好企业来讲，负债水平就是一种传递信号的方法，这是因为在企业目标函数的表达式中，k 值越大，产生负债的成本就越低，这是负债水平能传递 k 值的一个必要条件；其次，如果好企业能够通过选择不同于差企业的负债水平，改变投资者关于自己是好企业的信念（即使 $p(k^G)$ 增大），从而使 $V_0(D)$ 增大，也能够使企业的目标函数值增大。这是企业愿意偏离对称信息下的最优选择的诱因。

好企业是否一定能够通过选择不同的负债水平去传递关于他们类型的信号呢？这就要看市场上是否存在一个分离均衡，使得在此均衡中负债水平能传递企业在 $t=0$ 时期价值的信号。对于给定的条件，假设分离均衡中好企业选择的负债水平为 D^G，差企业选择的负债水平为 D^B，此时投资者的推断为：

$$p(k^G\mid D)=\begin{cases}0,\ D=D^B\\1,\ D=D^G\end{cases} \tag{13.13}$$

在上述推断下，企业的战略（即好企业选择负债水平 D^G，差企业选择负债水平 D^B）要成为均衡路径上的最优反应，就必须满足：

① 好企业选择负债水平 D^G 优于选择 D^B，即 $u(D^G,\ k^G)\geqslant u(D^B,\ k^G)$；

② 差企业选择负债水平 D^B 优于选择 D^G，即 $u(D^B,\ k^B)\geqslant u(D^G,\ k^B)$。

根据式(13.12)，可将上述条件表示为：

$$(1-\gamma)\frac{\hat{k}(D^G)}{2}+\gamma\left(\frac{k^G}{2}-\frac{D^G}{k^G}\cdot L\right)\geqslant(1-\gamma)\frac{\hat{k}(D^B)}{2}+\gamma\left(\frac{k^G}{2}-\frac{D^B}{k^G}\cdot L\right)$$

$$(1-\gamma)\frac{\hat{k}(D^B)}{2}+\gamma\left(\frac{k^B}{2}-\frac{D^B}{k^B}\cdot L\right)\geqslant(1-\gamma)\frac{\hat{k}(D^G)}{2}+\gamma\left(\frac{k^B}{2}-\frac{D^G}{k^B}\cdot L\right)$$

---

① 注意，此时 $\hat{k}(D)=q\cdot k^G+(1-q)\cdot k^B<k^G$。

令 $\Delta D=D^G-D^B$，并注意到 $\hat{k}(D^G)=k^G$，$\hat{k}(D^B)=k^B$（在式(13.13)所给定的推断下），由上述两式可得：

$$\Delta D\in\left[\frac{(1-\gamma)}{\gamma}\cdot\frac{(k^G-k^B)}{2L}k^B,\ \frac{(1-\gamma)}{\gamma}\cdot\frac{(k^G-k^B)}{2L}k^G\right]$$

上述结论说明，只有当企业选择的负债水平存在差异时，才可能使不同类型的企业分离开，而且企业所选择的负债水平之间的差异 ΔD，随着企业可能价值之间的差异 k^G-k^B 的增加而增加，随着为防止破产而包含在经理合约中的罚金 L 的增加而减少。

下面证明：无论投资者在其他负债水平上的推断如何，都有 $D^B=0$。由于 D^B 是给定推断下的最优反应，因此，

$$u(D^B,\ k^B)\geqslant u(0,\ k^B) \tag{13.14}$$

因为 $D^B\geqslant 0$，$\hat{k}(D^B)\geqslant k^B$，所以，

$$\begin{aligned}u(0,\ k^B)&=(1-\gamma)\frac{\hat{k}(D)}{2}+\gamma\frac{k^B}{2}\\&\geqslant(1-\gamma)\frac{k^B}{2}+\gamma\left(\frac{k^B}{2}-\frac{D^B}{k^B}\cdot L\right)\\&=u(D^B,\ k^B)\end{aligned} \tag{13.15}$$

结合式(13.14)和式(13.15)，有 $D^B=0$。又由于 $k^G>k^B$，因此，$\frac{(1-\gamma)}{\gamma}\cdot\frac{(k^G-k^B)}{2L}k^B>0$，所以，$D^G>0$。

上述结论说明：好企业要向投资者传递自己类型的信息，必须选择一个高于差企业的负债水平；反之，较高的负债水平，可以被投资者理解为企业具有高价值的信号。理由是，只有在企业具有高价值的情况下，由于被处罚金的概率不大，经理才会去冒在下一时期被处罚金的风险；而企业越差，经理的预期成本也就越大。此外，需要说明的是，对于好企业而言，并非选择的负债水平越高越好，当负债水平达到一定程度时，好企业宁愿被看成是差企业，也不愿意冒在下一时期被处罚金的风险。

13.4　空谈博弈

空谈博弈是一种形式上类似于信号博弈，但与信号博弈不同的博弈形式。在空谈博弈中，发送者的信号只是口头表态——空谈。这种口头表态既不需要成本，也无法查证构成任何义务，因而对发送者也没有任何约束作用。口头表态在 Spence 的信号博弈中是无法得到有用结果的，因为一个工人简单宣称“我的能力很高”是不可信的。但在某些情况下，空谈也可能会有效果。例如，Stein（1989）证明：美联储对宏观经济政策的表态能起到一定作用，但又不能太精确计算；Matthew（1989）的研究表明：美国总统声称使用否决权的威胁，将会影响到国会对法案的表决；Austen-Smith（1990）证明：在某些机制下，自利的立

法者之间相互争论，可以提高最终法案的社会价值；Farrell 和 Gibbons（1991）证明：在特定机制下，工会可以通过与管理层的谈判，提高自己的社会福利。

空谈博弈的时间顺序与信号博弈的时间顺序相同，只是收益情况不一致。

① 自然从可行的类型集 $T=\{t_1, t_2, \cdots, t_I\}$ 中根据概率分布 $p(t_i)$ 赋予发送者某一类型 t_i，其中对所有 i，$p(t_i)>0$，且 $p(t_1)+p(t_2)+\cdots+p(t_I)=1$。

② 发送者观测到 t_i，然后从可行的信号集 $M=\{m_1, m_2, \cdots, m_J\}$ 中选择一信号 m_j；

③ 接收者观测到 m_j（而不能观测到 t_i），然后从可行的行动集 $A=\{a_1, a_2, \cdots, a_K\}$ 中选择一个行动 a_k。

④ 双方的收益分别由 $u_S(t_i, a_k)$ 和 $u_R(t_i, a_k)$ 给出。

从上述模型可以看到，空谈博弈与信号博弈的最大不同在于：在空谈博弈中，不论是发送者的收益函数还是接收者的收益函数，信号都没有直接影响。信号能发挥作用的唯一途径是通过它所包含的信息，改变接收者对发送者所属类型的推断，并以此改变接收者的行动，从而对两个参与人的收益产生间接影响。

空谈博弈中，交流（即空谈）的形式是多样的，由于同样的信息可使用不同的形式（语言）交流，因而不同的信号空间能够达到同样的效果。空谈的原则是什么话都可以说，但这反映在模型中就要求 M 是一个非常庞大的集合。因此，假定 M 中的元素（刚好）够用来"说出"需要表达的信息，也就是说，$M=T$。

空谈并非在任何博弈模型中都会发生作用，要使空谈发生作用，需要模型中参与人（即发送者与接收者）的偏好满足一定的条件。

① 在空谈博弈中，要使空谈起到作用，必须使不同类型的发送者对接收者行为的偏好不同。

为了理解为什么发送者偏好的一致性会影响空谈的效果，不失一般性，考察一个最简单的空谈博弈模型，即 $T=\{t_1, t_2\}$，$M=\{m_1, m_2\}$ 且 $A=\{a_1, a_2\}$。假设存在一个纯战略均衡，其中类型为 t_1 的发送者选择信号 m_1，类型为 t_2 的发送者选择信号 m_2。在均衡时，接收者则认定 m_i 是由 t_i 发出的，并在此推断下选择最优行动 a_i。由于所有类型（t_1 和 t_2）的发送者对行动都有相同的偏好，不妨设在行动 a_1 和 a_2 之间，所有类型的发送者都更偏好 a_1。既然所有类型的偏好都一样，那么都会选择发送信号 m_1，而不会发送 m_2，从而破坏了前面假设的均衡。例如在 Spence 的模型中，如果一种空谈信号的结果是高工资，而另一种空谈信号的结果是低工资，则所有能力水平的工人都会选择前一种信号，于是就不可能存在一个空谈（信号）可以影响均衡的工资。

② 在空谈博弈中，要使空谈起到作用，则接收者基于发送者的不同类型，必须选择不同的最优行动。这是因为如果接收者的最优行动与发送者的类型无关，即 $u_R(t_i, a_k)=u_R(a_k)$，则信号和空谈都毫无作用。

③ 空谈发挥作用的第三个必要条件是接收者所偏好的行动不会完全遭到发送者的反对。为了理解这一条件，仍考察空谈博弈模型：$T=\{t_1, t_2\}$，$M=\{m_1, m_2\}$ 且 $A=\{a_1, a_2\}$。假设当发送者类型为 t_1 时，接收者偏好的行动为 a_1；当发送者类型为 t_2 时，接收者偏好的行动为 a_2。如果类型 t_1 的发送者偏好的行动是 a_1，类型 t_2 的发送者偏好的行动是 a_2，则交流得以进行；但如果发送者的偏好反过来，则交流就不能达成，因为发送者将会误导接收者。

由于空谈博弈与信号博弈的时间顺序相同，因此对这两类博弈中精炼贝叶斯均衡的定义也是相同的。但信号博弈和空谈博弈的一个不同之处在于：后者总存在一个混同均衡。因为信号对发送者的收益没有任何直接影响，如果接收者将忽视任何信号，则混同就是发送者的最优反应；因为信号对接收者的收益没有任何直接影响，如果发送者选择混同，接收者的最优选择就是忽视任何信号。用 a^* 表示接收者在混同均衡的最优行动，即 a^* 满足

$$a^* \in \arg\max_{a_k \in A} \sum_{t_i \in T} p(t_i) \cdot u_R(t_i, a_k)$$

发送者选择任何混同战略，接收者对所有信号都维持先验概率 $p(t_i)$ 推断（不论是处于均衡路径之上还是之外），并对所有信号都选择行动 a^* 是一个混同精炼贝叶斯均衡。

因此，空谈博弈中一个有意思的问题就是是否存在非混同均衡。下面通过具体的模型，分别说明分离均衡和部分混同均衡存在的情况。

例 13.6 考察一个最简单的空谈博弈模型——两种发送者类型、两种接收者行动的情形：$T=\{t_1, t_2\}$，$p(t_1)=r$；$A=\{a_1, a_2\}$。图 13.19 给出了当 $M=T=\{t_1, t_2\}$ 时，该空谈博弈的扩展式描述。注意，在图 13.19 中，参与人（发送者和接收者）的支付只与发送者的类型和接收者的行动有关，而与发送者所选择的信号无关①。

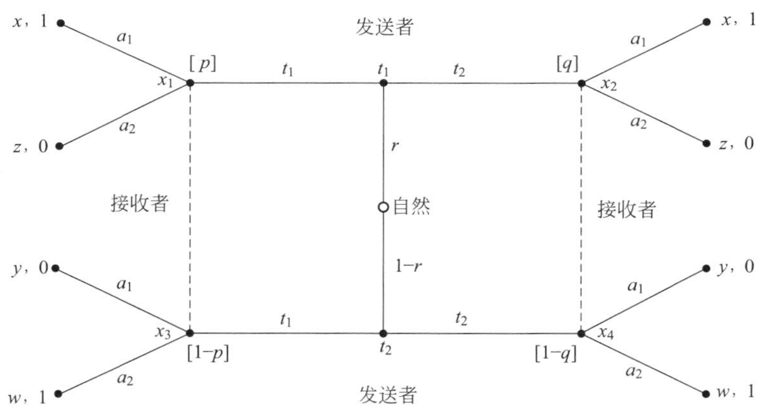

图 13.19 空谈博弈

在图 13.19 所示的空谈博弈中，当发送者类型为 t_1 时，接收者偏好的行动为 a_1；当类型为 t_2 时，偏好的行动为 a_2，因此接收者的偏好满足前面所讨论的空谈发挥作用的条件。但要使空谈发生作用，发送者的偏好也需要满足一定的条件。下面分情形对此进行讨论。

① 假设 $x>z$ 且 $y>w$，则两种类型（t_1 和 t_2）的发送者在行动 a_1 和 a_2 中，都偏好 a_1。这意味着：两种类型（t_1 和 t_2）的发送者都希望能使接收者相信自己为类型 t_1，于是接收者无法相信任何一方的话，空谈无法发生作用。

② 假设 $x<z$ 且 $y<w$，则两种类型（t_1 和 t_2）的发送者在行动 a_1 和 a_2 中，都偏好 a_2。这意味着：两种类型（t_1 和 t_2）的发送者都希望能使接收者相信自己为类型 t_2，因此，空谈无法

---

① 对于一般情形 $M=\{m_1, m_2, \cdots, m_j\}$，也可以用图 13.19 描述，只是发送者可选择的信号更多，但与图 13.19 相似，发送者和接收者的支付只与发送者的类型和接收者的行动有关，而与发送者所选择的信号无关。

发生作用。

③ 假设 $x\leqslant z$ 且 $y\geqslant w$，则类型为 t_1 的发送者偏好行动 a_2，而类型为 t_2 的发送者偏好行动 a_1。也就是说，不同类型的发送者对接收者行为的偏好不同，所以发送者的偏好满足使空谈发生作用的条件。但是，注意到发送者对接收者行为的偏好与接收者的完全相反，因此在此情形下，空谈仍无法发生作用。

④ 假设 $x\geqslant z$ 且 $y\leqslant w$，则不仅发送者的偏好满足使空谈发生作用的条件，而且发送者与接收者的利益完全一致（即在给定发送者类型的情况下，双方认为应该选择的行动是完全相同的）。此时，空谈将发生作用，而且在此空谈博弈中，存在分离的精炼贝叶斯 Nash 均衡——$((t_1,\ t_2),\ (a_1,\ a_2),\ p=1,\ q=0)$。也就是说，在分离均衡中，发送者战略为：说出自己的真实类型（即类型为 t_1 的发送者声称自己为类型 t_1，而类型为 t_2 的发送者声称自己为类型 t_2）；同时，接收者相信发送者的“空谈”，并据此做出自己的最优选择（即接收者的推断为 $p(t_1|t_1)=1$ 且 $p(t_1|t_2)=0$，接收者的战略为：发送者声称自己为类型 t_1 时，选择行动 a_1，发送者声称自己为类型 t_2，选择行动 a_2）。

第 14 章　均衡的再精炼

在本章我们将对精炼贝叶斯 Nash 均衡存在的问题进行分析，介绍两种进一步精炼均衡的方法——剔除劣战略和直观标准，并对其他形式的精炼均衡进行介绍。

14.1　精炼贝叶斯 Nash 均衡的精炼

在第 13 章的劳动力市场模型中，博弈问题的精炼贝叶斯 Nash 均衡可能存在多个，有时甚至是无数多个（如图 13.16 中的分离均衡）。当一个博弈问题存在多个精炼贝叶斯 Nash 均衡时，哪一个均衡更合理、更可能出现呢？这是定义博弈问题的解——均衡时所要考虑的一个重要问题。对精炼贝叶斯 Nash 均衡进行精炼最简单和最直接的方法，就是对非均衡路径上的信念施加一些直观、合理的限制。常用的设定参与人在非均衡路径上信念的方法或标准有两种：剔除劣战略和直观标准。下面结合例子对这两种方法进行介绍。

14.1.1　剔除劣战略

从前面的分析（如对 Spence 劳动力市场模型的讨论）可以看到：产生精炼贝叶斯 Nash 均衡多重性的一个重要原因就是，精炼贝叶斯 Nash 均衡的定义（即定义 12.2）对参与人在非均衡路径上的信念如何设定没有给出明确的定义或规定。因此，当博弈存在多个精炼贝叶斯 Nash 均衡时，到底哪一个均衡会实际出现，在很大程度上就依赖于我们如何定义或规定参与人在非均衡路径上的信念。

由精炼贝叶斯 Nash 均衡的定义可以知道：在精炼贝叶斯 Nash 均衡中，没有参与人的战略包含始于任何信息集的严格劣战略，因此精炼贝叶斯 Nash 均衡排除了参与人 i 选择的战略包含始于任何信息集的严格劣战略的可能性，于是要让参与人 j 相信参与人 i 将选择这样的战略就是不合理的。也就是说，在精炼贝叶斯 Nash 均衡中，任何参与人都不应该持有这样的推断（信念）：认为其他参与人选择严格劣战略（或含有始于某个信息集的严格劣战略的战略）的概率大于 0。为了更好地理解这一“信念精炼”思想，考察图 14.1 中的博弈，其中图 14.1(b)是图 14.1(a)中博弈的战略式描述。

从图 14.1(b)中可以看到：博弈存在两个纯战略 Nash 均衡（L，L'）和（R，R'）。同时，容易验证：博弈存在两个纯战略精炼贝叶斯 Nash 均衡——$((L,\ L'),\ p=1)$ 和 $\left((R,\ R'),\ p\leqslant\frac{1}{3}\right)$。但从图 14.1(b)可以看到，$M$ 是参与人 1 的一个严格劣战略，因此要让参与人 2 相信参与人 1 可能选择了 M 是不合理的，也就是说，$1-p$ 不可能为正，于是 p 一定等于 1。如果推断 $1-p>0$ 不合理，则 $\left((R,\ R'),\ p\leqslant\frac{1}{3}\right)$ 也不再是精炼贝叶斯 Nash 均衡。

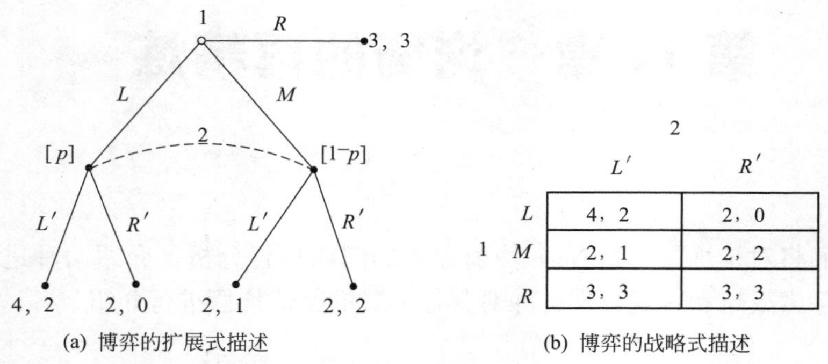

		2	
		L'	R'
1	L	4, 2	2, 0
	M	2, 1	2, 2
	R	3, 3	3, 3

(a) 博弈的扩展式描述　　(b) 博弈的战略式描述

图 14.1　含有严格劣战略的博弈

此时，只有 $((L, L'), p=1)$ 成为满足这一要求的唯一的纯战略精炼贝叶斯 Nash 均衡。

也许上述例子并不是对"信念精炼"思想的精确说明，因为 M 并不是从一个信息集开始成为严格劣战略，而是其本身就是一个严格劣战略。为理解其中的区别，考察图 14.2 中博弈，其中图 14.2(b) 是图 14.2(a) 中博弈的战略式描述。

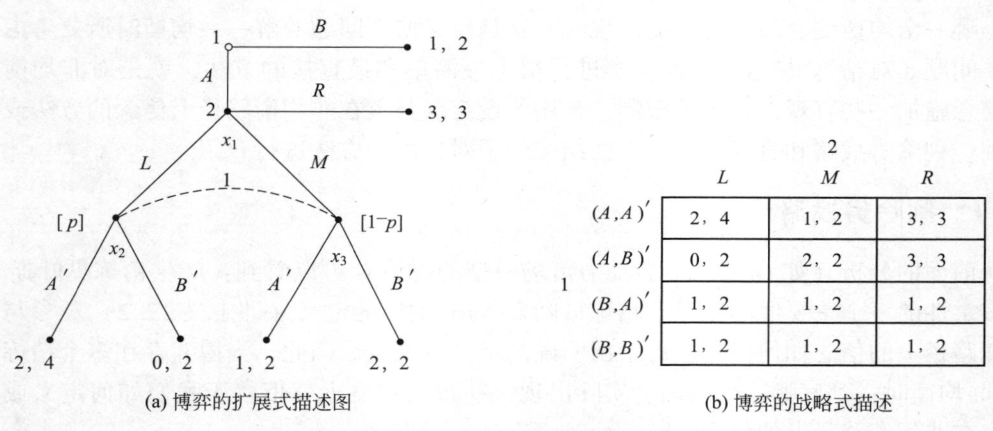

		2		
		L	M	R
1	$(A,A)'$	2, 4	1, 2	3, 3
	$(A,B)'$	0, 2	2, 2	3, 3
	$(B,A)'$	1, 2	1, 2	1, 2
	$(B,B)'$	1, 2	1, 2	1, 2

(a) 博弈的扩展式描述图　　(b) 博弈的战略式描述

图 14.2　含有始于信息集的严格劣战略的博弈

从图 14.2(b) 中容易看出：M 并不是参与人 2 在整个博弈中的严格劣战略，但在参与人 1 选择 A 的情况下（即假设参与人 1 将战略 B 剔除的情况下），M 却是参与人 2 在信息集 $I_2(\{x_1\})$ 的严格劣战略。因此，根据前面所说的"信念精炼"的思想，参与人 1 在信息集 $I_1(\{x_2, x_3\})$ 上的信念必须满足 $1-p=0$。

定义 14.1　给定参与人 i 行动的一个信息集，战略 s_i^* 为始于这一信息集的严格劣战略（strictly dominated strategy beginning at this information set），如果存在另一个战略 s_i 使得对 i 在给定信息集可能持有的所有推断，并且对每一其他参与人后续战略①可能的组合，i 在给定信息集根据 s_i 选择行动并在其后根据 s_i 选择后续战略得到的收益，严格大于根据 s_i^* 选择行动和后续战略得到的收益。

根据前面所讨论的剔除劣战略的思想，可以得到如下精炼参与人在非均衡路径上信念的标准。

① 这里的"后续战略"（subsequent strategy）是一个包含了在达到给定信息集之后可能会发生的所有情况的完整的行动计划。

信念精炼标准 1（C1）　在可能的情况下，在每一参与人均衡路径之外的推断中，如果一个节点只有在另一参与人选择始于某些信息集的严格劣战略时才能够到达，则应认定到达这一节点的概率为 0。

例 14.1　图 14.3 给出的是某博弈 Γ 的部分博弈树[①]，其中参与人 i 在信息集 I_i（$\{x_i, x_{i+1}\}$）上的选择为 L 和 R，参与人 j 在信息集 $I_j(\{x_j, x_{j+1}\})$ 和 $I_j(\{x_{j+2}, x_{j+3}\})$ 上的选择为 L' 和 R'。考察始于信息集 $I_i(\{x_i, x_{i+1}\})$ 的后续博弈 Γ'，图 14.4 给出的是该后续博弈 Γ' 的战略式描述。

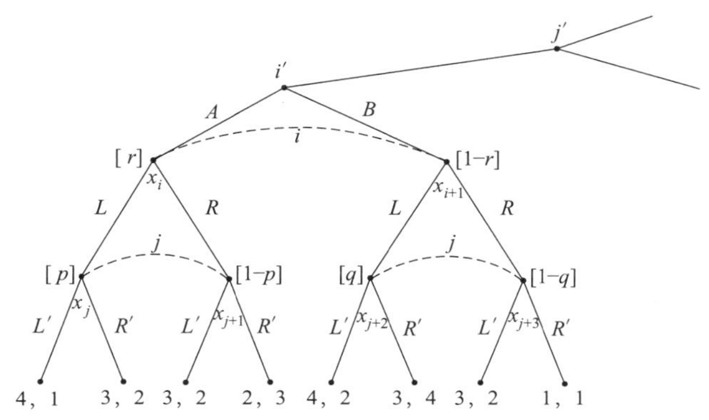

图 14.3　含有始于信息集的严格劣战略的博弈

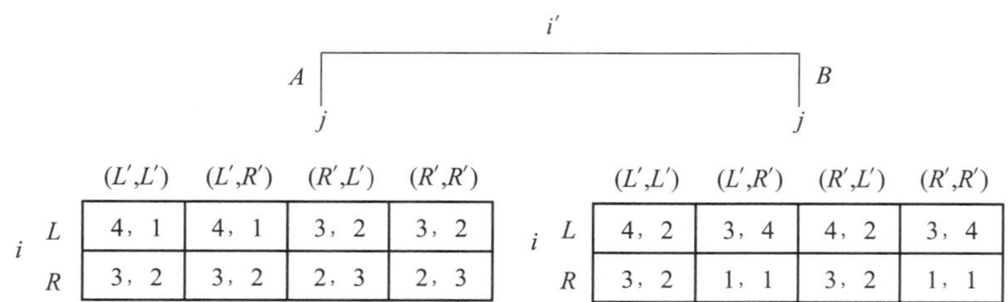

i	(L',L')	(L',R')	(R',L')	(R',R')
L	4，1	4，1	3，2	3，2
R	3，2	3，2	2，3	2，3

i	(L',L')	(L',R')	(R',L')	(R',R')
L	4，2	3，4	4，2	3，4
R	3，2	1，1	3，2	1，1

图 14.4　博弈的战略式描述

从图 14.4 可以看出：无论参与人 i 在信息集 $I_i(\{x_i, x_{i+1}\})$ 上的信念如何，R 是参与人 i 在 Γ'（即始于信息集 $I_i(\{x_i, x_{i+1}\})$ 的后续博弈）上的严格劣战略，因此根据信念精炼标准 1 可得 $1-p=0$，$1-q=0$。

关于信念精炼标准 1，需做如下说明。

① 信念精炼标准 1 只是“在可能的情况下”，作为精炼参与人在均衡路径之外推断的标准，并非任何情况下都适用。如在图 14.5 中，对于参与人 1，M 和 L 都劣于 R。在这种情况下，不可能在推断中令到达节点 x_1 和 x_2 的概率都为 0，于是信念精炼标准 1 不再适用。

② 对于信号博弈的精炼贝叶斯 Nash 均衡，可将信念精炼标准 1 重新表述如下。

---

① 注意，在该博弈树终点结处的支付向量中，第一个数字为参与人 i 的支付，第二个数字为参与人 j 的支付，其他参与人的支付省略。

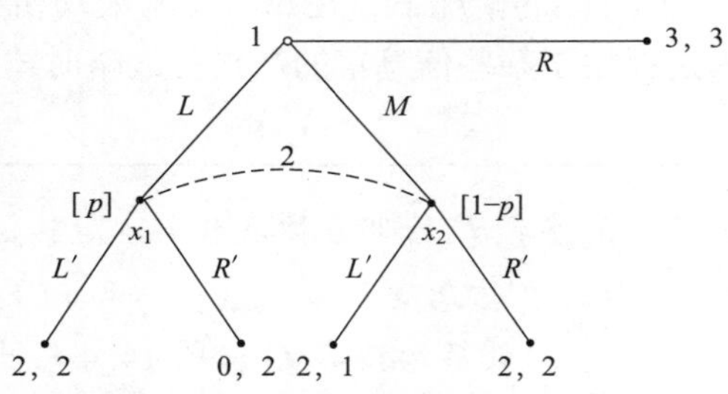

图 14.5　信念精炼标准 1 不适用的博弈

定义 14.2　在信号博弈中，M 中的信号 m_j 称为 T 中类型 t_i 的劣信号（dominated for type t_i），如果存在另外一个信号 m_j'，使得 t_i 选择 m_j' 的最小可能收益大于 t_i 选择 m_j 的最大可能收益，即

$$\min_{a_k \in A} u_s(t_i,\ m_j',\ a_k) > \max_{a_k \in A} u_s(t_i,\ m_j,\ a_k)$$

信号条件(5)　如果 m_j 之后的信息集处于均衡路径之外，且 m_j 为类型 t_i 的劣信号，则（在可能的情况下）接收者的推断 $p(t_i \mid m_j)$ 中，认为发送者的类型为 t_i 的概率应该等于 0（只要 m_j 不对 T 中所有的类型都是劣信号，即为适用这一条件的可能情况）。

例 14.2　考察图 14.6 中的信号博弈。我们可以很容易地验证：对于 $q \geqslant \frac{1}{2}$，战略和推断 $[(L,\ L),\ (u,\ u),\ p=0.5,\ q]$ 构成博弈的一个混同精炼贝叶斯 Nash 均衡。但是，由于类型为 t_1 的发送者选择 R 的最大收益为 1，而选择 L 的最小收益也有 2，因此发送者的战略 $(R,\ L)$ 和 $(R,\ R)$（即类型为 t_1 的发送者选择 R 的所有战略）为始于类型为 t_1 的发送者的信息集的严格劣战略。所以，根据信号条件（5），$q=0$。因此，博弈的精炼贝叶斯 Nash 均衡 $\left[(L,\ L),\ (u,\ u),\ p=0.5,\ q \geqslant \frac{1}{2}\right]$ 不满足信号条件（5）。

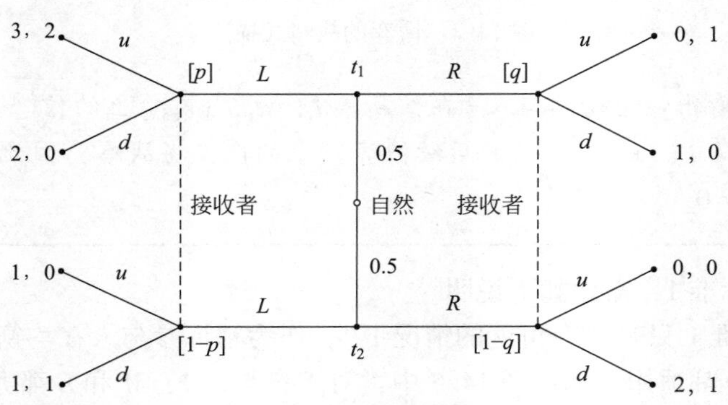

图 14.6　含有劣信号的信号博弈

在图 14.6 的博弈中，分离精炼贝叶斯 Nash 均衡 $[(L,\ R),\ (u,\ d),\ p=1,\ q=0]$ 则

自然满足信号条件（5），因为不存在这一均衡路径之外的信息集。但是，在图 14.7 中①，$[(L, L), (u, u), p=0.5, q]$ 对任意的 q 值都是一个混同精炼贝叶斯 Nash 均衡，于是 $[(L, L), (u, u), p=0.5, q=0]$ 就是一个满足信号条件(5)的混同精炼贝叶斯 Nash 均衡。

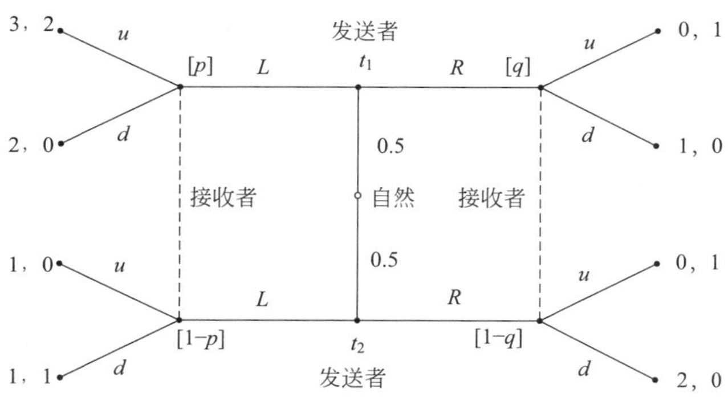

图 14.7　含有劣信号的信号博弈

下面结合 Spence 的劳动力市场模型，说明如何应用信号条件(5)，来剔除不合理的精炼贝叶斯 Nash 均衡。从上一章对 Spence 的劳动力市场模型的分析可以看到，在模型中存在大量的混同、分离及杂合精炼贝叶斯 Nash 均衡，但这些均衡中，并非所有的都能满足信号条件(5)。

对于 Spence 的劳动力市场模型，在任意的精炼贝叶斯 Nash 均衡中，如果工人选择教育水平 e，且企业据此推断工人是高能力的概率为 $p(t_H|e)$，则工人的工资将等于

$$w(e)=p(t_H|e)\cdot r(t_H, e)+(1-p(t_H|e))\cdot r(t_L, e)$$

所以，不论企业在观测到 e 之后所持有的推断如何，低能力工人选择 $e^*(L)$ 的无差异曲线不会在 I_L 的下方，而选择任何 $e>e_S$ 时的无差异曲线都不会位于 I_L 的上方，如图 14.8 所示。因此，根据信号条件(5)，对低能力的工人而言，任何大于 e_S 的教育水平 e 都是劣信号。所以，对 $\forall e>e_S$，有 $p(t_L|e)=0$。也就是说，对 $\forall e>e_S$，$p(t_H|e)=1$。在此推断下，高能力工人选择任何 $\hat{e}>e_S$ 的无差异曲线都位于 I_H 的下方，因此教育水平 e_S 是高能力工人对给定企业的战略与推断的最优反应，所以高能力工人选择 $e=e_S$ 是满足信号条件(5)的分离均衡，如图 14.8 所示。与此同时，高能力工人选择任何 $\hat{e}>e_S$ 的分离均衡都不能满足信号条件(5)，因为在这样一个均衡中企业必须对任意 $e\in[e_S, \hat{e}]$，给出推断 $p(t_H|e)<1$，而这与 $p(t_H|e)=1(e>e_S)$ 相矛盾。因此，图 14.8 中均衡是唯一满足信号条件(5)的分离均衡。

由前面的分析可以知道：当均衡满足信号条件(5)时，对 $\forall e>e_S$，$p(t_H|e)=1$，因此在均衡中高能力工人的无差异曲线都不会位于 I_H 的下方。利用这一结论，分两种情况讨论满足信号条件(5)的混同及杂合精炼贝叶斯 Nash 均衡。

① 注意图 14.7 与图 14.6 的区别。图 14.7 中，当类型为 t_2 的发送者选择 R 时，接收者的收益为：选择 d 的收益为 0，选择 u 的收益为 1，而不再是图 14.6 中的 1 和 0。

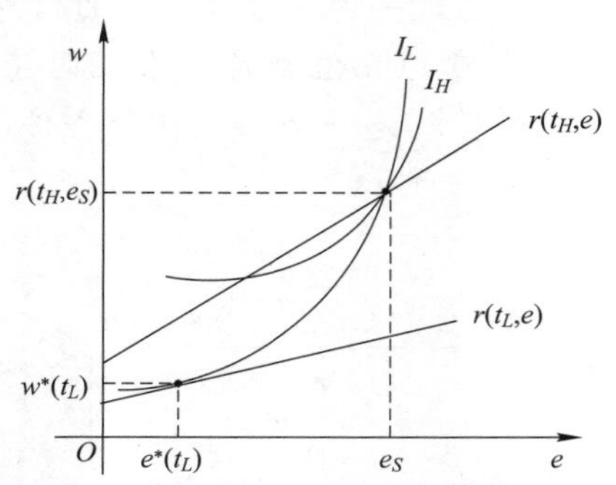

图 14.8 满足信号条件(5)的分离均衡示意图

例 14.3 在 Spence 的模型中，假设工人是高能力的概率 q 足够低，使得工资函数 $w(e)=q\cdot r(t_H,\ e)+(1-q)\cdot r(t_L,\ e)$ 位于高能力工人通过点 $[e_S,\ r(t_H,\ e_S)]$ 的无差异曲线 I_H 的下方，如图 14.9 所示。

对于图 14.9 所给定的生产函数和无差异曲线，有以下结论成立。

① 不存在满足信号条件(5)的混同精炼贝叶斯 Nash 均衡。

利用反证法证明。假设存在混同于 e_p 的均衡，企业观测到 e_p 后的推断为 $p(t_H|e_p)=q$，$p(t_L|e_p)=1-q$，相应的战略为 $w(e_p)=q\cdot r(t_H,\ e_p)+(1-q)\cdot r(t_L,\ e_p)$，所以在均衡中高能力工人的无差异曲线过 $(e_p,\ w(e_p))$。由于工资函数 $w(e)=q\cdot r(t_H,\ e)+(1-q)\cdot r(t_L,\ e)$ 处于 I_H 的下方，因此均衡中高能力工人的无差异曲线 I'_H 位于 I_H 的下方，如图 14.10 所示。这与前面的结论是矛盾的。

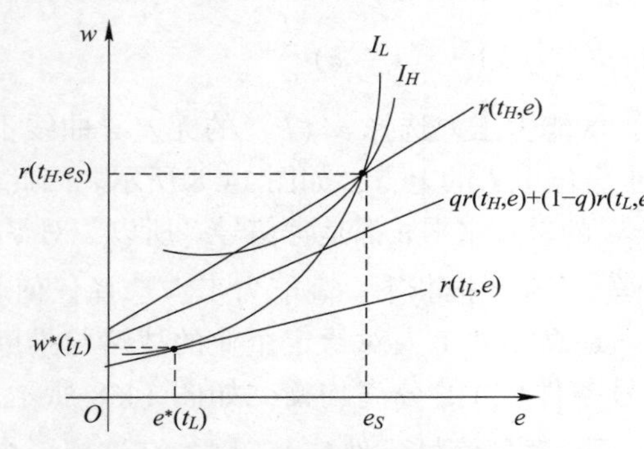

图 14.9 不存在满足信号条件(5)的混同均衡和杂合均衡的情形

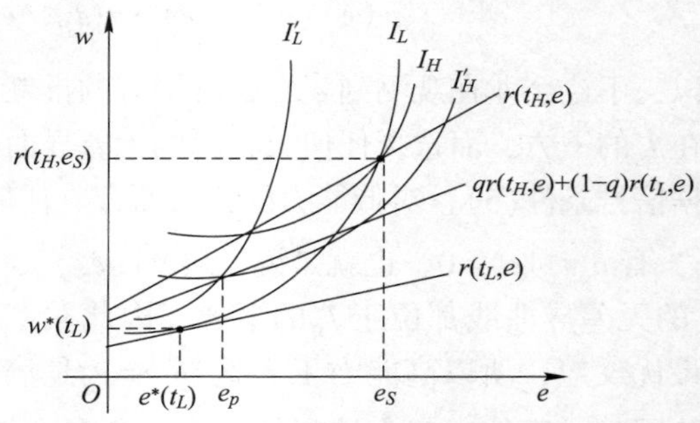

图 14.10 不存在满足信号条件(5)的混同均衡的情形

② 不存在满足信号条件(5)的杂合精炼贝叶斯 Nash 均衡。

首先，不存在高能力工人随机选择信号的杂合均衡，因为在这样的均衡中，混同发生点 $(e_h,\ w(e_h))$ 处于工资函数 $w(e)=q\cdot r(t_H,\ e)+(1-q)\cdot r(t_L,\ e)$ 的下方（参见图 14.10），所以均衡中高能力工人的无差异曲线（过点 $(e_h,\ w(e_h))$）就会位于 I_H 的下方。

其次，也不存在低能力工人随机选择信号的杂合均衡，因为在这样的均衡中，混同发生点 $(e_l,\ w(e_l))$ 一定处于低能力工人通过点 $(e^*(t_L),\ w^*(t_L))$ 无差异曲线之上且 $e^*(t_L)<e_l<e_S$，这使得高能力工人的无差异曲线 I'_H 位于 I_H 的下方，如图 14.11 所示。

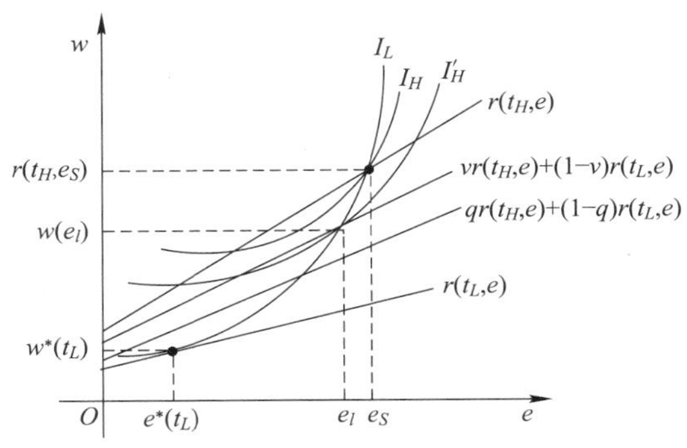

图 14.11　不存在满足信号条件(5)的杂合均衡的情形

例 14.4　在 Spence 的模型中，假设工人是高能力的概率 q 足够高，使得工资函数 $w(e)=q\cdot r(t_H,\ e)+(1-q)\cdot r(t_L,\ e)$ 与高能力工人通过点 $(e_s,\ r(t_H,\ e_S))$ 的无差异曲线 I_H 相交，如图 14.12 和图 14.13 所示。对于图 14.12（或图 14.13）所给定的生产函数和无差异曲线，有以下结论成立。

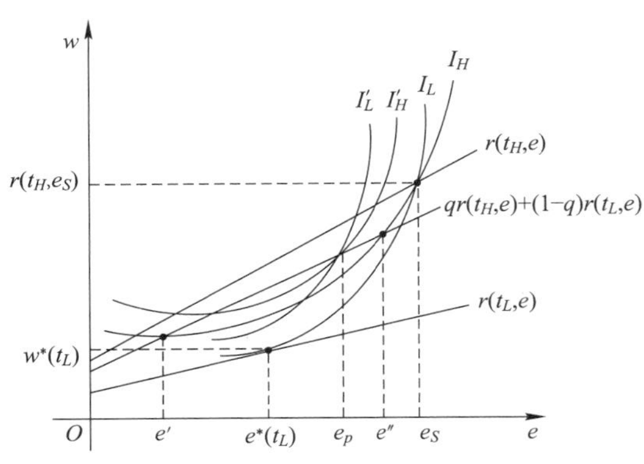

图 14.12　满足信号条件(5)的混同均衡示意图

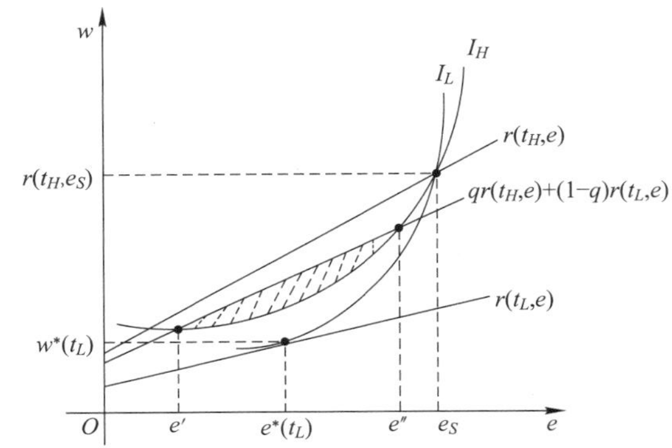

图 14.13　满足信号条件(5)的杂合均衡示意图

① 与上面的情况相似，不存在低能力工人随机选择信号且满足信号条件(5)的杂合均衡。

② 存在满足信号条件(5)的混同均衡，混同教育水平 e_p 满足 $e_p\in[e',\ e'']$，如图 14.12 所示。

③ 存在高能力工人随机选择信号且满足信号条件(5)的杂合均衡，混同发生点 $(e_h,\ w(e_h))$ 位于图 14.13 中阴影区域之内。

14.1.2　直观标准

利用剔除劣战略的方法（即根据信念精炼标准 1），可以将许多不合理的精炼贝叶斯 Nash 均衡剔除掉，但是在信号博弈中，仍可发现许多满足信号条件(5)但却与我们直觉不相符的均衡。考察图 14.14 中博弈。

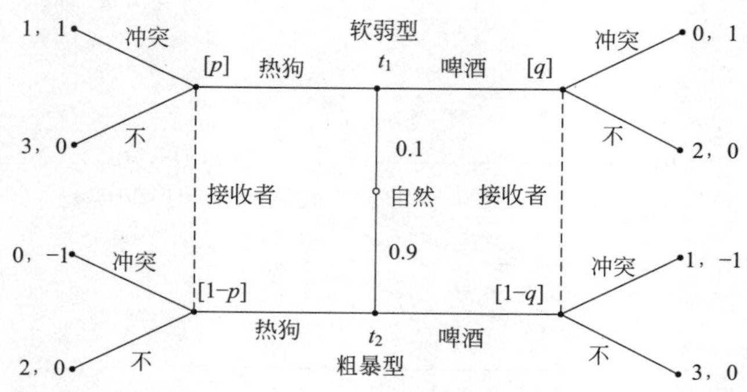

图 14.14　“啤酒或热狗”信号博弈

图 14.14 中博弈亦称“啤酒或热狗”信号博弈。在该博弈中，发送者有两种可能的类型：软弱型（wimpy，用 t_1 表示，出现的概率为 0.1，即 $p(t_1)=0.1$）与粗暴型（surly，用 t_2 表示，出现的概率为 0.9，即 $p(t_2)=0.9$）。发送者的信号是早餐选择啤酒还是热狗，接收者的行动是决定是否与发送者挑起冲突。各方收益情况表现出如下特征：软弱类型发送者偏好选择热狗作早餐，粗暴类型发送者偏好啤酒；与早餐吃什么相比，两种类型发送者更关心是否与接收者发生冲突；接收者则偏好与软弱类型发送者挑起冲突，但不希望与粗暴类型发送者挑起冲突。

在图 14.14 中，发送者享用自己所偏好的早餐，给两种类型带来的收益都是 1，而避免冲突给两种类型带来的额外收益为 2。接收者通过与软弱类型发送者冲突获得的收益为 1，而与粗暴类型发送者冲突获得的收益为−1；所有其他情况的收益为 0。

在这一博弈中，[（热狗，热狗），（不冲突，冲突），$p=0.1$，$q\geqslant\frac{1}{2}$] 构成一个混同精炼贝叶斯 Nash 均衡，而且这一均衡满足信号条件（5），因为啤酒对两种类型的发送者都不是劣信号。但是，上述均衡要求：如果接收者意料之外地观测到啤酒，则他推测发送者至少有一半的可能性是软弱型（即 $q\geqslant 1/2$），这种推断十分令人怀疑。事实上，可以假设这样的情形：粗暴类型的发送者在选择啤酒之后，向接收者做出如下表白：“看到我选择了啤酒，你应该相信我属于粗暴类型，这是因为：

① 对于软弱类型的发送者而言，选择啤酒的最大收益不会高于他选择热狗时的均衡收益，因此软弱类型的发送者不会选择啤酒；

② 如果选择啤酒将使你确信我是粗暴类型的，那么我会这样做。因为只要你持有的推断 $q<\frac{1}{2}$，就可能将我的收益从均衡条件的 2 提高到 3。”

如果这样的表白被相信了，就可得到 $q=0$，它与上面的混同精炼贝叶斯 Nash 均衡是互不相容的。

定义 14.3　给定信号博弈中的一个精炼贝叶斯 Nash 均衡，M 中的信号 m_j 称为 T 中类型 t_i 的均衡劣信号（equilibrium-dominated for type t_i），如果 t_i 的均衡收益 $u^*(t_i)$ 大于 t_i 选择 m_j 时最大的可能收益，即 $u^*(t_i)>\max\limits_{a_k\in A}u_s(t_i,\ m_j,\ a_k)$。

信号条件（6）　（直观标准）在可能的情况下，如果 m_j 之后的信息集处于均衡路径之外，且 m_j 为类型 t_i 的均衡劣信号，则接收者的推断 $p(t_i\mid m_j)$ 中分配给类型 t_i 的概率应该等于 0

（如果 m_j 不对 T 中所有的类型都是均衡劣信号，即属要求中的“可能情况”）。

“啤酒或热狗”证明了一个信号 m_j 可以是 t_i 的均衡劣信号，即使它不是 t_i 的劣信号。不过，如果 m_j 为 t_i 的劣信号，则 m_j 一定为 t_i 的均衡劣信号，于是信号条件(6)的限定使得信号条件(5)成为多余。

关于信号条件(6)，Cho 和 Kreps 运用“前向归纳法”给出了这样的结论：对于前面所定义的信号博弈，都存在满足信号条件(6)的精炼贝叶斯 Nash 均衡。

下面应用信号条件(6)（即直观标准），对 Spence 的劳动力市场模型的均衡进行精炼。如果工人的无差异曲线及企业的生产函数如图 14.9 所示，则不存在满足信号条件(6)的混同均衡和杂合均衡，且图 14.8 中均衡为唯一满足信号条件(6)的分离精炼贝叶斯 Nash 均衡①。

例 14.5　考察图 14.15 所示的混同 e_p 的均衡，选择教育水平 $\hat{e}>e'$ 对低能力工人来讲是均衡劣信号，因为即使支付在教育水平 $\hat{e}$ 之下的最高的工资 $r(t_H,\ \hat{e})$，低能力工人通过点 $(\hat{e},\ r(t_H,\ \hat{e}))$ 的无差异曲线也处于过均衡点 $(e_p,\ w_p)$ 的无差异曲线 I'_L 的下方。因此，根据信号条件（6），对 $\forall e>e'$，$p(t_L|e)=0$。所以，$p(t_H|e)=1$。于是，对 $\forall e>e'$，企业的战略为 $w(e)=r(t_H,\ e)$。

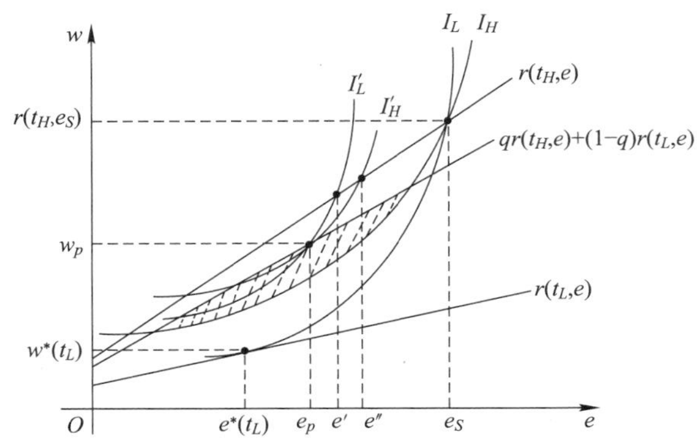

图 14.15　不存在满足信号条件(6)的混同均衡的情形

给定企业的上述推断和战略，高能力工人选择位于 e' 到 e'' 之间的任何教育水平，其无差异曲线都位于高能力工人过均衡点 $(e_p,\ w_p)$ 的无差异曲线 I'_H 的上方，这意味着选择 e_p 并不是给定推断和战略下高能力工人的最优反应。这与假设混同 e_p 的均衡相矛盾。所以，对于图 14.15 所给定的无差异曲线和生产函数，不存在满足信号条件(6)的混同精炼贝叶斯 Nash 均衡。

上述分析同样适用于图 14.15 中阴影区域之内的所有杂合均衡。于是，满足信号条件(6)的唯一精炼贝叶斯 Nash 均衡就是图 14.8 所示的分离均衡。

---

① 注意，信号条件（6）隐含信号条件（5）。

14.2 其他形式的精炼均衡

对于不完全信息博弈，除了定义12.2所定义的精炼贝叶斯Nash均衡以外，还可以用其他的方式定义精炼均衡。下面介绍两种常用的精炼均衡，一种是定义在扩展式博弈上的序贯均衡，另一种是定义在战略式博弈上的颤抖手精炼均衡。

14.2.1 序贯均衡

首先给出精炼贝叶斯Nash均衡的另一种定义形式。给定一个贝叶斯博弈 $G=<\Gamma;(T_i);(p_i);(A_i(t_i));(u_i(a(t),t_i))>$，用 S_i 表示参与人 i 的战略空间，$s_i\in S_i$ 是特定的战略，$a_{-i}^I=(a_1^I,\cdots,a_{i-1}^I,a_{i+1}^I,\cdots,a_n^I)$ 是参与人 i 在信息集 I 上观测到的其他 $n-1$ 个参与人的行动组合，它是战略组合 $s_{-i}=(s_1,\cdots,s_{i-1},s_{i+1},\cdots,s_n)$ 的一部分（即 s_{-i} 规定的行动）；$\tilde{p}_i(t_{-i}\mid a_{-i}^I)$ 是在观测到 a_{-i}^I 的情况下参与人 i 认为其他 $n-1$ 个参与人属于类型 $t_{-i}=(t_1,\cdots,t_{i-1},t_{i+1},\cdots,t_n)$ 的后验概率，$\tilde{p}_i$ 是所有后验概率 $\tilde{p}_i(t_{-i}\mid a_{-i}^I)$ 的集合（即 $\tilde{p}_i$ 包括了参与人 i 在每一个信息集 I 上的后验概率），$u_i(s_i,s_{-i},t_i)$ 是参与人 i 的效用函数。那么，定义12.2所定义的精炼贝叶斯Nash均衡也可按如下方式定义。

定义14.4 精炼贝叶斯Nash均衡由满足如下条件的战略组合 $s^*(\cdot)=(s_1^*(\cdot),\cdots,s_n^*(\cdot))$ 和后验概率组合 $\tilde{p}=(\tilde{p}_1,\cdots,\tilde{p}_n)$ 构成：

（P）对于所有的参与人 i，在每一个信息集 I，$s_i^*(s_{-i},t_i)\in\arg\max\limits_{s_i}\sum\limits_{t_{-i}}\tilde{p}_i(t_{-i}\mid a_{-i}^I)u_i(s_i,s_{-i},t_i)$；

（B）$\tilde{p}_i(t_{-i}\mid a_{-i}^I)$ 是由先验概率 $p_i(t_{-i}\mid t_i)$、所观测到的 a_{-i}^I 和可能的最优战略 $s_{-i}^*(\cdot)$ 通过贝叶斯法则得到。

在上述定义中，条件(P)是精炼条件（perfectness condition），它表示在给定其他参与人的战略 $s_{-i}=(s_1,\cdots,s_{i-1},s_{i+1},\cdots,s_n)$ 和参与人 i 的后验概率 $\tilde{p}_i(t_{-i}\mid a_{-i}^I)$ 的情况下，每个参与人 i 的战略在所有从信息集 I 开始的后续博弈上都是最优的，或者说，所有参与人都是序贯理性的（sequential rationality）①。显然，条件（P）等价于定义12.2中的条件（2），条件(B)对应的是贝叶斯法则的应用。值得注意的是，因为参与人 i 只能根据观测到的行动组合 $a_{-i}=(a_1,\cdots,a_{i-1},a_{i+1},\cdots,a_n)$ 修正概率，所以这里假设所观测到的行动是最优战略 $s_{-i}=(s_1,\cdots,s_{i-1},s_{i+1},\cdots,s_n)$ 规定的行动。但可能出现这样的情况：如果 a_{-i} 不是均衡战略下的行动，观测到 a_{-i} 是一个零概率事件，此时贝叶斯法则对后验概率没有定义。在这种

① 显然，这个条件是子博弈精炼均衡在不完全信息动态博弈上的扩展。在完全信息动态博弈中，子博弈精炼Nash均衡要求均衡战略在每一个子博弈上构成Nash均衡；类似地，在不完全信息动态博弈中，精炼贝叶斯均衡要求均衡战略在每一个“后续博弈”上构成贝叶斯均衡。

情况下，假设任何后验概率 $\tilde{p}_i(t_{-i} \mid a'_{-i}) \in [0, 1]$ 都是允许的，只要它与均衡战略相容。所以，这里条件（B）等价于定义 12.2 中的条件(3)和(4)。

下面介绍 Kreps 和 Wilson(1982) 定义在扩展式博弈上的一种新的精炼均衡——序贯均衡（sequential equilibrium）。这种均衡的最大优点就在于它可以将贝叶斯法则应用于任何博弈路径（包括均衡路径和非均衡路径），克服精炼贝叶斯 Nash 均衡中当零概率事件发生时无法修正后验概率的不足。

给定一个扩展式博弈，用 X 表示决策结的集合，$x \in X$ 表示一个特定的决策结，$I_i(x)$ 表示参与人 i 的包含决策结 x 的信息集；$\sigma_i(\cdot \mid x)$表示参与人 i 在 x（或 $I_i(x)$)上的混合战略，Σ 表示所有战略组合 $\sigma=(\sigma_1, \cdots, \sigma_n)$ 的集合。给定 σ，$P^\sigma(x)$和 $P^\sigma(I_i(x))$分别表示博弈到达决策结 x 和信息集 $I_i(x)$ 的概率。$\mu(x)$ 表示给定博弈到达信息集 $I_i(x)$ 的情况下参与人 i 在 $I_i(x)$上的信念（即概率分布），μ 表示所有 $\mu(x)$的集合（即信念系统）。$u_i(\sigma \mid I_i(x), \mu(x))$表示参与人 i 在 $I_i(x)$上的期望效用。

给定一个混合战略 σ，如果对于所有的信息集 I 和 $a_i \in A(I)$，$\sigma_i(a_i \mid I)>0$，即参与人 i 选择每一个行动的概率严格为正，则 σ 为一个严格混合战略。令 Σ^0 表示所有严格混合战略组合的集合，若 $\sigma \in \Sigma^0$，则对于所有的决策结 x，$P^\sigma(x)>0$（即博弈到达每一个决策结的概率严格为正），因此贝叶斯法则在每一个信息集上都有定义：$\mu(x)=P^\sigma(x)/P^\sigma(I_i(x))$。

一个“评估”（assessment，亦称“状态”)(σ, μ)由所有参与人的一个战略组合及所有信息集上的信念组成。令 ψ 为所有(σ, μ)的集合，ψ^0是所有 σ 为严格混合战略的(σ, μ)的集合。

定义 14.5　(σ, μ)是一个序贯均衡，如果它满足下列两个条件：

(S) (σ, μ)是序贯理性的（sequential rational)，即对于所有的信息集 $I_i(x)$和任何可选择的战略 σ'_i，$u_i(\sigma \mid I_i(x), \mu(x)) \geqslant u_i(\sigma'_i, \sigma_{-i} \mid I_i(x), \mu(x))$；

(C) (σ, μ)是一致的（consisitent)，即存在一个严格混合战略组合序列 $\{\sigma^m\}$ 和贝叶斯法则决定的概率序列 μ^m，使得(σ, μ)是(σ^m, μ^m)的极限，即$(\sigma, \mu)=\lim\limits_{m \to +\infty}(\sigma^m, \mu^m)$。

注意，均衡战略组合 σ 不一定是严格混合战略，甚至可能是纯战略，但 σ 和 μ 可能是严格混合战略组合和相关信念的极限。

将上述定义与前面定义的精炼贝叶斯 Nash 均衡（即定义 14.4)相比较，条件(S)是条件(P)的扩展,条件(C)是条件(B)的扩展。所以，每一个序贯均衡都是精炼贝叶斯 Nash 均衡，但并不是每一个精炼贝叶斯 Nash 均衡都是序贯均衡。但 Fudenberg 和 Tirole（1991）证明：在多阶段不完全信息博弈中，如果每个参与人最多只有两个类型，或者博弈只有两个阶段，那么精炼贝叶斯 Nash 均衡与序贯均衡是重合的；Kreps 和 Wilson（1982）证明：在“几乎所有的”博弈中，序贯均衡与精炼贝叶斯 Nash 均衡是相同的。由于要检查一个给定的“评估”(σ, μ)是否满足一致性条件是非常烦琐的，相对而言，精炼贝叶斯 Nash 均衡更为直观和容易定义，所以习惯上大多数学者喜欢使用精炼贝叶斯 Nash 均衡这个概念而不是序贯均衡。

下面简单分析一下序贯均衡中的一致性条件如何对参与人的信念进行精炼。考察图 14.16 所示博弈①。当博弈到达参与人 1 的信息集时，参与人 1 认为 $\mu(x)=1/3$，$\mu(x')=$

① 这个图省略了博弈树中与分析不相关的部分。

2/3；无论处于哪一个决策结，参与人1的最优战略都是 U，因此参与人2的信息集是非均衡路径。如果参与人1偏离均衡选择 D，参与人2的后验概率应该如何设定呢？因为参与人1不能区分 x 和 x'，所以可以认为参与人1在两个决策结上偏离的可能性都是一样的。在这种情况下，参与人2的信念可以设为 $\mu(y)=1/3$，$\mu(y')=2/3$。如果根据精炼贝叶斯 Nash 均衡的定义（即定义14.4或定义12.2），我们就无法对参与人2的这种信念给出合理的解释，因为选择 D 是零概率事件，参与人2的任何信念 $\mu(y)$ 都与贝叶斯法则相容。但是，序贯均衡中一致性条件(C)却可以给出正确的结论。考虑收敛于0的序列 ε^m(其中 $0<\varepsilon<1$)，并将 ε^m 解释为参与人1“颤抖”并继续博弈下去的概率。对于这个序列，

$$\mu^m(y)=\frac{\mu^m(x)\varepsilon^m}{\mu^m(x)\varepsilon^m+\mu^m(x')\varepsilon^m}=\frac{1}{3} \tag{14.1}$$

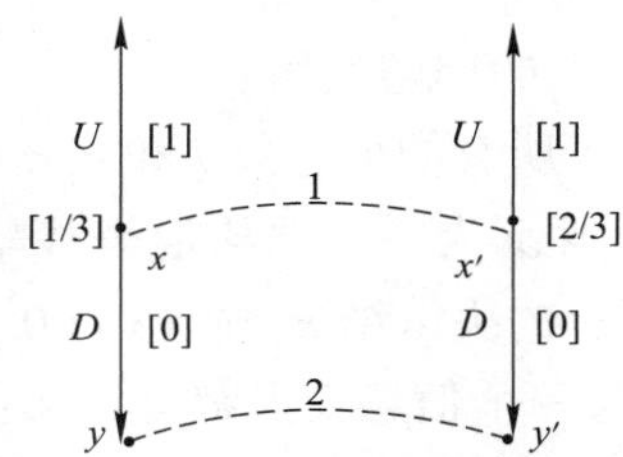

图14.16　一致性条件对信念的设定

在式(14.1)中，由于将 ε^m 看成是参与人1“颤抖”且选择行动 D 的概率，因此参与人1从决策结 x“颤抖”地到达 y 的概率为 $\mu(x)\varepsilon^m$，从决策结 x'“颤抖”地到达 y' 的概率为 $\mu(x')\varepsilon^m$，参与人1不能区分 x 和 x'，所以参与人2相信“颤抖”地到达 y 的概率应为式(14.1)所示的条件概率。这样，“颤抖”就保证了参与人2的后验概率尊重了原来的信息结构。

14.2.2　颤抖手精炼均衡

“颤抖手精炼均衡”(trembling-hand perfect equilibrium)是 Selten 在改进子博弈精炼 Nash 均衡时提出的一种精炼均衡，可以说是精炼贝叶斯 Nash 均衡的最早版本。它的基本思想是：在任何一个博弈中，每一个参与人都有一定的可能性犯错误；一个战略组合，只有当它在允许所有参与人都可能犯错误时仍是每一个参与人的最优战略组合时，才是一个均衡。这里 Selten 将参与人在博弈中可能犯错误形象地比喻为“颤抖的手”，就像一个人用手抓东西时，手一颤抖，他就可能抓不住他想抓的东西。

给定一个战略式博弈 $G=<\Gamma;(S_i);(\succ_i)>$，对参与人 i 的某个战略 σ_i，可以对任意固定的正数 $\varepsilon>0$，构造一个严格混合战略 σ_i^ε，使得对 $\forall s_i\in S_i$，$\sigma_i^\varepsilon(s_i)\geqslant\varepsilon$，如果当 ε 趋于0时，σ_i^ε 收敛于 σ_i（即 $\lim_{\varepsilon\to 0}\sigma_i^\varepsilon=\sigma_i$）。此时，严格混合战略序列 $\{\sigma_i^\varepsilon\}$ 就是参与人 i 采用战略 σ_i 时发生的颤抖。这里颤抖可以解释为参与人 i 采用战略 σ_i 时发生了“小错误”。设 $\sigma=(\sigma_1,\cdots,\sigma_n)$，$\sigma^\varepsilon=(\sigma_1^\varepsilon,\cdots,\sigma_n^\varepsilon)$，严格混合战略组合序列 $\{\sigma^\varepsilon\}$ 即为参与人采用战略组合 σ 时发生的颤抖。

定义14.6　在给定的战略式博弈 $G=<\Gamma;(S_i);(\succ_i)>$中，Nash 均衡 $\sigma=(\sigma_1,\cdots,\sigma_n)$ 是一个颤抖手精炼均衡，如果对于每一个参与人 i，存在一个严格混合战略序列 $\{\sigma_i^\varepsilon\}$，使得下列条件满足：

（1）对于每一个 i，$\lim\limits_{\varepsilon\to 0}\sigma_i^\varepsilon=\sigma_i$；

（2）对于每一个 i 和任意固定的正数 $\varepsilon>0$，σ_i 是对战略组合 $\sigma_{-i}^\varepsilon=(\sigma_1^\varepsilon, \cdots, \sigma_{i-1}^\varepsilon, \sigma_{i+1}^\varepsilon, \cdots, \sigma_n^\varepsilon)$ 的最优反应，即对任何可选择的混合战略 $\sigma_i'\in\Sigma_i$，$u_i(\sigma_i, \sigma_{-i}^\varepsilon)\geqslant u_i(\sigma_i', \sigma_{-i}^\varepsilon)$。

根据上述定义，颤抖手精炼均衡(σ_i, σ_{-i})可以这样理解：每一个参与人 i 预期其他参与人选择 σ_{-i}，并准备选择自己的最优战略 σ_i；但每个参与人 i 怀疑其他参与人可能错误地选择 $\sigma_{-i}^\varepsilon(\neq\sigma_{-i})$。如果每一个参与人 i 所犯错误很小并且错误收敛于 0（即定义中条件(1)），那么每一个参与人 i 准备选择的战略 σ_i 不仅在其他参与人不犯错误时是最优的，而且在其他参与人错误地选择了 σ_{-i}^ε（$\neq\sigma_{-i}$）时也是最优的（即定义中条件(2)）。

下面通过一个例子分析如何应用“颤抖”对博弈的解（即 Nash 均衡）进行精炼。考察图 14.17 中博弈，其中图 14.17(b)为图 14.17(a)中博弈的战略式描述。显然，博弈存在两个纯战略 Nash 均衡——(L_1, R_2)和(R_1, L_2)。

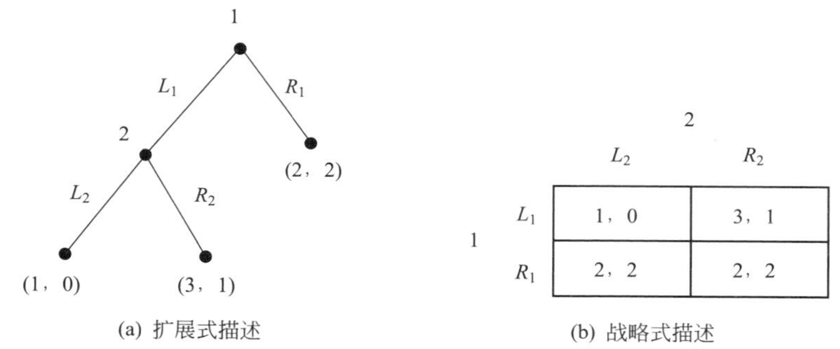

		2	
		L_2	R_2
1	L_1	1，0	3，1
	R_1	2，2	2，2

(b) 战略式描述

图 14.17　颤抖手精炼均衡

首先考察均衡（L_1，R_2）。假设参与人 2 选择行动 R_2 时发生颤抖，其颤抖 $\sigma_2^\varepsilon=(\varepsilon, 1-\varepsilon)$（其中 $0<\varepsilon<1$）。若 $0<\varepsilon\leqslant 1/2$（即参与人 2 犯错误的可能性不大于 1/2），则 $u_1(L_1, \sigma_2^\varepsilon)\geqslant u_1(R_1, \sigma_2^\varepsilon)$；假设参与人 1 选择行动 L_1 时发生颤抖，其颤抖 $\sigma_1^\varepsilon=(1-\varepsilon, \varepsilon)$，由于 R_2 为参与人 2 的占优战略，因此 $u_2(R_2, \sigma_1^\varepsilon)\geqslant u_2(L_2, \sigma_1^\varepsilon)$，所以（$L_1$，$R_2$）为颤抖手精炼均衡。同理可以证明（$R_1$，$L_2$）不是颤抖手精炼均衡①。所以，对于图 14.17(b)所示的战略式博弈，合理的均衡为(L_1, R_2)。这与图 14.17(a)中“博弈的合理均衡为(L_1, R_2)”的结论相一致②。

关于颤抖手精炼均衡的存在性，Selten 证明：对于有限的战略式博弈，至少存在一个颤抖手精炼均衡。而对于颤抖手精炼均衡与序贯均衡的关系，Kreps 和 Wilson（1982）证明：颤抖手精炼均衡是序贯均衡，但序贯均衡不一定是颤抖手精炼均衡。然而，对普通的博弈，这两个概念是一致的③。

---

① 因为 R_2 为参与人 2 的占优战略，所以当参与人 1 选择 R_1 时发生颤抖，无论他选择 L_1 的可能性多大，参与人 2 的最优战略都是 R_2。

② 在图 14.17（a）所示扩展式博弈中，（L_1，R_2）为子博弈精炼 Nash 均衡。

③ 所谓博弈是普通的，有严格的定义，这里我们仅指出，此类普通的博弈几乎是对所有的博弈而言。

第 15 章　精炼贝叶斯 Nash 均衡的应用

在本章中，我们将介绍精炼贝叶斯 Nash 均衡应用的一些经典模型，通过这些例子可以进一步加深对精炼贝叶斯 Nash 均衡含义的理解①。

15.1　不完全信息下的讨价还价谈判

在第 7 章中我们介绍了完全信息下的讨价还价谈判问题，但现实中可能存在一些不完全信息，比如说对对手的支付函数不是完全了解等。下面以企业与工会之间的工资谈判为例，分析不完全信息下的讨价还价问题，并给出其精炼贝叶斯 Nash 均衡。

考察企业（用 F 表示）与工会（用 U 表示）就工资问题进行的谈判。为简化分析，假定企业雇用的工人数是一定的②。用 w_r 表示工会成员不受雇于该企业时仍可获得的收入，即工会的保留工资（reservation wage），π 表示企业的利润。假设 π 的真实值为企业的私人信息，只有企业知道；工会不知道 π 的真实值，但知道 π 在区间 $[\pi_L, \pi_H]$ 上服从均匀分布。所以，利润 π 可以看成是企业的类型。为简化分析，不妨假定 $w_r=\pi_L=0$。

假设工资谈判最多持续两个时期。在第一个时期，工会提出工资要价 w_1，如果企业接受该要价，则博弈结束。此时，工会和企业的收益③分别为 w_1 与 $\pi-w_1$。如果企业拒绝要价，博弈进入第二时期，工会给出第二个工资要价 w_2。如果企业接受这一要价，则工会和企业的收益现值分别为 δw_2 和 $\delta(\pi-w_2)$。这里 δ 既反映了折现因素，又体现了因谈判延长使有效的合同期较第一期变短而带来的收益减少。如果企业拒绝工人的第二个要价，则博弈结束④，双方的收益均为 0。

图 15.1 给出了简化后的讨价还价博弈的扩展式描述。图中只有两个 π 的值（π_L 和 π_H），且工会的工资要价也只有两种可能（w_1 和 w_2）⑤。在这一简化后的博弈中，工会有三个轮到它行动的信息集，所以工会的战略也包含三个工资要价，即第一期的要价 w_1，以及两个第二期的要价——在 $w_1=w_H$ 被拒绝后的 w_2 及在 $w_1=w_L$ 被拒绝后的 w_2。这三个行动在三个非单结信息集上进行，工会在其中的推断分别表示为 $(p, 1-p)$、$(q, 1-q)$ 及 $(r, 1-r)$。

① 需要说明的是，本章中的两个模型都摘自国内外公开发表的文献及出版的教材。

② 注意这里与 Leontief 模型的不同。在 Leontief 模型中，企业与工会就“企业雇用的工人数”和“工资”两项议题进行谈判，而这里只考虑“工资”。

③ 这里，可以将上述收益看成是在商定的整个合同期间如三年（或者更长的时间），工会和企业的工资与（净）利润的现值。

④ 在更为现实的模型中，可以允许谈判一直进行下去，直至达成一致，或者在长时间的罢工之后，强制双方遵守有约束力的仲裁结果。

⑤ 在实际的讨价还价博弈中，π 为区间 $[\pi_L, \pi_H]$ 上的任一值，工资也是一个连续变量。

在完整的博弈（而非图 15.1 所示的简化后博弈）中，工会的一个战略是第一期的要价 w_1 和第二期的要价函数 $w_2(w_1)$，该函数表示在每一种可能的要价 w_1 被拒绝后的 w_2。这些行动都发生于非单结的信息集，对工会可能提出的每一个不同的第一期工资要价都有一个第二期的信息集①；在第一期唯一的信息集及第二期连续信息集中，针对每一个可能的 π 值都有一个决策结②。在每一个信息集中，工会的推断为这些决策结上的概率分布。在完整的博弈中，用 $\mu_1(\pi)$ 表示工会在第一期的推断，用 $\mu_2(\pi|w_1)$ 表示（第一期要价 w_1 被拒绝后）工会第二期的推断。

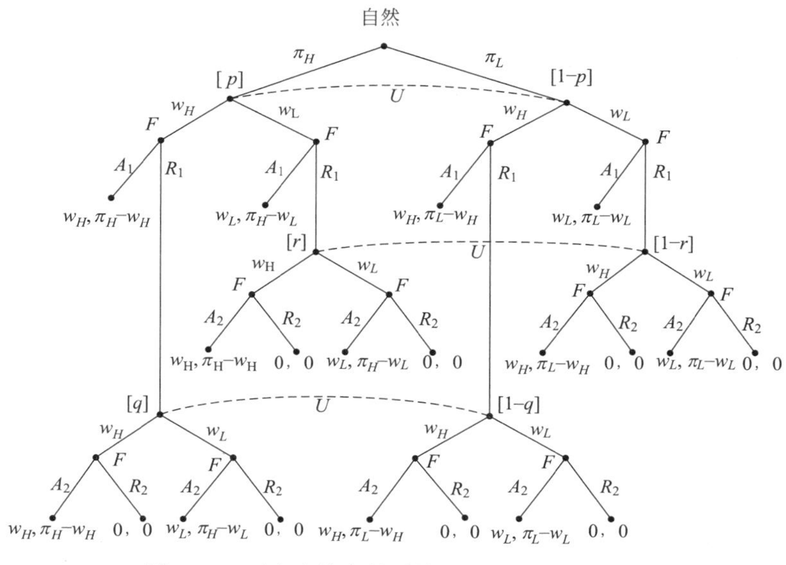

图 15.1　不完全信息的讨价还价谈判（简化版）

在模型中，企业的一个战略包含了两个决策③。如果企业的利润水平为 π，且愿意接受第一期的要价 w_1，则 $A_1(w_1|\pi)=1$；如果企业利润水平为 π 并将拒绝 w_1，则 $A_1(w_1|\pi)=0$。类似地，如果企业利润为 π，且第一期的要价为 w_1，企业愿意接受第二期的要价 w_2，则 $A_2(w_2|\pi, w_1)=1$，相同条件下企业拒绝 w_2，则 $A_2(w_2|\pi, w_1)=0$。由于在博弈的全过程中企业都有完全信息，其推断这里就不必讨论。

对于上述模型，博弈存在唯一的精炼贝叶斯 Nash 均衡，即

① 工会第一时期的工资要价为

$$w_1^* = \frac{(2-\delta)^2}{2(4-3\delta)}\pi_H$$

如果企业利润 π 超出

$$\pi_1^* = \frac{2w_1^*}{2-\delta} = \frac{2-\delta}{4-3\delta}\pi_H$$

---

① 注意，这样的信息集是连续存在的，而不像图 15.1 中只有两个。

② 注意，这样的决策结也是连续存在的，而不像图 15.1 中只有两个。

③ 在简化的和完整的博弈中都是一样的。

则企业接受 w_1^*；否则拒绝 w_1^*。

② 如果第一期的要价被拒绝，工会修正其对企业利润的推断，认为 π 服从 $[0,\ \pi_1^*]$ 区间的均匀分布。工会第二期的工资要价（在被 w_1^* 拒绝的条件下）为

$$w_2^* = \frac{\pi_1^*}{2} = \frac{2-\delta}{2(4-3\delta)}\pi_H < w_1^*$$

如果企业利润 π 高于 w_2，则企业接受要价，否则便拒绝。

上述均衡表明：在每一期，高利润企业接受工会的要价，而低利润企业拒绝，并且工会第二期的推断反映了高利润企业将会接受第一期要价的事实。同时，低利润企业忍受一个时期的罢工，以降低工会第二期的工资要价。不过，利润非常低的企业发现，即使第二期降低了的工资要价仍然过高，无法接受，便再次拒绝。

下面证明工会的上述战略和推断及企业的战略构成博弈的精炼贝叶斯 Nash 均衡。我们先暂时考虑如下的单期谈判问题（在后面再把这一问题的结果作为两期问题中第二期的解）。在单期问题中，假设工会的推断为企业利润水平服从 $[0,\ \pi_1]$ 的均匀分布，这里暂时令 π_1 是任意值。如果工会要价为 w，则企业的最优反应是：当且仅当 $\pi>w$ 时接受 w。所以，工会面临的决策问题就可以表示为

$$\max_{w} \pi_U = w \cdot \text{Prob}\{企业接受\ w\} + 0 \cdot \text{Prob}\{企业拒绝\ w\}$$

由于对 $\forall w \in [0,\ \pi_1]$，$\text{Prob}\{企业接受\ w\} = \dfrac{\pi_1 - w}{\pi_1}$，所以 $\pi_U = \dfrac{w(\pi_1 - w)}{\pi_1}$。代入上式，可得工会的最优工资要价 $w^*(\pi_1) = \dfrac{\pi_1}{2}$。

现在再回到两期谈判问题。首先证明，对任意值的 w_1 和 w_2，如果工会第一期的要价为 w_1，并且企业预期其在第二期的要价为 w_2，则所有利润足够高的企业将会接受 w_1，而其他情况下拒绝 w_1。企业接受 w_1 可得的收益为 $\pi - w_1$，拒绝 w_1 但接受 w_2 的收益为 $\delta(\pi - w_2)$，两个要价都拒绝的收益为0。所以，当 $\pi - w_1 > \delta(\pi - w_2)$，即

$$\pi > \frac{w_1 - \delta w_2}{1-\delta} = \pi^*(w_1,\ w_2) \tag{15.1}$$

时，和 w_2 相比，企业更偏好接受 w_1，与此同时，如果 $\pi - w_1 > 0$，则与两个要价都拒绝相比，企业更偏好接受 w_1。也就是说，企业的最优战略为

$$A_1(w_1 \mid \pi) = \begin{cases} 1, & \pi \geqslant \max\{\pi^*(w_1,\ w_2),\ w_1\} \\ 0, & \pi < \max\{\pi^*(w_1,\ w_2),\ w_1\} \end{cases}$$

显然，企业的上述战略满足精炼贝叶斯 Nash 均衡定义（即定义 12.2）中的条件（2）。现在求出在第一期要价 w_1 被拒绝，工会进入第二期信息集时持有的推断 $\mu_2(\pi \mid w_1)$。给定企业的上述战略，如果 $\pi < \max\{\pi^*(w_1,\ w_2),\ w_1\}$，谈判进入第二期，根据精炼贝叶斯 Nash 均衡定义（即定义 12.2）中条件（4）的要求（即工会的推断应该由贝叶斯法则和企业的战略所决定），工会此时的推断为：企业的类型服从 $[0,\ \pi_1]$ 上的均匀分布，其中 $\pi_1 = \max\{\pi^*(w_1,\ w_2),\ w_1\}$ 且 w_2 为工会第二期的工资要价 $w_2(w_1)$。给定这样的推断，工会在第二

期的最优要价一定是 $w^*(\pi_1)=\pi_1/2$，据此可以得到 π_1 关于自变量 w_1 的隐函数：

$$\pi_1=\max\{\pi^*(w_1,\ \pi_1/2),\ w_1\}$$

为了求解上述隐函数，假设 $w_1\geqslant\pi^*(w_1,\ \pi_1/2)$，则 $\pi_1=w_1$，此时

$$\pi^*(w_1,\ \pi_1/2)=\pi^*(w_1,\ w_1/2)=\frac{w_1-\delta\cdot\dfrac{w_1}{2}}{1-\delta}=\frac{1-\dfrac{\delta}{2}}{1-\delta}w_1>w_1$$

上式与 $w_1\geqslant\pi^*(w_1,\ \pi_1/2)$ 相矛盾。所以，$w_1<\pi^*(w_1,\ \pi_1/2)$，于是 $\pi_1=\pi^*(w_1,\ \pi_1/2)$。考虑到式(15.1)，则有

$$\begin{cases}\pi_1(w_1)=\dfrac{2w_1}{2-\delta}\\ w_2(w_1)=\dfrac{w_1}{2-\delta}\end{cases}\tag{15.2}$$

现在已经把博弈简化为工会的一个单期最优化问题：给定工会的第一期工资要价 w_1，我们已明确了企业第一期的最优反应、工会在进入第二期时的推断、工会第二期最优要价及企业第二期的最优反应，因此工会选择的第一期工资要价应该满足

$$\begin{aligned}\max_{w_1}\pi_U=&w_1\cdot\text{Prob}\{企业接受\ w_1\}+\delta w_2(w_1)\cdot\text{Prob}\{企业拒绝\ w_1，但接受\ w_2\}\\&+\delta\cdot 0\cdot\text{Prob}\{企业拒绝\ w_1，并拒绝\ w_2\}\end{aligned}\tag{15.3}$$

这里，Prob{企业接受 w_1} 并非简单地等于 π 超出 w_1 的概率，而应该是 π 超出 $\pi_1(w_1)$ 的概率，即

$$\text{Prob}\{企业接受\ w_1\}=\frac{\pi_H-\pi_1(w_1)}{\pi_H}\tag{15.4}$$

我们知道，当且仅当 $\pi\in(w_2,\ \pi_1(w_1))$，即 $\pi\in\left(\dfrac{w_1}{2-\delta},\ \dfrac{2w_1}{2-\delta}\right)$ 时，企业拒绝 w_1 但接受 w_2。所以，

$$\begin{aligned}\text{Prob}\{企业拒绝\ w_1，但接受\ w_2\}&=\text{Prob}\{企业在第二期接受\ w_2\mid 企业拒绝\ w_1\}\cdot\text{Prob}\{企业拒绝\ w_1\}\\&=\frac{\pi_1-w_2}{\pi_1}\cdot\frac{\pi_1}{\pi_H}\\&=\frac{w_1}{\pi_H(2-\delta)}\end{aligned}\tag{15.5}$$

将式(15.4)和式(15.5)代入式(15.3)，则最优化问题(15.3)可表示为

$$\max_{w_1}\pi_U=w_1\cdot\left(1-\frac{2w_1}{(2-\delta)\pi_H}\right)+\delta\cdot\frac{w_1^2}{(2-\delta)^2\pi_H}$$

求解上述优化问题，可得

$$w_1^*=\frac{(2-\delta)^2}{2(4-3\delta)}\pi_H$$

将上式代入式(15.2)即得博弈的唯一精炼贝叶斯 Nash 均衡。

15.2 有限重复“囚徒困境”的信誉模型

在第7章对有限重复完全信息博弈的分析中，我们证明了如果一个阶段博弈有唯一的 Nash 均衡，则基于此阶段博弈的任何有限重复博弈有唯一的子博弈精炼 Nash 均衡，即不论博弈前面的过程如何，之后的每一阶段都重复阶段博弈的 Nash 均衡。但是，在现实生活中却常常看到：“小偷”（特别是惯偷）之间的合作是经常存在的，即使他们之间的博弈不是无限重复的“囚徒困境”博弈。而 Axelord 的重复“囚徒困境”博弈实验也表明：在有限重复“囚徒困境”中经常会出现合作结果，特别是在距博弈结束仍比较远的阶段。Kreps、Milgrom、Roberts 和 Wilson 在1982年所建立的信誉模型（reputation model，亦称 KMRW 模型）为这些现象提供了很好的解释。

注意到在第7章中对有限重复“囚徒困境”的讨论都是假设：参与人的支付和知识都为共同知识，但在现实的博弈中，参与人对其他参与人的支付及知识都可能存在不完全信息。例如，一个参与人对其对手支付的不确定①，以及对其对手的知识（如对手是否理性、理性程度如何）的不确定等。KMRW 模型证明：正是博弈中的这种不完全信息会对博弈的均衡产生影响，使得在完全信息中不可能出现的“合作”在不完全信息情况下出现。KMRW 模型的关键在于：假设关于参与人类型的信息是不完全信息，类型不同，预期的博弈方式也不同，所以每个参与人关心其他参与人对自己类型的推断（即信念）。这样，在信誉模型中每个参与人的信誉就可概括为其他参与人关于他的类型的当前的信念。下面以有限重复“囚徒困境”为例，分析参与人的信誉对参与人的战略选择及博弈均衡的影响。

在图15.2所示的“囚徒困境”博弈中，假设参与人1为完全理性的参与人，而参与人2可能是完全理性的②，也可能是非完全理性的，是否完全理性参与人2自己清楚，但参与人1不知道。在这种情况下参与人2就存在两种类型，假设参与人2是非完全理性的可能性为 p，是完全理性的可能性为 $1-p$。这里关于参与人2类型的推断 $[p, 1-p]$，即为参与人2的信誉。为简化分析，假设非完全理性的参与人在博弈中只会采取“一报还一报”的战略（或者触发战略）③。这样假设的好处除了可以简化分析以外，还在于参与人2一旦偏离了“一报还一报”战略，则“参与人是完全理性的”就成为共同知识，于是此后就不会再有参与人选择合作。在这种情况下，理性的参与人2就有动机去假扮“非完全理性”类型。

考察以图15.2中博弈为阶段博弈的有限重复博弈。在重复博弈中，博弈的顺序如下。

①“自然”选择参与人2的类型。参与人2只能选择“一报还一报”战略（即“非完全理性”）的概率为 p，可以选择任意战略（即“完全理性”）的概率为 $1-p$。参与人2知道自己的类型，但参与人1不知道参与人2的类型。

② 参与人1和参与人2进行以图15.2所示博弈为阶段博弈的有限重复博弈。

---

① 在有些情况下参与人甚至可能对自己的支付都不确定。

② 即参与人2为本书一直假设的“理性的、智能的参与人”，他可根据自身的需要采取任何战略。

③ 也就是说，非完全理性的参与人在选择过程中遵循“你不仁我不义”“投之以桃，报之以李”的行为准则（或者“绝不原谅对方的任何背信弃义行为”）。

1 \ 2	合作	背叛
合作	8，8	−2，10
背叛	10，−2	1，1

图 15.2　“囚徒困境”博弈

③ 参与人 1 和参与人 2 在重复博弈中的支付为各个阶段博弈支付的简单之和，即不考虑贴现。

下面将证明：只要阶段博弈的重复次数 T 足够大，参与人 2 为非完全理性的可能性足够高，那么参与人就可以在阶段博弈中形成合作，即在上述不完全信息重复博弈中，当 T 和 p 足够大时，存在这样的精炼贝叶斯 Nash 均衡——在均衡中，参与人在某些阶段博弈中都选择“合作”。

首先，讨论阶段博弈只重复两次（即 $T=2$）的情形。为了表述方便，用 C 表示“合作”（cooperate），B 表示“背叛”（betray）。与在完全信息有限重复囚徒困境中最后一个阶段的情况相同，在上述重复博弈的第二阶段即最后阶段，参与人 1 和完全理性的参与人 2 都将选择 B，而非完全理性的参与人 2 的选择依赖于参与人 1 在第一阶段的选择；在博弈的第一阶段，非完全理性的参与人 2 选择 C①，而完全理性的参与人 2 则会选择 B。因此，现在只需考虑参与人 1 在第一阶段的选择（用 X 表示），他的选择将会影响到非完全理性的参与人 2 在第二阶段的选择。图 15.3 给出了两个参与人在各个阶段的选择。

	t=1	t=2
非完全理性参与人2	C	X
完全理性参与人2	B	B
参与人1	X	B

图 15.3　参与人在各阶段选择的示意图（$T=2$）

如果 $X=C$，则参与人 1 在重复博弈中的期望收益为

$$[p\cdot 8+(1-p)\cdot(-2)]+[p\cdot 10+(1-p)\cdot 1]=19p-1$$

其中，上式左边的第一项是第一阶段的期望收益，第二项是第二阶段的期望收益。如果 $X=B$，则参与人 1 在重复博弈中的期望收益为

$$[p\cdot 10+(1-p)\cdot 1]+[p\cdot 1+(1-p)\cdot 1]=9p+2$$

因此，如果满足下列条件，则参与人 2 将会选择 C

$$19p-1\geqslant 9p+2$$

即 $p\geqslant 3/10$。也就是说，如果参与人 2 为非完全理性的可能性不小于 3/10，参与人 1 在第一阶段的最优选择为 C，即选择“合作”②。在以下的讨论中，我们假设 $p\geqslant 3/10$。

① 这是由“一报还一报”战略的特点所决定的。

② 虽然参与人 1 选择了“合作”，但完全理性的参与人 2 仍然选择的是“背叛”，所以，在两次重复博弈中参与人之间的合作并未形成。

考察阶段博弈重复进行三次（即 $T=3$）的情形。给定 $p\geqslant 3/10$，如果参与人1和完全理性的参与人2在第一阶段选择 C，则参与人1在第二阶段开始前对参与人2类型的推断仍为 $[p,\ 1-p]$，所以博弈在第二、三阶段的均衡路径就与图15.3相同（其中 $X=C$），而博弈的总的路径如图15.4所示。

	$t=1$	$t=2$	$t=3$
非完全理性参与人2	C	C	C
完全理性参与人2	C	B	B
参与人1	C	C	B

图15.4　参与人在各阶段选择的示意图（$T=3$）

显然，在图15.4所示博弈路径中，参与人在第一阶段都选择 C（即合作），说明参与人在博弈的第一阶段形成合作。由于分析参与人在不完全信息重复博弈中的选择的目的是探讨参与人在什么样的条件下可以形成合作，因此下面分析在什么样的条件下图15.4所示博弈路径即为参与人的均衡战略路径。

考察完全理性的参与人2的选择。当博弈重复进行三次时，完全理性的参与人2在第一阶段不一定非要选择 B，因为如果他选择 B，就会暴露自己是完全理性的，从而使得参与人1在第二阶段不再选择合作。假设参与人1在第一阶段选择 C，完全理性的参与人2选择 C 的收益①为 $8+10+1=19$，选择 B 的收益为 $10+1+1=12$，所以当参与人1在第一阶段选择 C 时，完全理性的参与人2的最优选择为 C。

给定完全理性的参与人2在第一阶段选择 C，考察参与人1的最优选择。由于假定 $p\geqslant 3/10$，因此只需考虑参与人1的以下三类战略②：

战略 s_1'——在第一、二阶段选择 C，第三阶段选择 B；

战略 s_1''——在第一阶段选择 B，第二阶段选择 C，第三阶段选择 B；

战略 s_1'''——在三个阶段都选择 B。

给定完全理性的参与人2在第一阶段选择 C，如果参与人1选择战略 s_1'，则博弈的均衡路径如图15.4所示。此时，参与人1的期望收益为

$$v_1(s_1')=8+[p\cdot 8+(1-p)\cdot(-2)]+[p\cdot 10+(1-p)\cdot 1]=19p+7 \tag{15.6}$$

给定完全理性的参与人2在第一阶段选择 C，如果参与人1选择战略 s_1''，则博弈的均衡路径如图15.5所示。此时，参与人1的期望收益为

$$v_1(s_1'')=10+(-2)+[p\cdot 10+(1-p)\cdot 1]=9p+9 \tag{15.7}$$

比较式(15.6)与式(15.7)，如果下列条件满足

$$19p+7\geqslant 9p+9$$

即 $p\geqslant 2/10$，则 $v_1(s_1')\geqslant v_1(s_1'')$。由于前面已经假定 $p\geqslant 3/10$，因此对于参与人1，战略 s_1' 优于 s_1''。

---

① 这里，由于假定 $p\geqslant 3/10$，因此参与人1在后面两个阶段的选择分别为 C 和 B。

② 注意，这里定义的参与人1的战略 s_1'、s_1'' 和 s_1''' 是一类战略，而不是一个具体的战略。此外，由于 $p\geqslant 3/10$，因此战略 s_1' 优于另一类战略——在第一阶段选择 C，第二、三阶段选择 B。

给定完全理性的参与人 2 在第一阶段选择 C，如果参与人 1 选择战略 s_1'''，则博弈的均衡路径如图 15.6 所示。此时，参与人 1 的期望收益为

$$v_1(s_1''') = 10+1+1 = 12 \tag{15.8}$$

比较式(15.6)与式(15.8)，如果下列条件满足

$$19p+7 \geqslant 12$$

即 $p \geqslant 5/19$，则 $v_1(s_1') \geqslant v_1(s_1''')$。由于前面已经假定 $p \geqslant 3/10$，因此对于参与人 1，战略 s_1' 优于 s_1'''。

	t=1	t=2	t=3
非完全理性参与人2	C	B	C
完全理性参与人2	C	B	B
参与人1	B	C	B

图 15.5　参与人在各阶段选择的示意图（$T=3$）

	t=1	t=2	t=3
非完全理性参与人2	C	B	B
完全理性参与人2	C	B	B
参与人1	B	B	B

图 15.6　参与人在各阶段选择的示意图（$T=3$）

以上分析表明：如果参与人 2 为非完全理性的可能性不小于 3/10，则参与人的如下战略及推断构成三次重复博弈的精炼贝叶斯 Nash 均衡。

① 参与人 1 的战略为 s_1'，完全理性的参与人 2 的战略为[①]在第一阶段选择 C，第二、三阶段选择 B。

② 参与人 1 在第一、二阶段博弈前的推断都为 $[p, 1-p]$。

显然，在上述精炼贝叶斯 Nash 均衡中，参与人可以在博弈的第一阶段形成合作。这说明在完全信息重复博弈中无法形成的合作，可以在不完全信息重复博弈中出现。究其原因，就在于这里存在关于参与人 2 类型的不完全信息。事实上，如果 $p=0$，则关于参与人 2 类型的不完全信息就会消失，上述精炼贝叶斯 Nash 均衡也不再存在，参与人在阶段博弈中就只能总是选择“背叛”，合作无法形成。

仿上述分析，可以进一步证明：如果 $p \geqslant 3/10$，对于所有的 $T>3$，参与人的如下战略及推断构成重复博弈的精炼贝叶斯 Nash 均衡。

① 参与人 1 的战略为：在 $t=1$ 至 $t=T-1$ 阶段都选择 C（即合作），然后在 $t=T$ 阶段选择 B（即背叛），完全理性的参与人 2 的战略为：在 $t=1$ 至 $t=T-2$ 阶段都选择 C（即合作），然后在 $t=T-1$ 和 $t=T$ 阶段选择 B（即背叛）。

② 参与人 1 在 $t=1$ 至 $t=T-1$ 阶段前的推断都为 $[p, 1-p]$。

如果将参与人都选择 C（即合作）的阶段称为合作阶段，任何一个参与人选择 B（即背叛）的阶段称为非合作阶段，那么在上述均衡中，只要 $T>3$，则非合作阶段的总数等于 2，与博弈重复进行的次数 T 无关。

上述精炼贝叶斯 Nash 均衡的存在表明：在不完全信息的重复博弈中，尽管完全理性的参与人 2 在选择合作时冒着被对方出卖的风险（从而可能得到一个较低的现阶段收益），但如果选择不合作，就暴露了自己是非合作型的（即完全理性的），从而失去了获得长期合作收益的可能。如果博弈重复的次数足够多，未来收益的损失就超过短期被出卖的损失，因此在博弈的开始，完全理性的参与人 2 可能会树立一个合作的形象（即让对方认为自己是合作

① 这里隐含非完全理性的参与人 2 的战略为“一报还一报”。

型的），即使自己本身并不是合作型的。只有在博弈快结束的时候，完全理性的参与人 2 才会一次性地把自己过去建立的信誉利用殆尽，合作才会停止①。所以，当一个参与人有耐心并且他的计划比较长远时，他就可能愿意用短期的成本去建立他的信誉，也就是说，人们在信誉上的投资更可能出现在长期关系中，而不是短期关系中；更有可能出现在博弈的开始，而不是结束时。

在以上的讨论中，假定只有参与人 2 的类型是私人信息。事实上，如果假设参与人的类型都为私人信息，同样可以得到类似的结论。

① 因为此时不合作的短期收益大于因停止合作而造成的未来收益的损失。

思考题四

1. 子博弈精炼 Nash 均衡的“均衡精炼”运用到不完全信息动态博弈中有何问题？

2. 什么是信念？参与人信念设定的原则是什么？试举例说明。

3. 试举例说明精炼贝叶斯 Nash 均衡是如何对博弈的均衡进行精炼的？

4. 在精炼贝叶斯 Nash 均衡中，参与人在非均衡路径上的信念设定与均衡路径上的有什么不同？试举例说明。

5. 能够传递信息的行为有怎样的特征？信号机制起作用的基本条件是什么？

6. 对雇员的试用期是否越长越好？为什么？

7. 为什么口头声明有时能有效传递信息，但另一些时候又不能？试举例说明。

8. 试分别举例说明“剔除劣战略”和“直观标准”是如何对参与人在非均衡路径上的信念进行精炼的？

9. 试举例说明颤抖手精炼 Nash 均衡是如何对博弈的均衡进行精炼的？

习题 4

习题 4 部分参考答案

参考文献

[1] ABREU D. On the theory of infinitely repeated games with discounting. Econometrica, 1988 (56): 383-396.

[2] ABREU D, M H. Virtual implementation in iteratively undominated strategies: complete information. Econometrica, 1992, 60 (5): 993-1008.

[3] AMIR R. Cournot oligopoly and the theory of supermodular games. Games and economic behavior, 1996 (15): 132-148.

[4] AUMANN R. Correlated equilibrium as an expression of Bayesian rationality. Econometrica, 1987 (55): 1-18.

[5] AUMANN R. Communication need not lead to Nash equilibrium. Mimeo, Hebrew University of Jerusalem, 1990.

[6] AUSTEN-SMITH D. Information transmission in debate. American journal of political science, 1990 (34): 124-152.

[7] AXELROD R. The emergence of cooperation among Egoists. American political science review, 1981 (75): 306-318.

[8] BALIGA S. Implementation in economic environments with incomplete information: the use of multi-stage. Games and economic behavior, 1999, 27 (1): 173-183.

[9] BARRO R, GORDON D. Rules, discretion, and reputation in a model of monetary policy. Journal of monetary economics, 1983 (12): 101-121.

[10] BERGIN J, SEN A. Extensive form implementation in incomplete information environments. Journal of economic theory, 1998, 80 (2): 222-256.

[11] BERTRAND J. Theorie mathematique de la Richesse sociale. Journal des Savants, 1883, 499-508.

[12] BULOW J, GEANAKOPLOS J, KLEMPERER P. Multimarket oligopoly: strategic substitutes and complements. Journal of political economy, 1985 (93): 488-511.

[13] CABRAL L, VILLAS-BOAS M. Bertrand supertraps. Management science, 2005, 51 (4): 599-613.

[14] CHATTERJEE K, SAMUELSON W. Bargaining under incomplete information. Operation research, 1983 (31): 835-851.

[15] CHO I-K, KREPS D. Signaling games and stable equilibira. Quarterly journal of economics, 1987 (102): 179-222.

[16] CHO I-K, SOBEL J. Strategic stability and uniqueness in signaling games. Journal of economic theory, 1990 (50): 381-413.

[17] COURNOT A. Recherches surles principes mathématiques de la théorie des richesses. Paris:

Hachette, 1838.

[18] CRAMTON P, TRACY J. Strikes and holdouts in wage bargaining: theory and data. American economic review, 1992 (82): 100-121.

[19] CRAWFORD V, SOBEL J. Strategic information transmission. Econometrica, 1982 (50): 1431-1451.

[20] DASGUPTA P, MASKIN E. The existence of equilibrium in discontinuous economic games, I: theory. Review of economic studies, 1986 (53): 1-26.

[21] DASGUPTA P, MASKIN E. The existence of equilibrium in discontinuous economic games, Ⅱ: applications. Review of economic studies, 1986 (53): 27-42.

[22] DEBREU D. A social equilibrium existence theorem. Proceedings of the National Academy of Sciences, 1952 (38): 886-893.

[23] DUGGAN J. Virtual Bayesian implementation. Econometrica, 1997, 65 (5): 1175-1199.

[24] DUTTA B, SEN A. Bayesian implementation: the necessity of infinite mechanisms. Journal of economic theory, 1994, 64 (1): 130-141.

[25] ESPINOSA M, RHEE C. Efficient wage bargaining as a repeated games. Quarterly journal of economics, 1989 (104): 565-588.

[26] FAN K. Fixed point and minimax theorems in locally convex topological linear spaces. Proceedings of the National Academy of Sciences, 1952 (38): 121-126.

[27] FARBER H. An analysis of final-offer arbitration. Journal of conflict resolution, 1980 (35): 683-705.

[28] FARRELL J, MASKIN E. Renegotiation in repeated games. Games and economic behavior, 1989 (1): 327-360.

[29] FARRELL J, GIBBONS R. Cheap talk can matter in bargaining. Journal of economic theory, 1989 (48): 221-237.

[30] FARRELL J, GIBBONS R. Union voice. Cornell University, Mimeo, 1991.

[31] FUDENBERG D, MASKIN E. The folk theorem in repeated games with discounting and incomplete information. Econometrica, 1986 (54): 533-554.

[32] FUDENBERG D, TIROLE J. Perfect Bayesian equilibrium and sequential equilibrium. Journal of economic theory, 1991 (53): 236-260.

[33] GABAY D, MOULIN H. On the uniqueness and stability of Nash equilibrium in noncooperative games. In: BENSOUSSAN, KLEINDORFER, TAPIEN. Applied stochastic control in econometrics and management science. Amsterdam: North-Holland, 1980.

[34] GALE D. A theory of N-person games with perfect information. Proceedings of the National Academy of Sciences, 1953 (39): 496-501.

[35] GEANAKOPLOS J. Common knowledge. Journal of economic perspectives, 1992 (6): 53-82.

[36] GIBBONS R. Learning in equilibrium model of arbitration. American economic review, 1988 (78): 896-912.

[37] GIBBARD A. Manipulation for voting schemes: a general result. Econometrica, 1973 (41): 587-601.

[38] GLAZER J, PERRY M. Virtual implementation in backwards induction. Games and economic behavior, 1996, 15 (1): 27-32.

[39] GLICKSBERG I. A further generalization of the Kakutani fixed point theorem with application to Nash equilibrium points. Proceedings of the American mathematical society, 1952 (3): 170-174.

[40] HAMILTON J, SLUTSKY S. Endogenous timing in duopoly games: stackelberg or Cournot equilibria. Games and economic behavior, 1990 (2): 29-46.

[41] HARDIN G. The tragedy of the commons. Science, 1968 (162): 1243-1248.

[42] HARSANYI J. Games with incomplete information played by Bayesian players, parts Ⅰ Ⅱ and Ⅲ. Management science, 1967 (14): 159-182, 320-334, 486-502.

[43] HARSANYI J. Game with randomly disturbed payoff: a new rationale for mixed strategy equilibrium points. International journal of game theory, 1973 (2): 1-23.

[44] HOTELLING H. Stability in competition. Economic journal, 1929 (39): 41-57.

[45] HUIZINGA H. Union wage bargaining and industry structure. Stanford University, Mimeo, 1989.

[46] JACKSON M. Bayesian implementation. Econometrica, 1990, 59 (2): 461-477.

[47] KAKUTANI S. A generalization of Brouwer's fixed point theorem. Duke mathematical journal, 1941 (8): 457-459.

[48] KREPS D, WILSON R. Sequential equilibrium. Econometrica, 1982 (50): 863-894.

[49] KREPS D, SCHEINKMAN J. Quantity precommitment and Bertrand competition yield Cournot outcomes. Bell journal of economics, 1983 (14): 326-337.

[50] KREPS D, MILGROM P, ROBERT J, et al. Rational cooperation in the finitely repeated prisoners' dilemma. Journal of economic theory, 1982 (27): 245-252.

[51] LAFFORT J, MASKIN E. The theory of incentives: an overview. Cambridge: Cambridge University Press, 1982.

[52] LAFFORT J, TIROLE J. Auctioning incentive contracts. Journal of political economy, 1987 (95): 921-937.

[53] LEONTIEF W. The pure theory of the guaranteed annual wage contract. Journal of political economy, 1946 (54): 76-79.

[54] MASKIN E. Nash equilibrium and welfare optimality. Mimeo, 1977.

[55] MATTHEWS S. Veto threats: rhetoric in bargaining game. Quarterly journal of economics, 1989 (104): 347-369.

[56] MILGROM P, ROBERTS J. Rationalizability, learning and equilibrium in games with strategic complementarities. Econometrica, 1990 (58): 1255 - 1277.

[57] MIZUKAMI H, WAKAYAMA T. Dominant strategy implementation in economic environments. Games and economic behavior, 2007, 58 (1): 1-19.

[58] MOORE J, REPULLO R. Subgame perfect implementation. Econometrica, 1988 (56): 1191-1220.

[59] MYERS S, MAJLUF N. Corporate financing and investment decisions when firms have information that investors do not have. Journal of financial economics, 1984 (13): 187-221.

[60] MYERSON R. Refinement of the Nash equilibrium concept. International journal of game

theory, 1978 (7): 73-80.

[61] MYERSON R. Optimal auction design. Mathematics of operation research, 1981 (6): 58-73.

[62] NASH J. Equilibrium points in n-person games. Proceedings of the national academy of sciences, 1950 (36): 48-49.

[63] NASH J. Non-cooperative games. Annals of mathematics, 1951 (54): 286-295.

[64] NOLDEKE G, DAMME E. Signaling in a dynamic labour market. Review of economic studies, 1990 (57): 1-23.

[65] PINKER J, SEIDMANN, A, VAKRAT Y. Managing online auctions: current business and research issues. Management science, 2003, 52 (6): 1473-1484.

[66] ROSS S. The determination of financial structure: the incentive signaling approach. Bell journal of economics, 1977 (8): 23-40.

[67] SERRANO R, VOHRA R. A characterization of virtual Bayesian implementation. Games and economic behavior, 2005, 50 (2): 312-331.

[68] SINGH N, VIVES X. Price and quantity competition in a differentiated duopoly. Rand journal of economics, 1984 (15): 546-554.

[69] SPENCE M, ZECKHAUSER R. Insurance information, and individual action. American economic review, 1971 (61): 380-387.

[70] SPENCE M. Job market signaling. Quarterly journal of economics, 1973 (87): 355-374.

[71] SPENCE M. Competitive and optimal responses to signaling: an analysis of efficiency and distribution. Journal of economic theory, 1974 (8): 296-332.

[72] SOBEL J, TAKAHASHI I. A multistage model of bargaining. Review of economic studies, 1983 (50): 411-426.

[73] SOBEL J. A theory of credibility. Review of economic studies, 1985 (52): 557-573.

[74] STEIN J. Cheap talk and the Fed: a theory of imprecise policy announcements. American economic review, 1989 (79): 32-42.

[75] TOPKIS D. Submodularity and complementarity. Princeton: Princeton University Press, 1998.

[76] VAKRAT Y. Optimal design of online auctions. New York: University of Rochester, 2000.

[77] VICKERS J. Signaling in a model of monetary policy with incomplete information. Oxford Economic Papers, 1986 (38): 443-455.

[78] VICKERY W. Counterspeculation, auction, and sealed tenders. Journal of finance, 1961 (16): 8-37.

[79] VIVES X. Nash equilibrium with strategic complementarities. Journal of mathematical economics, 1990 (19): 305-321.

[80] NEUMANN J, MORGENSTERN O. Theory of games and economic behavior. New York: John Wiley and Sons, 1944.

[81] 维加-累多东. 经济学与博弈理论. 毛亮, 叶敏, 译. 上海: 上海人民出版社, 2006.

[82] 马希勒, 索兰, 扎米尔. 博弈论. 赵世勇, 译. 上海: 上海人民出版社, 2013.

[83] 拉丰, 马赫蒂摩. 激励理论: 第1卷 委托-代理模型. 陈志俊, 李艳, 单萍萍, 译. 北京: 中国人民大学出版社, 2002.

[84] 拉斯缪森．博弈与信息：博弈论概论．王晖，白金辉，吴任昊，译．北京：北京大学出版社，2003.
[85] 蒙特，塞拉．博弈论与经济学．张琦，译．北京：经济管理出版社，2005.
[86] 吉本斯．博弈论基础．高峰，译．北京：中国社会科学出版社，1999.
[87] 迈尔森．博弈论：矛盾冲突分析．于寅，费剑平，译．北京：中国经济出版社，2001.
[88] 奥斯本，鲁宾斯坦．博弈论教程．魏玉根，译．北京：中国社会科学出版社，2000.
[89] 纳什．纳什博弈论论文集．张良桥，王晓刚，译．北京：首都经济贸易大学出版社，2000.
[90] 弗登博格，梯若尔．博弈论．黄涛，郭凯，龚鹏，译．北京：中国人民大学出版社，2002.
[91] 陈珽．决策分析．北京：科学出版社，1987.
[92] 岳超源．决策理论与方法．北京：科学出版社，2003.
[93] 张维迎．博弈论与信息经济学．上海：上海三联书店，1996.
[94] 施锡铨．博弈论．上海：上海财经大学出版社，2000.
[95] 黄涛．博弈论教程：理论·应用．北京：首都经济贸易大学出版社，2004.
[96] 马俊，汪寿阳，黎建强．网上拍卖的理论与实务．北京：科学出版社，2003.
[97] 钱迪颂．运筹学．2版．北京：清华大学出版社，1990.
[98] 王则柯，李杰．博弈论教程．北京：中国人民大学出版社，2004.
[99] 肖条军．博弈论及其应用．上海：上海三联书店，2004.
[100] 谢识予．经济博弈论．上海：复旦大学出版社，1997.
[101] 陈剑，陈熙龙，宋西平．拍卖理论与网上拍卖．北京：清华大学出版，2005.